U0409976

武汉大学
学术丛书

贺贵明 武汉大学教授、计算机应用技术专业博士生导师，1946年7月出生，1981年获工学硕士学位。

主要研究方向为流媒体技术及其网络通信、计算机视觉与数字图像处理、信息系统与知识库、知识挖掘。

累计出版学术著作与教材共4本，发表学术论文50余篇，获国家发明专利共4项，省部级成果获奖共3项。

主要社会兼职有：中国计算机学会多媒体技术专业委员会委员、中国电机工程学会电力信息化专业委员会委员、湖北省暨武汉市计算机学会常务理事和学术委员会副主任、湖北省系统工程学会理事。

武汉大学学术丛书

基于内容的视频编码与传输控制技术

贺贵明 吴元保 蔡朝晖
蒋 旻 刘振盛 刘志雄 著

武汉大学出版社

图书在版编目(CIP)数据

基于内容的视频编码与传输控制技术/贺贵明等著. —武汉：武汉大学出版社，2005.4

(武汉大学学术丛书)

ISBN 7-307-04387-4

Ⅰ.基…　Ⅱ.贺[等]…　Ⅲ.①图象编码　②图象通信—数据传输

Ⅳ.TN919.8

中国版本图书馆 CIP 数据核字(2004)第 117878 号

责任编辑：黄金文　杨　华　　　责任校对：程小宜　　　版式设计：支　笛

出版发行：**武汉大学出版社**　(430072　武昌　珞珈山)

(电子邮件：wdp4@whu.edu.cn　网址：www.wdp.whu.edu.cn)

印刷：湖北新华印务有限公司

开本：787×1092　1/16　　印张：23.25　　字数：555 千字　　插页：3

版次：2005 年 4 月第 1 版　　　2005 年 4 月第 1 次印刷

ISBN 7-307-04387-4/TN·18　　　定价：40.00 元

内 容 简 介

本书讨论当前多媒体技术领域极度关注并代表发展方向的基于内容处理技术。全书分两部分:第一部分为基于内容的视频编码技术,共分六章,主要讨论视频对象分割、视频对象形状编码、对象的纹理编码、对象的运动编码以及整体编码程序结构;第二部分为视频流传输 QoS 控制技术,共分四章,主要讨论基于因特网的传输控制技术和网络应用层 QoS 控制技术。

本书可供相关专业大学生、研究生阅读,也可供从事多媒体处理与传输控制的相关工程技术人员参考。

前　言

在国际多媒体技术领域，继 MPEG-4 于 1999 年 12 月被推出后，2001 年 9 月又推出了 MPEG-7，同时做好了制定 MPEG-21 标准的计划，该计划在 2000 年 6 月即被批准，该标准正在加紧制定中。这些标准推动了全世界多媒体技术按面向对象和基于内容处理发展，这也是本书题目和内容确定的初衷。

MPEG-4 是多媒体数据压缩编码国际标准，强调基于对象编码，为了便于实现对视频内容的访问，引入了视频对象（Video Object）的概念，采用基于对象的压缩编码，支持基于内容的交互处理。

MPEG-7 是多媒体内容描述接口的国际标准，为实现基于内容的多媒体检索提供支持，故郑重地把多媒体应用和处理按基于内容的框架固定下来。

MPEG-21 将是多媒体框架（Multimedia Framework）的国际标准，其力图使不同的多媒体技术和处理标准结合在一起，使解决查询和获取多媒体信息能根据不同内容采用不同方法。

所有这些为我们面向对象、基于内容处理多媒体指明了方向、奠定了基础，并锁定了决心。

现在的问题是如何施行基于内容的多媒体处理，特别是基于内容的视频处理。视频处理类型主要包括：视频数据压缩编码、传输、存储、检索等，而压缩编码是前提和基础。所以本书把基于内容的视频编码作为第一部分主要研究和讨论的内容。其中：

第一章是基于内容处理概述；

第二章讨论视频对象分割；

第三章讨论视频对象形状编码；

第四章讨论对象的纹理编码；

第五章讨论对象的运动编码；

第六章就 MPEG-4 编码程序设计讨论其流程结构和参数设置。

在 Internet 快速发展进步的现今世界，多媒体应用决不局限于个体，面向广域范围、面向全社会交互这是必然，那么基于 Internet 传输成了首选，未来 Internet 上运行的主要内容也将是不同应用的多种媒体流。

在过去的年代里，传送话音是使用专用市话网或长途电话网，传送会议电视也使用专门设备，所以应用起来很单纯，没有其他的影响。但在 Internet 上大不一样，数据、文本、视频、音频等多种媒体都向其中充斥，资源的有限、设备的异质、管理的多层使得多媒体在其中传输延时和丢失不可避免，给应用造成限制，给从事多媒体技术的人们带来许多挑战。所以本书第二部分选定了这个棘手的问题展开研究和讨论。其中：

第七章讨论几种常规传输协议带来的控制措施；

第八章讨论网络设备支持的 QoS 控制技术；

第九章研究在网络应用层的 QoS 控制技术；

第十章综合讨论基于 Internet 的视频内容传输控制，其中还结合了适当的与传输控制相适应的编码措施。

全书由贺贵明主笔，吴元保、蔡朝晖、蒋旻、刘振盛、刘志雄都参与了一定的工作。在此特地指出，贺贵明指导的研究生贾振堂、李凌娟、向晓英、许蓉、周捷、罗敏、李国怀的论文和研究工作成果不同程度地在文中得以体现，在此一并致谢。

本书在写作过程中还得到本实验室许多成员的大力支持，在此致以衷心的感谢。

由于多媒体技术正处于全面蓬勃发展时期，作者必有未跟上步伐之处，加之学识水平有限，使书中错误和不足之处难免，恳请读者批评指正。

作　者

2004 年 5 月

目　录

第一部分 基于内容的视频编码

引 言

基于内容的视频编码区别于过去一般视频编码的主要点是，它将所表现的内容（尤其是动态内容）从视频中提取出来分别编码，而过去一般编码的做法是主要针对时间序列的视频帧进行编码，帧似乎就是对象。

视频内容主要指视频所表现的对象，首先是活动对象，其次也包括一些相对静止的对象；进一步的视频内容则是围绕对象发生的内容，表现对象各个方面信息的内容，主要有：对象的形状、对象的运动、对象的颜色、对象的纹理等。

基于这样对内容的分类，所以基于内容的视频编码要研究的东西也就确定了，首先研究视频对象的分割提取，将视频对象（本书中限于活动对象）一个一个地分开以后，接着研究对象的形状编码、研究对象的运动编码、研究对象的纹理编码，也研究对象的颜色编码，还包括背景的纹理和颜色编码。这些形成本书第一部分的内容：

第一章 基于内容处理概述，简述内容处理的特点和基于内容编码的框架。

第二章 视频对象分割，主要讲述分割的基本原理和技术，这是只有基于内容的视频编码才具有的技术。

第三章 视频对象形状编码，讲述形状编码的技术和方法；这是基于内容编码特有的技术和处理。

第四章 对象的纹理编码，讲述变换和量化等原理和技术；它在基于内容方面的特色是，要顾及对象的不规则形状而采取一系列必要的措施。

第五章 对象运动编码，讲述运动估计和运动补偿，同时顾及对象的特点，重视整体对象多宏块同时运动的情况。

第六章 MPEG-4 编码程序结构，试图说明基于内容编码的程序设计特点。

在视频按内容编码以后，就有了按内容存储、按内容检索的前提和基础，就能实现规范性的基于内容检索和应用。这是全世界多媒体领域众望所归的事情。

第一章　基于内容处理概述

本章从分析基于内容处理的优越性入手，阐述了基于内容处理做法是发展趋势；接着分析了视频内容的表现形式和视频内容的分类，这样就有了基于内容编码的认识基础。本章的内容着重在第二节，首先简介了基于内容编码的功能特点和技术特点，然后概述了基于内容编码的体系结构和逻辑层次，使读者能在基于内容编码方面建立一个整体概念和思路。

1.1　信息与内容

1.1.1　基于内容处理的优越性

信息是由对具体的事或物的描述形式演变升华形成的，它是对具体事和物的反映，而这些具体的事和物就是内容，就是信息所表达的本质内容。

在任何场合，总是有要刻意描写及与其配套的内容，内容既定，反映内容的信息则随之确定。当然描述内容的新信息仍会不断发生，这有两方面原因：一是原有信息不完整，对既定内容的有些侧面没有认识到，信息原本缺少对内容的表达或描述；二是内容本身的事或物在发展变化，导致新信息产生。

信息随内容而确定，但表达和反映信息的方式（或曰关于信息的载体）是可以有多种的，用不同的载体传达信息其导致的数据量会有很大差异。例如对“珞珈山”这座山，可以用照片反映，可以用写在纸上的文字描述，可以用某个人讲话的语音进行介绍，可以用一段视频录像来说明，还可以创作一段惟妙惟肖的动画来表达，它们使用了不同的信息载体，都传达了关于珞珈山的信息，但针对的对象就是珞珈山，而且所有这些载体用不同形式传达的关于珞珈山的信息都应是准确的、相互没有信息偏差的，只是使用数据多寡的不同和描述的优劣程度不等而已。这就是多媒体，它们表达同样的内容，但使用不同的形式和不等量的数据。

上帝赋予人们一双眼睛、一对耳朵，使人们从小即习惯于眼观六路、耳听八方，天生具有用视频、音频从外界获取信息的本领；只是在上学以后慢慢学会用文字表达，或者学会用多种文字表达；在掌握计算机以后则更学会了图形、动画、超文本等更丰富的多种表现形式。但人是有理智的，不会被这多种形式所迷惑，人们仍会回到这些载体所传达信息的本质——内容上来，或者说人们总应紧紧围绕着内容来描述、传达。

人们终于发现,在信息表达时如果充分利用内容本身,不仅直观,而且数据量会小得多。

例如声音,姑且不说它所讲述的事或物是什么,仅就它是对文字的口头传达而言,它是表达文字的声波,可以说其中传达的文字就是声音讲述的内容。一个标准速率的文字发声约每分钟120个汉字,但就声音而言,1分钟时间长度声音的数据量,按24kHz速率采样,按单字节的精度进行量化,则所需要的数据量是:

60秒×24 000Hz/秒×8bit/Hz=11.52Mbit=1 440K字节;

若按高质量要求进行声音处理,则应使采样速率为48kHz,采样精度按双字节,那么1分钟下来数据量就达到46.08Mbit。

但如果按声音所表达的内容——汉字来计算,每个汉字占2个字节,120个汉字共占240个字节,也就是1分钟下来的数据量仅有1.12Kbit。

两方面在数据量上相差4万1千余倍。

又例如对视频基于内容处理情况。

设想一段长1分钟的视频图像,记录两个小孩在青青的大草原上牧马以及他们俩在草地上摔跤的情况,这其中的对象可以划分为:草原背景、放牧的马群、两个小孩及摔跤过程。

如果对视频图像按25帧/秒(PAL制式)捕获,帧分辨率按720*576,颜色分辨率按3色单字节,则1分钟的数据量为:

60秒×25帧/秒×720×576像素/帧×3字节/像素=1 866.24M字节;

折合成数据则为14.92992Gbit。

对此数据量存储(未压缩)时需要占据两张光盘。

按照基于内容处理的方式则是:将活动对象"两个小孩和放牧的马群"分别提取出来,草原成为图像的背景,小孩、马群、背景就是该段视频图像的内容。由于背景基本不变,在这1分钟的1 500帧过程中,只需第一帧传送,其他帧不再重复传送,节省了大量数据量;对马群提取以后单独编码传送,在不同帧的编码中只记录马的形态变化,而在本段视频中马群不是主要关心的对象,所以对其编码只达到常规活动可辨,而不刻意加强描述信息;对小孩也单独编码,但小孩摔跤过程是本段视频中最被关心的内容,所以拟对其加强时间域扩展编码和空间域扩展编码,时间域扩展编码是在关键动作时刻增加插入一些中间帧,使看起来其动作更加连贯清晰;空间域扩展编码是对诸如面部表情等部位扩展分辨率予以细致的描述。

这样的基于内容视频图像编码使数据量压缩效果比其他压缩方法扩大几倍,即压缩后数据率更少,但对图像的表现效果却好得多,因为这种方法刻意加强了对人们最关心内容的描述和表达。

1.1.2　视频内容的表示

内容——从字面上看,它是对事物实质内涵的表达。

对于视频来说,其表达的内容可以分为活动对象、背景和明显区别于背景的静止对象;图像是瞬间锁定的视频,是视频的特定帧。

对于对象来说,反映它的内容包括形状、颜色和纹理,它们组成了反映视频和图像最基本的内容。

纹理——对象(无论活动对象还是静止对象)表面所具有的明确特性,反映纹理特征的有:粗糙度、对比度、方向性、线性度、规整度。

颜色——包括彩色和灰度,都用于表示对象的内容。彩色被分解成红、绿、蓝三种基色,每种基色的不同大小数据又反映出不同深浅的颜色,不同基色数据的组合又形成不同的颜色,所以造就了颜色内容非常丰富。

形状——对象的形状描述可分成两种方式:边界的形状和区域的形状。边界是指形状的外轮廓;区域则是指整个二维平面形状区域。对于形状的描述,在有些应用场合希望能在形状平移、旋转、缩放时保持不变。从这个意义上来说傅立叶描述子和不变矩描述方法是相对突出的描述方法,傅立叶描述子是对边界作形状描述,不变矩则还可对区域进行矩的描述。

1.2 基于内容编码概述

1.2.1 功能特点[2][3]

在多媒体技术系列国际标准中,从 MPEG-4 开始就基本遵循基于内容的处理模式,MPEG-4 编码主体上就属于基于内容的编码,与其他原已成形的编码标准相比,有以下几个方面突出的特点。

(1)基于内容的处理特性

基于内容即针对视频或图像中具体的活动对象和静止对象进行处理,可为对象进行单独的操作或数据流编辑,进行增强或抽取,特别进行分层和可扩展性编码。

(2)在时间域对内容的处理

在一段或一定的时间间隔内可按对象进行存取,对一个时间段的视、音频序列以视、音频对象为目标进行检索或"快进"搜索。

(3)直接对自然视频合成数据

即在按对象特征对自然视频分段的帧序列里增加合成数据(如字幕、文本、图形等),使其有效结合,并不交互性操作。

(4)增加对内容的多描述性处理

在对某一对象或某一景物的处理中,可增加对其多视角描述内容的处理,也可添加多声道伴音的编码并进行相应的视听同步。在这个意义上的处理,意味着可对 MPEG- 4 流数据进行三维自然景物或活动对象的描述和处理,在音频上增加多声道的听觉效果。

(5)增高的数据编码压缩效率

由于 MPEG-4 基于内容处理的特性,使背景与对象分开编码,使对象具有形状编码,所以可比其他处理标准有更高的数据压缩比率和压缩效果;同时它具备对内容局部仔细描述增加扩展分层的处理机理而又能达到更好主观视觉质量的效果。

(6)基于内容的分段可变性

由于该系统是基于内容可分开处理的,所以可根据需要对不同内容、不同对象分配不同优先级,对重要的或特定的对象可用较高的空间分辨率和时间分辨率表示,对第二级的或更低级的内容和对象用允许低一些的空间分辨率和时间分辨率表示,使系统整体数据率能适应带宽变化,以便更有效地利用传输资源和存储资源。

1.2.2　MPEG-4 编码特点

(1)编码码率

MPEG-4 对视音信息编码的结果数据率支持在一个带宽范围内可适应性变化,使总带宽为 5Kbps ~ 4Mbps;其中超低码率范围 5Kbps ~ 64Kbps 适合于 CIF 格式以下分辨率且帧率在 15FPS 以下的应用场合,64Kbps ~ 4Mbps 适合于其他大多数应用场合,且与 MPEG-1, MPEG-2 等自然兼容;可以看出其上限 4Mbps 远低于 MPEG-2 标准的上限,但图像质量却不低且更能灵活控制。

(2)编码技术

MPEG-4 实现对视频和图片基于内容的编码,适应视频、图片基于内容的可伸缩性,在空域和时域对图像质量的可伸缩性,可实现对视频序列和各种图片可扩展操作处理,也可实现针对内容对象的随机访问。

MPEG-4 算法工具的积累经历了大量的选择和试验:运动估计方面,使用了全局运动补偿、2D 三角网格预测和亚像素预测;纹理编码方面,使用了小波变换、3D DCT、高级帧内编码、重叠变换;任意形状区域纹理编码方面,使用了形状自适应 DCT、贴补 DCT、中值替换 DCT、延拓/内插 DCT、小波子带编码;形状编码方面,使用了自适应形状区域分割、可变块大小分割、几何变换等方法。

MPEG-4 编码技术着重体现在形状编码、运动编码、纹理编码、分级编码、基于 VOP 编码等几个方面,所有这些技术在后续章节中都将进行详细讨论。

1.2.3　基于内容编码的体系结构[1][4]

为了实现对视频图像基于内容的表示,引入视频对象的概念,在一定长度的视频段中,很有可能描述的是几个相同的对象,可以对这几个对象分别予以分割提取,得到关于各个对象的视频段,但实际分割过程并非如此。

图 1.1 是基于内容的视频编码框图,图中示出对每一个视频帧进行若干个 VOP 提取, VOP 的个数应该是该帧中可能划分的对象的个数,但人们一般只对活动的对象提取,静态对象常被合并与背景同样对待,这样做的原因是有利于对象提取。

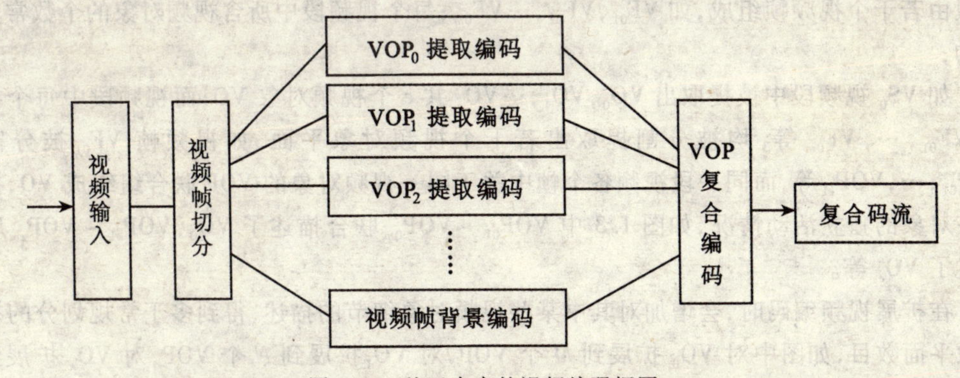

图 1.1　基于内容的视频编码框图

这是由于人们在实际成像时是利用摄像头一次又一次曝光而得到一幅一幅视频帧的,

对这些图像帧按时间顺序连续播放出(或连续捕获)才得到视频。所以人们要对视频进行基于内容的表示,只能立足于一幅一幅的视频帧,在每一帧中分割提取的只能是视频对象平面(VOP),对连续视频中关于同一对象的 VOP 再组成对该对象的动态描述即视频对象(VO)。

在对视频帧中各个 VOP 提取后进行编码表示时,包括 VOP 的运动信息编码、形状信息编码、纹理信息编码。如果能对视频图像进行分析,提取关于对象的视频图像模型,使得关于该对象的形状、纹理和运动能遵循该模型的规则,则编码会变得容易,编码结果的数据量也会进一步减小。

图 1.2 是基于内容的视频解码框图,解码器从收到的视频数据流中解读出关于每个 VOP_i 的数据,由运动规则及其形状和纹理的描述恢复出一个个对象平面,再将这些对象平面与同步的背景按位置分布组合即形成完整的视频帧,对这些视频帧按时间顺序展示即恢复原视频序列,完成视频解码。

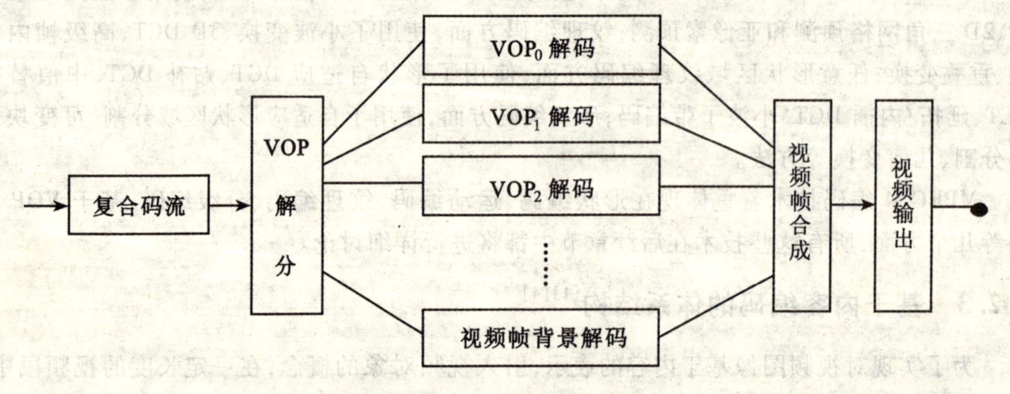

图 1.2 基于内容的视频解码框图

对视频序列编码所得到的视频流数据,其数据结构可以分以下层次进行理解,结合图 1.3 予以说明。

常规的完整视频序列可以按镜头切分情况划分成不同的视频段 VS_0, VS_1, …等;每个视频段由若干个视频帧组成,如 VF_{01}, VF_{02}, … VF_{0m};每个视频段中所含视频对象的个数常是不变的;

如 VS_0 视频段中被提取出 VO_0, VO_1, … VO_e 共 e 个视频对象 VO;而视频段中每个视频帧 VF_{01}, …, VF_{0m} 等,均被分割提取出若干个视频对象平面,如视频帧 VF_{01} 被分割出 VOP_{01}, …, VOP_{e1} 等,而同一段视频各个帧中关于同一视频对象的 VOP 联合组织成 VO,描述了该对象的独立活动情况,如图 1.3 中 VOP_{01} ~ VOP_{0m} 联合描述了 VO_0, VOP_{e1} ~ VOP_{em} 联合描述了 VO_e 等。

在扩展视频编码时,会增加对其中某些视频对象细节的描述,得到多于常规划分的视频对象平面数目,如图中对 VO_0 扩展到 M 个 VOP,对 VO_1 扩展到 N 个 VOP,对 VO_e 扩展到 P 个 VOP,这里 M,N,P 等都大于 m,但 M,N,P 相互之间可以不等。

如为了增加对某个视频对象的运动细节描述,可以在时域扩展插入一些关于该对象的平面。为了增加对某个视频对象的纹理细节描述(如对视频会议系统中会议主席面部表情

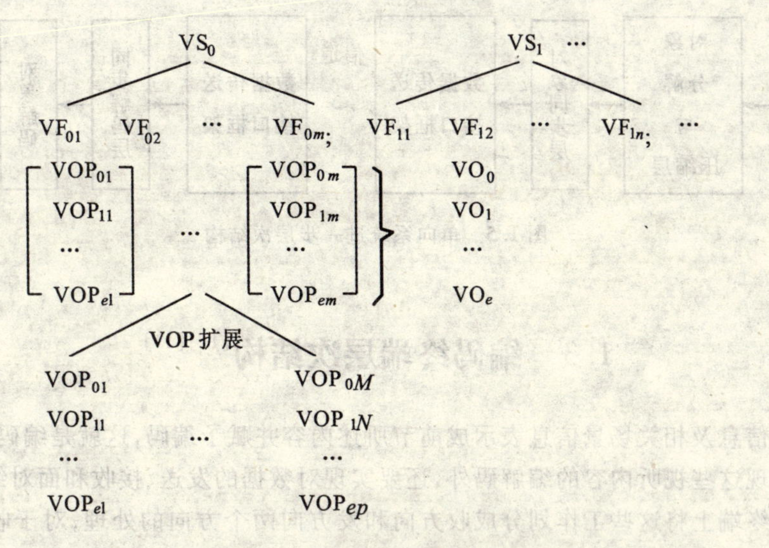

图 1.3　视频编码数据结构分级

增加细微描述)，可以就其纹理局部(如面部)空域扩展插值，即增加了特写的视频对象平面。

这些扩展的视频对象平面与基础的视频对象平面组成了不同的视频对象层 VOL(Video Object Layer)。

1.2.4　基于内容处理的逻辑层次[5]

就基于内容处理的系统而言，其逻辑结构远不止编码器、解码器这么单纯。

当然事情得由浅入深地进行说明。

简单地说，该系统结构如图 1.4 所示。

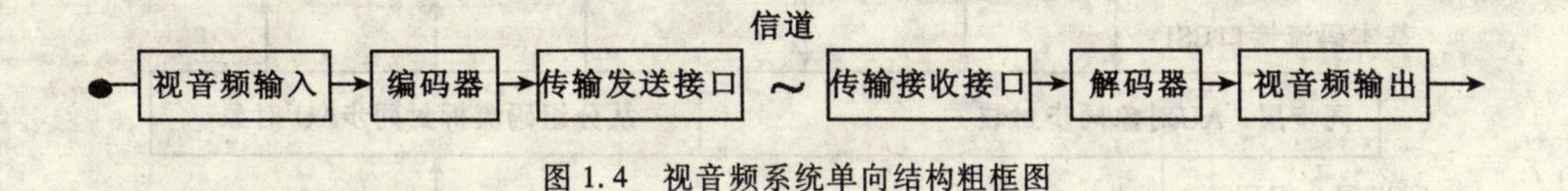

图 1.4　视音频系统单向结构粗框图

在图 1.4 中，为了直观说明和理解问题，给出了一个单向处理和传送的粗框结构。

在对视音频进行基于内容处理以后，就引入了关于内容的分解，关于对象的分层，也就带来了对它们同步的问题；在这些数据交于网络传送的时候，应该是允许多种传输网络并行、多种传输协议并存的，这也带来了传输和转换框架问题，所以进一步的系统结构应该如图 1.5 所示。

图 1.5 示出系统的工作过程是：发送端对输入的视音频信息分解对象后，分别压缩音频信息和视频对象与场景信息，并增加对不同对象的同步信息，对视、音频内容的同步信息，然后交与传送层，在那里复用成若干个用于传送(或存储)的复合码流。

在接收端首先依从不同传送协议解复用，再依从同步原则对不同对象解复用，接着对不同对象分别解码，然后按对象、场景复合、视音频复合形成完整视音频信息输出播放。

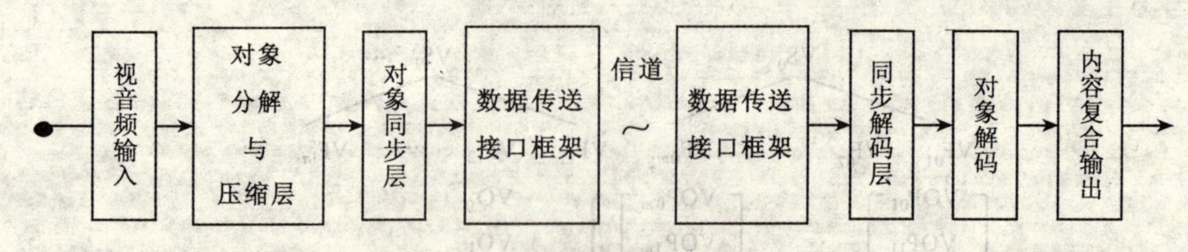

图 1.5　单向系统进一步层次结构

1.3　编码终端层次结构[11][13]

将视听信息及相关场景信息表示成前节所述内容并赋予编码，这就是编码终端的功能，终端上除实现这些视听内容的编解码外，还要实现对数据的发送、接收和面对终端的视听交互。一般在终端上将这些工作划分成收方向和发方向两个方向的处理，对于收方向是将对方经网络传送来的数据拆分成不同内容解码恢复，然后予以同步显示和播放，甚至实现视听场景可交互；对于发方向是将视听流分解成不同内容进行压缩编码，加入同步信息后复合成被传送的码流经网络向对方发送。

终端的模型结构，如图 1.6 所示。

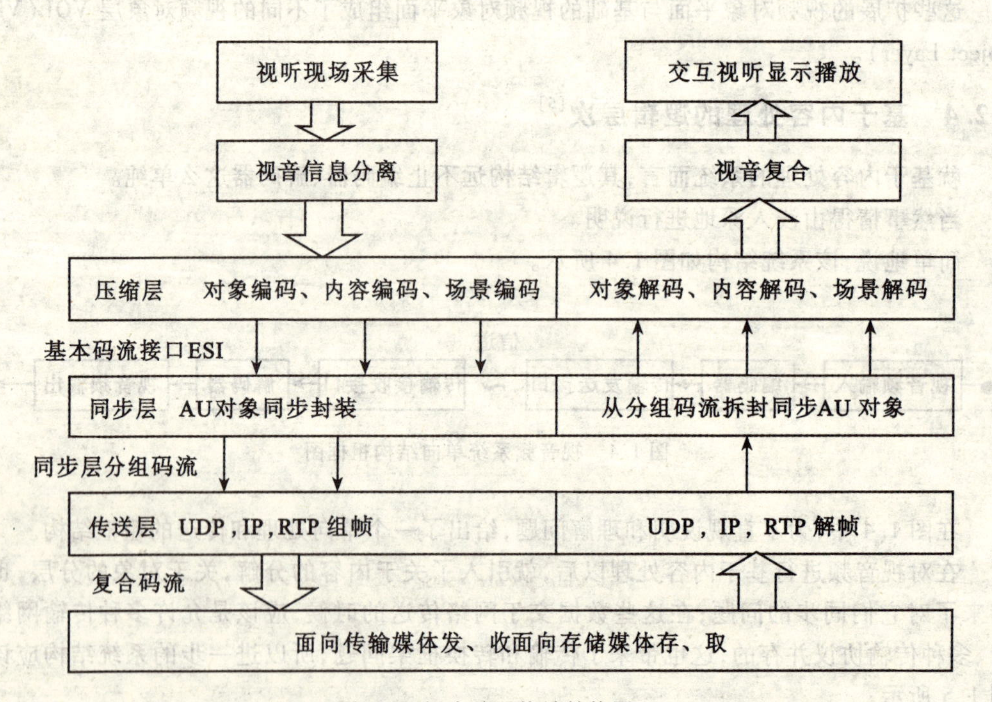

图 1.6　视音编码终端结构图

图 1.6 示出终端上实现的发送和接收两个方向的功能：发送方向，对采集到的视音信息分解内容压缩编码，增加同步信息后封装成传送的帧结构，交与媒体传送；接收方向，收到传送码流后解封装、解复用、解压缩，同步恢复出视音信息交互显示、播放。

系统模型从上到下分为压缩层、同步层、传送层。

压缩层 对终端本方的视音信息进行压缩编码,现时负责从对方传送来的数据解压缩和解码。压缩层不考虑系统的传送技术和传送媒质,与传送无关;压缩层对视音频数据编码形成基本码流 ES(Elmentray Streams),通过基本码流接口 ESI 到达同步层,ES 的信息(层次关系、位置、属性等)由对象描述符 OD(Object Descriptor)来描述。

同步层 实现视音媒体间的同步和对象之间的同步,同步层和压缩层之间的接口是 ESI(基本码流接口),基本码流 ES 由一个个访问单元 AU 组成,AU 是最小的带有时间信息的数据体,AU 在同步层被加上同步信息后封装成同步层 SL 分组流,再传递到传送层。同步层另一方面的工作是从传送层接受数据流,从中提取出同步信息,恢复出基本码流 ES,再送给压缩层。

传送层 涉及多种传输协议,例如 UDP,IP,RTP,ATM 的 AAL2,PSTN 的 H.223 等,它们可以被用来传输或存储 MPEG-4 之类的视音内容,传送层与传输相关,与传输用的媒体无关,它提供对媒体流的透明接入和传送。

1.4 传送多媒体集成框架 DMIF[13]

1.4.1 DMIF 参考体系结构

DMIF(Delivery Multimedia Integration Framework)使得在不同传送技术和不同传送媒体上都可以存取、播放、同步不同媒体的不同内容,提供一个能满足各种网络应用的公共接口,力争既满足现代网络的要求,又能适应未来网络的要求。

就应用而言,DMIF 主要集中了三种操作情况:本地检索(Local Retrieval)、广播(Broadcast)、远程交互(Remate Interactive),如图 1.7 所示。

DMIF 多媒体传送集成框架		
网络技术	存储技术	广播技术
远程交互	本地检索	多路播放

图 1.7

DMIF 就是要提供一个传送接口,使既能满足现行常规网络,又能满足今后支持 QoS 能力的网络,该传送系统的公共接口还能满足访问本地节目内容,以及访问远端组播或广播码流。

DMIF 参考体系结构如图 1.8 所示[13]。

图 1.8 中示出三方面操作集成在一个统一模型下的情况。

在统一模型体系中,无论针对哪个方面的应用都存在四个基本模块:

始发媒体源应用模块、源 DMIF 模块、目标 DMIF 模块、目标应用模块。

源 DMIF 模块就是媒体源终端上会话层服务的应用模块,在本地存储媒体应用和广播类媒体应用两种情况下,源应用和目标应用通过 DMIF 互相协作;在通过远程网络远程交互

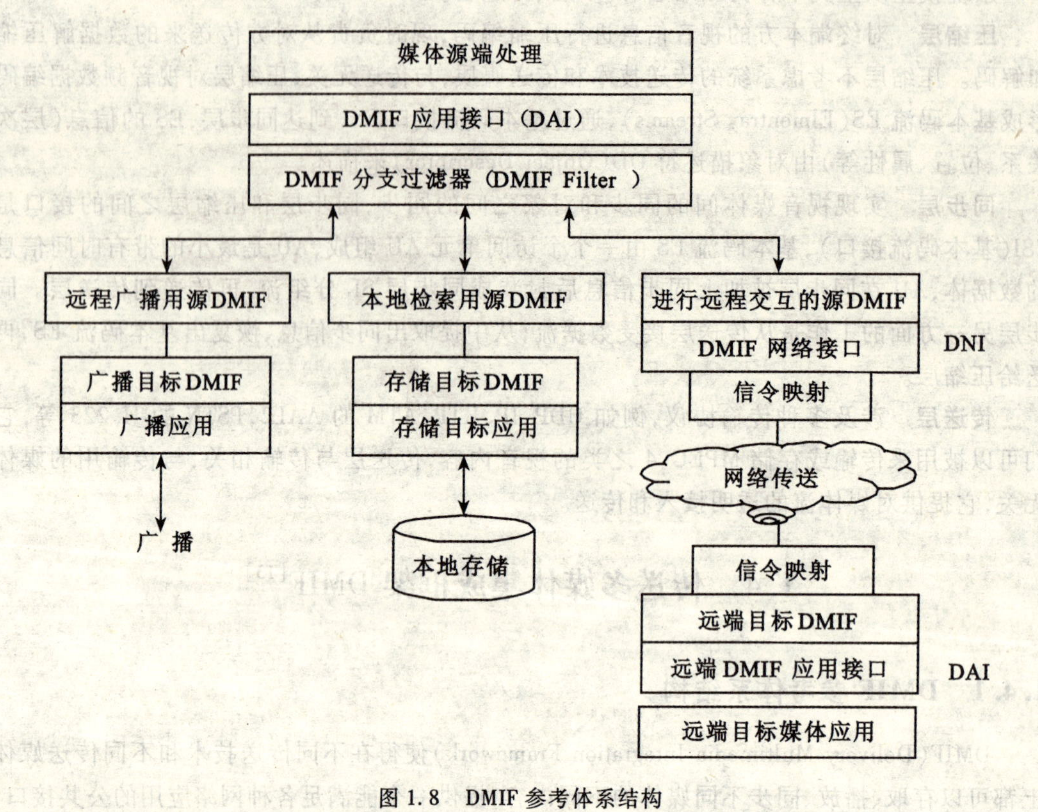

图 1.8 DMIF 参考体系结构

操作情况下，源应用和目标应用分别位于远程的两个不同主机上，相互之间通过信令协议通信。

系统中的 DMIF 过滤器起到对多种 DMIF 协调统一的作用，它根据应用所请求的 DMIF URL 选择合适的 DMIF 子例提供服务。DMIF 过滤器属于多模块的组件，多种 DMIF 子例模块（甚至于现在还未知的子例模块）可以在其中得到即插即用，这个性能使得 DMIF 框架极能适应系统的扩展，尤其方便于未来的网络环境和网络协议的扩充，方便于未来采用新出现的传输技术。

1.4.2 DMIF 应用接口(DAI)

此处 DAI 本质上就是一个应用程序接口（API），它对本地操作、远程操作、广播操作、组播操作统一对待，不加以区别，终端在此 DAI 支持下统一地访问媒体内容或播放各类媒体内容。

DAI 中使用的原语包括以下的类型：

① 服务性原语，包括 DA_ServerAttach( )和 DA_ServiceDetach( )，起到管理业务会话、处理控制平面的作用。

② 通道性原语，包括 DA_Channel Add( )和 DA_Channel Delete( )，起到管理通道的建立和删除作用。

③ 数据性原语，包括 DA_Data( )和 DA_UserCommand( )。其中 DA_Data( )用于实时数

据,DA_UserCommand( )用于控制性数据,它们负责处理用户平面(User Plane)和通道传送性服务。

1.4.3　DMIF 信令协议

DMIF 信令协议是运行在会话层的协议,用于传输多媒体数据流,它除支持当前传输技术外,还可方便地扩展到支持未来的传输技术,包括 QoS、资源管理、异构网操作等,还允许记录会话时消耗的网络资源。

DMIF 信令协议被用于在网络传输的对端之间配置和建立协议栈,其中还包括 Flexmux 工具的使用,使得 DMIF 实现方案可以节省或最优化网络资源。

DMIF 信令协议不只是允许单向通信,也允许双向通信,它对客户机和服务器端的角色同等对待。

DMIF 信令协议使建立起会话以后也会选择并请求一些数据流,且为每个流生成一个新的通道,还可能将多个通道复用到一个 socket 里。DMIF 信令协议并不具体地下载码流,也不启动码流的传输,它只起到建立通道和配置协议栈的作用。

DMIF 信令协议使用了资源描述符,易于扩展,可以统一管理任何类型的资源,可以综合多种网络技术自身提供的信令技术和相关协议,可以映射各该信令功能,DMIF 为 IP,IP with RSVP,ATM with Q. 2931 等定义了特定的 DMIF 信令协议映射。

DMIF 信令协议支持常规的 QoS 信息交换,即可以在允许 QoS 的网络上采用。

DMIF 信令协议又类似于 DSM-CC(Digital Storage Media-Command and Control)协议,可为异构网络提供信令机制。但不同的是 DMIF 信令协议并不区分客户端和服务器端的角色,不只允许单向通信,还允许双向通信;在异构网服务上,DSM-CC 用户——网络协议是用于在异构网上开展 VOD(视频点播)业务,而 DMIF 信令协议则企图解决更为普通的问题。

1.4.4　基于 DMIF 的媒体内容传送

(1)DMIF 例程的功能

一般地说,DMIF 每一个例程都对应一种底层传送技术,分别完成以下功能:

① 控制平面上的信令协议;

② 用于传送媒体内容基本流的协议栈;

③ 支持对象描述符流的协议机制;

④ 支持码流映射表信息的机制。

为了使视音频媒体内容以流的形式传送,为了使场景描述不依赖于底层传送技术而仅需建立一次场景描述符流,为了完整描述媒体内容的场景、定位场景中的对象组件,系统中定义使用以下三种工具:

① 场景描述流——BFS(Binary Format to Scenes)场景的二进制格式,用参数化编码描述的场景格式,它用关于对象描述符的指针来引用场景中的组件,并且能说明如何重新复合一幅场景。

② 对象描述符流——OD(Object Descriptor),关于对象描述符的基本码流,其用对象描述符命令予以封装。它具体描述一幅场景里的每个基本流 ES 和惟一标识每个 ES 的 ES-ID(16bit 长的整数),ES-ID 可在系统内部交叉引用;另一个可选用的定位码流的标识符是

ES-URL,但它不在系统内部交叉引用。

③ 码流映射表——Stream Map Table,记载每个 ES-ID 或 ES URL 的实际物理位置。

(2)一般传送过程

在 DMIF 参考体系中,媒体源端的应用在访问媒体内容时是通过 DAI(DMIF Application Interface)进行的,如图 1.9 所示。

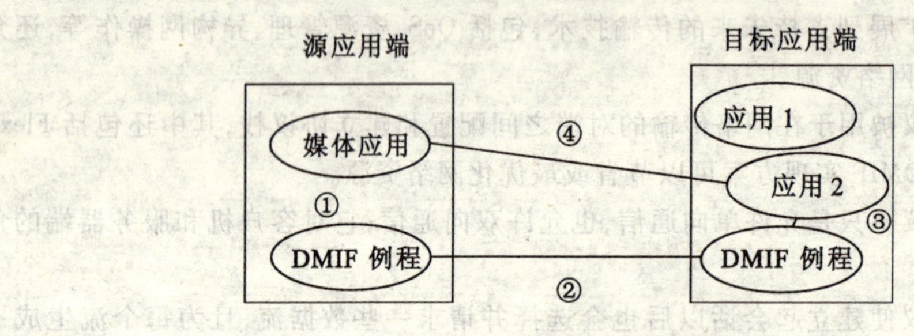

图 1.9 DMIF 体系计算模型

在源端,媒体的某种应用发出请求到 DMIF 过滤器,由 DMIF 过滤器分配某个子例程为该应用请求提供服务,一个源应用可能同时得到 DMIF 多个子例程的服务。

以下结合图 1.9 中的①②③④来说明全过程的工作情况。

① 源端媒体应用向本地端 DMIF 例程发出请求要求服务,源 DMIF 例程选择一种对应的服务,由 DMIF URL 加以标识,并且使用 DAI 的 DA_ServiceAttach 原语来生成服务的会话,同时激活该服务。

② 源 DMIF 例程中的过滤器检索源应用传递过来的 DMIF URL,确定其参数所标识的业务类型及负责此业务的源 DMIF 子程,与目标 DMIF 例程联系。若是远程目标则要通过 DMIF 信令协议建立会话,若是本地文件播放则只要和本地目标 DMIF 例程联系。

③ 目标 DMIF 例程区别出对应的应用类型并与之相联系,建立起服务会话,如果是远程网络端点间建立起的会话应在每个 DMIF 端点映射成本地意义的服务会话。

④ 目标应用定位寻找源,则应用所要求的服务找到后,目标应用返回一个确认应答,反向转发到始发端的源应用,应答中包括所请求服务的初始对象描述符。至此,源应用与目标应用已建立起会话并生成传送数据的连接。

(3)广播工作过程

广播或者组播都是在多通道的集合上传送多条码流。源端应用发出标识为 DMIF URL 的服务请求时,目标端应用模块就要分析 URL,检索到该服务的初始对象描述符,并且返回给源端应用模块,检索相关的码流映射表。只有目标应用模块检索到这些信息,才会满足源应用增加通道的要求。

目标应用比较 ES URL 和码流映射表中相关事项就可以定位运载码流的实际物理通道。在 IP 组播时,码流映射表可通过扩展的会话描述协议(Session Description Protocol)结合会话启动协议(Session Initiation Protocol)或者结合会话通告协议(Session Announcement Protocol)来实现。

一个会话中的通道可以被动态地增减,所以码流映射表也是动态的。但动态码流映射表难以接收和管理,接收终端数量的多少以及拟留出接收终端余量的多少都影响码流映射表的确定。有一种解决机制是,先以静态表为基础,用动态更新算法更新表的动态部分。

(4)本地文件播放情况

当源应用请求标识为 DMIF URL 的服务时,目标应用模块应分析源应用请求的 URL,明确所请求的服务,检索到该服务的初始对象描述符并返回给始发的源应用,使检索出相关的码流映射表。目标应用模块核实了这些信息就可以满足源应用接下来增加通道的请求,比较所请求的 ES-ID 或 ES URL 和码流映射表,目标应用就可以提供有关请求码流的实际文件内容。

第二章 视频对象分割

视频对象是视频媒体所表现的主体,视频内容则是围绕主体的描述和表达形式,所以基于内容的视频编码首要的是抓准对象,包括活动对象和静止对象(但主要目标应该是活动对象),也就是要把对象从视频中分割出来,然后才得以描述对象的内容,包括形状、纹理、颜色、运动等。

视频对象分割尤其是活动对象分割是基于内容视频编码中最复杂、技术难度最高的部分,所以本章的篇幅较重,比较细地讨论了相关的图像处理技术、基于边缘的分割技术、基于区域的分割技术、基于像素聚类的分割、基于运动的分割等,还综合性地讨论了视频对象提取技术。

视频对象分割是基于内容视频处理的重点和核心,也是本书的重点。

2.1 视频分割技术基础

2.1.1 视频分割概述

随着网络和多媒体技术的迅速发展,视音频应用愈来愈普遍,需求也越来越高,随之而来,基于内容的处理方式和技术也应运而生。比如交互式的网络游戏、电子商务、视频点播、基于内容的视频检索等。这些面向内容的应用要求视频数据以基于内容的方式进行压缩、传输、编辑、检索。"基于内容"就是适应这一应用需求而提出来的。

MPEG-4 与以往视频编码标准的主要区别在于对象的概念以及由此所带来的一系列新功能。在基于内容系统中,输入的视频不再是一堆像素,而是视频对象以及视频对象按照时空关系组成的场景。它以视频对象作为操作的单位。MPEG-4 提供传统编码标准的全部功能,包括从高码率高质量的广播级图像到用于 PSTN 和 WAP 的极低码率图像,同时还提供基于内容的功能,以及更广泛的码流伸缩性。

2.1.1.1 视频场景与对象

(1)视频场景

基于内容的系统从现实世界的角度来理解视频序列。它把视频段分解成视频、音频或其他形式的“对象”,然后以“场景”的概念来组织这些对象,像一棵树组织其枝叶一样。图2.1解释了这种组织关系。

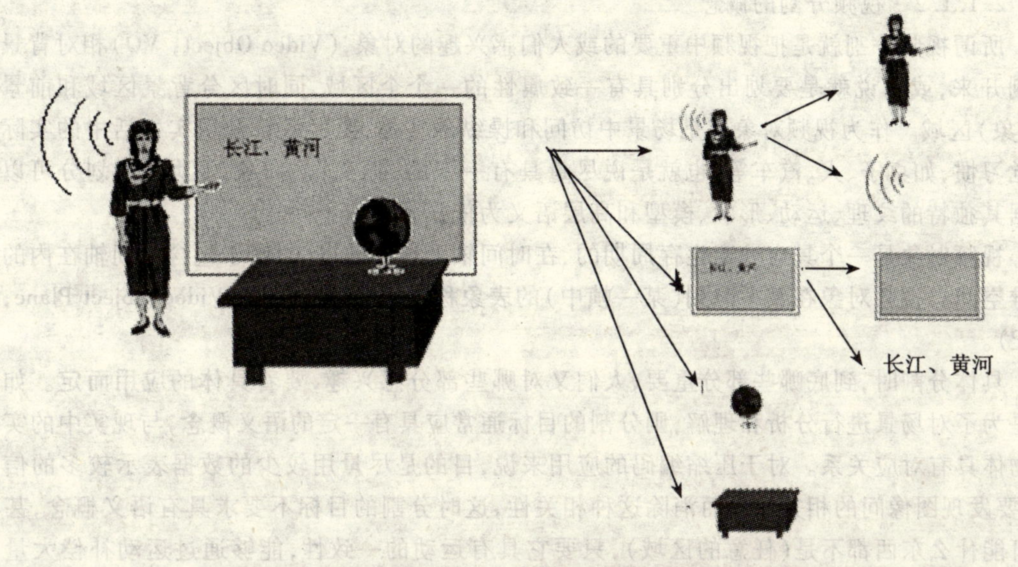

图2.1　场景内容描述示意图

可以认为上述场景中有两种不同层次的对象:基元对象和复合对象。基元对象对应于场景树的叶子节点,如静态图像(图中的黑板、桌子、地球仪)、视频对象(正在讲话的人,不包含背景)、音频对象(讲话人所发出的声音)等;复合对象对应于一个子树,如正在讲话的人和她的声音组合在一起形成一个复合对象,黑板与黑板上的字(图中的“长江、黄河”)组成一个复合对象。利用复合对象,构造复杂的场景,提供由一定语义概念的对象来供用户操纵。

实际上,无论从结构还是从功能来看,基于内容的场景描述都直接借鉴了虚拟现实建模语言(Virtual Reality Modeling Language,VRML)中的概念,并就上述功能要求进行了一定的扩展。

(2)视频对象

场景中的媒体对象有多种,包括音频、视频以及其他人工合成的对象。这里我们主要介绍“自然视频”对象。

基于内容的系统将图像序列每一帧的场景,看成是由不同视频对象平面(VOP)所组成,而同一对象连续的VOP构成视频对象VO(Video Object)。VO可以是视频序列中的人物或具体的景物,也可以是计算机图形技术生成的二维或三维图形。对于输入视频序列,通过分析可将其分割为若干个VOP,对任一VOP编码后形成该VOP的数据流。

VOP的编码包括对象的形状编码、运动编码、纹理编码。运动和纹理编码的基本原理与H.263和MPEG-1/MPEG-2极为相似。由于VOP具有任意形状,因此要求编码方案可以处理形状(Shape)信息和透明(Transparency)信息,这同只能处理矩形帧序列的现有视频编码标准形成了鲜明的对照。在MPEG-4中,矩形帧被认为是VOP的一个特例,这时编码系统不用处理形状信息,退化为类似于 H. 261/263,MPEG-1/MPEG-2 的传统编码系统,同时也实现了与现有标准的兼容。从矩形帧到 VOP,MPEG-4 顺应了现代图像压缩编码的发展潮流,即从基于像素的传统编码向基于对象和内容的现代编码的转变。

2. 1. 1. 2 视频分割的概念

所谓视频分割就是把视频中重要的或人们感兴趣的对象,(Video Object, VO)相对背景分割开来,或者说就是要划出分别具有一致属性的一个个区域,同时区分背景区域和前景(对象)区域。作为视频对象应是场景中访问和操纵的实体,要尽量符合现实生活中的实际视觉习惯,如桌子、人、汽车等,也就是说尽量具有一定的“语义”。对象(区域)的划分可以根据其独特的纹理、运动、形状、模型和高层语义为依据。

视频对象是一个具有一定生存周期的、在时间轴上连续的概念,属于包含时间轴在内的三维空间。视频对象在某一时刻(某一帧中)的表象称为视频对象平面(Video Object Plane, VOP)。

具体分割时,到底哪些部分重要,人们又对哪些部分感兴趣,要看具体的应用而定。如果是为了对场景进行分析和理解,则分割的目标通常应具有一定的语义概念,与现实中的实际物体具有对应关系。对于压缩编码的应用来说,目的是尽量用较少的数据表示较多的信息,要发现图像间的相关性从而消除这种相关性,这时分割的目标不要求具有语义概念,甚至可能什么东西都不是(任意的区域),只要它具有运动的一致性,能够通过运动补偿大量消除帧间的相关性就可以。对于视频监控系统,人们感兴趣的是运动的人物(或物体),而对于可视电话系统人们关心的则是图像中的人脸区域。

视频分割往往不是独立应用的,它通常是为了给后续模块提供对图像或视频的高层次描述,以便更方便地对视频进行分析处理。通过视频分割,使视频内容得到初步的划分,为进一步的场景分析和目标识别奠定基础,分割的准确性直接影响后续任务的有效性。它们的关系如图 2.2 所示。

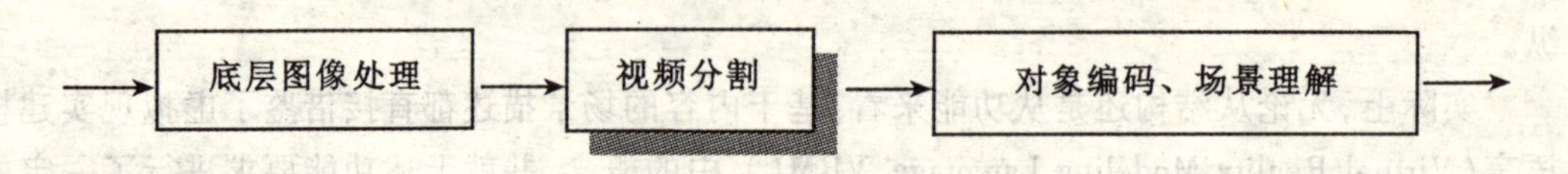

图 2.2 视频分割与其他处理模块的关系

视频对象的分割提取是基于对象的视频处理的第一步,也是关键的一步。因而视频分割技术的研究是非常有意义的。

(1)关于自动分割和半自动分割

按照人工参与的程度,通常将视频分割分为自动分割和半自动分割技术。

半自动分割需要人的参与,通常用于需要精确地确定物体的边缘、要求所提取的目标具有语义概念的情况下。半自动分割通常首先用人工绘制的方式给出初始划分,然后通过帧间的跟踪实现对后续各帧的自动分割,活动轮廓是最常用的方法。

自动分割则不需要人的参与。对于视频压缩等实时性应用或智能人机接口这样体现机器智能的应用来说,半自动分割是不合适的,必须采用自动分割的方法。因此本文着重研究的是自动分割技术,所提出的算法都是关于自动分割方面的研究。

(2)视频分割与图像分割

图像分割是指静态图像的分割,视频分割与图像分割有着密切的联系,因为视频是由一幅幅静态图像组成的。静态图像分割是一个较早、较传统的问题。由于静态图像在时间上是孤立的,没有前后的关系,因此它的分割只能利用空间信息来进行。而视频则可以从时间和空间两个方面结合起来考虑,因此具有更多的分割线索,分割的效果也会更接近人眼的视觉效果。

(3)视频分割与视频分段

视频分割与视频分段是两个不同但容易混淆的概念。视频分割是从视频场景中提取视频对象,是把视频对象与其背景分割开来,是空间上的分割。视频分段则是从时间上对视频分割[38],把视频分成代表帧、镜头、场景等不同层次的视频时间段。但在英文文献中,视频分割和视频分段都经常使用"Segment"一词来表示,翻译过来都叫"分割",要根据文献的具体内容来区别判断。

由于图像信号的复杂多样性,图像分割是个复杂的问题,最大的困难在于其本身暂时仍是个病态问题,对于一个确定的景物,使用不同的一致性准则就会得到不同的分割结果。

因此,图像的分割只能在有限的误差限度内进行。用来作为分割的线索主要是现实世界的物体在图像中所表现的一些聚类特征。这些因素包括亮度、颜色、纹理以及其他变换的或统计的特征,如梯度图像、直方图等。

对于空间属性,一般有三种不同的考虑角度:

- **区域**(着眼于空间属性的一致性)　利用区域生长算法进行分割并作出标记。"分水岭算法"实际上就是一种变形的区域生长过程。分割的结果是一些独自连通的区域。
- **边缘**(着眼于空间属性的差异)　通过边缘检测、边缘生长,形成一个个闭合的边缘,就是一个个的对象。边缘检测是关键,有很多著名的边缘检测算子,一般用梯度作为边缘,如 Sobel 算子,Canny 算子等。

但实际上,无法截然区分这两种方法,因为区域内的连续性就同时意味着区域间的不连续性。没有区域间的边缘分隔,就没有区域的概念。因此,通常要把这两方面的线索结合起来,共同完成分割过程。如分水岭算法,首先进行梯度计算,找到合适的种子点(或种子区域),然后再进行区域生长。对象的边界表达方式和区域表达方式也是等价的,可以互相转换。

- **聚类**　聚类是一种基于直方图的全局统计分类过程,是模式识别中的基本方法。聚类实际上是保证聚类在直方图上的连续性,一般不保证在空间上的连续性。常见的有 C-均值(也叫 K-均值)聚类以及一些"模糊聚类"方法。在后面的章节中,将介绍一种聚类分割技术和区域生长技术相结合的新方法——"区域聚类"。

另外,活动轮廓技术也常用来作为一种半自动分割技术使用。

2.1.2 图像预处理技术

要实现视频对象分割提取,需使用很多数字图像处理技术,尤其是预处理技术,如滤波、去噪、图像块匹配等,所以此处简介一些图像处理的有关基础知识。

2.1.2.1 滤波器技术

图像滤波是数字图像处理过程中最经常使用的也是最重要的处理过程,因为图像在摄取、传送、记录显示过程中总要受到噪声的干扰，反映在图像上，噪声使原本均匀和连续变化的灰度突然变大或变小，形成一些虚假的物体边缘或轮廓，使得图像的后续处理容易引入误差。因此，我们要重视图像的滤波处理。

均值滤波法

我们假设图像是由许多灰度恒定的小块组成，相邻像素间有很高的空间相关性，而噪声是统计独立地叠加在图像上的，其均值为0。因此，可用像素邻域内的各像素灰度值的平均值代表原来的灰度值，实现图像的平滑。在灰度图像 f 中以像素 (x,y) 为中心的 $N*N$ 屏蔽窗口（$N=3,5,7,\cdots$）内，若平均灰度值为 a 时，无条件地使 $f(x,y)=a$。这种方法就是对一个噪声点进行模糊，把被处理点的某一邻域中所有像素灰度值的平均值作为该点灰度的估计值。由于参加平均的像素在原始无噪声图像中灰度值是不等的，但在去噪过程中邻域内所有像素都进行了平均，所以这一处理技术可能会使边界模糊。

中值滤波法

这种方法是以局部中值代替局部均值。在灰度图像 f 中以像素 (x,y) 为中心的 $N*N$ 屏蔽窗口（$N=3,5,7,\cdots$）内，首先把这 $N*N$ 个像素点的灰度值按大小进行排序，然后选取值的大小处为正中位置的那个灰度值 a，使 $f(x,y)=a$。这样，把被处理点的某一邻域中像素灰度中值作为该点的灰度的估计值。由于中值滤波不影响阶跃函数和阶梯函数，而当宽度小于窗口的一半时，冲击函数趋于消失，三角形函数的顶部则将被削平，因此中值滤波一般不会引起边缘模糊，而能够达到减小离散的冲击噪声。

低通滤波法

从频谱上看，噪声特别是随机噪声是一种具有较高频率分量的信号，平滑的目的就是通过一定的手段滤除这类信号。一个很自然的想法就是使图像经过一个二维的低通数字滤波器，让高频信号得到较大的衰减。在空间域上进行的这种滤波实际上就是对图像和滤波器的冲击响应函数进行卷积。

设图像为 $f(x,y)$，滤波器的冲击响应函数为 $H(x,y)$，则卷积表达式为：

$$g(u,v)=\sum_{x}\sum_{y}f(x,y)H(u-x+1,v-y+1) \tag{2-1}$$

常用的冲击响应函数有：

$$H_1=\frac{1}{9}\begin{bmatrix}1&1&1\\1&1&1\\1&1&1\end{bmatrix}\quad H_2=\frac{1}{10}\begin{bmatrix}1&1&1\\1&2&1\\1&1&1\end{bmatrix}\quad H_3=\frac{1}{16}\begin{bmatrix}1&2&1\\2&4&2\\1&2&1\end{bmatrix}$$

容易看出，采用 H_1 作为滤波器，其效果将和 $3*3$ 窗口下的均值滤波法得到的结果类似。

局部统计滤波法

局部统计滤波法利用图像的统计特性，如利用局部均值和局部方差进行滤波。在一幅图像中，令点 (x,y) 的灰度值为 $f(x,y)$，所谓局部均值和方差是指在以点 (x,y) 为中心的 $(2m+1)*(2n+1)$ 窗口内估算所得的均值和方差，计算公式为：

$$m_L(x,y)=\frac{1}{(2m+1)(2n+1)}\sum_{i=x-m}^{x+m}\sum_{j=y-n}^{y+n}f(i,j) \tag{2-2}$$

$$\sigma_L^2(x,y)=\frac{1}{(2m+1)(2n+1)}\sum_{i=x-m}^{x+m}\sum_{j=y-n}^{y+n}[f(i,j)-m_L(x,y)]^2 \tag{2-3}$$

Wallis 滤波算法

$$g(x,y)=m_d+\frac{\sigma_d}{\sigma_L(x,y)}[f(x,y)-m_L(x,y)] \tag{2-4}$$

Lee 滤波算法

$$g(x,y)=m_L(x,y)+k[f(x,y)-m_L(x,y)] \tag{2-5}$$

k 是新的局部标准方差对原方差的比值,这种算法的优点是无需计算 $\sigma_L(x,y)$。若 $k>1$,图像得到锐化,类似高通滤波。若 $k<1$,图像得到平滑,类似低通滤波。当 $k=0$ 时,我们得到均值滤波法。

另外,在某些情况下,还可采用更多的有针对性的滤波方法。

2.1.2.2　微分技术

图像最基本的特征是边缘,所谓边缘是指其周围像素灰度有阶跃变化或屋顶状变化的那些像素的集合,它存在于目标与背景、目标与目标、区域与区域、基元与基元之间。因此,它是图像分割所依赖的最重要的特征,也是纹理特征的重要信息源和形状特征的基础。经典的边缘提取是以原始图像为基础的,对图像的每个像素考察它的某个邻域内灰度的变化,利用边缘邻近一阶或二阶方向导数变化规律用简单的方法检测边缘。粗略的区分边缘种类可以有两种:其一是阶跃状边缘,它两边像素的灰度值有显著的不同;其二是屋顶状边缘,它位于灰度值从增加到减少的变化转折点[87]。

定义数字图像在第 i 行 j 列的 x 方向、y 方向的一阶差分、二阶差分分别为:

$$\Delta_x f(i,j)\triangleq f(i,j)-f(i-1,j)\qquad \Delta_y f(i,j)\triangleq f(i,j)-f(i,j-1) \tag{2-6}$$

$$\Delta_x^2 f(i,j)\triangleq \Delta_x f(i+1,j)-\Delta_x f(i,j)\qquad \Delta_y^2 f(i,j)\triangleq \Delta_y f(i,j+1)-\Delta_y f(i,j)$$

下面介绍几种常用的边缘检测算子:

(1)一般梯度算子

对阶跃边缘,在边缘点其一阶导数取极值。由此,我们对数字图像 $\{f(i,j)\}$ 的每个像素取它的梯度值:

$$G(x,y)\triangleq\sqrt{\Delta_x f(i,j)^2+\Delta_y f(i,j)^2} \tag{2-7}$$

式中 $\Delta_x f(i,j)$,$\Delta_y f(i,j)$ 由(2-6)式给出。适当取门限 TH_g 作如下判断:若 $G(x,y)>TH_g$,则 (i,j) 点为阶跃状边缘点,$\{G(i,j)\}$ 称为梯度算子的边缘图像。在有些问题中,只对边缘位置感兴趣,把边缘点标为"1",非边缘点标为"0",形成边缘二值图像。

对(2-7)式有一种近似,成为 Roberts 算子,即:

$$R(i,j)\triangleq\max\{|f(i-1,j-1)-f(i+1,j+1)|,|f(i-1,j+1)-f(i+1,j-1)|\}$$

也可用

$$G'(i,j)\triangleq|\Delta_x f(i,j)|+|\Delta_y f(i,j)|$$

作为上式的近似。

(2)Sobel 算子

对阶跃边缘,Sobel 提出一种检测边缘点的算子,对数字图像 $\{f(i,j)\}$ 的每个像素,考察它上、下、左、右邻点灰度的加权差,与之邻近的邻点权大。据此,定义 Sobel 算子如下:

$$\begin{aligned}S(i,j)\triangleq&|(f(i-1,j-1)+2f(i-1,j)+f(i-1,j+1))\\&-(f(i+1,j-1)+2f(i+1,j)+f(i+1,j+1))|\\&+|(f(i-1,j-1)+2f(i,j-1)+f(i+1,j-1))\end{aligned} \tag{2-8}$$

$$-(f(i-1,j+1)+2f(i,j+1)+f(i+1,j+1))|$$

适当取门限 TH_S,作如下判断:若 $S(i,j)>TH_S$,则 (i,j) 为阶跃状边缘点。$\{S(i,j)\}$ 为边缘图像。

(3) Laplacian 算子

对阶跃状边缘,由图 2.4(c)可见,二阶导数在边缘点出现零交叉,即边缘点两旁二阶导数取异号,据此,对数字图像 $\{f(i,j)\}$ 的每个像素,取它关于 x 轴和 y 轴方向的二阶差分之和

$$\Delta^2 f(i,j) \triangleq \Delta_x^2 f(i,j)+\Delta_y^2 f(i,j)=f(i+1,j)+f(i-1,j)+f(i,j+1)+f(i,j-1)-4f(i,j) \quad (2\text{-}9)$$

这是一个与边缘方向无关的边缘点检测算子。由于我们关心的是边缘点位置而不是其周围的实际灰度差,因此,一般都选择与方向无关的边缘检测算子。若 $\Delta^2 f(i,j)$ 在 (i,j) 点发生零交差,则 (i,j) 为阶跃边缘点。

对屋顶状边缘,在边缘点的二阶导数取极小值。据此,对数字图像 $\{f(i,j)\}$ 的每个像素点取它的关于 x 方向和 y 方向的二阶差分之和的相反数,即 Laplacian 算子的相反数

$$L(i,j) \triangleq -\Delta^2 f(i,j)=-f(i+1,j)-f(i-1,j)-f(i,j+1)-f(i,j-1)+4f(i,j) \quad (2\text{-}10)$$

$\{L(i,j)\}$ 称做边缘图像。

此外,还有其他一些特殊的基于邻域的边缘检测算子和利用空间结构关系的边缘检测方法,它们也都具有一些较好的效果,在此不一一讨论。

2.1.2.3 阈值确定技术

正确的阈值选取是许多图像识别与分析问题的基础,寻找简单实用的图像阈值自动选取方法一直是图像处理分析中很重要的一个课题。目前已有许多阈值选取方法,从多种角度来解决这个问题,下面讨论有代表性的几种方法:

基于图像差距度量的阈值自动选取方法

记 $f(i,j)$ 为 $M*N$ 图像在 (i,j) 点处的灰度值,灰度级为 m,假设 $f(i,j)$ 取值为 $0,1,\cdots,m$。设 t 为该图像的一个阈值,则用阈值来分割目标与背景的分割准则为:

目标部分:$\{f(i,j)\leqslant t\}$;

背景部分:$\{f(i,j)>t\}$(设背景比目标亮度大)。

目标与背景之间基于灰度值的差距即用来衡量目标与背景的分割是否恰当,选择适当的阈值分割出的目标与背景之间的差距应该很大,不合适的阈值将导致较多的错分而使得分割出的目标与背景差距变小,基于这样的思想,可以根据图像之间的差距来确定阈值[88]。

记 $d_{OB}(t)$ 是以 t 为阈值分割出的目标与背景之间的某种差距度量;

记 $d_{OA}(t)$ 是以 t 为阈值分割出的目标与原图之间的某种差距度量;

记 $d_{BA}(t)$ 是以 t 为阈值分割出的背景与原图之间的某种差距度量。

于是,可以依据如下一些性质来构造阈值的选取方法:

① 基于分割出的目标与背景之间的差距应最大:$g=\arg\max\limits_{0\leqslant t\leqslant m-1} d_{OB}(t)$。

② 基于分割出的目标与背景、原图之间的差距应都大:

- 二者之和最大:$g=\arg\max\limits_{0\leqslant t\leqslant m-1}(d_{OA}(t)+d_{BA}(t))$

- 二者之积最大：$g = \arg \max_{0 \le t \le m-1} (d_{OA}(t) d_{BA}(t))$

记 μ 为整个原始图像的灰度均值，$\mu_0(t)$ 和 $\mu_1(t)$ 是以 t 为阈值分割出的目标和背景部分的灰度均值，记 $\omega_0(t)$ 和 $\omega_1(t)$ 为此时目标部分和背景部分各自占原图像的比例。

定义目标与背景之间的差距度量为：

$$d_{OB} = |\mu_0(t) - \mu_1(t)| \omega_0(t) \times |\mu_0(t) - \mu_1(t)| \omega_1(t) \tag{2-11}$$

目标与原图和背景与原图之间的差距度量应为：

$$d_{OA} = (\mu_0(t) - \mu)^2 \omega_0(t), d_{BA} = (\mu_1(t) - \mu)^2 \omega_1(t) \tag{2-12}$$

这种差距度量既考虑了灰度差距，又考虑了各自所占的比例。

基于二维熵的阈值确定方法

二维熵阈值法[89]是在邻域均值和邻域方差所组成的参数空间中对像素进行二维直方图统计，如图 2.3 所示。

邻域均值反映了图像的平均特征，而方差反映了图像块的局部细节。区域 o 对应于均匀背景区域，区域 l 对应于均匀物体区域。（若背景比物体亮，则相反），其余区域则对应边界、噪声和纹理。设均值取值范围为 $[0, W-1]$，方差在取值范围为 $[0, S-1]$，则对应于区域 o 和 l 的概率表示为：

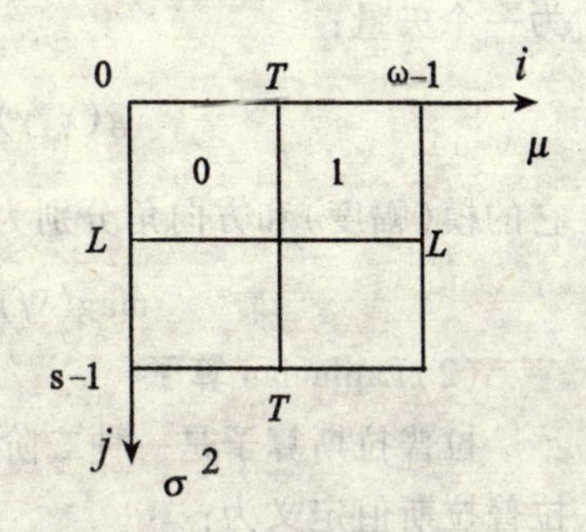

图 2.3　二维熵阈值选取方法

$$p_{o_{ij}}(T,L) = \frac{f_{i,j}}{\sum_{h=0}^{T} \sum_{k=0}^{L} f_{h,k}}, i \in [0,T], j \in [0,L] \tag{2-13}$$

$$p_{e_{ij}}(T,L) = \frac{f_{i,j}}{\sum_{h=T+1}^{W-1} \sum_{k=0}^{L} f_{h,k}}, i \in [T+1, W-1], j \in [0,L] \tag{2-14}$$

两个区域对应的熵为：

$$H_0(T,L) = -\sum_{i=0}^{T} \sum_{j=0}^{L} p_{0ij}(T,L) \log p_{0ij}(T,L) \tag{2-15}$$

$$H_1(T,L) = -\sum_{i=T+1}^{W-1} \sum_{j=0}^{L} p_{1ij}(T,L) \log p_{1ij}(T,L) \tag{2-16}$$

于是，最大熵全局分割阈值 $(\bar{T}, \bar{L})$ 为：

$$(\bar{T}, \bar{L}) = \arg \max_{T,L} \{ \min(H_o(T,L), H_l(T,L)) \}, T \in [0, W-1], L \in [0, S-1] \tag{2-17}$$

2.1.3　基于边缘的分割[23]

2.1.3.1　边缘检测算法[12]

边缘检测是所有基于边界的分割算法的基础。边缘是灰度值不连续的结果，两个具有不同灰度值的相邻区域之间总存在边缘。用一阶导数的（局部）最大值或二阶导数的过零点可以用来方便地检测边缘，如图 2.4 所示。

用上述导数或微分检测边缘应使用微分算子方式对图像遍历卷积计算来完成，所以下面首先介绍几种常用微分算子。

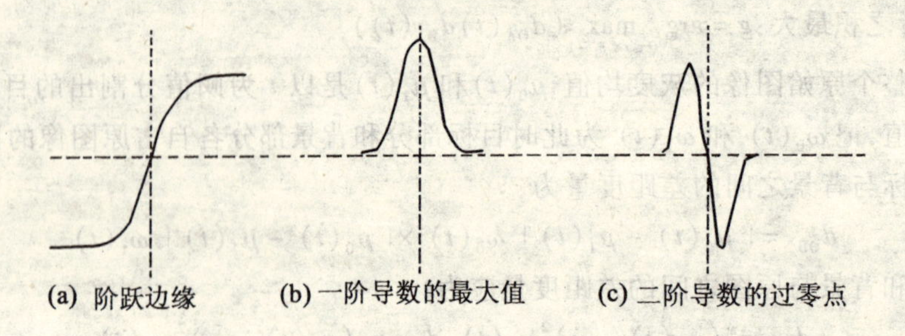

图 2.4 利用导数检测边缘

(1)梯度算子

梯度算子是一阶导数算子。对一个连续函数 $f(x,y)$，它在 (x,y) 位置的梯度 g 可表示为一个矢量：

$$g(x,y) = \nabla f(x,y) = [g_x, g_y]^T = [\frac{\partial f}{\partial x}, \frac{\partial f}{\partial y}]^T$$

它的模(幅度)和方向角分别为：

$$\text{mag}(\nabla f) = \sqrt{g_x^2 + g_y^2}, \qquad \theta = \arg\tan(g_y/g_x)$$

(2)Laplacian 算子

拉普拉斯算子是一种二阶导数算子，对于一个连续函数 $f(x,y)$，它在任一点 (x,y) 处的拉普拉斯值定义为：

$$\nabla^2 f(x,y) = \frac{\partial^2 f}{\partial x^2} + \frac{\partial^2 f}{\partial y^2}$$

这是一个标量算子。

(3)微分滤波器

实际上边缘检测也是一个病态问题[64]，因为实际信号都是有噪声的，并且噪声一般都是高频信号，噪声引起的导数要高于真正的边缘点的导数，这样检测到的边缘往往是噪声引起的假的边缘点，而真正的边缘却可能无法检测出来，或者有时无法判断哪些是噪声引起的、哪些是真正的边缘。

所以，应该首先对图像进行滤波，滤去噪声。设 $h(x)$ 为平滑滤波器的传递函数(这里为了便于说明问题，以一维信号为例)，我们先对信号进行平滑滤波，

$$g(x) = f(x) \otimes h(x)$$

然后再对 $g(x)$ 求一阶或二阶导数以检测边缘点。由于滤波与卷积的运算次序有以下的关系：

$$g'(x) = \frac{\mathrm{d}}{\mathrm{d}x} f(x) \otimes h(x) = \frac{\mathrm{d}}{\mathrm{d}x} \int_{-\infty}^{+\infty} f(s) h(x-s) \mathrm{d}s$$

$$= \int_{-\infty}^{+\infty} f(s) h'(x-s) \mathrm{d}s = f(x) \otimes h'(x)$$

所以，我们也可以将平滑、微分两个运算合并。平滑滤波器 $h(x)$ 的导数 $h'(x)$ 称为一阶微分滤波器，$h''(x)$ 称为二阶微分滤波器，于是边缘检测的基本方法是：

①设计平滑滤波器。

②检测 $f(x) \otimes h'(x)$ 的局部最大值或检测 $f(x) \otimes h''(x)$ 的过零点。

平滑滤波器应满足以下条件：

- $h(x)$为偶函数，且当$|x|\to\infty$时，$h(x)\to 0$
- $\int_{-\infty}^{+\infty} h(x)\mathrm{d}x = 1$
- $h(x)$一阶和二阶可微

容易证明，上述第二个条件保证了经过平滑滤波器$h(x)$滤波后，信号的均值不变。最常用的平滑滤波器为高斯函数。

$$h(x) = \frac{1}{\sqrt{2\pi}\sigma}e^{-\frac{x^2}{2\sigma^2}}$$

其中，σ为高斯函数的方差，σ越大，平滑效果越强，但σ太大，噪声虽然被平滑了，但信号的突变部分，即边缘部分，也被平滑了，这是边缘检测的基本困难。

(4)边缘检测模板算子

离散信号的平滑滤波用离散卷积表示（仍以一维信号为例）：

$$g(m) = \sum_{n=-\infty}^{+\infty} f(n)h(m-n)$$

实际信号的范围是有限（设为$0\leqslant n\leqslant N-1$）的，对于定义域之外的$n$值，在运算时可设$f(n)=0$。离散信号的微分用差分运算代替，一阶差分可有三种计算方法：

前向差分：　$h^{(1)}(m) = h(n+1) - h(n)$

后向差分：　$h^{(1)}(m) = h(n) - h(n-1)$

前后向平均差分：　$h^{(1)}(m) = [h(n+1) - h(n-1)]/2$

二阶差分为一阶差分的差分，若都用双向平均差分来表示，则有：

$$h^{(2)}(n) = [h(n+1) + h(n-1) - 2h(n)]/4$$

类似于连续函数的微分运算与卷积运算的顺序可交换性，离散函数的微分与卷积运算的次序也可以交换。离散滤波器可以直接从连续滤波器离散抽样获得。如对于高斯函数，则有：

$$h(n) = ce^{-\frac{n^2}{2\sigma^2}}, c\text{为归一化系数，使}\sum h(n) = 1$$

离散卷积运算可看做算子运算，即将上述窗口算子沿信号移动，在每一点滤波后的值等于窗口内信号的加权平均值。因此，为了使用方便，离散微分滤波通常以模板算子的方式给出。根据模板的大小和其中元素数值的不同分布，人们提出了许多不同的算子，最简单的梯度算子是罗伯特交叉算子（Roberts Cross）。比较常用的还有 Priwitt 和 Sobel 算子，它们都是用两个3×3的模板。图 2.5 是一些常用的微分模板算子。

梯度的水平分量和垂直分量各用一个模板，也就是说两个模板组合起来构成一个完整的梯度算子。拉普拉斯模板的基本要求是：对应中心像素的系数应该是正的，而周围像素的系数应该是负的，且它们的和应该等于零。

(5)Canny 边缘检测

Canny 算法是所谓“最优边缘检测”的一种，它可以得到单像素宽度边缘，主要计算步骤是[65]：i)高斯平滑滤波；ii)求取梯度，包括幅值和方向角；iii)非极大值抑制；iv)双阈值处理。

2.1.3.2 边界闭合技术

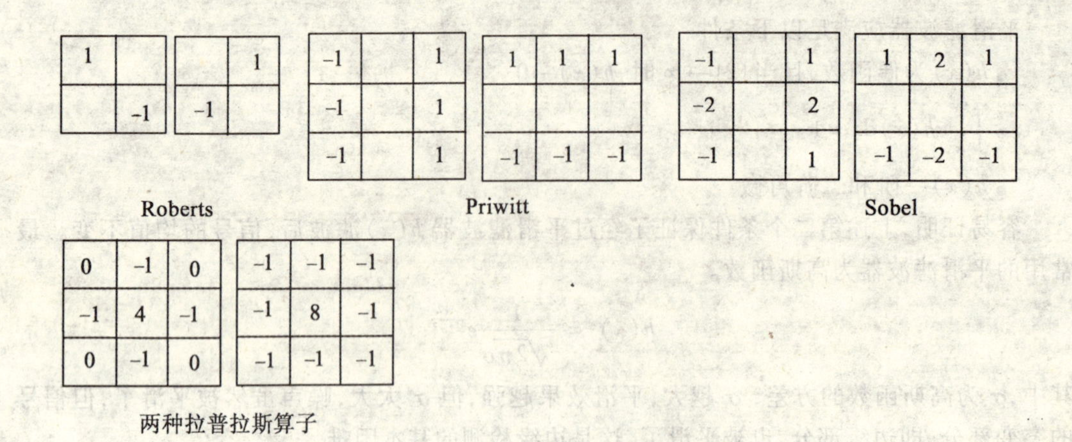

图 2.5 梯度算子和拉普拉斯算子

在对象分割时,如果对象的部分边界纹理与相邻部分背景纹理相近或相同,则对象区域在提取时,其边界线会出现断点、不连续、分段连续等情况。在图像上有噪声干扰时,也会使轮廓线断开,所以在对象区域提取时,为得到闭合的边界以使对象区域完整地分开,应经历一个使不连续边界闭合的过程,本节即讨论此边界闭合技术。边界闭合技术可以有这样几类:基于梯度的边界闭合技术、霍夫变换技术、并行区域技术、数学形态学技术等,本节只讨论前者。

(1)基于邻域梯度的边界闭合技术

一般地说,图像中的对象应是具有轮廓或边界的,勾画轮廓经常使用梯度计算的方法,即求取轮廓各点处梯度的大小和方向。如果仅仅对梯度大小取阈值来确定边界点,则经常出现边界线不连续的情况,如图 2.6 所示,其中图 2.6(a)为原始图像,图 2.6(b)为梯度边界图像(阈值 T)。

(a) 原始对象图像

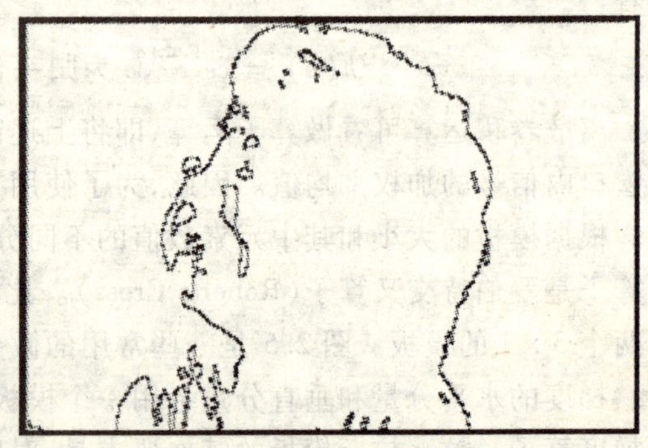

(b) 对象的梯度边界图像

图 2.6

现在是要把图 2.6(b)中断续的边界点连接起来,注意到断点处相邻两段端点的梯度大小和梯度方向有时是相近的,只是前述勾画轮廓时梯度阈值的大小取得不十分合适,或者在该断点边界处正好受到相近背景的影响而使边界线未能连续。

基于邻域梯度的边界闭合技术就是对断开处两端点梯度的大小和方向检查其是否相近。如果相近即将该处连接,是否相近,仍然使用阈值的方法予以判断,如果断点邻域处梯度幅度的差在某邻域内,梯度方向的差也在某邻域内,即认为其相近可以使其闭合连接。用表达式表示就是:

$$|\nabla f(x_1,y_1)-\nabla f(x_2,y_2)|\leqslant T_1$$

$$|\Phi f(x_1,y_1)-\Phi f(x_2,y_2)|\leqslant T_2$$

其中(x_1,y_1),(x_2,y_2)是断开处的两个端点。

$\nabla f(x_i,y_i)$是梯度的大小,$\Phi(x_i,y_i)$是梯度的方向,T_1是梯度大小的阈值,T_2是梯度方向的阈值。

图2.7是对象边界部分断开处的连接情况。

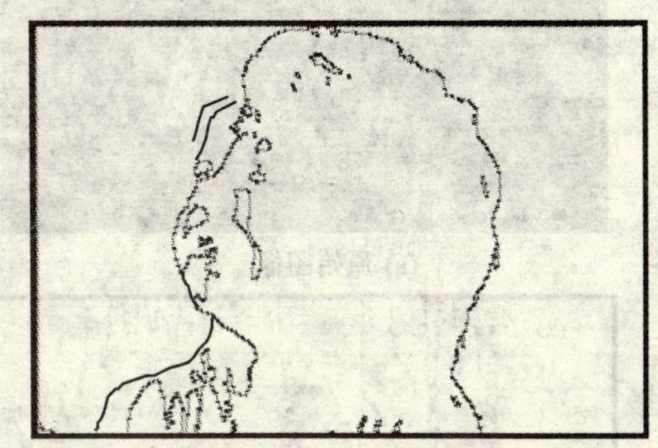

图2.7　对象边界部分断开处的闭合
(与图2.6(b)比较)

(2)顾及分层梯度的边界闭合技术

图像中的物体或对象其表面纹理一般不是均匀的,在光照影响下有时会表现出很大的差别,而背景纹理也多半是千变万化的,这样的对象和背景又很随意地组合在同一图像里,会导致对象的边界或明显或不明显,甚至同一条边界线其两边的纹理对比都有很多变化,这样求出的边界梯度其幅值不可能均匀,大小不一,同一条边界线都可以分出多个层次的梯度值。

图2.8(a)示出一例原始图像,其中对象相对背景的边界或明显或不明显;图2.8(b)、(c)、(d)则示出针对原始图像的对象边界梯度在不同大小上的多层次情况。

边界不太明显的地方因梯度小于阈值而没有取成轮廓线,导致轮廓线中断,甚至多处中断。但如果顾及边界梯度的多个层次,对轮廓中断处寻找梯度阈值低一级的轮廓线,该线可能使该中断处的边界得以修复闭合;剩下再有中断的地方,还可再寻找低一级梯度阈值的轮廓线,又使部分中断的边界进一步被修复闭合,形成多层次梯度的边界闭合,如图2.9所示。

2.1.3.3　Hough变换法

在预先知道区域形状的情况下,利用Hough变换可以方便地得到边界曲线而将不连续的像素点连接起来,并且可以直接检测出某些已知形状的目标,甚至可以做到亚像素精度。Hough变换利用了图像的全局统计特征,因此受噪声和曲线间断的影响比较小。

Hough变换的基本思想是点线的对偶性(duality),在图像空间XY中,所有过点(x,y)的直线都满足方程:

$$y=px+q$$

其中p为斜率,q为截距。上式可以改写成:

$$q=-xp+y$$

此式可以看成是参数空间PQ中过点(p,q)的一条直线。

假设在直线$y=px+q$上取两点(x_1,y_1),(x_2,y_2),则有$y_1=px_1+q$,$y_2=px_2+q$成立,那么在PQ空间则有:$q=-x_1p+y_1$,$q=-x_2p+y_2$与之对应。假设这两条PQ空间的直线相交于(p',q'),则(p',q')对应XY空间中过(x_1,y_1)和(x_2,y_2)的直线,因为$y_1=p'x_1+q'$和$y_2=p'x_2+q'$同时成立。

(a) 原始图像　(b) 梯度值偏小时的轮廓

(c) 梯度值中等时的轮廓　(d) 梯度值大时的轮廓

图 2.8　对象及多层梯度的轮廓图

由此可见,XY 空间中由斜率 p_0 和截距 q_0 所确定的直线上的任意点,在参数空间 PQ 中都对应一条直线,而且这些直线相交于点(p_0, q_0)。Hough 变换就是根据这些关系把在图像空间的检测问题转换到参数空间,通过在参数空间中的简单累加统计来完成检测任务。

下面以直线的检测为例来作具体的说明。设置一个二维数组 $A[p][q]$ 作为累加器,$P_{\min} \leqslant P \leqslant P_{\max}$,$Q_{\min} \leqslant q \leqslant Q_{\max}$,这是预期的斜率和截距的可能取值范围。数组初始化为空(0),然后扫描图像中的所有非零点,对每一个非零点(x,y),让 p 取遍 P 轴上的所有可能值,并反解出对应的 q 值,然后对 $A[p][q]$ 加 1,最后,根据累加器的计数结果就可知道什么样的斜率和截距可能性最大。

实际上,累加器 A 的每一个单元代表图像空间的一条直线,Hough 变换的过程就是一个投票选举的过程,谁的票最多就选谁。

Hough 变换不仅可以用来检测直线和实现散点的直线拟合,也可以用来检测满足解析式 $f(x,c)=0$ 的各类曲线并把曲线上的点连接起来,其中 x 是一个矢量坐标,可以是 2-D,3-D,4-D 的矢量,或者说,对任何写出方程的图形都可以用 Hough 变换来检测。只是随着自由参数的增加,累加器的维数也要增加,计算量也大增。

2.1.3.4　对象边缘精确界定

为了达到视频对象分割的目的,不但要检测出由于运动的视频对象在图像中所引起的

(a) 第一次轮廓线，相当于图 2.8(b)缺少图 2.8(c)中的 c-d,e-f,缺少图 2.8(d)中的 g-h,i-j。

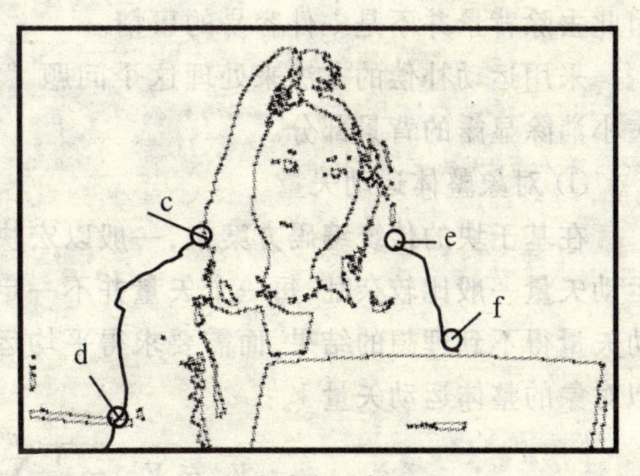

(b) 断点部分被闭合图 2.8(c)中 c-d,e-f线段已结合上来。

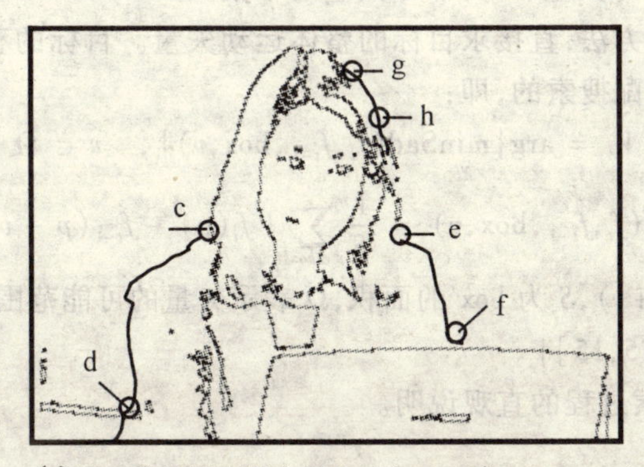

(c) 进一步的部分断点闭合，图2.8(d)中 g-h,i-j线段进一步被结合进来，使边界完全闭合。

图 2.9　利用分层梯度线补充边界闭合

变化范围、通过聚类检测出运动目标的个数，还要能够精确界定运动目标的边缘轮廓，这样才能真正实现视频对象分割的目的，从视频帧的背景中把运动的视频对象提取出来。对目标边缘的精确界定，在实验和探索的过程中，主要有以下几种方法：

(1)差分图像的边缘界定

在差分模板中，目标区域和显露背景同时存在，必须去除显露背景部分，才能得到实际的目标模板。假如对差分图像作如下处理，可以直观地看到模板中的显露背景部分：

$$D_t(x,y)=\begin{cases}255, & |d_t(x,y)|>T\\ 0, & |d_t(x,y)|<-T\\ 127, & \text{其他}\end{cases}$$

图 2.10　包含显露的背景

如图 2.10 所示，其中右边的白色部分就对应显露的背景。容易想到：去除白色边缘部分就可得到运动目标。但在实际中，也可能左边的黑色部分对应显露背景，这要根据目标和背景的相对亮度来确定，因此去除背景并不是一件容易的事情。

采用运动补偿的方法来处理这个问题[16]：先求出运动矢量，再根据运动矢量的方向和大小消除显露的背景部分。

① 对象整体运动矢量

在基于块的传统编码方案中，一般以宏块（或子块）作为运动估计的单位。由于宏块的运动矢量一般比较杂乱，每一个矢量并不一定真正代表实际的物体运动，所以单个地使用运动矢量得不到理想的结果，而需要求得平均运动矢量 V_{av}（或作其他较为复杂的处理），来近似对象的整体运动矢量 V_o：

$$V_o = V_{av} = \frac{1}{N}\sum_{i=1}^{N}\{V_i, \| V_i \| \neq 0\}$$

其中，V_i为第 i 个非零矢量，N 为非零矢量的个数。

也可以采用另一种方法，直接求目标的整体运动矢量。目标的整体运动矢量是以整个运动物体为单位进行匹配搜索的，即：

$$V_o = \arg\{\min_v \mathrm{Sad}(f_t, f_{t-1}, \mathrm{box}, v)\}, \quad v \in \Omega$$

$$\mathrm{Sad}(f_t, f_{t-1}, \mathrm{box}, v) = \frac{1}{S}\sum_{p \in box'} | f_t(p) - f_{t-1}(p - v) | \tag{2-18}$$

其中，$\mathrm{box}' = \mathrm{box} \bigcirc (\mathrm{box} + v)$，$S$ 为 box′的面积，Ω 表示矢量的可能范围，如$\{v | v = (\mathrm{d}x, \mathrm{d}y), \mathrm{d}x \in [-15, 15], \mathrm{d}y \in [-15, 15]\}$

图 2.11 给出了搜索过程的直观说明。

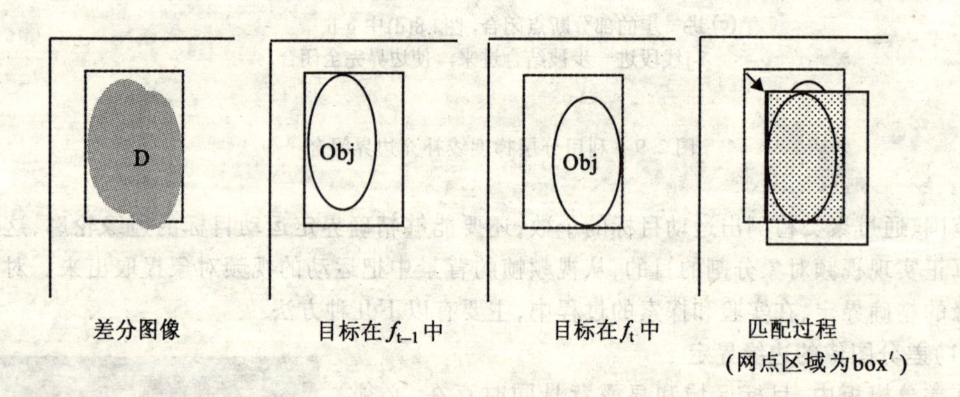

图 2.11　目标的整体运动估计

在基于目标的整体运动估计过程中，由于 Sad 的计算被限定在 box′中，计算量比较小。另外，为了进一步减少计算量，Sad 可以在 box′中抽点计算，如 1/2 或 1/4，还可以采用三步搜索法或者其他快速算法以提高效率。

② 消除显露背景

根据上面计算的运动矢量，对图像模板作如下的修正，从而消除显露的背景部分，得到对象模板 O。

$$O(p) = \begin{cases} 255, & \text{if} \quad D(p) = 255 \quad \text{and} \quad D(p - V_o) = 255 \\ 0, & \text{else} \end{cases}$$

其中，$p \in box'$，box′的概念与前面相同。

修正的过程也可以简单地作如下文字描述：

把差分模板 D 按照 V 平移，再把平移后的模板同未平移时的差分模板叠在一起，模板中重叠的部分即是运动目标 O，如图 2.12 所示。

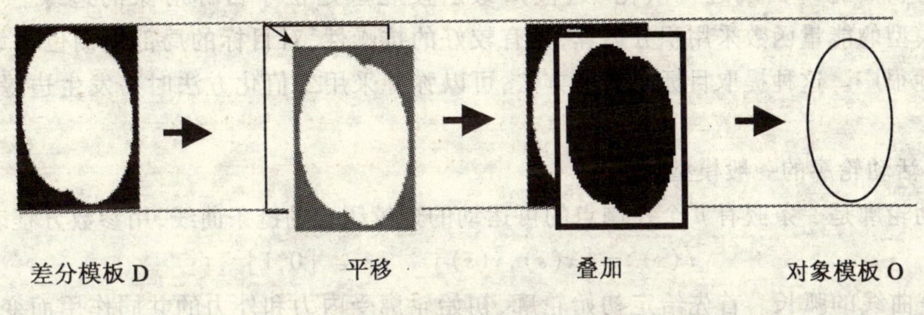

图 2.12　对象获取过程

这种目标边缘界定方法，是在假定物体只存在平移运动、运动的过程中基本没有变形的基础上实现的。这样的假设在一定程度上是合理的，因为差分模板来自于连续的两帧，帧间的时间差很短，物体的变形不大。由于使用整体运动矢量，消除了局部运动矢量固有的不可靠性，从而得到比较准确的结果。

(2)对称差分目标边缘界定

对称差分结果二值图像中，虽然能得到目标轮廓范围，但其中目标点的分布极不均匀，在有的地方甚至会出现断裂、有缺口的现象，同时图像中还会有背景噪声聚集小块的干扰。因此，要想获得精确的目标边缘轮廓，需要对对称差分结果二值图像进行目标模板填充[84]，在填充的同时不但要很好地保留目标轮廓信息，还要排除背景噪声的干扰。为此，在填充之前先求取梯度，获取梯度图质心，之后再进行模板填充。

① 求取梯度

为了便于填充得到需要的完整封闭的目标模板，采用求取梯度的方法，使对称差分结果二值图像的目标轮廓信息得到加强，这样有利于在目标模板填充时，能准确判断有效目标轮廓点。人们常常使用 Sobel 算子对对称差分结果二值图像求取梯度，得到梯度图。

② 求取梯度图质心

对梯度图像，求取梯度边缘亮点的质心，便于对后面的目标模板填充进行指导。在求质心的过程中，通过灰度直方图统计以质心为中心分布的 99.3% 以上的梯度边缘亮点的范围，得到的结果用于判断目标模板填充过程中的目标轮廓点，对于抑制背景噪声影响，可起到很好的效果。

③ 水平扫描填充

对于上面预处理好的梯度图像，再使用水平线扫描的方法从上至下进行目标模板填充。水平扫描的过程中，以质心为中心，在每一行分别向左、向右寻找最外围的目标模板轮廓点，对找到的目标模板轮廓点之间的范围进行填充，这样使得目标模板内填充的点均匀、密实，不会出现空洞等现象。但是，其中主要有两个关键点需要克服：一个是怎样判断确定目标模板轮廓点，另一个是怎样处理和填充断裂和缺口的梯度边缘。

经过以上几个步骤的处理，基本上能把对称差分结果中目标轮廓连续边缘较为精确地找出来，并能取得较好效果。

2.1.3.5　活动轮廓法边缘界定

活动轮廓是对象提取的一种重要方法，它利用曲线本身的光滑性约束和图像内容上的约束对初始轮廓曲线进行演化（迭代），最后使轮廓定位于目标对象的边缘[84]。由于Snakes模型的能量函数采用积分运算，具有较好的抗噪性，对目标的局部模糊也不敏感，因而适用性很广。这种提取目标轮廓的方法，可以弥补采用二值化方法时易发生边缘断线的缺点。

（1）活动轮廓的一般模型

活动轮廓是一条嵌有 n 个控制点的可运动的连续闭合的链条曲线，用参数方程表示

$$\vec{v}(s) = [x(s), y(s)] \qquad s \in [0,1]$$

其中 s 是曲线的弧长。首先给定初始轮廓，初始轮廓受内力和外力的共同作用而变化。外力推动活动轮廓向物体的边缘靠近，而内力则保持轮廓的光滑性和拓扑性。达到平衡位置时（对应能量最小），活动轮廓就收敛到目标物体的边缘。

力的作用过程也可用能量的概念来表述。其能量函数通常定义为：

$$E = \int_0^1 [E_{contour}(s) + E_{image}(s) + E_{control}(s)]\mathrm{d}s \tag{2-19}$$

其中，$E_{contour}$ 称为曲线的内力，表示与轮廓的平滑性、连续性等形状特征有关的能量，

$$E_{contour}(s) = \alpha|\vec{v}_s(s)|^2 + \beta|\vec{v}_{ss}(s)|^2 \tag{2-20}$$

$\vec{v}_s$ 和 $\vec{v}_{ss}$ 是曲线关于弧长的一阶和二阶导数，它们分别用于控制曲线的长度和弯曲度，α 控制轮廓的连续性约束，若 α 较小，则 $E_{contour}$ 对轮廓的连续程度不敏感；β 控制平滑程度约束，若 β 较小，则 $E_{contour}$ 对轮廓的平滑程度不敏感。E_{image} 是由图像本身所决定的能量，一般定义为图像 $I(x,y)$ 的负梯度：

$$E_{image}(s) = -w|\nabla I(x(s), y(s))|^2 \tag{2-21}$$

其中，w 是权重。

$E_{control}$ 是由用户根据应用需要而自行定义的外部能量，用于在模型中加入各种人为约束控制，例如轮廓应该避开的区域等。

这样活动轮廓的收敛过程就转化为“能量极小化”问题，这是优化理论中的常见问题，可以用迭代的方式来实现。活动轮廓的具体表示方法有很多，可以用样条曲线来表示，也可以直接用多边形来表示。但是，若采用这种算法进行分割，容易收敛到局部最优，因此要求初始轮廓应尽可能靠近真实轮廓；此外还有一个缺点就是收敛速度较慢。

（2）活动轮廓的简单分析

下面对一般的轮廓模型作一简单分析，其中 $\vec{v}$ 表示活动轮廓，$\vec{v}_i$ 表示轮廓上的一点。但为了书写的方便，下文略写为 v 和 v_i。

通常情况下，v_s 的离散形式为：$v_{s,i} = v_{i+1} - v_i$。实际上，$\sum_{i=0}^{N-1} v_{s,i} = L$，$N$ 为轮廓的顶点数，L 为轮廓的周长。因此，该项能量最小化的过程，就是轮廓收缩的过程，试图最终收缩为一个点。

再来看 v_{ss}：$v_{ss,i} = v_{i-1} - 2v_i + v_{i+1}$。该项能量最小化的过程，就是要使曲线变直（环状曲

线变成圆)。如图 2.13 所示,当 $v_{ss,i}$ 的模为 0 时,就会移动到 v_{i-1} 和 v_{i+1} 的中点上,三点成为一线。而 E_{image} 最小化的过程,就是向具有高梯度值的点推进,最后定位于高梯度点。

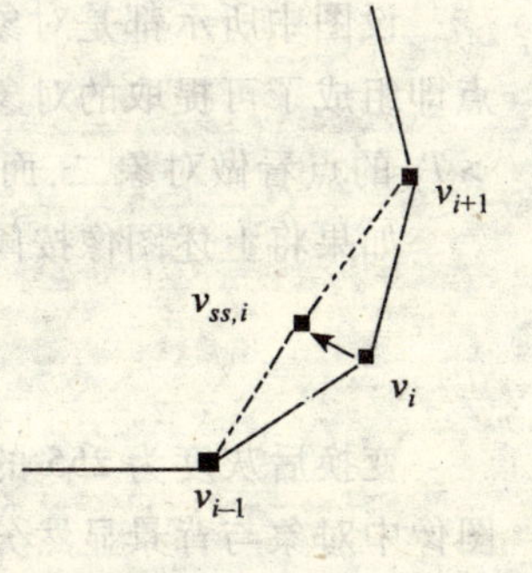

图 2.13　v_{ss}的几何意义

因此活动轮廓的本质问题是:

① 收缩,使其有机会接近物体边缘。

② 平滑,相当于轮廓具有一定的硬度,不至于扭曲。

③ 贴近物体边缘,稳定于具有高梯度值的地方。

经过活动轮廓的迭代、收敛,则得到了一条封闭包围目标的曲线,这条曲线较为精确地表示了目标轮廓。这种方法可以在不需要更多的先验知识或高层处理结果指导的情况下,实现自动追迹以得到目标的闭合、光滑、连续的轮廓线,且能够较好地解决轮廓的细节问题,并且具有较强的抗噪声能力。

2.1.4　基于区域的分割[51][75]

人们提出了很多面向区域的分割算法,包括阈值分割、区域生长算法、分水岭算法、分裂合并算法等。

2.1.4.1　阈值分割技术

(1)基本阈值分割

从一幅图像中分割出某一对象,主要利用对象的灰度分布与背景灰度分布具有差异这一普遍存在的特点,简单地说,图像中背景的灰度暗而对象的灰度亮,或者背景的灰度亮而对象的灰度相对地暗。这样从背景中提取出对象的一种显然的做法是确定出背景与对象灰度分布的差异,选择出一个阈值,使能明显地区分二者不同的分布区域。那么这个阈值应是多少,怎么确定和选择?第一步是整理出该幅图像灰度分布的直方图,如果整体灰度偏低、偏高,或偏窄地集中于某一局部,则拟进行对应的灰度增强处理。第二步是从直方图中选择能明显区分前后两块分布曲线的谷点,以该谷点的灰度值作为阈值。第三步根据此阈值从原图像中划分出称为对象的区域和称为背景的区域。

图 2.14 示出一幅单级阈值的灰度直方图,图 2.15 示出一幅二级阈值的灰度直方图。

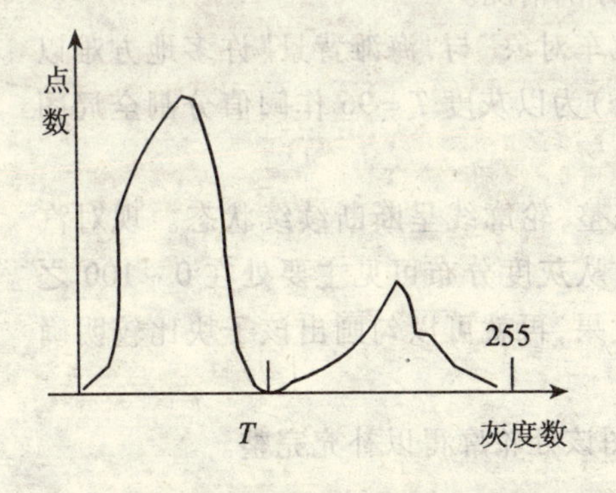

图 2.14　单级阈值的灰度直方图

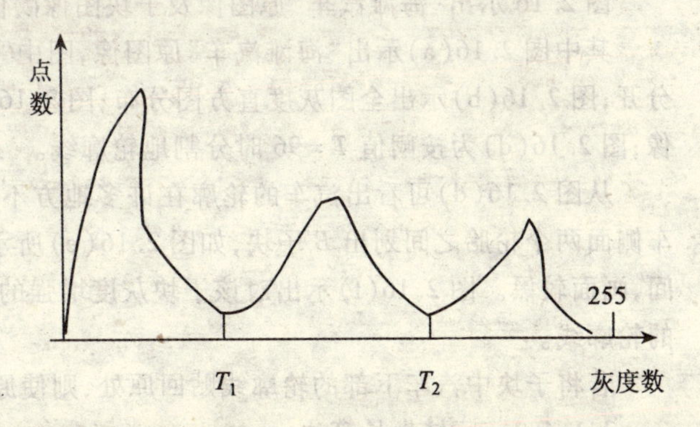

图 2.15　二级阈值的灰度直方图

设图中所示都是对象灰度大于背景灰度，则 $f(x,y) > T$ 的点 (x,y) 为对象点，所有对象点即组成了可提取的对象；二级阈值图中 $f(x,y) > T_1$ 且 $f(x,y) < T_2$ 的看做对象一，$f(x,y) > T_2$ 的点看做对象二，而 $f(x,y) < T_1$ 的那些点则归类为背景。

如果将上述图像按阈值作二值化处理（分为黑、白两色），可使用如下变换式：

$$g(x,y) = \begin{cases} 255, & f(x,y) > T \\ 0, & f(x,y) \leqslant T \end{cases}$$

变换后灰度为 255 的点，即原图对象区域；灰度为 0 的点即原图像背景区域，如此即将图像中对象与背景显然分开。

(2) 自适应分区多阈值选取

对于背景与对象区域交错，其灰度不是明显可区分的图像，或者是不均匀亮度成像，特别是背景与对象的灰度分布都不均匀，且对象中有些区域的灰度与背景中某些区域的灰度相近，则使用前述基本阈值方法是难以将前景对象与背景分开的。面对这种情况的一种处理方法就是自适应地将图像划分为多个子区域，尤其将灰度分布不宽而又含有轮廓信息的子区域分出，并逐一对各个子区域选取不同的阈值进行分割提取，最后再对相邻子块的邻接对象进行合并。这里的关键问题是对图像细分，对细分的图像自适应选取阈值，对细分图像分别提取的各个子块有机地整体组合成原对象。

具体的步骤可划分为：

① 对原图像划分成若干个子块

该步骤的主要目的应是划分出灰度层次分布不太清晰但含有对象轮廓信息的子块。如果将原图均匀划分子块，当然最简单易行，但很可能需要细分的地方没有被明确划分出，达不到上述目的。此处建议的做法是：

对原图像整体作出灰度分布直方图，以峰谷差相对最大或较大的谷点灰度作为阈值，对原图像实现第一次多层分割（层次取决于谷点数），得到图像子块。

② 对上述各相邻两个谷点的部分直方图，考察如果仍有峰谷波动，则对该部分灰度分布单独取出进行局部灰度增强的直方图位伸，使得在该局部子图中可明确得到进一步的谷点阈值轮廓线。

③ 针对上述各层谷点阈值形成的轮廓线逐次完善勾画出对对象的分割。

图 2.16 示出“海滩汽车”原图像及子块图像阈值分割情况。

其中图 2.16(a) 示出“海滩汽车”原图像，图中“汽车对象”与“海滩背景”许多地方难以分开；图 2.16(b) 示出全图灰度直方图分布；图 2.16(c) 为以灰度 $T=96$ 作阈值分割全局图像；图 2.16(d) 为按阈值 $T=96$ 时分割地轮廓线。

从图 2.16(d) 可看出汽车的轮廓在许多地方不完整，轮廓线呈断断续续状态。现对汽车侧面两个轮胎之间划出 B 子块，如图 2.16(e) 所示，从灰度分布可见主要处在 0～100 之间，画面较黑。图 2.16(f) 示出对该子块灰度增强的效果，再就可以勾画出该子块比较明确的轮廓线。

若将子块中汽车下部的轮廓线贴回原处，则使原图该处轮廓得以补充完整。

2.1.4.2　区域生长算法

首先对每个要分割的区域找一个种子像素作为生长的起点，然后将种子像素周围的邻域中与种子像素有相同或相似性质的像素合并到种子像素所在的区域中，像素之间的相似

(a) "海滩汽车"原图像

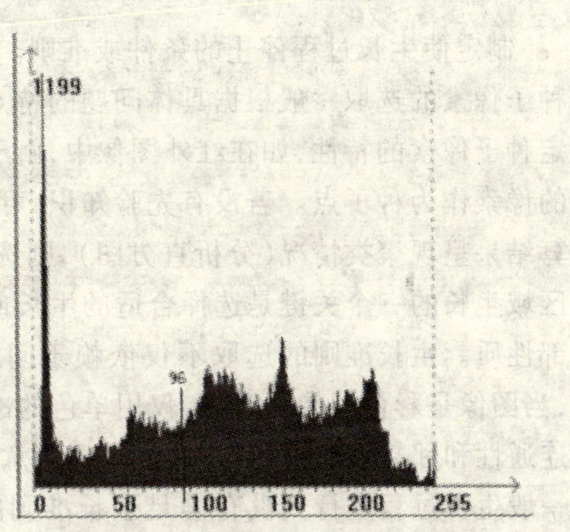

(b) "海滩汽车"灰度分布直方图

(c) 取灰度阈值 T=96时，分割得到的阈值图，可见"汽车轮廓"多处不明确

(d) 对应阈值 T=96的汽车轮廓线

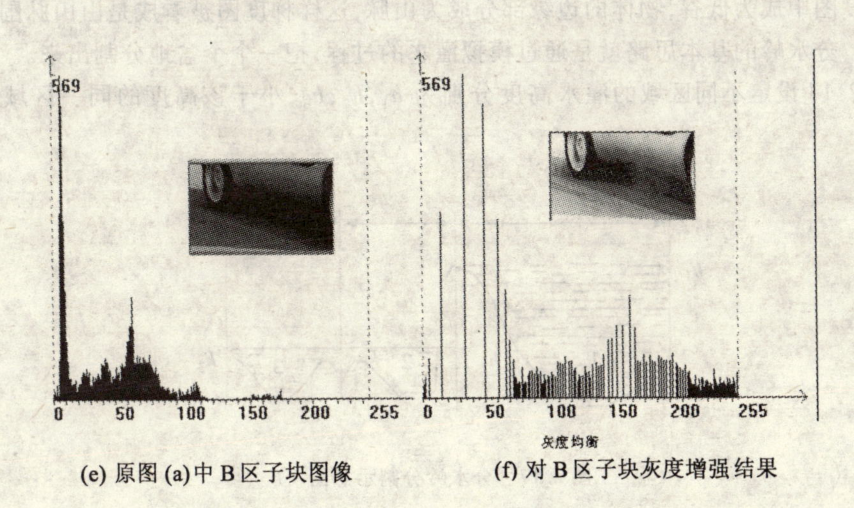

(e) 原图 (a)中B区子块图像

(f) 对B区子块灰度增强结果

图 2.16 对"海滩汽车"图(a)中B区子块单独增强情况

性准则要预先确定。将这些新像素当做新的种子像素继续进行上面的过程,直到在没有满足条件的像素可被包含进来。

区域生长算法需要解决三个问题:

- 选择或确定一组能代表目标区域的种子像素。
- 确定在生长过程中能将相邻的像素包含进来的准则。

- 制定使生长过程停止的条件或准则。

种子像素的选取一般根据具体问题的特点来确定。如果对具体问题有先验知识,可人为指定种子像素的特性,如在红外图像中,由于一般情况下目标的辐射较大,可选择图像中最亮的像素作为种子点。若没有先验知识,可借助生长准则对每个像素进行相应的计算,如果计算结果呈现聚类情况(分析直方图),则选择聚类重心的像素作为种子点。

区域生长的一个关键是选择合适的生长或相似性准则,大部分区域生长准则使用图像的局部性质。生长准则的选取不仅依赖于问题本身,也和所利用的图像数据的种类有关。例如,当图像是彩色图像的时候,仅用单色的准则效果就会受到影响;另外还需要考虑像素间的连通性和邻接性,否则有时候会出现无意义的分割结果。

一般生长过程进行到没有满足生长准则的像素时就停止生长,但常用的基于灰度、纹理、彩色的准则大都基于图像的局部属性,并没有考虑生长的“历史”。为增加区域生长的能力常需要考虑一些与尺寸、形状等图像(或目标)的全局性质有关的准则。在这种情况下,需要对分割的最终结果建立一定的模型或辅以一些先验知识。

关于区域生长的具体过程,图形学教材中有详细的介绍,这里就不再多说。

2.1.4.3　分水岭算法

分水岭算法一般是针对图像的梯度图进行操作。分水岭算法基于这样的常识:同一个物体的表面区域通常具有相同或近似的灰度、色调和纹理,也就是“灰度平坦”区域。我们把表面灰度的梯度图看成三维的地形图,其中各点的梯度作为该点的表面标高,图像中的明显轮廓应具有较高的梯度值,非轮廓处的一块块梯度值相对小且均匀。那么图像中的平坦区域在梯度图中成为低谷,物体的边缘部分成为山脉,这样梯度图被看成是由山脉围成的一个个盆地。分水岭的基本思路就是通过模拟灌水的过程,把一个个盆地分割出来。

如图 2.17 设定不同区域的灌水高度分别为 h_1,h_2,h_3,小于该高度的同一区域为同一盆地。

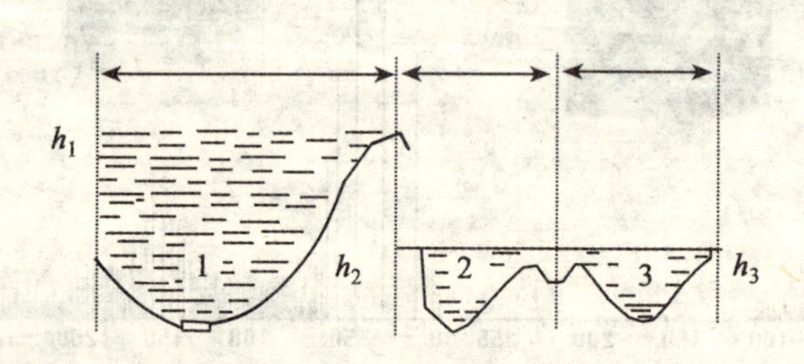

图 2.17　分水岭分割示意图

由于分水岭算法对灰度变化是极为敏感的,因此,图像中的自然背景、噪声、物体边缘以及物体内部的细小变化都会产生过分割现象。因此,分水岭算法实际得到的是过分割图像,同一目标或同一背景被分成几部分。为了得到较满意的分割结果,需要对过分割图像进行合并。我们选择合并准则的条件为:

① 要合并的区域应该是相邻的。

② 要合并的区域的特征应该是相似的。

合并相似相邻区域,可首先定义区域的相似测度,如区域的平均灰度、纹理、平均色度,对于视频来说还可考虑区域的运动属性(大小和方向)。若相似度大于阈值,则相邻两块对应于同一区域,可以合并;否则,当前块为另一区域的初始块。合并操作完成后,背景与目标也就分开了。

2.1.4.4　分裂合并算法

前面介绍的区域生长方法是从某个种子开始通过不断接纳新像素,最后得到整个区域。分裂合并的方法则是从整幅图像开始通过一系列的分裂和合并操作得到各个区域。

在这类方法中,常需要根据图像的统计特征设计区域属性的一致性测度,一般是根据灰度统计特征,例如方差。算法根据方差的大小来决定是分裂还是合并各个区域。为了得到正确的分割结果,需要根据图像中的噪声水平来选择方差,实际图像中的噪声很难准确地确定,所以常根据先验知识或对噪声的估计来选定。另外也可以借助区域的边缘信息来决定是否对区域进行合并或分裂。

基于四叉树的方法是一种简单但最常用的分裂合并方法。如图 2.18 所示,设 R_i 表示当前的区域分割状况(R_0 表示原始图像,R_1 表示第一次分裂后的结果,如此类推),$P(.)$表示作为分裂合并判据的谓词逻辑。

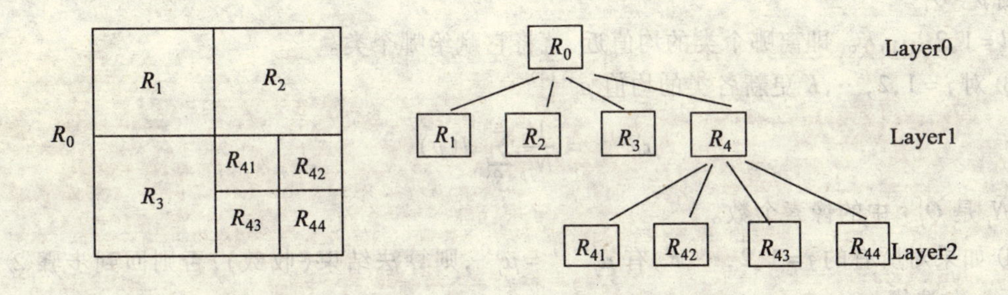

图 2.18　四叉树分裂合并的数据结构

从最高层开始,每次把 R_i 分成四等份,直到 R_i 为单个像素。但如果仅仅允许分裂,有可能出现相邻的两个区域具有一致的属性却没有合成一个区域的情况。为此,在每次分裂后考察所有相邻的区域 R_i,R_j,如果它们满足 $P(R_i \cup R_j)$则将它们合并起来。算法描述如下:

① 对任一区域 R_i,如果 $P(R_i)=\text{False}$,就将其分裂成不重叠的四等份。

② 对相邻的两个区域 R_i 和 R_j(它们的大小可以不同,即不在同一层上),如果满足条件 $P(R_i \cup R_j)$,就将它们合并。

③ 直到没有可以再分裂为止,同时也没有任何两个区域可以合并。

一种改进的方法是:

将原图分成一组正方块,进一步的分裂仍按照前面的方法进行,但首先仅合并属于同一个父节点且满足逻辑谓词的四个区域,如果这种类型的合并不能再进行了,在整个分割过程结束前再按照满足上述第二步的条件进行一次合并。注意此时合并的各个区域有可能彼此尺寸不同。这个方法的主要优点是在最后一次合并前,分裂和合并用的都是同一棵四叉树。

2.1.5 基于像素聚类的分割

2.1.5.1 均值聚类

(1)K-均值聚类

将一幅图像分成 K 个区域的一种常用的方法是 K-均值算法。令 $p=(x,y)$ 代表一个像素的坐标,$I(p)$ 代表这个像素的灰度值,K-均值算法就是要最小化以下的能量函数:

$$E = \sum_{i=1}^{k} \sum_{p \in Q_j^{(i)}} \| I(p) - \mu_j^{(i)} \|^2$$

其中,K 为聚类的个数,$Q_j^{(i)}$ 代表第 i 次迭代后赋给类 j 的像素集合,μ_j 表示第 j 类的均值。E 是每个像素与其对应类均值的距离和。具体的算法步骤如下:

① 先对原图像进行 K 个分类,则每个类分别获得一个初始均值,$\mu_1^{(1)},\mu_2^{(1)},\cdots,\mu_K^{(1)}$;

② 在第 i 次迭代时,根据下面的准则将每个像素赋给 K 类中的一个。

如果对任意 $j=1,2,\cdots,K$,并且 $j \neq i$,有

$$\| I(P) - \mu_l^{(i)} \| < \| I(p) - \mu_j^{(i)} \|$$

则 $p \rightarrow Q_l^i$

其中,$l=1,2,\cdots,K$。即离哪个类的均值近,就将它赋给哪个类。

③ 对 $j=1,2,\cdots,K$ 更新各类的均值 $\mu_j^{(i+1)}$

$$\mu_j^{(i+1)} = \frac{1}{N_j} \sum_{p \in Q_j^{(i)}} I(p)$$

其中,N_j 是 $Q_j^{(i)}$ 中的像素个数。

④ 如果对所有的 $j=1,2,\cdots,K$,有 $\mu_j^{(i+1)}=\mu_j^{(i)}$,则算法结束(收敛);否则回到步骤②,进行下一次迭代。

(2)模糊 K-均值聚类

模糊 K-均值(Fuzzy K-Means)聚类算法是由 J. C. Bezdek 提出的一种模糊聚类法,它和 K-均值聚类法不同之处在于并不是将像素分成明子集,而是求出每个像素属于各类(Cluster)的隶属度。

设 N 为像素个数,C 为类别数,m 为模糊加权指数,$m \in [1,\infty]$;目标函数定义为图像中像素到 C-聚类中心的平方距离的加权累积和:

$$W_m(U,V) = \sum_{j=1}^{N} \sum_{i=1}^{C} (\mu_{ij})^m (d_{ij})^2$$

其中,μ_{ij}是第 j 个像素在第 i 类中模糊隶属度,d_{ij}是像素与聚类中心的距离,U 是隶属度集合,V 是聚类中心集合。W_m 的值反映在某种差异性定义下的类内紧至度,W_m 越小聚类越紧至。另外,m 控制隶属度在各聚类间共享的程度,所以 m 越大,紧至度的模糊性越大。模糊 K-均值的收敛过程也是用迭代来完成的。

这种算法的运算复杂度比较大,特别是在样本数和特征数较大时收敛速度明显下降。另外算法中一些参数(如加权指数 m,类别数 C,终止阈值)的最优化选取尚无理论指导,聚类结果受初始参数的设置影响较大。

(3)区域 K-均值聚类

一般的 K-均值聚类只考虑像素亮度(或色度)上的一致性,而不考虑像素的空间坐标的

一致性,因此一个聚类中的像素通常也不相连通。另外K-均值聚类算法中,聚类数目的确定也是一个比较困难的问题。

为此,本文讨论"区域K-均值算法"来解决上述问题。这一算法同[Ioannis2000]类似但不同。Ioannis把帧间差、亮度、坐标三者作为聚类标准。我们采用亮度和坐标作为聚类标准,不使用帧间差。其原因是:对于类似于可视电话等视频序列,在短时间内,人物的运动不明显,因此帧间差只是零碎地出现,并且帧间差出现的地方往往是纹理丰富的"边缘地带",不是区域内部;另外,帧间差中既包含前景图像又包含背景(显露的背景)部分,或者说帧间差是"跨边缘"的,因此它与视觉语义上的一致性区域不相符合。

设μ_i表示聚类i的灰度聚类中心,η_i为聚类i的坐标中心。具体算法如下:

① 设定初始聚类

原则上可以任意设定聚类的个数K和初始聚类中心$\mu_i, i=0,1,\cdots,K-1$。我们设置$K=5$, $\mu_i=255/K*(i+0.5)$。按照一般K-均值聚类迭代2~3次。得到关于灰度的K个聚类中心μ_i,并且计算聚类的坐标中心η_i:

$$\eta_i = \frac{1}{N_i}\sum_{p\in Q_j} P$$

其中,Q_j表示聚类i所有像素的集合,

聚类的面积:　$A_i = N_i$

所有聚类的平均面积:

$$A = \frac{1}{K}\sum_{i=0}^{k-1} N_i$$

p为图像中的任一点。

② 以新的距离标准重新分配像素。按照下面的定义来计算图像任一点p与任一聚类i的距离,并重新进行像素的聚类分配:

$$D(p,i) = \alpha \mid I(p) - \mu_i \mid + \beta \frac{A}{A_i} \| p - \eta_i \|$$

若$D(p,i) < D(p,k), k=0,1,\cdots,K, k\neq i$,则把点$p$赋给聚类$i$。

③ 连通区域检测。考察任一聚类i,设Q_i为属于聚类i的所有像素。若Q_i中存在连通的区域,并且连通区域的面积大于一定的阈值,则把该连通区域作为一个新的聚类。假设总共有L个这样的连通区域,则聚类数目由K变L,并分别计算这些聚类的灰度中心μ、坐标中心η以及面积和平均面积。

2.1.5.2　多目标聚类

在具体视频对象分割技术中,不但要求检测出视频对象运动变化区域,还要求能分别出运动对象的个数,这就需要用聚类的思想来解决这个问题。我们可以根据下面介绍的一些聚类准则、函数或从之衍生的一些方法,对检测出来的运动目标像素点进行聚类分析,以区别出运动目标个数。

聚类分析即把相似性大的样本聚集为一个类型,在特征空间里占据着一个局部区域。类型越多,这样的局部区域就越多。每个局部区域都形成一个聚合中心,往往以聚合中心代表相应的类型。每个聚合中心都是局部密度极大值位置,其附近密度高,离开它越远密度就越小[90]。首先,聚类分析结果与如何衡量样本相似性有很大关系。

① 距离相似性

我们知道,一个模式样本在它的特征空间里是一个点。如果模式的特征是适当选择的,即各维特征对于分类来说都是有效的,那么,同一类的模式样本就密集地分布在一个区域里,不同类的模式样本就会远离。因此,点间距离远近反映了相应模式样本所属类型有无差异,可以作为样本相似性度量。点间距离近,则样本相似性大,它们属于同一个类型;否则,它们属于不同的类型。事实上,在聚类分析中,最经常使用的就是距离相似性,代表性的方法有:欧氏(Euclidean)距离,又简称为距离,模式样本向量 x 与 y 之间的欧氏距离定义为:

$$D_c(x,y) \underline{\underline{\mathrm{def}}} \| x - y \| = \sqrt{\sum_{i=1}^{d} | x_i - y_i |^2} \quad (2\text{-}22)$$

d 为特征空间的维数。显然,若样本 x 与 y 位于同一个类型区域里,欧氏距离 $D_c(x,y)$ 是比较小的;若它们位于不同的类型区域里,则 $D_c(x,y)$ 是较大的。

② 角度相似性

样本 x 和 y 之间的角度相似性定义为它们之间夹角的余弦,即:

$$S(x,y) \underline{\underline{\mathrm{def}}} \cos\theta = \frac{x^T y}{\| x \| \| y \|} \quad (2\text{-}23)$$

也是两个单位向量之间的点积。显然,$S(x,y)$ 越小,x 与 y 越相似。夹角余弦度量 $S(x,y)$ 反映了几何上相似性的特征,对于坐标系的旋转及放大缩小是不变的量,但是对于位移和一般性的线性变换不是不变的。

还存在着其他的相似性度量,例如,样本与核的相似性度量以及近邻函数值等相似性度量,这些相似性度量是为了解决某一种特殊情况下的聚类问题,在上述相似性度量的基础上派生出来的。针对具体的问题,选择适当的相似性度量是保证聚类质量的关键。

2.1.5.3 聚类准则函数

在相似性度量的基础上,聚类分析还需要一定的准则函数才能把真正属于同一类的样本聚合成一个类型的子集,而把不同类的样本分离开来。如果聚类准则函数选得好,聚类质量就会高。同时,聚类准则函数还可以用来评价一种聚类结果的质量,如聚类质量不满足要求,就重复执行聚类过程,以便优化聚类结果。以下介绍几种常用准则。

(1)误差平方和准则 J_c

这是一种最常用的聚类准则函数,适用于各类样本比较密集且样本数目悬殊不大的样本分布。令混合样本集 $X = \{x_1, x_2, \cdots, x_n\}$,在某种相似性度量基础上,它被聚合成 c 个分离开的子集 $X_1, X_2, \cdots, X_c$,每个子集是一个类型,分别包含 $n_1, n_2, \cdots, n_c$ 个样本。为了衡量聚类的质量,采用误差平方和准则 J_c 作为聚类准则函数,定义为:

$$J_c \underline{\underline{\mathrm{def}}} \sum_{j=1}^{c} \sum_{k=1}^{n_j} \| x_k - m_j \|^2$$

式中,m_j 是类型 x_j 中的样本均值,即:

$$m_j = \frac{1}{n_j} \sum_{j=1}^{n_j} x_j \quad j = 1,2,\cdots,c$$

$m_j (j = 1,2,\cdots,c)$ 是 c 个聚合中心,用以代表 c 个类型。

当不同类型的样本数目相差很大时,采用这种误差平方和准则,有时可能把样本数目多的类型分开,以便达到总的误差平方和最小,产生错误聚类的结果。

(2)类间距离和准则 J_b

为了描述聚类结果的类间距离分布状态,我们可以利用类间距离和准则 J_{b1} 以及加权的类间距离和准则 J_{b2},它们分别定义为:

$$J_{b1} \stackrel{\text{def}}{=} \sum_{j=1}^{c}(m_j - m)^T(m_j - m) \text{ 和 } J_{b2} \stackrel{\text{def}}{=} \sum_{j=1}^{c} p_j(m_j - m)^T(m_j - m)$$

$$m_j = \frac{1}{n_j}\sum_{j=1}^{n_j} x_j, j = 1,2,\cdots,c, m = \frac{1}{n}\sum_{k=1}^{n} x_k$$

式中,m_j 为 x_j 类型的样本均值向量,m 为全部样本的均值向量,而 P_j 为 x_j 类型的先验概率,若 P_j 以各类型的样本数目 n_j 和样本总数 n 估计,

$$\hat{P}_j = \frac{n_j}{n}, j = 1,2,\cdots,c$$

则
$$J_{b2} \approx \hat{J}_{b_2} \stackrel{\text{def}}{=} \frac{1}{n}\sum_{j=1}^{c} n_j(m_j - m)^T(m_j - m)$$

对于 ω_1/ω_2 两类问题,类间距离常计算为:

$$J_{b_3} = (m_1 - m_2)^T(m_1 - m_2)$$

注意到 $nm = n_1m_1 + n_2m_2$,对于两类问题,存在如下关系:

$$J_{b_2} = \frac{n_1 n_2}{n^2} J_{b_3} = \hat{P}_1 \hat{P}_2 J_{b_3}$$

式中 $\hat{P}_1$ 与 $\hat{P}_2$ 分别为类型 ω_1 和 ω_2 的先验概率估计值。

类间距离和准则描述了不同类型之间的分离程度。显然,J_{b_1},J_{b_2} 和 J_{b_3} 的值越大,表示聚类结果的各个类型分离性好,所以聚类质量高。

(3)基于样本与核相似性度量的聚类准则函数

定义一个核 $K_j = K(x, V_j)$ 表示类型 X_j,其中 V_j 是 X_j 的一个参数集,核 K_j 可以是一个函数、一个样本子集或者其他的分类模型。在聚类过程中,某个样本 x_k 是否归属于类型 X_j,就应该衡量 x_k 与核 K_j 之间的相似性。我们把这种相似性广义的定义为 $\Delta(x_k, K_j)$。如果有 c 个类型,令 $K = \{K_1, K_2, \cdots, K_C\}$,那么当 Δ 为某种聚类度量时,若

$$\Delta(x_k, K_j) = \min_{j=1,\cdots,c}\{\Delta(x_k, K_j)\}$$

则 $x_k \in \omega_j$。核函数 K_j 可以拟合不同的样本数据结构,从而解决用其他相似性度量和准则函数难以达到较好结果的聚类问题。

(4)经典的聚类算法

① 模糊 c-聚类算法

首先我们将要提到应用最广泛的 c-均值算法,它采用的聚类准则函数为误差平方和函数:

$$J = \sum_{i=1}^{c}\sum_{j=1}^{N} d_{ji} \| x^j - w_i \|^2$$

其中,w_i 是第 i 类的聚类中心。d_{ji} 用来标明样本 x^j 是否属于第 i 类,如果 x^j 属于第 i 类,则 $d_{ji} = 1$;如果 x^j 不属于第 i 类,则 $d_{ji} = 0$。这就是说 d_{ji} 要么为 1,要么为 0,一点也不含糊。实际问题中,并不是这么绝对,x^j 属于各类的隶属程度常常是在 0 与 1 之间的一个数。因此,

我们将 d_{ji} 改为 μ_{ji}，$\mu_{ji} \in [0,1]$。这样，聚类准则函数改为：

$$J_m = \sum_{i=1}^{c}\sum_{j=1}^{N}(\mu_{ji})^m \| x^j - m_i \|^2$$

其中，$\mu_{ji} \in [0,1]$，$i=1,2,\cdots,c$；$j=1,2,\cdots,N$；

$\sum_{i=1}^{c}\mu_{ji} = 1, j = 1,2,\cdots,N$，这表明每一个样本属于各类的隶属度之和为1；

$\sum_{j=1}^{N}\mu_{ji} > 0, i = 1,2,\cdots,c$，这 表明每一类模糊集不可能是空集合。

为了加强 x^j 属于各类的隶属程度的对比度，在准则函数中添上参数 m，$1 < m < \infty$，m 越大，对比度越大。

显然，模糊聚类结果有无穷多个解，我们要求的是使 J_m 达到最小的聚类结果。为此，我们将 J_m 分别对 w_j 和 μ_{ji} 求导，并令它们的导数为0，再代入条件 $\sum_{i=1}^{c}\mu_{ji} = 1$，即 可得

$$\mu_{ji} = \frac{\left(\frac{1}{\| x^j - w_i \|^2}\right)^{\frac{1}{m-1}}}{\sum_{l=1}^{c}\left(\frac{1}{\| x^j - w_l \|^2}\right)^{\frac{1}{m-1}}}, i = 1,2,\cdots,c; j = 1,2,\cdots,N \quad (2\text{-}24)$$

$$w_i = \frac{\sum_{j=1}^{N}(\mu_{ji})^m x^j}{\sum_{j=1}^{N}(\mu_{ji})^m}, \quad i = 1,2,\cdots,C; \quad (2\text{-}25)$$

下面给出模糊 c-均值算法步骤：

① 给定类别参数 c，参数 m，容许误差 $E_{\max}$ 的值，令 $k=1$；

② 初始化聚类中心：$w_i(1)$，$i=1,2,\cdots,c$；

③ 按式(2-24)计算隶属度 $\mu_{ji}(k)$，$i=1,2,\cdots,c$；$j=1,2,\cdots,N$；

④ 按式(2-25)修正所有的聚类中心 $w_i(k+1)$，$i=1,2,\cdots,c$；

⑤ 计算误差

$$e = \sum_{i=1}^{c}\| w_i(k+1) - w_i(k) \|^2$$

如果 $e < E_{\max}$，则算法结束；否则，$k \leftarrow k+1$，转到第③步。

算法结束后，可按下列两种方法将所有的样本进行归类：

方法一：若 $\mu_{ji} > \mu_{jl}$，$l=1,2,\cdots,c$，$l \neq i$；则将 x^j 归于第 i 类。

方法二：若 $\| x^j - w_i \|^2 < \| x^j - w_l \|^2$，$l=1,2,\cdots,c$，$l \neq i$；则将 x^j 归于第 i 类。

2.1.6 基于运动的分割[73][51]

在视频序列处理分析过程中，由于运动的目标在视频序列中所占的信息量最大，经常成为被分割提取的视频对象（VO），因此在分割提取动态的视频对象时，一个很重要的步骤就是区分出运动目标和背景的范围。依据背景是静止的还是变化的不同情况，要采取不同的区分方法，此处主要讨论背景静止情况下如何区分运动目标与背景的大致范围。

视频对象分割是本文研究的重点。视频与静态图像的区别在于帧间信息。因此视频分

割不但要利用空间分割技术(针对孤立的一帧图像),更要利用帧与帧之间所包含的运动(或变化)信息,帧间信息有着重要的作用:

- 同一物体的各部分很可能具有一致的运动属性,据此可以把一个物体与别的物体(包括背景)分开。
- 在一定意义上,只有运动的物体才是应该分割的,才是大多数应用中感兴趣的部分。实际上,如果物体不运动,就无法确定这个物体应该是背景还是应该为前景,好比在二维图像中无法区分一个人是“画中人”,还是现实中的活人。
- 运动信息可以指导空间分割,因为空间分割时可以通过运动信息快速定位最大可能的区域,优化搜索过程。
- 运动信息可以通过帧间比较快速地获取。

帧间信息主要表现为三种形式:光流、帧间差、块运动矢量。下面对它们分别予以说明。

2.1.6.1　光流场技术

光流的概念是 Gibson 于 1950 年首先提出的。所谓光流是指图像中模式运动的速度。光流场是一种二维(2D)瞬时速度场,其中的 2D 速度矢量是三维(3D)速度矢量在成像表面的投影。当物体在摄像机前运动时或摄像机在环境中移动时,我们会发现图像在变化,在图像中观察到的表面上的模式运动就是所谓的光流场。运动场则是物体的实际运动在图像上的投影。

光流不仅包含了被观察物体的运动信息,而且携带着有关景物三维结构的丰富信息。对光流的研究一直是计算机视觉的一个重要部分。

(1)光流约束方程

考虑图像的任一像素点(x,y),假设它在时刻 t 的灰度值为 $I(x,y,t)$,运动速度为 $v=(v_x,v_y)$。若假定该点的灰度在运动过程中保持不变,那么在很短时间间隔 dt 内,我们有:

$$I(x+v_x dt, y+v_y dt, t+dt) = I(x,y,t)$$

但实际上,不可能保证灰度绝对不变。假设灰度随 x,y,t 缓慢变化,我们可将上式左边进行 Taylor 展开,于是有:

$$I(x,y,t) + \frac{\partial I}{\partial x}v_x + \frac{\partial I}{\partial y}v_y + \frac{\partial I}{\partial t} + O(d_t^2) = I(x,y,t)$$

此式即为光流约束方程(Optical flow constraint equation)。其中,$O(d^2t)$代表高阶项(大于或等于2)。消去 $I(x,y,t)$ 并忽略 $O(d^2t)$,所以光流约束方程可简化为:

$$g \cdot v + \frac{\partial I}{\partial t} = 0$$

其中 $g=(\frac{\partial I}{\partial x},\frac{\partial I}{\partial y})$ 是图像在点(x,y)处的梯度,$g \cdot v$ 是两个向量的点积。$\frac{\partial I}{\partial x},\frac{\partial I}{\partial y},\frac{\partial I}{\partial t}$都可从图像序列中求得。这里有 v_x,v_y 两个未知数,却只有一个约束方程,显然不能惟一地确定光流,必须加入其他的约束来同时求解 v_x 和 v_y。

(2)光流的计算

约束光流的一个方法是假设光流在整个图像的变化是光滑的,这样可以在约束方程上再加上一个全局平滑量来约束速度场,也就是使下式最小(Horn-Schunck 方法[39]):

$$\int [\left(g \cdot v + \frac{\partial I}{\partial t}\right)^2 + \lambda(\| \nabla v_x \|^2 + \| \nabla v_y \|^2)] dx$$

其中$\nabla v_x = \left(\frac{\partial v_x}{\partial x}, \frac{\partial v_x}{\partial y}\right)$，$\nabla v_y = \left(\frac{\partial v_y}{\partial x}, \frac{\partial v_y}{\partial y}\right)$，$\lambda$ 是拉格朗日乘数，如果$\frac{\partial I}{\partial t}$和 g 能比较精确地求得，参数 λ 可以取较大的值，否则取较小的值。

上述问题可用迭代算法求解。文献[64]给出了一种比较简单的解法。这里考虑离散情况。考虑点(i,j)以及它的四邻上的光流值，根据约束方程，光流的误差为：

$$c(i,j) = \left[\frac{\partial I}{\partial x}v_x(i,j) + \frac{\partial I}{\partial y}v_y(i,j) + \frac{\partial I}{\partial t}\right]^2$$

光流的平滑度量可由点(i,j)与它四邻的光流值的差分来计算，即

$$\begin{aligned} s(i,j) = \frac{1}{4}[&(v_x(i,j) - v_x(i,j-1))^2 + (v_x(i,j) - v_x(i-1,j))^2 + \\ &(v_x(i+1,j) - v_x(i,j))^2 + (v_x(i,j+1) - v_x(i,j))^2 + \\ &(v_y(i,j) - v_y(i,j-1))^2 + (v_y(i,j) - v_y(i-1,j))^2 + \\ &(v_y(i+1,j) - v_y(i,j))^2 + (v_y(i,j+1) - v_y(i,j))^2] \end{aligned}$$

于是，我们可以最小化下式来求 $v_x(i,j)$和 $v_y(i,j)$：

$$E = \sum_i \sum_j (c(i,j) + s(i,j))$$

下面的推导过程中，各个函数的坐标均为 i,j，因此省略不写（为了方便），并且用 I'_x, I'_y, I'_t 表示偏导。E 关于 $v_x(i,j)$和 $v_y(i,j)$的微分是：

$$\frac{\partial E}{\partial v_x(i,j)} = 2[I'_x v_x(i,j) + I'_y v_y(i,j) + I'_t]I'_x + 2(v_x(i,j) - \bar{v}_x(i,j))\lambda$$

$$\frac{\partial E}{\partial v_y(i,j)} = 2[I'_x v_x(i,j) + I'_y v_y(i,j) + I'_t]I'_y + 2(v_y(i,j) - \bar{v}_y(i,j))\lambda$$

其中，$\bar{v}_x(i,j)$ 和 $\bar{v}_y(i,j)$分别是 $v_x(i,j)$，$v_y(i,j)$在点上的平均值。当两个偏导都为零时就得到最小值，于是得到：

$$(\lambda + I'^2_x)v_x + I'_x I'_y v_x = \lambda\bar{v}_x - I'_x I'_t$$

$$(\lambda + I'^2_y)v_y + I'_x I'_y v_y = \lambda\bar{v}_y - I'_y I'_t$$

现在可以从这两个方程求出 v_x 和 v_y，其直接的结果是一个迭代方程：

$$v_x^{k+1} = \bar{v}_x^k - [(I'_x\bar{v}_x^{\ k} + I'_y\bar{v}_y^k + I'_t)/(\lambda + I'^2_x + I'^2_y)]I'_x$$

$$v_y^{k+1} = \bar{v}_y^k - [(I'_x\bar{v}_x^{\ k} + I'_y\bar{v}_y^k + I'_t)/(\lambda + I'^2_x + I'^2_y)]I'_y$$

其中，k 是迭代的次数，光流的初始值可以取为 0。

上述算法的实现相对简单，计算复杂性较低，然而这种技术存在着一些缺陷。第一，图像灰度保持假设对于许多自然图像序列来讲都是不合适的，尤其是在图像的遮合边缘处和（或）当运动速度较高时，基于灰度保持假设的约束方程存在着较大误差。第二，在图像的遮合区域，速度场是突变的，而总体平滑约束则迫使所估计的光流场平滑地穿过这一区域，此过程平滑掉了有关物体形状的非常重要的信息。第三，微分技术的一个要求是 $I(x, y, t)$必须是可微的，这暗示着需对图像数据进行时空预平滑以避免混叠效应。

为了克服这些缺陷，人们对微分法作了许多改进。[40]采用一定向平滑约束处理遮合问题。Black 和 Anandan[41]针对多运动的估计问题，提出了分段平滑的方法。Verri 等人[66]则提出用二阶导数来约束 2D 速度。Hildreth 提出基于边缘的光流平滑约束方法，但灰度的边缘不一定就是运动的边缘。傅洁、吴立德提出基于区域的平滑性约束，并借助多尺度技术

进行区域的提取,效果比较好。陈海峰[59]从光流的基本约束方程出发,提出了一种基于区域平滑约束的光流场估计方法。

2.1.6.2　帧间差技术

帧间差也是用来检测物体运动的常用方法。帧间差是指连续的两帧(也可以是任意两帧)图像的像素值按照对应位置直接相减。假设图像序列用 $I_0, I_1, \cdots, I_n$,差值图像用 $d(x, y)$ 表示,则:

$$d_t(x,y) = I_t(x,y) - I_{t-1}(x,y)$$

$d(x,y)$ 不等于零的点代表"变化"区域,等于零的点代表"不变"区域。一般来说,变化区域对应于运动物体,不变区域对应于静止的背景,从而使前景和背景得以区分。这是应用差分图像的基本原理,但实际上却远不是如此简单。

(1)简单阈值法

由于噪声的影响,差分图像几乎处处都不为零。为了区分前景和背景,首先要滤波,然后根据一定的阈值来判别,最简单的是直接阈值法:

$$d_t(p) = W * I_t(p) - W * I_{t-1}(p)$$

$$D_t(p) = \begin{cases} 255, & \text{if } |d_t(p)| >= T \\ 0, & \text{else} \end{cases}$$

W 表示滤波窗口,可以采用高斯滤波或中值滤波。

直接取阈值法虽然简单,但却不是很准确,更为有效的一种方法是四阶矩检测(高阶统计)。

(2)高阶统计

运动目标的帧间差为结构性的信号(如人的运动引起亮度变化),严重背离高斯统计,可以看做非高斯信号,二阶统计模型是基于高斯模型的,因此难以检测这类信号。而随机噪声、亮度变化、背景的缓慢变化,符合高斯统计,可以看做为高斯信号。所以运动目标的检测任务相当于"从高斯信号中检测非高斯信号",四阶矩是一种比较合适的模型,它折中考虑了计算量和精确度[68]。

高阶统计的信号处理方法已经用于很多应用领域。在视频图像处理中,相邻的两帧图像的帧差可以看成一个零均值、对称概率密度函数。高阶统计要计算每一个像素的四阶矩:

$$\hat{m}_d^{(4)}(x,y) = \frac{1}{N_\eta} \sum_{(s,t) \in \eta(x,y)} \{d(s,t) - \hat{m}_d\}^4$$

η 是以 (x,y) 为中心的一个 3×3 窗口,$N_\eta = 9$,$\hat{m}_d(x,y)$ 是窗口内的平均值:

$$\hat{m}_d(x,y) = \frac{1}{N_\eta} \sum_{(s,t) \in \eta(x,y)} d(s,t)$$

四阶矩值大于某一阈值的点认为是属于运动目标的点,否则不是。

$$\text{if} \quad |\hat{m}_d^{(4)}(x,y)| > T \quad \text{then} \quad \text{Object}$$

$$\text{esle} \quad \text{Background}$$

这里 $T = c(\hat{\sigma}_{od}^2)^2$,$c$ 是一个常数,$\hat{\sigma}_{od}^2$ 表示静止背景中由噪声引起的方差。为了具有自适应性,$\hat{\sigma}_{od}^2$ 可以通过对静止背景的采样进行计算。

$$\hat{\sigma}_{od}^2 = \frac{1}{N_S} \sum_{(s,t) \in S} (d(s,t) - \hat{m}_d)^2$$

其中 S 为采样区域。S 的确定取决于背景的概念，如在户外，像草地、海洋这类缓慢波动的纹理也算是背景，S 就应该也在这些区域中选取。一般来说，运动物体通常处于场景的中心，这样左边、右边、上边（不包括下边）就可以作为静止背景看待，不过仍然会有特殊的情况（如物体从左边进入场景），因此，我们还应检查这些边缘像素的帧间差绝对值的大小，当小于某一阈值时才作为 S 的后选区域。

另外，$\hat{\sigma}_{od}^2$ 在时间轴上存在波动，为了提高分割的稳定性，我们对最近 10 帧的 $\hat{\sigma}_{od}^2$ 做时间轴中值滤波，得到 $\hat{\sigma}_{\mathrm{Med}}^2$，作为参与阈值计算的方差值。

(3) 递归高阶统计

递归高阶统计考虑前 n 帧图像序列的信息，这样做的优点在于可以充分利用前 n 帧图像序列之间的信息冗余度，更有效地减少噪声效应，克服经典统计信号处理的不足，从而有效地检测小目标。实验结果证明[67]，与传统高阶统计方法相比，基于递归高阶统计的运动目标分割方法分割结果较好。

2.1.6.3 运动目标检测

(1) 差分技术

差分技术是直接在图像空间域上进行的技术，通过目标的运动引起的变化差异把运动目标范围检取出来[8]。为了简便起见，在以下的叙述中将 $f(x,y,t_i)$ 和 $f(x,y,t_j)$ 分别简化为 f_i 和 f_j。若 $t_i < t_j$，则 f_i 称为以前帧，f_j 称为当前帧。

① 两帧差分

差值图像 D_{f_i,f_j} 是图像 $f(x,y,t_i)$ 和 $f(x,y,t_j)$ 在 (x,y) 位置像素灰度的比较结果，它是一个二值图像：

$$D_{f_i,f_j}(x,y)=\begin{cases}1,\text{若 } f(x,y,t_i) \text{ 和 } f(x,y,t_j) \text{ 的灰度存在显著差异}\\0,\text{其他}\end{cases}$$

在场景的物体运动过程中，假设相机位置不变，物体上的点的灰度从时刻 t_i 到 t_j 也保持不变，那么在给定的 (x,y) 像素位置上，有以下三种情形使灰度发生变化：

- (x,y) 位置，在 f_i 是背景区域，在 f_j 被运动物体区域覆盖。
- (x,y) 位置，在 f_i 是物体区域，在 f_j 是背景或其他运动物体区域。
- (x,y) 位置，在 f_i 和 f_j 都是物体区域，但物体有不同的灰度。

这时，在差值图像中有值的部分，即是由于物体运动在图像中所引起的变化范围。但是这种变化范围只能表示此两帧图像中运动物体的相对位置变化，而对于运动物体的具体形状却无从得知，且对运动缓慢的物体不敏感，所以存在着一定的局限性。为了克服这种局限性，可以引入累计差分图像的概念，形成一种累计差分图像的运动检测方法，对运动物体在一段时间内的图像序列作运动分析，以得到更为完整的运动分析信息。这种算法既充分利用了时间序列图像的历史积累信息，又能适应低对比度的有噪时间序列图像，因此可以检测缓慢运动的目标和运动着的小目标。但是这一算法的判断行为多，硬件实现复杂，所以，针对图像差分和图像累计差分两种算法的优缺点，提出了下面的图像对称差分运算。

② 对称差分

连续三个图像帧的对称差分技术则弥补了上面两种差分方法所存在的局限性，相邻两帧源图像进行差分，图像帧之间的显著差异能快速地检测出目标的运动范围，连续三帧序列图像通过对称差分相“与”，较好地检测出中间帧运动目标的形状轮廓[13]，其具体算法描述如下：

对视频序列中连续三帧源图像$f_{(k-1)}(x,y)$,$f_{(k)}(x,y)$和$f_{(k+1)}(x,y)$,分别计算相邻两帧源图像的绝对差灰度图像：

$$d_{(k-1,k)}(x,y) = | f_{(k)}(x,y) - f_{(k-1)}(x,y) |$$
$$d_{(k,k+1)}(x,y) = | f_{(k+1)}(x,y) - f_{(k)}(x,y) |$$

对均值滤波后的两个绝对差灰度图像,取一定阈值对图像进行二值化,先得到两个绝对差二值图像$b_{(k-1,k)}(x,y)$和$b_{(k+1,k)}(x,y)$ 。在每一个像素位置,对两个绝对差二值图像进行相“与”,得到对称差分结果二值图像$B_{(k)}(x,y)$

(2)四阶矩检测器

除了能用差分方法来检测动态视频对象运动范围外,四阶矩检测器[14]也能起到这个作用。在忽略相机运动的情况下,背景静止,给定在t_0和t_k时刻的两帧图像$f_0(x,y)$和$f_k(x,y)$,计算帧间差为:$d_k(x,y)=f_k(x,y)-f_0(x,y)$

由帧间目标运动引起的变化严重偏离高斯统计性,所以研究认为目标运动所引起的帧间变化是检测出的在高斯噪声中部分模型化的非高斯随机信号。可以利用二阶或高阶的检测器来检测变化范围,但是二阶检测器主要依赖于高斯模型,所以检测性能不是很好;另一方面,设计尽可能高阶的检测器从分析上、计算上来说都是不可达的。因此在模型的精确性和复杂度之间进行折中,利用四阶矩检测器来达到检测的目的。计算每一个像素点(x,y)的四阶矩$\hat{m}_d^{(4)}(x,y)$,这是在差值图像内以该像素点为中心,活动窗口大小为$N_\eta=9$的范围内,所估计的值。

$$\hat{m}_d^{(4)}(x,y) = \frac{1}{N_\eta}\sum_{(s,t)\in\eta(x,y)}(d(s,t)-\hat{m}_d)^4,\quad \hat{m}_d(x,y) = \frac{1}{N_\eta}\sum_{(s,t)\in(x,y)}d(s,t)$$

$\hat{m}_d(x,y)$是在差值图像上,窗口内像素点差值的均值。然后,对每个像素的$\hat{m}_d^{(4)}(x,y)$与阈值$c(\hat{\sigma}_{od}^2)^2$进行比较,常数c为根据试验经验所得来的值,对于MPEG-4测试图像A序列、B序列来说,$c=75$。噪声变量$\hat{\sigma}_{od}^2$由静止背景的子集s'估计而得。

$$\hat{\sigma}_{od}^2 = \frac{1}{N_{s'}}\sum_{(s,t)\in s'}(d(s,t)-\hat{m}_d)^2,$$

若$\hat{m}_d^{(4)}(x,y)<c(\hat{\sigma}_{od}^2)^2$,则假设该点属于静止背景。

若$\hat{m}_d^{(4)}(x,y)>c(\hat{\sigma}_{od}^2)^2$,则假设该点属于运动目标或变化了的背景。

这样,根据以上四阶矩检测器的计算方法,可大致分别出静止背景和视频对象运动所引起的变化区域,至于严格区分出目标和变化的背景,还有待用后面所讲述的方法来处理。

2.2 视频对象提取技术

MPEG-4的框架提出以后,人们加紧了基于对象的视频技术研究。其中视频对象的提取是最为重要的一步,它是基于对象的视频检索、面向对象的视频压缩和编辑等应用的基础。

视频对象的分割一般从空间和时间两个方面来考虑。空间图像分割主要采用静态图像分割的方法,从区域和边缘两个角度入手。文献[69]在多尺度形态梯度的基础上采用分水岭算法进行空间分割,这是典型的“先空间分割,再区域合并”的算法。这类算法的缺点是空间分割具有相当的盲目性(很多区域是本来不必要分割的),图像的边缘(或纹理)比较细碎时产生大量的细小区域(过分割)。

采用差分图像检测运动目标是利用帧间信息的最直接方法。王栓等采用当前图像与固定背景之间的差分来检测运动目标,它只适用于背景已知的情况。文献[36]也采用求图像差分的方法,但需要对差分图像求梯度,产生双线,无疑会使模板膨胀产生失真,并且没有考虑“显露背景”的消除,这是一个不容忽视的问题。文献[81]同样利用连续3帧图像,采用所谓“对称差分”,即把相邻的两个差分图相“与”。但该方法需要连续3帧图像,有1帧时间的滞后。另外,当某一帧图像不运动时(或运动无法检测时),“对称差分”会使相邻的两帧都没有输出。

MPEG-4专家组主要测试了两种自动分割算法[70][71],一个是来自德国University of Hannover,这里简称为UH方法,另一个来自意大利的Fondazione Ugo Bordoni,这里简称为FUB方法。这两种方法互相交叉测试。

UH方法首先对视频帧进行分组(每8帧作为一组)得到图像组GOF,以后的所有处理都针对图像组。

① 求差分图像

使组内各帧都和组外的某一帧(如上一组的最后一帧)求差分,得到差分图像组GODF,并通过高阶统计(四阶矩)消除噪声的影响。

② 运动估计

对差分图像组内各帧做运动估计,然后考察所有像素,如果某像素(x,y)在组内各帧中运动矢量均为0,则把该像素归为背景,否则归为前景(运动物体)。

③ 规整

根据局部领域对像素判别结果做适当的调整,若某像素的周围像素大多数为背景,则判该像素为背景。

FUB方法主要是两个步骤:

① 求差分模板

对连续两帧图像求差分CDMs,同时维持一个差分计数器Memory,用来记录任一坐标点(x,y)处在最近一段时间(几帧)内是否曾经有差分输出,即当前帧差分为真,则Memory(x,y)置为L,否则Memory(x,y)减1。最终差分模板由上一帧的对象模板和当前的Memory“并集”而得。

$$CDM = OM_{pre} + CDM_{memory}$$

② 获取视频对象

获取视频对象就是从差分模板中去除显露背景部分,从而得到视频对象的较为精确的区域,通过矢量包含的方法(参见本章后面的讨论)来实现。

可以看到,这两种方法的一个共同点在于都利用差分模板的多帧累加来作为当前帧的最终差分模板。这种采用差分累加的方法适用于目标变化缓慢,且范围有限(在有限的范围内反复运动,如新闻播音员镜头)的情况,否则多帧差分的累加就没有意义。所以在算法测试中,“Akiyo”和“Mother_daughter”的效果比较好,而Hall_monitor的效果就不好。

因此,对于目标运动比较快的情况,上述算法并不适用,而本文算法着重研究这方面的情况。因为在实际的视频应用中,往往由于带宽的限制,使系统以较低的时间分辨率采集视频,这等效于目标的快速运动(目标在帧间的位置差别比较大)。

本文算法同样采用图像差分的方法,但只利用相邻两帧之间的差分。它首先滤波并求出连续两帧图像之间的差分,然后通过本文提出的“同化填充”技术和基于对象“整体运动估计”对差分图像进行修正从而得到对象模板,并且利用模板缓冲区的帧间迭代维持模板的完整性。该算法不依赖于固定背景,能够消除差分图中的显露背景,得到运动目标较为精确的形状,并且算法简单、快速。

2.2.1　视频活动对象提取[32]

视频运动对象的运动信息对人眼视觉最敏感,也是导致图像压缩编码、传输过程中数据量大的主要因素。本文提出两种视频对象分割方法,把运动的视频对象从静止背景中分割提取出来,按照 MPEG-4 标准进行面向对象的视频编码,以减少编码和传输的数据量。

为了满足低码率实时图像压缩的需要,以下介绍这种快速方便的视频分割算法,从一般的自然视频序列中把运动目标从静止背景中快速分离出来。在图像处理过程中,相邻图像帧差分能快速地检测出相邻两帧之间由目标运动所引起的运动范围,这个特性可以用来代替四阶矩检测器,因为图像帧差分不但实现快速、方便,而且通过三帧的对称差分,能很好地把运动目标轮廓检测出来。本文谈的这种利用对称差分的算法其具体流程如图 2.19 所示。第一步对每连续三帧图像进行对称差分,并在上一帧分割出来的目标模板的指导下对差分结果进行修正;第二步通过水平填充把运动目标的模板提取出来,不过在这之前先要对对称差分结果进行预处理(求取梯度、寻找质心)。这种算法实现起来实时性好,而且简便易行,能满足图像实时压缩的需要。下面详细讨论该算法的实现。

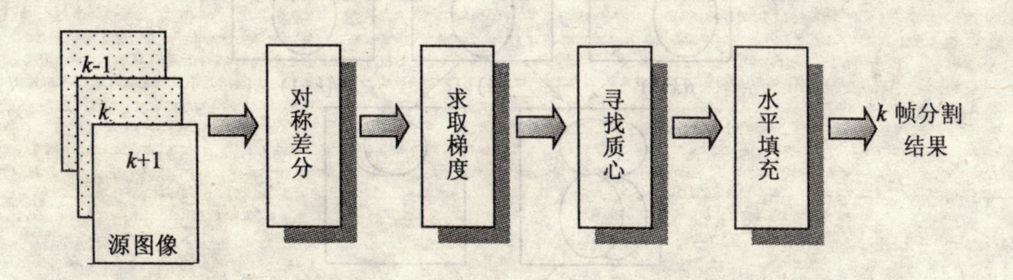

图 2.19　快速视频对象分割方法流程图

2.2.1.1　对称差分(symmetrical DFD)检测运动目标[81][51][73]

一般视频序列包括静止背景和运动目标,为了将运动目标从静止背景中分离出来,我们对相邻两帧源图像进行差分,由于图像帧之间的显著差异,使得我们能快速地检测出目标的运动范围,连续三帧序列图像通过对称差分相“与”,则能较好地检测出中间帧运动目标的形状轮廓。本文利用这个特性,检测出中间帧的运动目标形状轮廓,并通过上一帧分割出的目标模板对差分结果进行修正。其全过程具体算法描述步骤如下:

① 视频序列连续三帧源图像设为 $f_{(k-1)}(x,y)$,$f_{(k)}(x,y)$ 和 $f_{(k+1)}(x,y)$,分别计算相邻两帧源图像的绝对差灰度图像:

$$d_{(k-1,k)}(x,y) = | f_{(k)}(x,y) - f_{(k-1)}(x,y) |$$
$$d_{(k,k+1)}(x,y) = | f_{(k+1)}(x,y) - f_{(k)}(x,y) |$$

对以上两个绝对差灰度图像，分别进行($m \times m$)的均值滤波。对 CIF 格式的图像，取 m 为 3。

② 对均值滤波后的两个绝对差灰度图像，分别使用基于图像差距度量的阈值选取方法[88]选取适当阈值，对图像进行二值化。在试验中取一定阈值后得到两个绝对差二值图像 $b_{(k-1,k)}(x,y)$ 和 $b_{(k,k+1)}(x,y)$。在每一个像素位置，对两个绝对差二值图像进行相“与”，得到对称差分结果二值图像 $B_{(k)}(x,y)$，这即为 k 帧源图像中运动目标从背景中分离的初步结果，也是后面将要填充的运动目标模板的雏形。

③ 差分结果修正。对于以上得到的差分结果，为了适应图像序列帧之间的多种变化，得到正确的分割结果，我们还应针对两个绝对差二值图像的各种情况对对称差分结果二值图像进行修正，使得到的结果更符合实际情况。

当 $b_{(k-1,k)}(x,y)$ 和 $b_{(k,k+1)}(x,y)$ 两个绝对差二值图像都有目标图像时，经过步骤②的运算一般能得到运动目标的准确轮廓。但有时也会出现丢失部分运动信息的情况，如图 2.20 所示，($k-1$)帧到 k 帧整个运动目标都在运动，而 k 帧到($k+1$)帧目标只有部分运动时，由于相“与”使得($k-1$)帧到 k 帧的某些运动信息丢失。这时需要以上一帧分割得到的最后结果 $T_{(k-1)}(x,y)$ 中的运动目标模板中的点为起点，通过该点从($k-1$)帧到 k 帧的运动矢量得到在 k 帧的止点的位置，添加到对称差分结果二值图像 $B_k(x,y)$ 中。我们在实现过程中，采用分层块匹配方法求取图像中块的矢量，并把块的矢量分配给块中的每个像素。

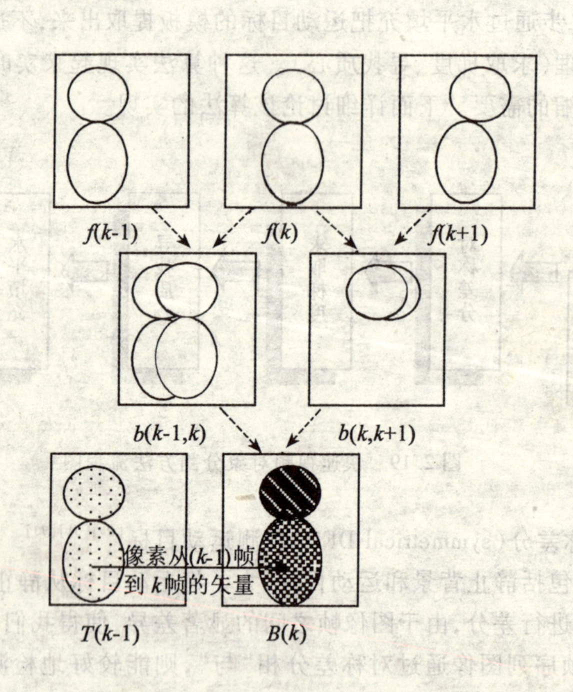

图 2.20　对称差分示意图

当只有 $b_{(k-1,k)}(x,y)$ 有目标图像时，即只有($k-1$)到 k 帧目标有运动，这时需要以上一帧分割得到的最后结果 $T_{(k-1)}(x,y)$ 中的目标点为起点，通过($k-1$)帧到 k 帧的运动矢量得到在 k 帧的止点，添加到对称差分结果二值图像 $B_{(k)}(x,y)$ 中。

当只有 $b_{(k-1,k)}(x,y)$ 有目标图像时,即$(k-1)$到 k 帧目标没有运动。这时直接把上一帧分割得到的最后结果 $T_{(k-1)}(x,y)$ 拷贝为 k 帧分割的最后结果 $T_{(k)}(x,y)$,跳过下面目标模板填充的处理。

当 $b_{(k-1,k)}(x,y)$ 和 $b_{(k,k+1)}(x,y)$ 两个绝对差二值图像都没有目标图像时,即$(k-1)$到 k 帧、k 帧到$(k+1)$帧目标都没有运动。这时直接把上一帧分割得到的最后结果 $T_{(k-1)}(x,y)$拷贝为 k 帧、$(k+1)$帧分割的最后结果 $T_{(k)}(x,y)$ 、$T_{(k+1)}(x,y)$,跳过下面目标模板填充的处理。

原始图像中往往存在一定的噪声,直接求差分受噪声影响比较大。因此,必须在差分运算之前先对图像进行滤波处理。从测试的结果来看,高斯滤波的效果优于中值滤波,如图2.21所示。

(a) 没有滤波，直接差分

(b) 中值滤波后差分

(c) 高斯滤波后差分

图 2.21 预滤波对差分二值图像的影响(T 均取 7)

其中,阈值 T 用于滤除摄像机所带来的系统噪声(包括信号数字化过程所产生的噪声、光照扰动等)的影响,从而保证静止的背景在差分图像中没有输出。它主要由摄像机性能和所采用的预滤波方法所决定。滤波效果好的,T 可以取小一点,否则就取大一点。对于特定的滤波方法,T 的值主要取决于摄像机的性能,而且是相对固定的值,与图像内容关系不大(有个别摄像机的信噪比会随图像亮度的变化而略有波动),可以预先测出。

对于本文研究所使用的摄像机,在使用之前,对由它所摄入的完全静止的视频画面求差分,通过直方图可以明显看出差分图像完全分布在 0 ~ 6 之间,因此在本文给出的测试结果中,T 取 7。如果考虑到人物移动时所造成的局部光照扰动以及阴影的影响,T 可以取得再大一些,比如 10,但也不能过大,否则就会滤掉真正的运动部分。

在计算差分的过程中,同时可以得到包含差分图的最小矩形框(图 2-21(c)中的线框),这个矩形框用“box”表示(下面要用到)。对于多目标的情况,可通过模糊聚类技术对多目标进行划分[82],或者根据各个连通区域的运动向量进行合并,然后分别处理,这里仅讨论单目标的情况。

2.2.1.2 目标模板填充

对称差分结果二值图像 $B_{(k)}(x,y)$中,目标点的分布极不均匀,有的地方甚至会出现断裂、有缺口的现象,同时图像中还会有背景噪声聚集小块的干扰。为了较好地从图像背景中分离出目标,需要对对称差分结果二值图像进行目标模板填充,在填充的同时不但要很好地保留目标轮廓信息,还要排除背景噪声的干扰。为此,在填充之前采用了一些预处理步骤,之后再进行模板填充。

(1)模板填充预处理

① 求取梯度

为了便于填充得到需要的完整封闭的目标模板,可采用求取梯度的方法,使对称差分结果二值图像的目标轮廓信息得到加强,这样有利于在目标模板填充时,能准确判断有效目标轮廓点。在试验中,我们使用 Sobel 算子对对称差分结果二值图像 $B_{(k)}(x,y)$ 求取梯度,得到梯度图 $G_{(k)}(x,y)$。在梯度图中,目标梯度边缘灰度值为 255(称为亮点),背景灰度值为 0。

② 求取梯度图质心

对梯度图像 $G_{(k)}(x,y)$,求取梯度边缘亮点的质心,便于对后面的目标模板填充进行指导。在求质心的过程中,通过灰度直方图统计以质心为中心分布的 99.3% 以上的梯度边缘亮点的范围,得到的结果用于判断目标模板填充过程中的目标轮廓点,对于抑制背景噪声影响,起到了很好的效果。

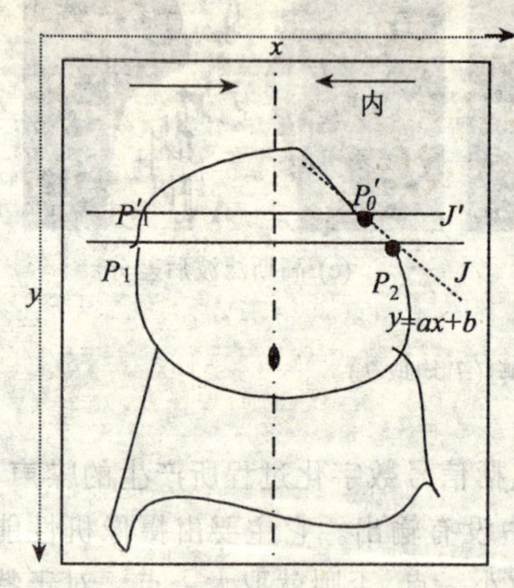

图 2.22　模板填充示意图中,曲线为梯度边缘中心点为质心

(2)水平扫描填充

对于上面预处理好的梯度图像 $G_{(k)}(x,y)$,使用水平线扫描的方法从上至下进行目标模板填充。在水平扫描的过程中,以质心为中心,在每一行分别向左、向右寻找最外围的目标模板轮廓点,对找到的目标模板轮廓点之间的范围进行填充,这样使得目标模板内填充的点均匀、密实,不会出现空洞等现象。然而,其中主要有两个关键点需要注意,一是怎样判断确定目标模板轮廓点,二是怎样处理和填充断裂和缺口的梯度边缘。在下面说明时,使用图 2.22 所示的坐标系,已处理的行号记为 J',J'行找到的目标模板轮廓点记为 P_1'(左边)、P_2'(右边)。下一个待处理的行号记为 J,待寻找的最外围的目标模板轮廓点为 P_1、P_2。下面的说明主要以质心左边为例,右边的处理相似。

① 目标模板轮廓点的确定

确定目标模板轮廓点的判断条件(这时 $J=J'+1$):

- 如果 P_1 为目标模板轮廓点,它本身为梯度图中的亮点,而且在以它为中心的窗口中(3×3),至少有两个相距大于 1 的梯度图中的亮点。
- 在 P_1 向质心靠拢的水平方向上,向内走的 5 个点范围内,至少有 3 个点为梯度图中的亮点。
- 若待确定的 P_1 在($P_1'+2$)的左边,而且在上面用直方图统计的范围内,则认为是目标模板轮廓点。否则,在 J 行($P_1'-2\sim P_1'+2$)范围内寻找是否有梯度图中的亮点,若有则认为是目标模板轮廓点。

经过以上步骤若没有找到边缘点的话,只能把上一行已知的 P_1',P_2'和行号 J'放入队列,当前没有找到目标轮廓点的行号($J'+1$),($J'+2$)…也依次放入队列,继续寻找下面的行,直到找到了 $J=(J'+n)$行有确定的 P_1 或 P_2 时,再用下面的直线算法为目标模板确定

从 J' 行到 J 行之间的目标轮廓点。每一行如此寻找目标模板轮廓点,直到处理完图像帧所有的行。每一行得到了确定的 P_1 和 P_2 时,就从左至右进行填充,没找到的等待下面处理。质心右边范围 P_2 的处理也同样如此,并同时进行。

② 直线处理算法

由于图像存在缺口或裂纹,所以对于上面的条件在某些行会找不到确定的目标模板轮廓点。本文目前采用直线算法,通过不同行的两个已确定目标轮廓点,确定一条线段,模拟目标模板轮廓,使填充后的模板看起来更丰满一些。

如图 2.22,若找到某一行 J 有确定的 P_1,若 $(J-1)$ 行左边的目标模板轮廓点不确定,即队列不为空,则从队首取出一个确定的 P_1',P_2',J'。把 P_1,J 和 P_1',J' 放入直线公式:

$$y = ax + b$$

求出参数 a 和 b,通过这个直线公式,确定了从 J' 到 J 行的目标轮廓点之间的线段。认定线段上的点为从 J' 到 J 行左边的目标模板轮廓点,根据找到的右边的目标模板轮廓点再进行水平填充,并清空队列。用这种方法,对解决填充目标模板时的断裂和凹陷问题非常有效。

经过以上处理,得到了 k 帧最后分割出的目标模板 $T_{(k)}(x,y)$。由于求取梯度使目标的边缘宽度增加,所以还应对模板进行最后的修正,进行最小值滤波和数学形态学操作以得到最后分割结果。

(3)模板的"同化"填充

以上步骤中得到的二值图像可以作为对象的原始模板,可以看到模板中存在一定的空隙。当空间梯度不存在(或不明显)时,时间梯度也就不存在(或不明显)。而实际上,差分图像就是视频序列的时间梯度图像。因此,对于自然视频序列来讲,这些空隙是不可避免的。这里通过我们提出的"同化"算法来进行填充,过程如下所述。

在模板所处的矩形框 box 内,扫描所有的 0 值点(即空洞点)。对于某个 0 值点 p,考虑通过该点的任一条直线 L,如果 L 上存在两个点 p_1,p_2,并且

① p_1,p_2 都是 255;

② p_1,p_2 分布在 p 的两侧;

③ $\| p-p_1 \| < R$, $\| p-p_2 \| < R$。

则把 p 点置为 255,否则仍保持为 0。如果 p 点被置为 255,称为"点 p 依据直线 L 在 R 内被同化"。其中 R 是一个距离阈值,这里不妨称为"同化半径"。

但实际编程时,为了减小计算量,我们不必计算所有的方向,只需考虑如图 2.23 所示的 4 条直线,即:

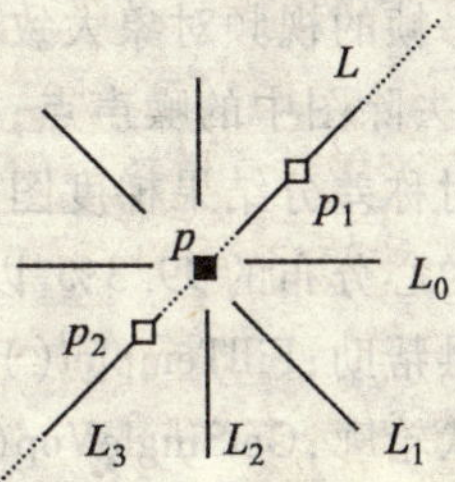

图 2.23　"同化"示意图

$L_0:(x-1,y)—(x+1,y)$,　$L_1:(x-1,y+1)—(x+1,y-1)$

$L_2:(x,y-1)—(x,y+1)$,　$L_3:(x-1,y-1)—(x+1,y+1)$

搜索过程只是按照一定的步长增加或减小坐标,不涉及乘除运算,因此速度比较快。

这种同化填充算法的优点是:只填充变化陡峭的内凹空隙(缺口)以及内部空隙,而对变化缓慢的边缘部分基本不做修改(如脖子部位),这符合一般的实际情况。

然而,有些差分图像中会出现较大的空洞,若 R 值取得小,则无法完全填充,如图 2.24(a)所示;若 R 值取得过大,则会使对象边缘的平缓转弯处也被填充(这是不应该的)。为此,采用区域反填充技术来提取差分模板。考虑 box 内部区域,首先用灰色(0~255 之间的

某一值,如200)从box内壁填充所有0值区域(这是简单的区域填充问题),得到如图2.24(b)所示的结果,然后取灰色区域的补集,即得对象的差分模板,如图2.24(c)所示。

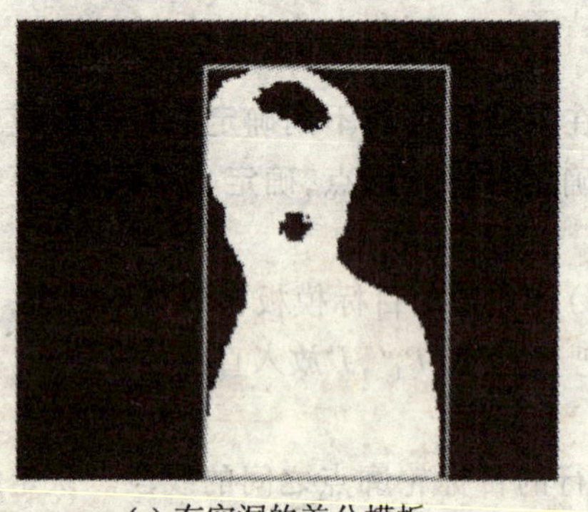
(a) 有空洞的差分模板

(b) 边缘标记填充

(c) 对象差分模板

图2.24 用反填充技术解决内部空洞

由于采用区域反填充技术,同化填充只需保证对象模板具有闭合的边缘即可。实际上对象边缘通常是空间梯度较明显的部分,在差分图像中一般不会有较大的缺口(只要物体存在运动),大的空洞通常出现在对象内部的平坦区域,如图2.24(a)所示,因此同化半径取3~5即可。但有时即使是边缘,缺口也可能比较大(物体与背景的对比不太明显),此时可以连续实施两次同化填充,这样一般都能得到较好的结果。

(4)VOP提取

快速视频对象分割方法程序实现流程,如图2.25所示。

图2.25中,ReadFrame()函数用于读入源数据帧,首次读入三帧,后来对于连续帧来说只读入一帧即可;SymmetricalDFD()函数,对读入的连续三帧源图像进行对称差分,得到中间一帧的视频对象大致轮廓形状;随后使用MediaFilter()函数,对对称差分结果进行均值滤波,去除图中的噪声点;滤波后的对称差分结果,随之通过Gradient()函数进行梯度运算,得到对称差分结果梯度图,该图通过GetCore()函数求取梯度边缘亮点的质心,并统计以质心为中心分布的99.3%以上的梯度边缘亮点的范围,对后面的水平扫描填充判断目标轮廓点提供帮助;FillTemplet()函数则在梯度图上进行水平扫描填充,得到视频对象具体、精确的形状轮廓;GetSingleVop()函数根据所得到的填充结果,填充MAP图和VOP信息列表,提供给后面的VOP编码器进行编码。

2.2.1.3 消除显露的背景

(1)概念

在差分图像中,不等于零的像素并不一定都属于运动物体,也可能是当前帧中显露出来(在上一帧中被目标覆盖)的背景区域(以后简称"显露背景")。差分图像中目标和显露背景同时存在,必须去除显露的背景部分,才能得到实际的目标模板。假如对差分图像做如下处理,可以直观地看到模板中显露的背景部分:

$$D_t(x,y)=\begin{cases}255, & |d_t(x,y)|>T\\ 0, & |d_t(x,y)|<-T\\ 127, & \text{其他}\end{cases}$$

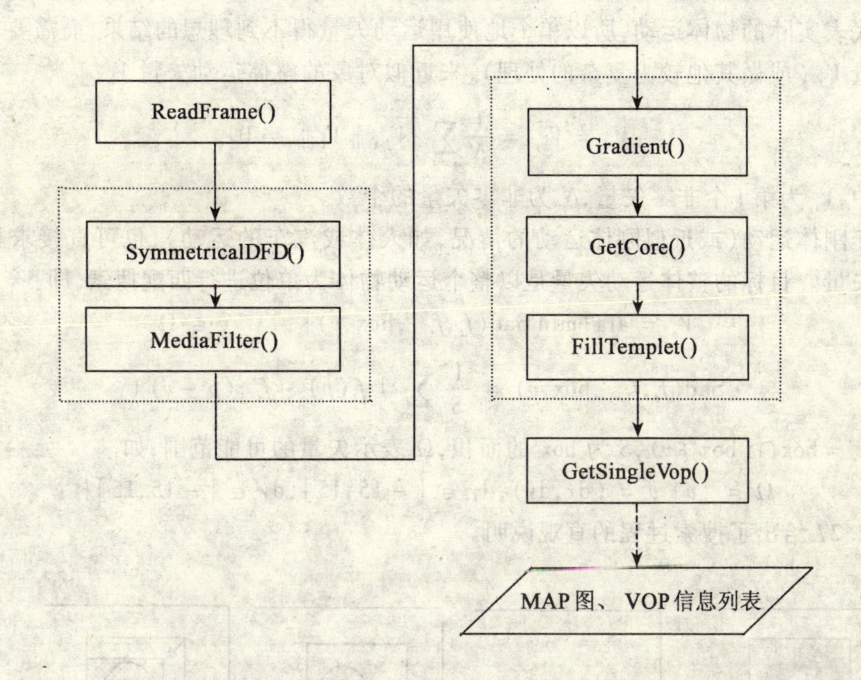

图 2.25　快速视频对象分割方法程序实现流程

如图 2.26 所示,其中右边的白色部分就对应显露的背景。容易想到:去除白色边缘部分就可得到运动目标。但在实际中,也可能左边的黑色部分对应显露背景,这要看目标和背景的相对亮度来确定,因此去除背景并不是一件容易的事情。

图 2.26　差分模板中包含显露的背景

对称差分是最直接的方法,但它的缺点是需要连续三帧输入图像,并且当某两帧之间物体不运动时,前后两个对称差分均无输出。为此,我们采用运动补偿的方法来处理这个问题:先求出运动矢量,再根据运动矢量的方向和大小来消除显露的背景部分。该方法只需要两帧图像作为输入。

(2)求对象运动矢量

在基于块的传统编码方案中,一般以宏块(或子块)作为运动估计的单位。也可以采用划分宏块的方法来估算运动矢量。由于宏块的运动矢量一般比较杂乱,每一个矢量并不一定真正代表实际的物体运动，所以单个地使用运动矢量得不到理想的结果，而需要求得平均运动矢量 V_{av}（或做其他较为复杂的处理），来近似对象的整体运动矢量 V_o：

$$V_o = V_{av} = \frac{1}{N}\sum_{i=1}^{N}\{V_i, \| V_i \| \neq 0\}$$

其中，V_i 为第 i 个非零矢量，N 为非零矢量的个数。

对于刚体运动（或近似刚体运动的情况，如人体或汽车的运动），也可直接求目标的整体运动矢量。目标的整体运动矢量是以整个运动物体为单位进行匹配搜索，即：

$$V_o = \arg\{\min_v \mathrm{Sad}(f_t, f_{t-1}, \mathrm{box}, v)\}, \qquad v \in \Omega$$

$$\mathrm{Sad}(f_t, f_{t-1}, \mathrm{box}, v) = \frac{1}{S}\sum_{p \in \mathrm{box}'} | f_t(p) - f_{t-1}(p - v) |$$

其中，$ox' = \mathrm{box} \cap (\mathrm{box} + v)$，$S$ 为 box′的面积，Ω 表示矢量的可能范围，如

$$\Omega = \{v \mid v = (dx, dy), dy \in [-15, 15], dy \in [-15, 15]\}$$

图 2.27 给出了搜索过程的直观说明。

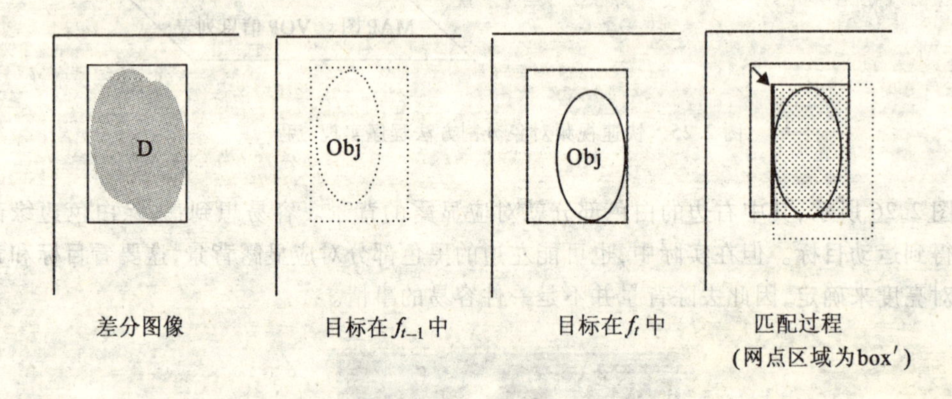

图 2.27 目标的整体运动估计

在基于目标的整体运动估计过程中，由于 Sad 的计算被限定在 box′中，所以计算量比较小。另外，为了进一步减少计算量，Sad 可以在 box′中抽点计算，如 1/2 或 1/4。还可以采用三步搜索法或者其他快速算法以提高效率。

(3) 显露背景消除

根据上面计算的运动矢量，对图像模板做如下的修正，从而消除显露的背景部分，得到对象模板 O。

$$O(p) = \begin{cases} 255, & \text{if} \quad D(p) = 255 \quad \text{and} \quad D(p - V_o) = 255 \\ 0, & \text{else} \end{cases}$$

其中，$p \in \mathrm{box}'$，box′的概念与前面相同。

修正的过程也可以简单地做如下文字描述：

把差分模板 D 按照 V_o 平移，再把平移之后的模板同未平移时的差分模板叠在一起，模板中重叠的部分即是运动目标 O，如图 2.28 所示。

这种修正方法，是假定物体只存在平移运动，在运动的过程中基本没有变形。这样的假设在一定程度上是合理的，因为差分模板来自于连续的两帧，帧间的时间差很短，物体的变

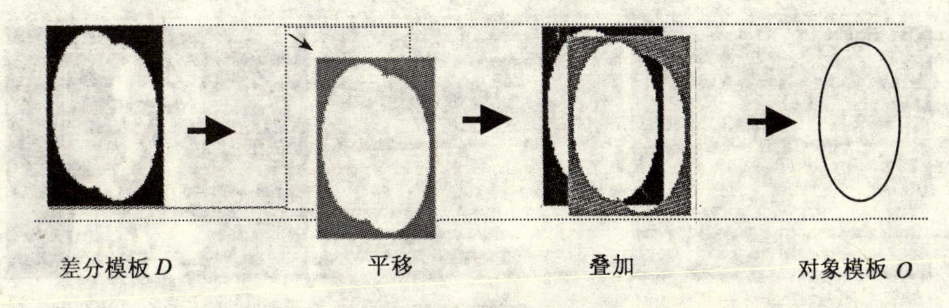

图 2.28　对象获取过程

形不大。由于使用整体运动矢量，消除了局部运动矢量固有的不可靠性，从而得到比较准确的结果。

2.2.1.4　帧间投射

帧间投射的目的是要根据物体运动的连续性，用前一帧得到的对象模板来弥补当前帧中出现的缺陷。如当目标的一部分与其背景灰度相近时，物体的这一部分在当前的差分图像中便没有信号输出，而事实上它仍是物体的一部分。我们采用下面的更迭策略。

假设上一帧得到的最终模板为 O_{t-1}，当前得到的差分为 D_t，估计出的当前帧目标运动矢量为 V_t，现在的任务是得到当前帧的模板 O_t。

(1)帧间投射

根据当前估计的运动矢量，把上一帧的模板投射到当前模板缓冲区(预先把当前对象缓冲区清空)，形成投射对象 O_{prj}。根据 V_t，当前图像中任一坐标点 p 可以在上一帧图像中确定其对应位置 $p' = p - V_{ot}$，如果 p'在 O_{t-1}内，而且两帧对应点的像素差值小于某一阈值 T，则认为 p 属于新的对象。

$$O_{\mathrm{prj}} = \{p \in f_t \mid (p - V_{ot}) \in O_{t-1} \quad \text{and} \quad |f_t(p) - f_{t-1}(p - V_{ot})| < T\}$$

(2)得到当前帧的模板

首先根据对象运动矢量得到修正的当前差分模板 D_t(见本书第二部分所述)，然后与 O_{prj}叠加(求“并集”)，最后再进行填充得到当前对象模板 O_t。

所以在整个分割过程中，维持着一个对象模板缓冲区。缓冲区最初置为空(也可以通过场景切换检测，在适当的时候把缓冲区重新置空)。

2.2.1.5　视频活动对象提取示例

此处以序列图像给出提取过程实际测试结果，如图 2.29 所示。

可以看到，最后得到的对象模板是很理想的。

2.2.2　基于边缘检测的视频对象提取

视频分割的目的就是要把景物中的对象同背景分割开来，其依据是“同一背景的各部分往往具有一致的属性”。总体来说，无外乎两个方面：空间属性和时间属性。这是所有视频分割算法的物理依据。

空间分割方法可以从图像中得到对象的精确边缘。但空间分割往往存在较大的盲目性，因为背景中的静止对象也被分割开来，而最后有时又要合并到一起[69]。实际上，人们感

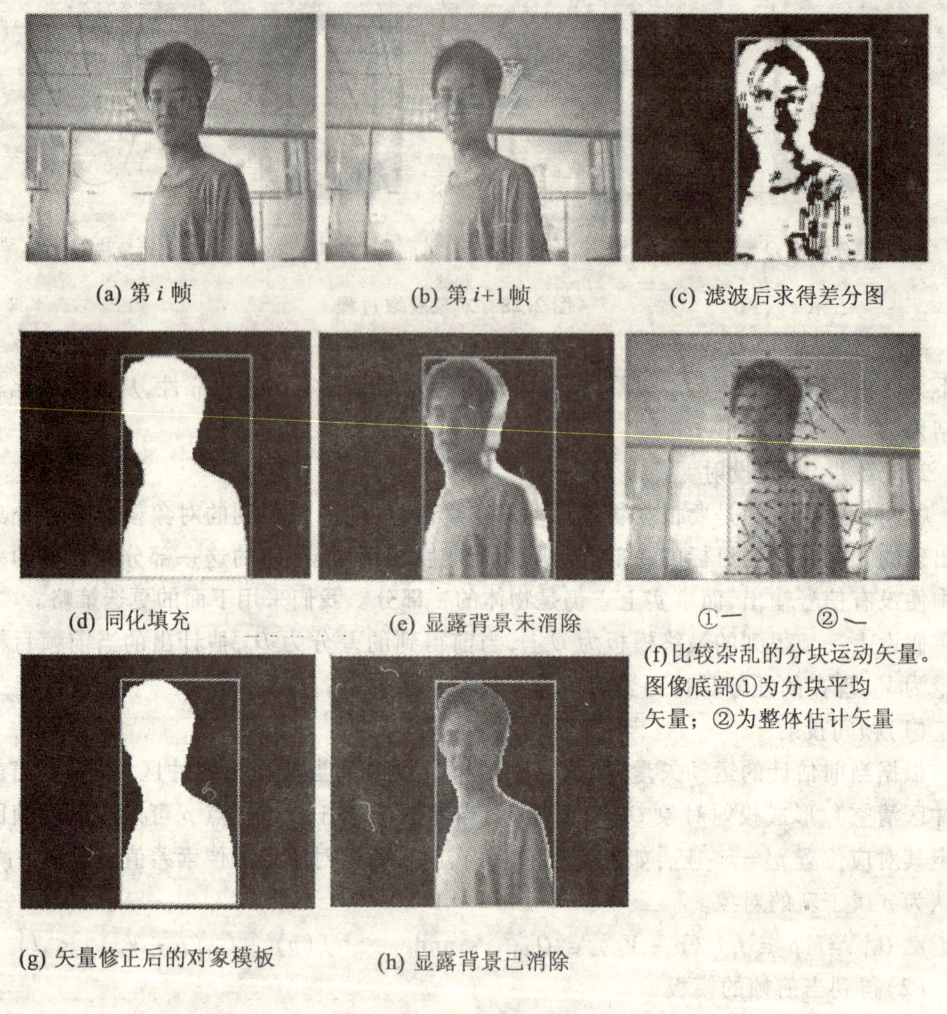

(a) 第 i 帧 (b) 第 $i+1$ 帧 (c) 滤波后求得差分图

(d) 同化填充 (e) 显露背景未消除 (f) 比较杂乱的分块运动矢量。图像底部①为分块平均矢量；②为整体估计矢量

(g) 矢量修正后的对象模板 (h) 显露背景已消除

图 2.29 部分测试结果

兴趣的往往是运动的对象（如果对象不运动，我们就无法知道它是前景还是背景）。但仅仅利用运动信息往往得不到目标的精确边缘[32]。如利用帧间差，可以方便、快速地得到两帧之间的变化部分，由此得到的差分模板不但残缺不全，而且其中包含显露的背景部分，因此不能把差分模板直接作为对象模板使用。

本节利用人眼对运动（时间梯度）和边缘（空间梯度）都特别敏感的视觉特点，把帧间运动变化检测和图像的边缘检测结合起来，提出另一种视频运动对象提取算法，并在以下两个问题上提出了不同的解决方案。

① 显露背景的消除

考虑到对称差分需要三帧输入以及若一帧中物体不运动则前、后两帧均无输出的缺点，于是在上一节的算法中采用了整体运动估计的方法来消除显露背景。这样做的缺点是要求目标以近似刚体的性质运动，基本不发生形变。本节通过帧间差和边缘检测相结合的方法，准确地得到目标的边缘，从而自然地实现了背景的消除。

② 在上一节讨论的算法中，同化填充技术虽然能比水平竖直扫描方法得到更好的填充效果，但计算量还是比较大，特别是空洞比较大时，会做一些“无用功”。本节借助活动轮廓技术实现对目标轮廓的提取，得到了更好的效果。

下面首先介绍算法中所用到的活动轮廓技术，然后介绍详细的算法。

2.2.2.1　活动轮廓技术

(1)活动轮廓概述

动态图像中目标的轮廓包含有对象形状的重要信息，是图像的最基本特征之一，因而准确地提取、追迹目标物体的轮廓有助于更好地分析和理解运动图像。为了提取动态图像中目标的轮廓，Kass 等人提出了一种称为 Snakes 的活动轮廓模型(Active Contour Model)[72]。利用 Snakes 模型，可以在不需要更多的先验知识或高层处理结果指导的情况下，实现自动追迹以得到目标的闭合、光滑、连续的轮廓线，且能够较好地解决轮廓的细节问题，并且具有较强的抗噪声能力。

活动轮廓通常定义为一条闭合曲线(或多边形)，活动轮廓用参数方程表示为：$v(s)=[x(s),y(s)]$，其中 s 是曲线的弧长，$s\in[0,1]$，离散情况下可表示为一个首尾相连的有序点集 $V=(v_0,v_1,\cdots,v_{M-1})$，$M$ 为节点的个数，$v_M=v_0$。首先给定初始轮廓，初始轮廓受内力和外力的共同作用而变化。外力推动活动轮廓向对象的边缘靠近，而内力则保持轮廓的光滑性和拓扑性。达到平衡位置时(对应能量最小)，活动轮廓就收敛到目标对象的边缘。

力的作用过程也可用能量的概念来表述，其能量函数通常定义为：

$$E=\int_0^1[E_{\text{contour}}(s)+E_{\text{image}}(s)+E_{\text{control}}(s)]\mathrm{d}s$$

其中，E_{contour} 表示曲线的内部能量，

$$E_{\text{contour}}(s)=\alpha|v_s(s)|^2+\beta|v_{ss}(s)|^2$$

v_s 和 v_{ss} 是曲线关于弧长的一阶和二阶导数，它们分别用于控制曲线的长度和弯曲度，α 和 β 是权重。E_{image} 是由图像本身所决定的能量，一般定义为图像 $I(x,y)$ 的负梯度：

$$E_{\text{image}}(s)=-w|\nabla I(x(s),y(s))|^2,\ w\text{ 是权重}$$

E_{control} 是由用户根据应用需要而自行定义的外部能量。

这样活动轮廓的收敛过程就转化为“能量极小化”问题，这是优化理论中的常见问题，可以用变分法通过迭代方式来实现[85]。活动轮廓的具体表示方法有很多，可以用样条曲线来表示，也可以直接用多边形来表示。

(2)活动轮廓的实现

① 一般方法

很多人对活动轮廓的具体迭代过程进行了推导。根据文献[84]的推导，活动轮廓模型更新的迭代方程为：

$$V^{k+1}=(I+\tau A)V^k+F(V^k)$$

上式中，I 为单位矩阵。V^{k+1}，V^k 分别表示第 $k+1$ 次和第 k 次迭代后模型各节点的位置矢量，F 表示力矢量，A 是一矩阵，它们分别为：

$$V=[v_0,v_1,\cdots,v_{n-1}]^{\mathrm{T}},F=[F(v_0),F(v_1),\cdots,F(v_{n-1})]^{\mathrm{T}}$$

$$F(v_i)=-\nabla P(v_i),\qquad P(v_i)=-\|\nabla I(v_i)\|^2$$

$$A = \{a_{ij}\}, \quad a_{ij} = \begin{cases} -\dfrac{2\alpha}{h^2} - \dfrac{6\beta}{h^4}, & i = j, i = 0, \cdots, M-1 \\ \dfrac{\alpha}{h^2} + \dfrac{4\beta}{h^4}, & j = i \pm 1, i = 0, \cdots, M-1 \\ -\dfrac{\beta}{h^4}, & j = i \pm 2, i = 0, \cdots, M-1 \\ 0, & \text{others} \end{cases}$$

其中,h 是沿 s 的采样距离,τ 是迭代的步长。

② 对活动轮廓模型的简要分析

我们先对一般的轮廓模型作一分析。其中$\vec{v}$表示活动轮廓,$\vec{v}_i$ 表示轮廓上的一点(点矢量)。但为了书写的方便,下文略写为 v 和 v_i。

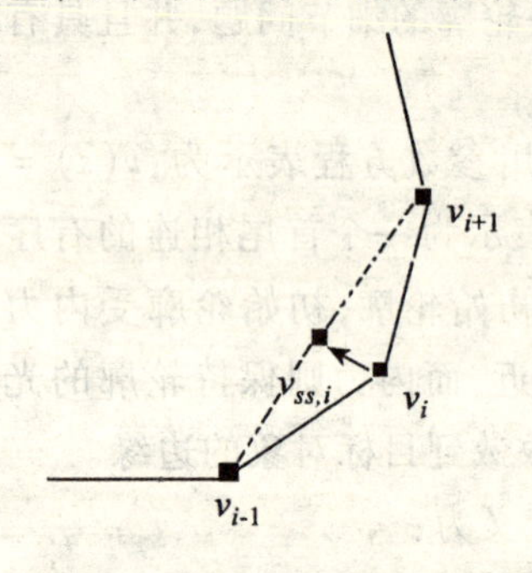

图 2.30 v_{ss}的几何意义

通常情况下,v_s的离散形式为:$v_{s,i} = v_{i+1} - v_i$。实际上,$\sum_{i=0}^{N-1} v_{s,i} = L$, N 为轮廓的顶点数,L 为轮廓的周长。因此,该项能量最小化的过程,就是轮廓收缩的过程,试图最终收缩为一个点。

再来看 v_{ss}:$v_{ss,i} = v_{i-1} - 2v_i + v_{i+1}$。该项能量最小化的过程,就是要使曲线变直(环状曲线变成圆)。如图 2.30 所示,当 $v_{ss,i}$的模为0时,v_i 就会移动到 v_{i-1}和 v_{i+1}的中点上,三点成为一线。

而 E_{image}最小化的过程,就是向具有高梯度值的点推进,最后定位于高梯度点。

③ 活动轮廓的实现

注意到轮廓的柔韧性,曲线上距离(序号)较远的点之间几乎不存在力的相互作用,也就是说整个曲线相当于一个一维 Markov 场(一阶或二阶)。

$$P(v_i \mid v_0, \cdots, v_{i-1}, v_{i+1}, \cdots, v_{N-1}) = P(v_i \mid v_{i-1}, v_{i+1})$$

因此我们可以把整体目标分解为局部目标来实现,即一个节点一个节点地进行搜索,每处理一个节点时只考虑它前后的两个或四个节点的影响,即有如下的迭代搜索过程:

$$v_i^{k+1} = v_i^k + \arg\min_{d \in \Omega_{vi}} \{\alpha \| v_{i-1} - 2(v_i + d) + v_{i+1} \| + \beta \| g(v_i) - g(v_i + d) \| \}$$

其中,Ω_{v_i}是 v_i 的邻域,是优化搜索的区域,d 是邻域中任意点与 v_i 的偏移量(矢量)。

我们允许活动轮廓进行收缩或膨胀,对轮廓的长度不加限制,因此,在搜索的过程中没有一阶差分的参与。

这种迭代方法物理意义明确,非常容易理解,而且迭代的收敛速度很快。图 2.31 是所实现的活动轮廓的一个例子。

(3)一种二值图像下的收缩型活动轮廓

① 问题的提出

对活动视频对象的分割提取,利用帧间差信息进行检测和分割是一种快速、有效的方法。但由于物体的某些部分不运动或这些部分的运动无法检测,所以这种方法得到的二值差分模板往往是残缺不全的(不是闭合边缘)。为了得到最终的对象模板,通常的做法是对差分模板进行 x 方向和 y 方向的扫描填充,然后取其交集[32],或者进行边缘的连接操作,但这些方法对于边界上的缺口往往不能给予很好地弥补,需要寻求一种更好的解决方法。

(a) 梯度图

(b) 初始轮廓(鼠标点取)

(c) 迭代结果(7次迭代)

图 2.31　本文活动轮廓算法的效果

通常,活动轮廓方法需要一个初始活动轮廓。这个初始活动轮廓往往通过人机接口由手工绘制。为了实现视频对象的自动分割,我们希望在差分模板的基础上自动得到对象的初始活动轮廓,以便在此基础上进行精确的活动轮廓能量搜索,最终使轮廓定位为真正的物体边缘。

为了解决以上问题,本文利用活动轮廓的基本原理,设计了一种二值图像下的收缩型活动轮廓。该活动轮廓以差分模板的外接矩形框作为初始轮廓(从差分图像中可自动获得),通过顶点增删、曲线平滑滤波、主动收缩(粘定图像)、自动分裂等局部化计算步骤完成每次迭代。它具有局部化计算、相似形变、轮廓自动分裂等特点,可以实现多目标的自动分割包围,对点状聚类目标也能较好地进行分割和轮廓提取。

把它应用到基于差分运算的活动视频对象的分割算法中,用来从残缺不全的二值差分图像中获得视频对象轮廓的矢量描述,它同时也可以作为一般活动轮廓的初始轮廓。

② 该活动轮廓模型在应用上的优越性

采用本文提出的收缩活动轮廓模型来从二值差分模板获取对象轮廓(或形状描述),有如下的优越性:

- 由于活动轮廓的起始位置是对象的外接矩形(可以自动生成),与对象距离很近,并且活动轮廓的演变过程是对轮廓点的操作,轮廓点一般不是很多,所以时间消耗不多,可以短时间内收敛。
- 由于活动轮廓有一定的硬度,所以得到的最终轮廓比较光滑,纠正了差分模板上的缺口(往往是由于前景与背景亮度一致造成的,如黑色背景中的头发部分)。
- 由于活动轮廓实际上是一个二维矢量环(Vector-cycle),或者说是一个多边形,因此它本身就是对象形状的一种矢量表达形式,可以很容易地转化为"链码"或其他矢量表达形式,便于形状信息的压缩传输和对形状的变换操纵。
- 可以适用于多目标的分割,自动完成多目标的分割聚类过程。

③ 具体实现

我们定义活动轮廓为:$V=(v_0,v_1,\cdots,v_{N-1})$,其中 $v_i=\{x_i,y_i,\mathrm{fixed}_i\}$,$i\in[0,N-1]$,$N$ 为轮廓上控制点的个数。N 是可以变化的。x,y 为平面坐标,fixed 为粘定标记。

活动轮廓的迭代变化过程由以下几个步骤组成，它们将被循环执行（在具体编程实现时，有些步骤是合在一起、通过一次扫描完成的）。

1° 控制点重新分配

由于在轮廓点移动的过程中，fixed 点不再移动，并且每个点移动的方向各不相同，有可能造成相邻点之间的距离增大或减小。如果距离过大，则容易遗漏图像点；如果过小则可简化为一个点，以节省运算时间。因此，在轮廓演变的过程中，必须对点间距离（d）进行检查，如果距离过大（$d>1.5H$）则插入一个（或多个）点，如果过小（$d<0.5H$），则删除一个（或多个）点。H 是标准采样距离，可以人为指定，或根据目标的大小和目标边缘的曲率来确定。

2° 平滑

根据对活动轮廓模型的分析，可以看到曲线内能的作用相当于对曲线进行平滑滤波。从另一个角度看就相当于使轮廓具有一定的硬度，起到抗扭曲的作用。如果不经过平滑处理而直接进行收缩变换，则会出现图 2.32（b）所示的扭曲现像。

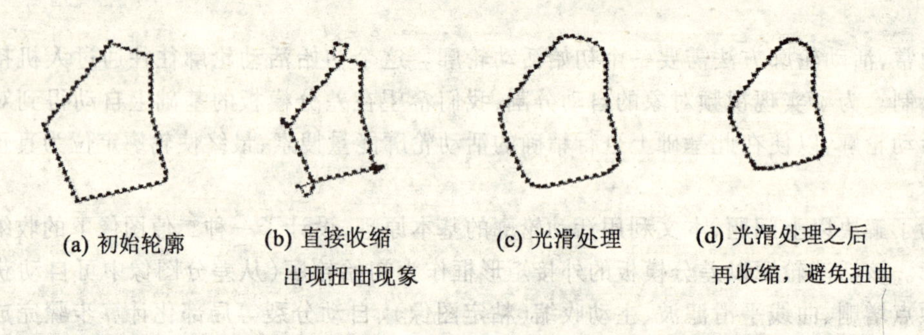

图 2.32 轮廓的扭曲与平滑处理

我们采用高斯滤波的方法进行处理，滤除轮廓中的高频成分，即：

$$v_i^{k+1} = \sum_{j=0}^{4} w_j v_{i+j-2}^{k}$$

其中，$w=(w_0, w_1, w_2, w_3, w_4)$ 为窗口函数，类似高斯分布。比如 $w=\{0.05, 0.2, 0.5, 0.2, 0.05\}$，另外，$\sum_{j=0}^{4} w_j = 1$，这样可以保证在迭代后活动轮廓的重心不变，因为

$$\sum_{i=0}^{N-1} v_i^{k+1} = \sum_{i=0}^{N-1}\left[\sum_{j=0}^{4} w_j v_{i+j-2}^{k}\right] \overset{\text{展开再合并}}{=} \sum_{i=0}^{N-1}\left[v_i^{k}\sum_{j=0}^{4} w_j\right] = \sum_{i=0}^{N-1} v_i^{k}$$

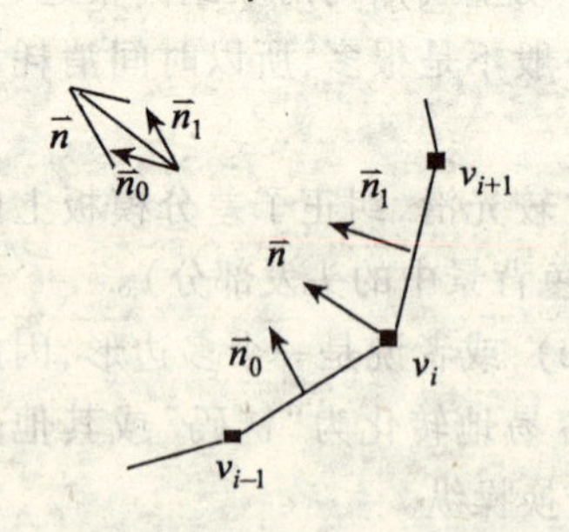

图 2.33 收缩方向——内法向

w_j 的不同分布情况相当于不同的轮廓硬度。

3° 收缩

收缩定义为：使每个顶点按“内法向”$\vec{n}$ 所确定的方向移动一定步长 T_{move}。这样可保持形状的相似收缩。

$$v_i = v_i + T_{\text{move}}\,\vec{n}$$

法向量可通过相邻的前后点来近似确定。假设以逆时针方向作为轮廓的方向，设函数 $\vec{u}(\cdot)$ 表示取单位向量（如图 2.33 所示），则“内法向”$\vec{n}$ 表示

为：

$$\vec{n} = \vec{u}(\vec{n}_0 + \vec{n}_1),\vec{n}_0 = A\,\vec{u}(v_i - v_{i-1}),\vec{n}_1 = A\,\vec{u}(v_{i+1} - v_i)$$

其中 $A = \begin{bmatrix} 0 & 1 \\ -1 & 0 \end{bmatrix}$，是一个旋转矩阵。

4° 粘定

我们直接对二值差分图像 $D(x,y)$ 做处理（而不是梯度图）。轮廓点在移动的过程中，如果遇到图像点，则该轮廓点就被置为“fixed”，以后便不再移动。即：

如果存在点 $p, p \in R_i$，且 $D(p) = 1$，则：$\text{fixed}_i = 1$，$v_i = p$，如果 R_i 内部存在多个图像点（p），则取与 v_i 距离最近者，R_i 是以 $\vec{n}$ 为长轴方向的矩形区域，这是一个搜索区域，如图 2.34 所示。可见，我们不是仅仅检测轮廓点所对应的一个图像点，而是假定轮廓点周围有一定的磁力作用域，在这个作用域中如果存在图像点，轮廓点就被吸引到最近的图像点上。

5° 分裂

为了适应多目标分割，要求轮廓在演变的过程中根据实际情况可以分裂为两个或多个，从而实现自动聚类过程。为此，我们设计了以下的轮廓分裂方法，它由以下步骤组成。

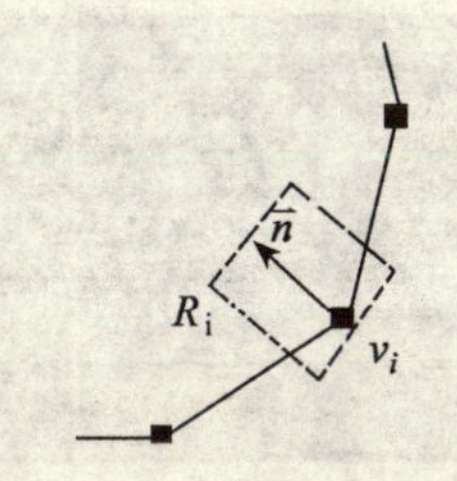

图 2.34　粘定的搜索范围

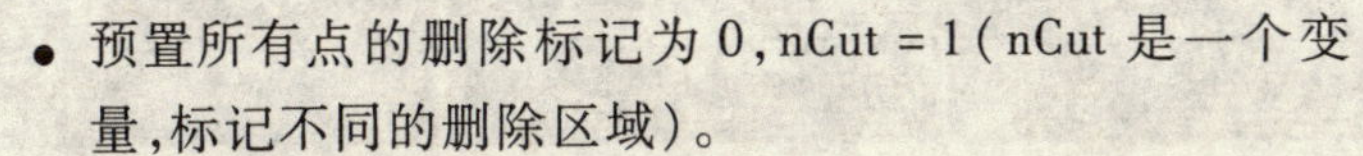

- 预置所有点的删除标记为 0，nCut = 1（nCut 是一个变量，标记不同的删除区域）。
- 删除交叉点，对于某个轮廓上的任一删除标记为 0 的点 v_i，检测其后所有删除标记为 0 的点 v_j，如果 $d_v = |v_i - v_j| < T_{dv}$，且 $d_{ij} = |i-j| > T_{dij}$，则认为 v_i 与 v_j 是交叉点，交叉点均予以删除，即置删除标记 nCut，相邻的删除点被置相同的标记号，不相邻的删除点置不同的删除标记（nCut 每次增 1）。置相同删除标记的点集称为一个“Cut 区”，如图 2.35(b) 和图 2.35(c) 中的小圆圈。
- 组合新的轮廓，结果一条轮廓被若干（设为 m 个）“Cut 区”分成若干线段（$2m$ 个）。如果某个线段的两端连接的是相同的 Cut 区，则该线段首尾连接，独立成为一个新的轮廓（环），如图 2.35(a) 中的线段 1 或线段 2；如果线段两端具有不同的 Cut 区，则不能独立成环，要与别的线段共同构成一个新的轮廓，如图 2.35(c) 中的线段 4，它必须与线段 2 共同构成新的轮廓。

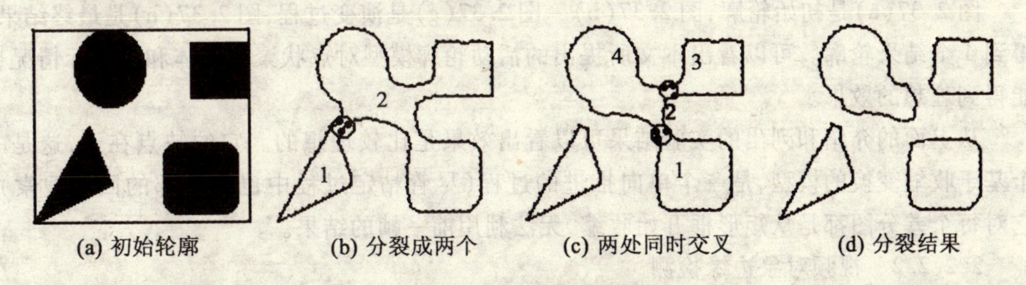

图 2.35　轮廓的分裂过程

6° 收敛标准

对每个轮廓,考察两个指标作为收敛的判据:第一,长度,看顶点数有无变化,如果有变化则继续迭代,否则考察第二项;第二,曲线距离 $\sum_{i=1}^{N-1} | v_i^k - v_i^{k-1} |$,如果该项小于某一阈值,则结束迭代。

(4)实验结果

我们用 C + + Builder 编程实现了上述算法。并对各种情况的图像和视频序列做了大量的实验。这里给出一部分实验结果,以便读者对本文提出的活动轮廓模型有进一步的认识。

① 健美操——从电视节目中捕获

图 2.36(a)为初始轮廓(从差分图像得到的矩形框),图 2.36(b) ~图 2.36(d)是轮廓的演变过程(轮廓叠加在原图上显示),图 2.36(e)是差分模板,图 2.36(f)是最终的轮廓(边缘上的小缺口得到纠正)。

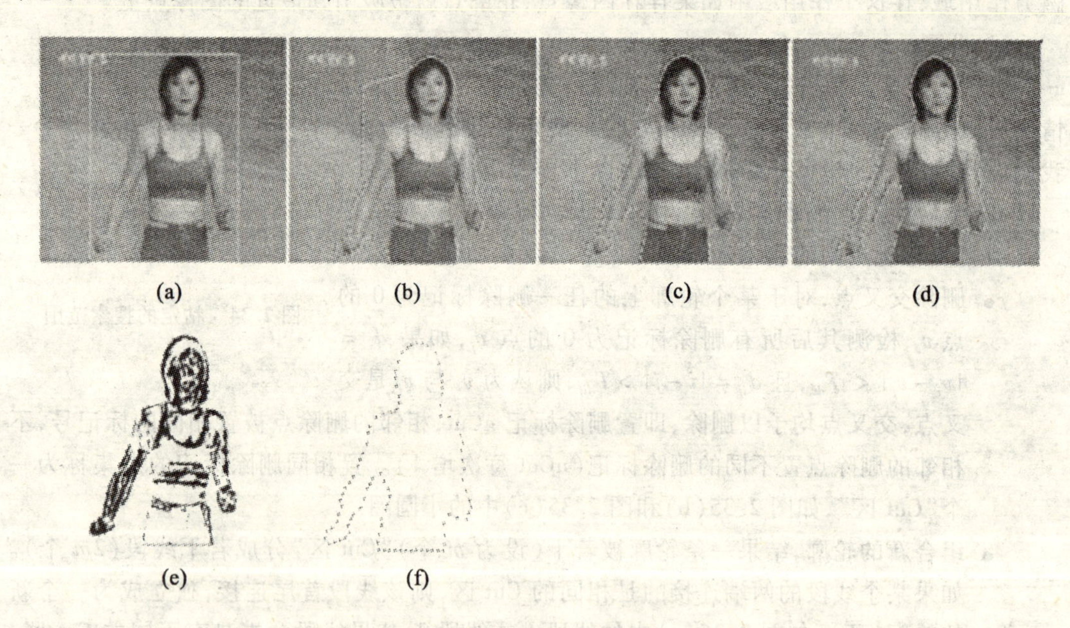

图 2.36 单目标的提取过程

② 人工模拟的多目标

图 2.37(a)是初始轮廓,图 2.37(b) ~图 2.37(g)是演变过程,图 2.37(h)是最终结果,得到 4 个结果轮廓。可以看出本文所提出的活动轮廓模型对点状聚类物体和多目标情况也能得到理想的效果。

从上面的介绍和列出的实验结果可以看出效果是比较理想的。它的缺点在于,这是一个基于收缩变换的模型,是一个单向推进的过程(尽管粘定过程中也有局部的回溯搜索),它对每个差分图都是从矩形框开始收缩,无法利用前一帧的结果。

2.2.2.2 视频对象边缘检测

本节把帧间变化检测和图像的边缘检测结合起来,以提取视频对象。通过帧间差快速得到运动物体的大致位置,形成差分模板,然后通过边缘检测在差分模板中确定物体的准确边缘,并形成边缘模板。在边缘模板的基础上,利用二值图像下的收缩型活动轮廓算法可以

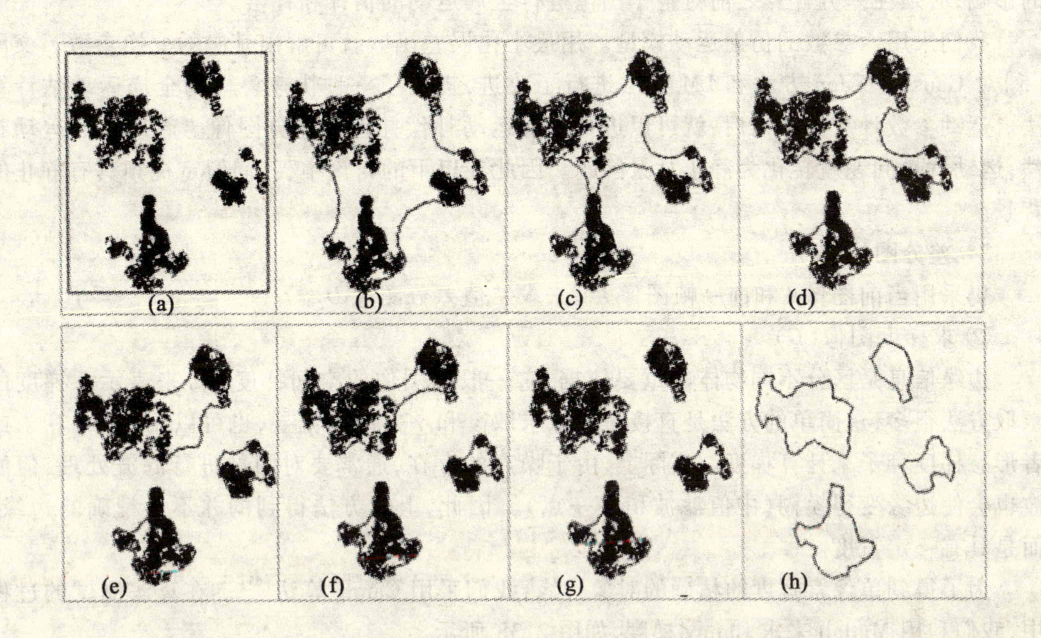

图 2.37　多目标的分割提取过程

方便地得到视频对象(VOP)的闭合轮廓曲线(以便进行编码传输和基于形状的检索)。同时设置模板缓冲区以记忆前一时刻的分割结果,从而弥补当前帧的不完整性。该算法对目标的整体运动和局部形变都有较强的适应性,且具有自动消除显露背景以及多目标自动分割包围的能力。

为了便于理解和讲述,这里把本节使用的主要概念和符号作一简单说明:

- 定义二值图像中像素值为 1 的点为"有效点",其中 1 为有效值(实际编程时用 255 表示)。
- D 差分图像,表示当前帧与上一帧的二值差分图。
- G 梯度图像,表示当前帧的梯度幅度图(Canny 梯度),而 g 表示梯度矢量。
- E 表示从当前帧求得的边缘模板($= D\&G$)。
- M 模板缓冲区,存放边缘模板的更新迭代结果。最初置为 0,即 $M_{t0-1}=0$。
- CD 累积差分,用来记录前 N 帧差分图像中任一坐标处有效值的出现次数,最初置为 0。
- VOP,VOP 的最终轮廓描述是由模板缓冲区经活动轮廓变换得到。

(1)获取对象的初始边缘模板

① 求取二值差分图像(D)

1° 全局运动估计与补偿

差分的输出来源于目标物体的运动,对背景静止的情况,我们可以直接进行差分运算。但实际上背景往往也可能运动,背景的运动主要是由摄像机的运动造成的,称为全局运动,包括平移、旋转、缩放等不同运动方式的组合。在这种情况下,既存在全局运动,又存在物体与背景的相对运动,物体的实际运动是这两项的矢量和。为了从差分图像中消除背景运动的影响，必须在差分计算之前对整个图像进行全局运动的估计和补偿。

我们采用六参数的仿射运动模型。用最小化误差函数就可解出其中的变换参数。文献[5]对 Gauss-Newton 方法和 LM 方法进行了改进，提出了一种快速鲁棒的全局运动估计算法。运动参数计算出来以后，就可以进行全局运动补偿并计算差分图像。通过全局运动补偿，运动背景问题就转化为静止背景问题。因此在以下的讨论中，我们假定视频具有静止的背景。

2° 差分图像(D)

仍采用当前图像 I_t 和前一帧图像 I_{t-1} 来求二值差分图像 D_t。

② 求梯度图像(G)

边缘信息是区分不同物体的重要依据，它一般用图像的空间梯度(g)来表示。梯度的求取方法很多，最简单的方法是直接对图像求取 x 和 y 方向的偏导，也可以用 Sobel 算子或者形态梯度算子来计算梯度。实际上，由于噪声的存在，通常要对图像进行滤波处理，但滤波也会使边缘变得模糊（中值滤波稍好一点）。因此，上述方法得到的并不是精确的边缘，而是具有一定宽度。

为了得到单像素宽度的精确的对象边缘，我们采用 Canny 算法[65]。在算法测试的过程中，我们利用 Matlab 来求 Canny 梯度，如图 2.38 所示。

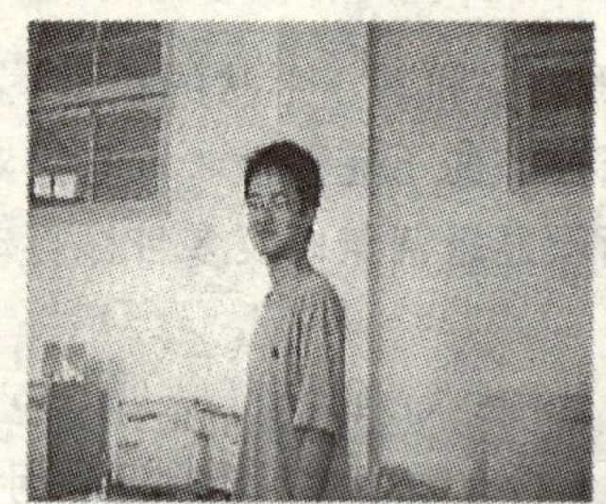

(a) 原图像

(b) 简单梯度（中值滤波，求梯度，取阈值）

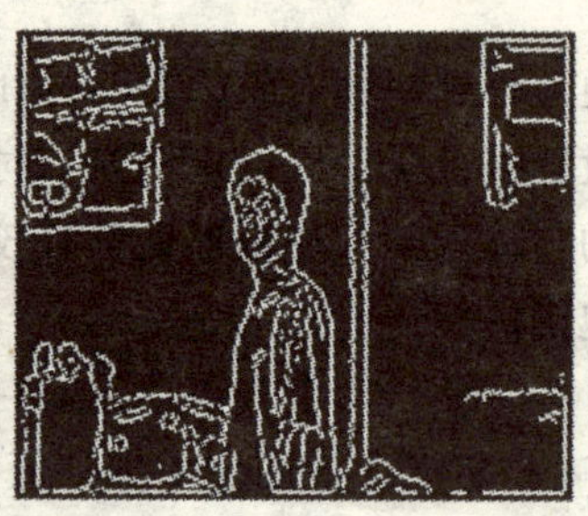

(c) Canny 梯度

图 2.38　不同梯度算法的输出结果

③ 初始边缘模板(E)

我们把梯度图像和差分图像的“与”定义为边缘模板 E：

$E(p) = D(p) \& G(p)$，p 是图像中的任一点，& 表示“与”运算。

图 2.39(c)是图 2.39(a)和图 2.39(b)相“与”的结果。初始边缘模板被直接存放到模板缓冲区中，即 $M_{t0} = E$。

实际上，差分模板中不仅包含运动的物体，还包含有显露出来的背景部分。但在得到的边缘模板中却只有人体的边缘轮廓。因此，空间梯度与时间梯度的联合，在一定程度上有自动消除显露背景的作用（只要在显露的背景中没有明显的边缘）。

从以上的结果可以看出，“单像素梯度”是一个必要的条件，算法依靠它来消除显露背景的影响。这也是为什么采用 Canny 梯度的原因。

(2) VOP 的提取

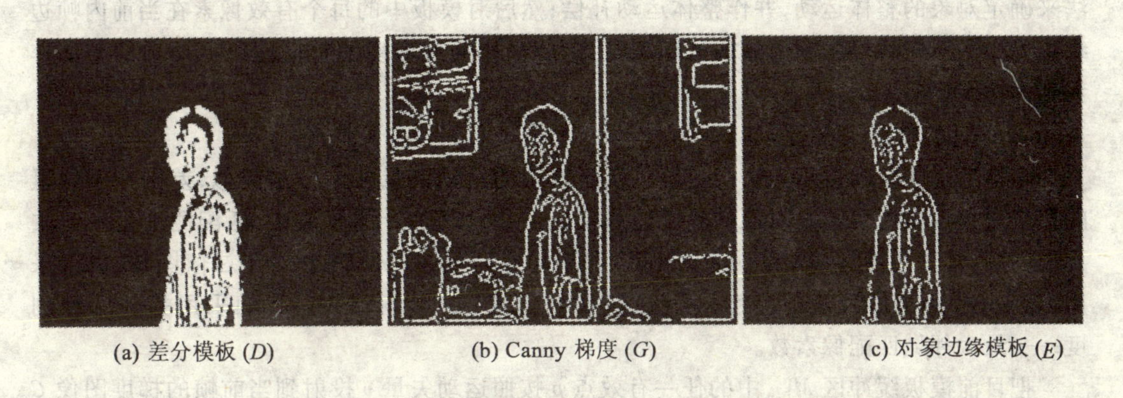

(a) 差分模板 (*D*)　(b) Canny 梯度 (*G*)　(c) 对象边缘模板 (*E*)

图 2.39　对象边缘模板的形成

至此，我们得到的仅仅是视频对象的边缘线条，而且这些线条有可能是不连续的。我们必须得到对象的 bitmap 模板或者闭合的轮廓曲线（closed-contour），才能进一步应用到 MPEG-4 压缩编码或基于形状的视频检索中。一般的做法有两种：一种是进行边缘连接，在连接的过程中参考梯度图 2.39(b) 中的 G；另一种是进行内部填充，分别在 x 和 y 两个方向上扫描全图，保留所有内部点，然后取其交集作为 bitmap 模板。

这里采用前面介绍的"二值图像下的收缩型活动轮廓"来完成视频对象的分割提取。该活动轮廓以对象边缘模板的最小外接矩形框作为初始轮廓，然后反复执行"点距调整"、"轮廓低通滤波"、"按照内法线方向移动顶点（粘定图像）"、"轮廓自动分裂"等步骤，直到收敛条件满足。在收缩的过程中，能够对多个目标自动分割包围，最后得到一组具有一定硬度的光滑轮廓曲线，如图 2.40 所示。

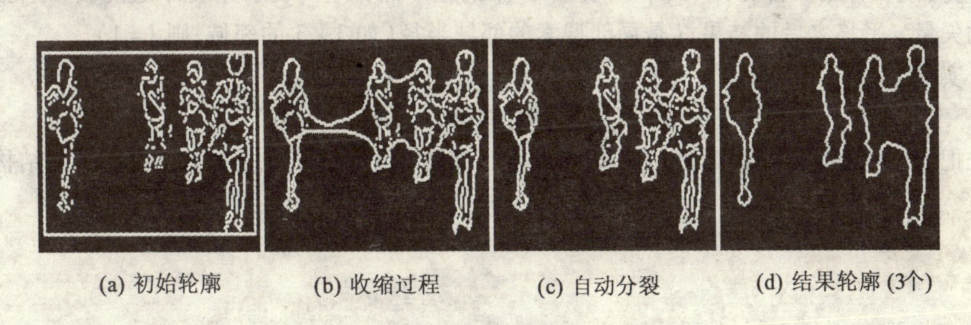

(a) 初始轮廓　(b) 收缩过程　(c) 自动分裂　(d) 结果轮廓 (3个)

图 2.40　二值图像下的收缩型活动轮廓

(3) 模板缓冲区更新

模板的更新就是要使模板能跟随物体的实际运动而作调整。物体的运动可以分为整体运动（我们这里只考虑整体平移运动）和形变，也可能有新的目标出现，更新策略要能适应这些情况。另外，仅从某一帧得到的边缘模板往往残缺不全，为了得到完整的对象轮廓，边缘模板要有一个更新完善的过程。我们通过"模板缓冲区"来实现模板的帧间传递和更新，起初缓冲区被全部置为零（$M_{-1}=0$，没有模板存在）。下面讨论模板的更新过程。

新模板主要来源于两个方面：老模板的运动投射结果，我们首先采用模板整体搜索的方法来确定对象的整体运动，并作整体运动补偿；然后对模板中的每个有效像素在当前内帧边缘图像中的对应位置实施邻域内局部搜索，以此来作局部形变的补偿。以上两项的叠加作为新的边缘模板。

① 估计整体运动矢量 v

整体运动矢量的搜索方法与传统的基于宏块的运动矢量搜索方法类似，差别在于这里的比较对象不是宏块而是对象的整个边缘模板。在运动估计的算法中，匹配测度是一个重要的问题，常采用的有最小均方差(MSE)和平均绝对值差(MAD)。对于二值图像，也可采用 Hausdorff 距离作为匹配测度，但它受“例外像素”的影响较大。我们采用另外一种测度——最大邻域匹配像素数。

把目前模板缓冲区 M_{t-1} 中的任一有效点 p 按照运动矢量 v 投射到当前帧的梯度图像 G 中，记为 p'，$p'=p+v$，考察 p' 的邻域中是否有非零点存在，用函数 $F(p')$ 来表示，如果有非零点则 $F=1$，否则 $F=0$。于是，

$$V = \arg\max_{v, v\in\Omega} \sum_{p\in E_{t-1}} F(p+v),$$

其中，Ω 是所有可能运动矢量的集合，本文运动矢量的两个分量都限定在$(-10,10)$之内。可以看到，F 就是匹配函数，它是“点→邻域”的匹配，也是一个邻域搜索的过程。

② 更新的边缘缓冲区 M_t

更新后的模板缓冲区由两部分叠加而成，如下所示：

$$M_t = M_{\text{prj}} + E_t$$

$$M_{\text{prj}} = \{e \in G_t \mid \min_{p\in M_{t-1,v}} \| e-p \| \leq l\}, E_t = G_t \& D_t$$

M_{prj}代表老模板的投射结果，是历史的记忆部分，可以弥补当前帧 E_t 的缺陷，E_t代表新出现的目标(或物体的一部分)。其中，e 表示 G_t 中的任一点，$M_{t-1,v}$表示原缓冲区模板 M_{t-1} 按照运动矢量 v 平移之后的结果，l 是局部搜索的邻域半径(如 3×3 的邻域，则 $l=1$)。

实际上，M_{prj}相当于

$$M_{\text{prj}} = (M_{t-1,v} \oplus B_1) \& G_t$$

即先把 $M_{t-1,v}$膨胀 l 个像素，然后跟 G_t 相“与”，如图 2.41 所示，B 是边长为 $2l+1$ 的结构元素。

图 2.41　M_{prj}(新边缘)的形成

③ 剔除背景像素

在实验的过程中我们发现，如果仅按照上面的更新方法来做，确实可以保持以往的边缘

信息,从而在当前帧的差分图残缺的情况下,仍能得到完整的目标边缘,但问题是运动区域附近的背景像素也会加入边缘模板,并且在新的边缘模板中得到生长。为此我们设置了一累积差分(计数)缓冲区 CD[ ],如果当前差分图中该像素为有效像素,即 $D(p)=1$,则计数置为 N,否则即 $D(p)=0$,计数器减1,减到小于0时仍保持为0。

$$\mathrm{CD}[p]=\begin{cases}N, & \text{if} \quad D(p)=1\\ \min(0,\mathrm{CD}[p]-1), & \text{else}\end{cases}$$

在模板更新时,如果模板中某个像素 p 对应的计数单元为0($\mathrm{CD}[p]=0$,表明前 N 帧均无差分图像输出),则将该像素从模板缓冲区中剔除,即:

$$M_t(p)=\begin{cases}M_t(p), \mathrm{Count}[p]\neq 0\\ 0, \quad \mathrm{Count}[p]=0\end{cases}$$

N 的值根据视频内容的运动情况而定,我们在实验中设为8。

(4)实验结果与分析

我们用本文提出的算法对不同特点的图像序列图像作了大量的测试,得出以下一些具体的例子(实际图像中大面积为黑色,这里给予反白显示以便于印刷)。

① 活动小孩

说明:图2.42(a)是原始图像的开始帧和结束帧,图2.42(b)是二值图像下收缩型活动轮廓的一个应用示例,演示了从不连续的对象边缘获取 VOP 的过程。这一视频序列的特点

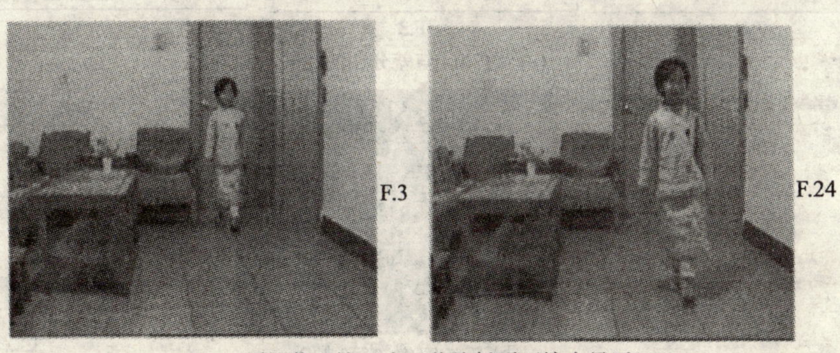

(a) 原图像(这里为了节约版面而缩小显示)

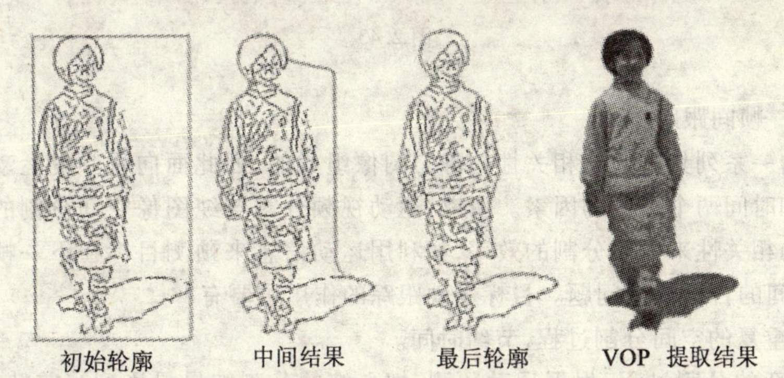

(b) 利用收缩轮廓从边缘缓冲区获取 VOP

图2.42

是小女孩从远走近，图像逐渐增大，伴随着身体的晃动和双腿的交叉，但小女孩身边的背景纹理比较少。可见本算法对运动目标的伸缩和形变有较强的适应性。

② 健美操（192×144，YUV12）

说明：图 2.43(a)是分割结果与对应帧差分图像的对照，图 2.43(b)是第一帧的原始图像。可以看到，到第三帧时缓冲区中的对象边缘已经比较完整。在第 15 帧时，差分模板残缺得很严重，但缓冲区中的对象边缘依然完整。

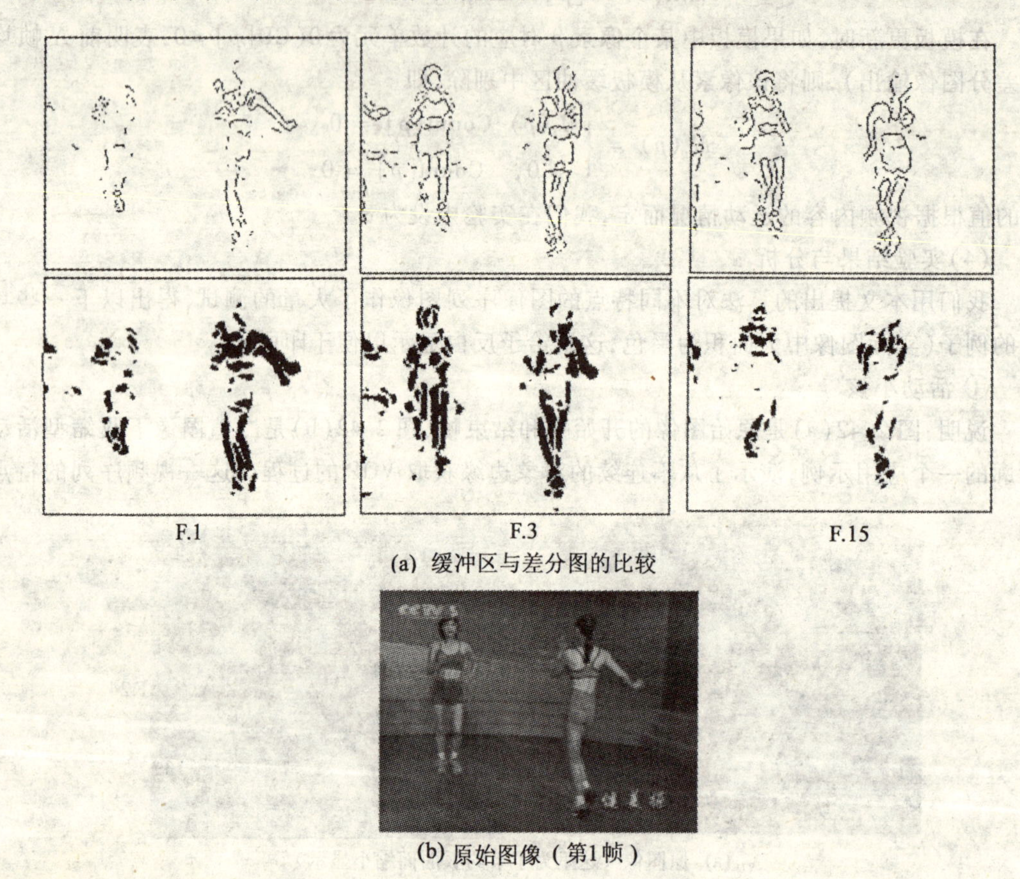

(a) 缓冲区与差分图的比较

(b) 原始图像（第1帧）

图 2.43

2.2.2.3　帧间跟踪技术

视频是由一系列具有帧间相关性的静态图像组成的，因此面向视频的运动目标分割应该考虑空间和时间两个方面的因素。所以，运动视频分割与纯图像空间分割的区别在于可以利用帧间的相关性来提高分割的效率，如利用运动信息来预测目标在下一帧中的可能位置，这就是帧间的目标跟踪问题。目标运动跟踪的作用主要有：

- 避免重复的空间分割过程，节约时间。
- 指导新的分割过程，根据运动预测，把上帧的分割结果投影到当前帧，以便指导当前帧的分割，加快分割速度。
- 在多目标的情况下，确定这一帧视频对象与下一帧视频对象之间的对应关系，保持同一个目标在相邻帧之间的对应性。

• 弥补视频对象帧间运动的不连贯性。目标的一部分暂时停止运动时，依然不会丢失。

(1)帧间跟踪的原理

帧间分割的重要问题是：一是尽量利用上一帧的分割结果来指导当前帧的分割，从而提高效率；二是实现同一运动物体在不同帧中的对应关系。因此，算法必须维护一个存储系统来保存上一帧的分割结果和目前的目标运动参数。帧间跟踪的基本过程如图 2.44 所示。

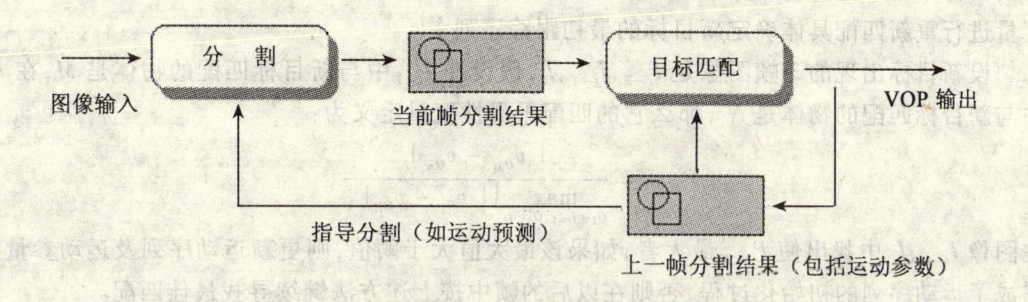

图 2.44　帧间跟踪的原理

图中，“分割”实现对图像的基于空间的分割、基于帧间信息的分割或联合分割，对第一帧，由于尚无“上一帧分割结果”，只有进行空间分割，对以后的各帧根据保存的上一帧分割结果来指导当前帧的分割。“目标匹配”实现两帧之间的目标配对问题，主要是根据空间位置(包含运动预测)、区域大小、形状、纹理等信息来进行最佳匹配判决。如果当前帧中某一目标在上一帧中找不到合适的匹配目标，则认为是一个新的目标。

一般而言，运动跟踪的基本问题在于：运动模型与参数、目标的匹配测度、物体之间的遮挡与重叠、消失与重现等异常问题的处理。

(2)运动模型及运动参数

① 速度与加速度

由于现实世界的物体都具有一定的质量，受力也是有限的，因此物体的运动都具有一定程度的平滑性。另外两帧之间的时间间隔一般比较小，所以我们假设在一帧的时间间隔内运动目标的运动轨迹是平滑的，即它的运动参量（速度和加速度）的改变应该尽可能地小。

对于一个区域的运动，可以使用仿射运动模型来描述，其中包含旋转、缩放、平移等运动特征；也可以选用更为简单的刚体运动模型，并认为速度或加速度保持不变。假设当前帧 I_t 中物体 $O_i^{(t)}$ 已被确定属于某运动序列，该运动序列中最后一个物体是第 $I_{t-\Delta t}$ 帧中的 $O_i^{(t-\Delta t)}$，那么 $O_i^{(t)}$ 的速度 v 和加速度 a 定义为：

$$v_i^{(t)} = [p(O_i^{(t)}) - p(O_i^{(t-\Delta t)})]/\Delta t$$

$$a_{i\ i}^{(t)} = (v_i^{(t)} - v_i^{(t-\Delta t)})/\Delta t$$

其中 $p(.)$ 表示目标的坐标位置。Δt 为两帧之间的时间间隔。对于固定时间间隔的视频来说，可以假设 Δt 为单位时间，则

$$v = \Delta p = (\mathrm{d}x, \mathrm{d}y)$$

$$a = \Delta v$$

由于运动参量在跟踪过程中起着十分重要的作用,因此初始运动参量的估计特别重要。我们假设新出现的目标在此后最初的几帧中不连续发生重叠和消失,这个要求是合理的,符合实际情况。

对于新出现的目标,在随后最初的几帧中找匹配时,因为无法估计运动参数,所以暂时不考虑其运动参数,直接根据它与待匹配物体在空间上的近邻性以及大小差异的程度,在整个帧中找最佳匹配,若匹配程度超过一选定阈值,则该匹配作为新运动序列的候选且该帧作为新目标出现的另1帧图像,直到找到新目标出现的3帧图像时,再根据如下的匹配平滑性度量进行重新匹配具体确定新目标的最初跟踪序列[86]。

设新目标出现的3帧图像是 I_{t-2}, I_{t-1}, I_t,假设在 I_{t-1} 中与新目标匹配的物体是 M,在 I_t 中与新目标匹配的物体是 N,那么它的匹配平滑性度量定义为:

$$P_{M,N} = \frac{|v_{O_M} - v_{O_N}|}{\max\limits_{O_i \in I_{t-1}, O_j \in I_t} \{|v_{O_i} - v_{O_j}|\}}$$

在图像 I_{t-1}, I_t 中找出使 $P_{M,N}$ 最大者,如果该最大值大于阈值,则更新运动序列及运动参量,完成了运动序列的初始化过程,否则在以后的帧中按上述方法继续寻找最佳匹配。

② 直线运动模型

为了简化计算,在短时间内(若干帧内)我们通常可以假设目标的运动为匀速直线运动。于是关键就是求出目标的运动方向。从理论上讲,通过比较相邻两帧目标的重心变化,就可以得到目标的运动方向。如在 t 帧,目标的重心在 (x_1, y_1),t 帧时目标的重心在 (x_2, y_2),则运动方向可以用 $(dx = x_2 - x_1, dy = y_2 - y_1)$ 来确认。但在实践中这种方法的误差较大。我们采用最小二乘法,通过 $t-4, t-3, t-2, t-1$ 和 t 共5帧的重心位置来确定目标的运动方向。

假设目标沿直线运动,即

$$y = ax + b$$

我们需要求出 a, b 两个参数。另设 (x_i, y_i) 为第 $t-i$ 帧的目标重心,则有如下的目标函数:

$$E(a,b) = \sum [y_i - (ax_i + b)]^2$$

为了使目标函数取最小值,把 E 分别对 a, b 求偏导,得:

$$\sum_i (y_i - ax_i - b)x_i = 0$$

$$\sum_i (y_i - ax_i - b) = 0$$

把5帧中目标重心的位置作为观测值 (x_i, y_i),$I = 1, 2, \cdots, 5$,代入上式并解方程组可得 a, b 的值。

(3)用于匹配的目标形状特征及纹理特征

目标的匹配一般通过空间距离和形状以及纹理特征的相似度来进行。对于一个运动目标(一个区域),主要有下列特征可用于相似性比较,(设区域为 R,区域面积为 A)。

① 区域面积

这是区域的一个基本特征,它描述区域的大小,可用如下的公式计算:

$$A = \sum_{(x,y) \in R} 1$$

可见,区域的面积就是区域总像素的个数。还可以用其他的方法来计算区域的面积,但误差都比较大。可以证明,这种计算方法不但简单,而且也是对原始区域面积的无偏和一致的最好估计。

② 区域重心

区域重心$(\bar{x},\bar{y})$是一种全局描述符,区域重心的坐标是根据所有属于该区域的点计算出来的。

$$\bar{x} = \frac{1}{A}\sum_{(x,y)\in R} x, \quad \bar{y} = \frac{1}{A}\sum_{(x,y)\in R} y$$

区域中像素点的坐标都是整数,但区域重心常常不是整数。当区域面积与区域间的距离相比很小时,可用其重心将区域表示为一个质点。

③ 填充率

填充率是区域总面积和实有面积的比值。由于目标中可能存在孔洞,所以,目标的外边界(轮廓)所包围的整个区域中含有背景部分;另外当用目标的外接矩形或某一规则几何形状(如椭圆)作为目标的近似来简化计算时,填充率的计算就更为重要。例如计算椭圆形状的填充率,一定程度上描述了目标像素分布与椭圆的相似程度。下面是简单但常用的外接矩形填充率:

$$F = \frac{S_O}{S_R} = \frac{A}{w \times h}$$

其中,A 是外接矩形内包含目标物体的像素数,w,h 分别是矩形的宽、高。

④ 偏心率

偏心率在一定程度上描述了区域的紧凑性。一种常用的简单计算方法是计算区域边界长轴与短轴的比值,不过这样的计算受物体形状和噪声的影响比较大。较好的方法是利用整个区域的所有像素,这样会具有较强的抗噪能力。常利用惯量等效来计算偏心率。

由刚体力学可知,刚体转动使得惯性可用其转动惯量来度量。设一个刚体有 N 个质点,它们的质量分别是 $m_1,m_2,\cdots,m_n$,它们的坐标分别为(x_1,y_1,z_1), (x_2,y_2,z_2), $\cdots$, (x_n,y_n,z_n),则该刚体绕某一轴线的转动惯量 I 可表示为:

$$I = \sum_{i=1}^{N} m_i d_i^2$$

其中,d_i 是质点 m_i 与转轴 L 的垂直距离,如果 L 通过坐标系原点,且其方向余弦为 α, β, γ,于是上式可以写成:

$$I = A\alpha^2 + B\beta^2 + C\gamma^2 + 2F\beta\gamma + 2G\gamma\alpha + 2H\alpha\beta$$

其中,$A = \sum m_i(x_i^2 + z_i^2)$,$B = \sum m_i(z_i^2 + x_i^2)$,$A = \sum m_i(x_i^2 + y_i^2)$ 分别是绕三个坐标轴 X, Y, Z 的转动惯量,$F = \sum m_i y_i z_i$,$G = \sum m_i x_i z_i$,$H = \sum m_i x_i y_i$ 叫做惯性积。

在转动惯量上等效于一个椭球的"惯量球",它有三个互相垂直的主轴,匀质惯量椭球任意两个主轴共面的剖面是一个椭圆,称为惯量椭圆。每幅 2-D 图像可看做一个面状刚体,对这个面上的每一个区域都可求得一个对应的惯量椭圆。它反映了区域上各点的分布状况。

上述惯量椭圆可由其两个主轴的方向完全确定。两个主轴的方向可借助线性代数中求特征值的方法求得。设两个主轴的斜率分别为 k 和 l,我们可得:

$$k = \frac{1}{2H}\left[(A-B) - \sqrt{(A-B)^2 + 4H^2} \right]$$

$$l = \frac{1}{2H}\left[(A-B) + \sqrt{(A-B)^2 + 4H^2} \right]$$

进一步可解得惯性椭圆的两个主半轴长度(p 和 q)分别为：

$$p = \frac{1}{2H}\sqrt{2/\left[(A+B) + \sqrt{(A-B)^2 + 4H^2} \right]}$$

$$q = \frac{1}{2H}\sqrt{2/\left[(A+B) - \sqrt{(A-B)^2 + 4H^2} \right]}$$

区域的偏心率可由 p,q 的比值得到。这样定义的偏心率不受平移、旋转和缩放变换的影响，并且可以知道区域的朝向。

⑤ 区域的灰度统计特征

我们描述分割区域的目的是为了描述原目标的特性，包括反映目标灰度、颜色等的特性。目标的灰度特性要结合原始图像和分割图像来得到，常用的区域灰度特征有目标灰度的最大值、最小值、中值、平均值、方差以及高阶矩等统计量，它们可以借助灰度直方图得到。

⑥ 纹理描述符

纹理描述符也可以用来作为目标之间匹配的测度[14]。

以上介绍了常用的区域属性，另外还有形状参数、球状性、圆形性等。但在实际应用时，考虑到计算速度和实际的应用需求，一般只选用其中的某几个。

(4)目标间的匹配

① 空间距离

单目标或多目标但目标间无交叉运动的跟踪，可以通过计算相邻两帧之间重心距离的方法来进行。设定一个阈值，如果相邻两帧的目标重心距离小于此阈值，则判定它们具有对应跟踪关系。

在多目标运动交叉的情况下，由于目标的大小不定，目标交叉和分离时重心变化很大，阈值太小会丢失目标，太大则会产生混乱。可以采用目标间的最小边缘距离来代替重心[朱进,1994]。

确定了最小边缘距离后，就可以确定一个阈值 T（与目标的运动速度有关），以与重心跟踪类似的方法判断两帧间目标的对应。另外，也可以判断目标交叉和分离的时刻：若第 t 帧中有多个目标与在第 $t+1$ 帧中的一个目标存在对应关系，则判定多目标在第 $t+1$ 帧中合并为一个目标；相反，若第 t 帧中的一个目标与第 $t+1$ 帧中的多个目标存在对应关系，就判定第 t 帧中的一个目标在第 $t+1$ 帧中分裂为多个目标。

② 综合匹配测度

运动序列经过初始化过程后，对某个特定运动序列 O_i^{t-1} 在当前帧 I_t 中进行最佳匹配的过程如下：

1° 确定匹配候选区域 R

根据物体在上一帧中的位置及其运动参数预测出它在 I_t 中的位置，由此确定一个候选区域(R)，这样可以减小搜索的盲目性，从而减少计算量。

2° 确定匹配测度

对在 R 中的任一运动物体 O_j^t，计算它们与 O_i^{t-1} 相匹配的概率 $P_{i,j}$ 作为匹配测度。$P_{i,j}$ 由若干子匹配测度加权和构成，包括：

- 位置匹配度，根据与预测位置接近程度而得出的平滑匹配概率 $P_{i,j}^D$。
- 根据它们的相对大小而得出的大小匹配概率 $P_{i,j}^A$。
- 其他匹配测度。

于是 $P_{i,j}$ 可表示为：

$$P_{i,j} = w_A P_{i,j}^A + w_D P_{i,j}^D + \cdots$$

其中 w_D, w_A 分别为平滑匹配概率和大小匹配概率的权重。

3° 找出匹配概率最大者

在 R 的所有物体中找出 $P_{i,j}$ 最大者 O_j^t，如果 $P_{i,j}$ 大于阈值且 O_j^t 未与其他运动序列匹配过，那么可将 O_j^t 加入 O_i^t 中；否则跟踪目标可能出现重叠、暂时消失或者运动出视场的现像。

(5)利用活动轮廓进行帧间跟踪

① 活动轮廓跟踪原理

利用活动轮廓进行视频对象分割与跟踪的原理如图 2.45 所示。

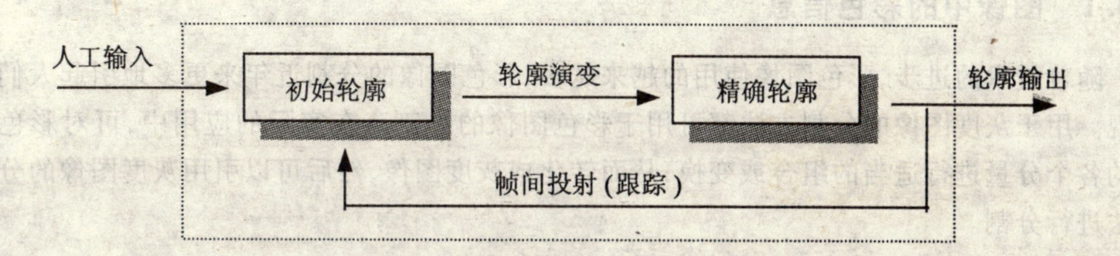

图 2.45　利用活动轮廓进行视频对象分割跟踪的原理

- 初始轮廓，一般通过人机界面由人工给出。当然，对于某些特定场合的应用，也可用系统自动检测生成。如本文基于帧间差的方法，对于第一帧和第二帧，首先进行平滑滤波，然后求差分图像并取阈值得到二值差分模板，同时得到差分模板的最小外接矩形框，再经过收缩型活动轮廓收缩，就自动获得了初始轮廓。
- 轮廓演变，能量最小化演变过程。
- 轮廓输出，通过轮廓演变，初始轮廓定位到准确的目标边缘上，形成比较精确的轮廓，这就是分割结果。
- 活动轮廓的帧间跟踪，把上一帧的活动轮廓投射到当前帧，作为当前帧的初始轮廓。这样就成为一个闭合环路，自动地进行下去，不再需要人工的干涉，这便是自动跟踪过程。这里需要设置一定的"跟踪失效"判据，当发现跟踪失效时，重新回到初始轮廓。失效判据要根据具体的应用而定。

② 利用光流进行帧间投射

通常，由于运动目标在两帧之间的运动距离和形变都不是很大，所以活动轮廓的帧间跟踪往往采取直接投射的方法进行。

我们发现直接投射并不是较好的方法，原因如下：

- 在有些情况下物体的变形比较大，直接投射难以收敛到正确的边缘上。

• 轮廓的演变过程是一个反复迭代的过程，如果投射准确，将会大大加快收敛速度。

这里，可以利用光流预测下一帧的初期活动轮廓。由基于梯度法计算而得到的光流，作为预测信息，然后对当前帧的轮廓投射结果加以变形，作为下一帧的初期轮廓（预测）。

具体而言，先计算第 n 帧图像的光流，再将经投射所得的第 n 帧轮廓上等间隔分布的各控制点附近的光流取平均，然后按比例移动各控制点，使投射轮廓变形，并设定为下一帧的初始轮廓。

③ 利用块矢量预测初期轮廓

由于光流的计算复杂度比较大，另外，通过控制活动轮廓的节点来控制整个活动轮廓，只需计算节点的运动即可，所以用光流来进行活动轮廓的投射并不是一个经济适用的办法。我们提出用块匹配方法来快速估计出节点处图像块的运动矢量，把它作为该节点的运动矢量，这种方法方便快捷。

2.3 基于颜色的对象提取

2.3.1 图像中的彩色信息

随着技术的进步，彩色图像使用的越来越多，彩色图像的分割近年来更多地引起人们的重视。用于灰度图像的分割方法都可用于彩色图像的分割。在实际的应用中，可对彩色图像的各个分量进行适当的组合或变换，从而转化成灰度图像，然后可以引用灰度图像的分割方法进行分割。

要分割彩色图像，首先要选择使用适当的颜色空间。

(1)颜色空间

① RGB 颜色空间

颜色空间有许多种，它们常根据不同的应用目的而提出。最常见的颜色空间是 RGB 空间（Red，Green，Blue），它是一种直角空间结构的模型，通过对颜色进行“加运算”来完成颜色的综合。用 R，G，B 三个基本分量的值来表示颜色，是面向硬件设备（如 CRT）的，物理意义明确但缺乏直感。与它对应的是 CMY 空间（Cyan，Mengenta，Yellow），主要用于非发射式显示，如彩色打印机、绘画等。

图 2.46 是 RGB 颜色坐标，我们感兴趣的是由黑到白的一个立方体，立方体内其余各点对应不同的颜色，可用一个矢量表示。为了方便，将立方体归一化为单位立方体，即所有的 R，G，B 值都在区间[0，1]内。

RGB 之间常有很大的相关性，直接利用这些分量进行分割往往得不到理想的结果。为了降低颜色空间中各个分量之间的相关性，也为了更方便直观地描述和实现分割算法，实际中常将 RGB 图像变换到其他的颜色空间中。

② HIS 颜色空间

HIS 的三个分量分别是 H(Hue，色度)、S（Saturation，饱和度）、I(Intensity，亮度)，更接近人对颜色的视觉感知。I 表示明暗程度（也有用 V 表示的），主要受光源强弱的影响，H 表示不同的颜色，如红、黄、蓝等，S 表示颜色的深度，如深红、浅红。

HIS 模型有两个重要的事实作为依据：

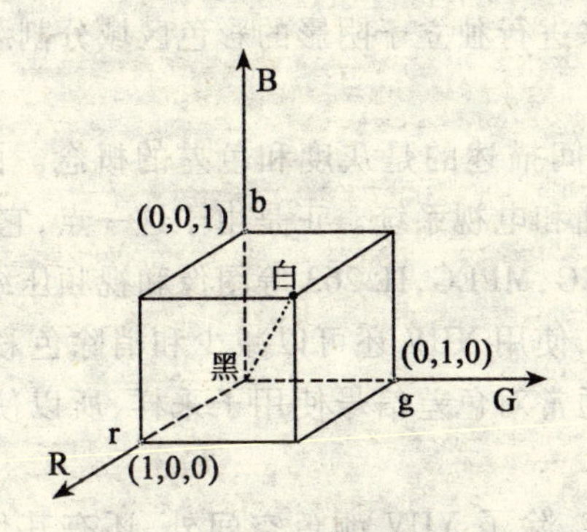

图 2.46　RGB 颜色空间

- I 分量与颜色信息无关;
- H,S 与人类感受颜色的方式紧密相连。

所以,它比较直观且符合人的视觉特点,这些特点使得 HIS 模型非常适合于图像处理这种基于人的视觉系统对颜色感知特性的应用。

图 2.47 是 HIS 颜色空间的示意图。对 HIS 空间中的任一点 p,从 p 点向 I 轴引垂线,得到一条指向 p 的矢量。p 的 H 分量值对应于该矢量与 R 轴的夹角,S 分量对应该矢量的长度(模),越长越饱和。

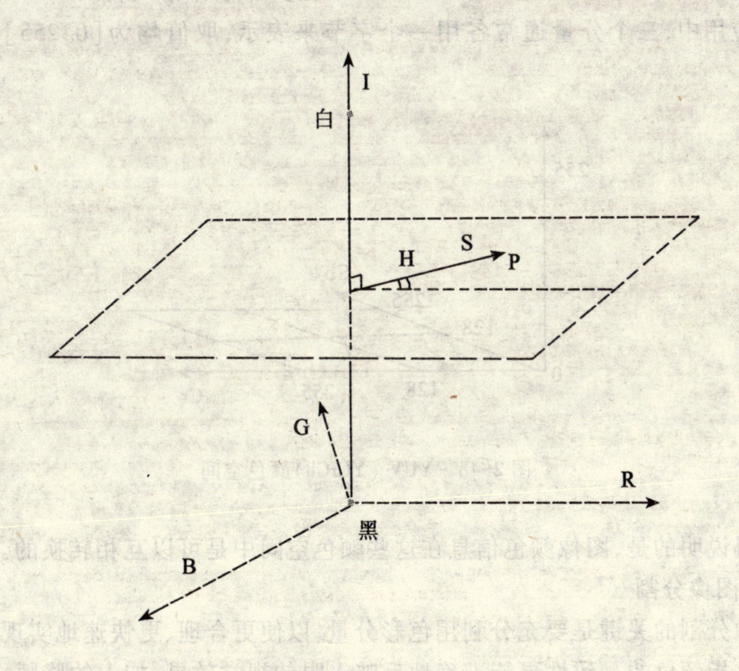

图 2.47　HIS 颜色空间的示意图

在 HIS 空间中,HIS 三分量之间的相关性要比 RGB 三分量之间的相关性小得多。由于 HIS 颜色空间比较接近人眼的视觉生理特性,人眼对 HIS 变化的区分能力要比对 RGB 的区分能力强。另外,在 HIS 空间中图像的每一个均匀性彩色区域都对应一个相对一致的色调

(H),这说明色调能够被用来进行独立于阴影的彩色区域分割。

③ YUV 颜色空间

YUV(或 YCrCb)颜色空间描述的是灰度和色差的概念。由于易于实现压缩方便传输和处理,它被广泛应用于广播和电视系统。正是由于这一点,它也被广泛应用于计算机视频和数字图像处理之中,如 JPEG,MPEG,H. 263 等图像和视频压缩标准都采用 YUV 格式。在获得显示硬件支持的情况下,使用 YUV 还可以减少和消除色彩变换处理,极大地加快了图像的显示速度。由于 YUV 通常对色差信号使用子采样,所以使用 YUV 颜色空间可以降低带宽。

YUV 实际上是一个家族,除了 YUV 颜色空间外,还有其他颜色空间,如 YIQ,YCbCr,YDbDr 等。这些颜色空间和 YUV 极为相似,虽然各不相同,但习惯上仍称为 YUV。YUV 是一种基本的颜色空间,它被欧洲和中国的电视系统所采用,被 PAL(Phase Alternation Line),NTSC(National Television System Committee)和 SECAM(Sequential Couleur Avec Memoire or Sequential Color with Memory)用做复合彩色视频标准。Y 为亮度(实际上就是灰度值),而 U 和 V 则指色调,描述图像的色彩饱和度。

YCbCr 则是在世界数字组件视频标准研制过程中作为 ITU-R BT601(CCIR 601 的前身)建议的一部分提出的,是 YUV 经过缩放和偏移的翻版。Y 同样指亮度,Cb,Cr 同样指色彩,只是在表示方式上不同而已。在 YUV 家族中,YCbCr 是在计算机系统中应用最多的一个成员,人们一般讲的 YUV 大多是指 YCbCr。YCbCr 有多种采样格式,如 4:4:4,4:2:2,4:1:1 等。在实际应用中,三个分量通常各用一个字节来表示,取值均为[0,255],如图 2.48 所示。

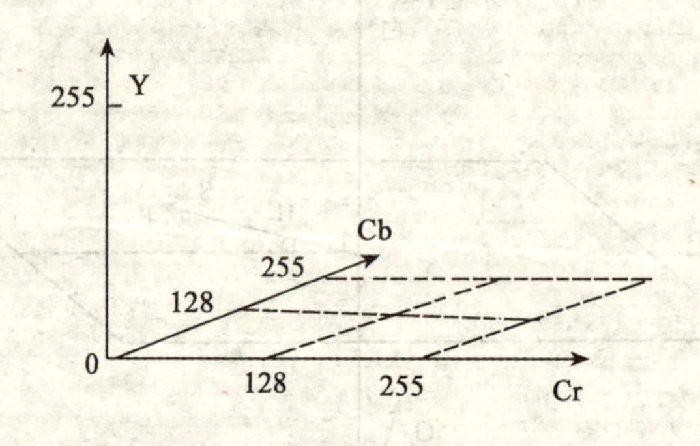

图 2.48 YUV (YCrCb)颜色空间

另外值得说明的是,图像颜色信息在这些颜色空间中是可以互相转换的。

(2)彩色图像分割

彩色图像分割的关键是要充分利用色彩分量,以便更合理、更快速地实现图像分割。所谓合理主要是指颜色的一致性更能准确地反映人眼的视觉效果,如人的胳膊,由于不同侧面的光照强度有所区别,因此亮度分量不同,但色度分量基本相同。

文献[14]中提出了一种基于 HIS 颜色空间的一种图像分割思路,即在 HIS 空间中,由于 HIS 三个分量是相互独立的,所以又可能将这个 3-D 搜索问题转化为 3 个 1-D 搜索。但由于通常的视频格式均为 YUV 格式,面向 HIS 的分割算法必须首先把图像从 YUV 空间转换到 HIS 颜色空间,然后才能实施分割,这需要大量的计算时间。因此,为了实现快速的视频分割算法，我们直接采用 YUV 颜色空间。

YUV 颜色空间中，亮度和色度（色差）分量也是分开表示的，同样具有较强独立性。而且 YUV 格式被各种压缩标准广泛采用，因此如果能在 YUV 空间直接利用彩色分量进行分割，将会给实际应用带来极大的便利。

2.3.2　颜色区域分割

（1）YUV 联合梯度

梯度图像是进行分水岭运算的基础。求取梯度的算法很多，如 Sobel 算子，也可用形态梯度算子。我们采用“多尺度形态梯度”，它更适合于分水岭运算。多尺度形态梯度采用不同尺度的结构算子分别求梯度，然后求平均值。

$$g = \frac{1}{3}\sum_{i=1}^{3}\left[\left(\left(I \oplus B_i\right) - \left(I \Theta B_i\right)\right)\Theta B_{i-1}\right]$$

其中，I 为图像，B_i为$(2i+1)\times(2i+1)$的结构算子，$\oplus$和 Θ 为膨胀和腐蚀运算。

实际上，由于摄像机都会产生一定的噪声，应该先对输入的图像进行滤波。此处采用简单的中值滤波，它在一定程度上可以保留边缘信息。另外考虑到，虽然亮度分量包含了大部分的图像信息，但有些情况下，色差分量(U,V)对人物和背景的区分能力却更强，如图 2.49 所示。因此，对 Y,U,V 三个分量分别求梯度，然后进行叠加。

$$G = ag_{\mathrm{Y}} + bg_{\mathrm{U}} + bg_{\mathrm{V}}$$

其中 a,b,c 为加权系数，满足 $a+b+c=1$ 。取 $a=0.2, b=c=0.4$。

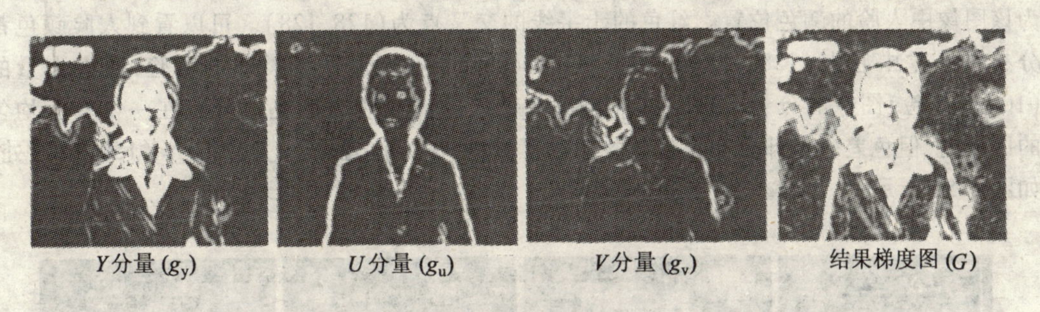

图 2.49　Y,U,V 联合梯度

（2）分水岭分割

分水岭算法[Vincent,1991]实际上是一个多区域并行生长的区域生长算法，它是针对图像的梯度图进行操作的。分水岭分割的结果是一系列具有一致视觉属性的区域，定义区域的描述结构为：

$$R = \{\text{label}, \text{area}, x_0, y_0, w, h\}$$

其中，label 为该区域的标签号（关键字段），area 为区域面积（像素数），x_0,y_0,w,h 分别为外接矩形的左上角坐标和矩形的宽、高。

具体计算时，采用文献[35]所述的三阶段算法，它可以滤除灌水过程中出现的低对比度区域（浅区域），但保留高对比度区域（深区域）。

2.3.3　基于颜色的人脸检测[31]

本节以人脸检测为例说明基于色彩的对象提取方法。

(1)人脸检测的预处理

首先根据人脸的宽高比来初步确定候选人脸区域,然后再根据人脸颜色特征和人脸器官的分布特征来进一步给予确定。

① 基于宽高比与填充率的过滤

人脸一般呈椭圆形,其外接矩形的宽高比(即椭圆的长、短轴之比)η 应在一定的范围内;另外,人脸区域的充满率 ρ 也应在一定的范围内。

$$\eta = \frac{w}{h}, \quad \rho = \frac{\text{area}}{w \cdot h}$$

在实验中,η 取[0.4,0.85],ρ 取[0.65,0.8]。

② 人脸颜色过滤

一般来说人脸的皮肤颜色与背景颜色(或其他非皮肤颜色)是不同的,据此可以快速区分背景区域与人脸区域。另外,颜色本身是一种统计信息,它具有旋转、伸缩和平移的不变性,与基于灰度模板匹配的搜索方法相比(如基于 K-L 变换的"特征脸"方法),计算量也小很多。

为了减少颜色空间之间的转换,可以直接在 YUV 颜色空间中进行人脸颜色的分析。人脸的颜色模型是通过对大量的人脸样本的训练得到的。下面是一些人脸颜色分布的例子。

图 2.50 中是四幅含有人脸的图像,横向 x 为 Cr 坐标,纵向 y 为 Cb 坐标。其中标记"F"为该图像中人脸的颜色位置。红色的十字线的交叉点为(128,128)。可以看到人脸颜色都分布在色差中心点(128,128)的右上角。Dounglas 等人也做了类似的实验,通过大量的(100 个人脸)图像的分析[Dounglas, 2001](包括各色人种),发现人脸亮度分布在一个较为均匀的区域内,但色差分量却分布在比较狭窄的区域内,中心位置位于(Cr,Cb)=(150,120)处,如图 2.51 所示。

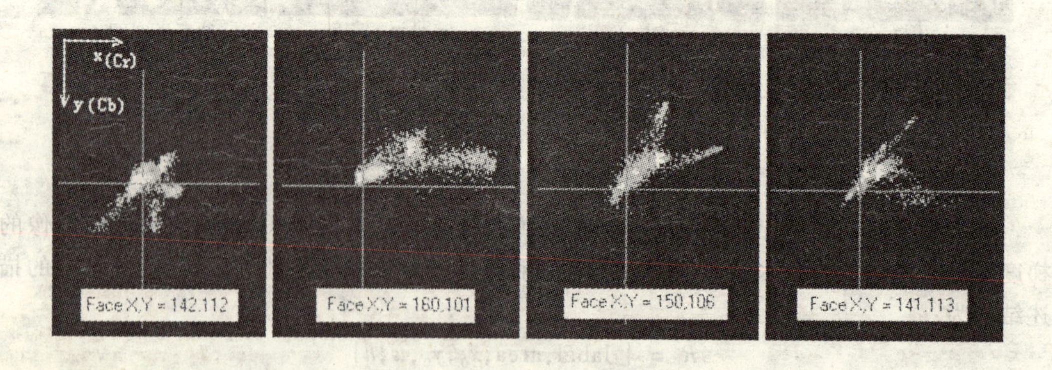

图 2.50　人脸颜色分布实例

这是一个统计直方图。图中,纵轴为百分比,表示具有某个色度(或亮度)值的图像数目占总图像数目的百分比。

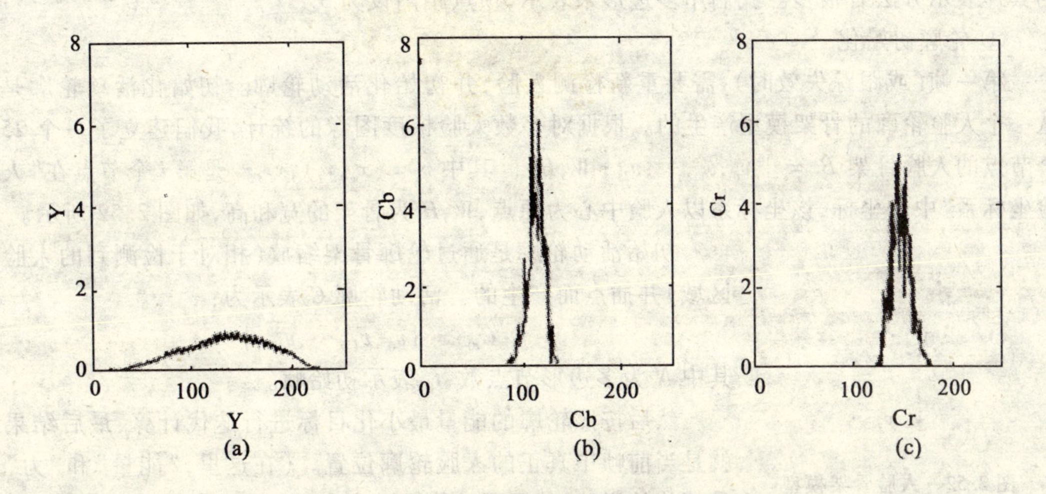

图 2.51 人脸颜色的统计结果

算法具体实现时,给色度空间中的每一个坐标点(u,v)都赋予一个概率值,它表明该颜色与人脸颜色的相似程度。对每一个分割出来的区域分别求平均颜色相似度,然后根据一定的阈值确定是否为人脸区域。

③ 人脸结构过滤

单凭颜色信息和宽高比还不能准确判断人脸位置,我们用人脸的梯度模板进一步给以确认。人脸上的各种器官(眼、眉、口、鼻)有一定的空间关系,这一信息在梯度图像上也得到表现,而且由于梯度图像对光照变化不敏感,所以梯度模板比灰度模板更可靠。实际上,灰度图像所包含的部分细节信息在梯度图像中都丢失了,但我们的目的是判别人与非人,而不是一个人和另一个人的区别,所以不必要很多的细节信息。

我们以样本集的总体散布矩阵作为产生矩阵,通过 K-L 变换对采集到的归一化人脸梯度图像(28 ×32 像素)进行特征提取,这些人脸图像包括小范围内的上下左右转动,以及眼、眉、嘴的各种表情共 70 幅(10 人),从而建立了一个低维(7 维)的主元子空间("特征人脸"坐标系),通过重建图像与原图像的比较来判断是否为人脸。

由于图像中人脸的大小不确定,所以应对第 2 步得到的人脸候选区域作一定比例(s)的缩放,使其适合于 28 ×32 的分辨率。

$$s = \min(s_w, s_h),\text{其中},s_w = w/28, \quad s_h = h/32$$

把这一缩放比例应用于包含人脸候选区域在内的一个扩展区域,这个扩展区域作为人脸搜索范围,利用特征脸方法进行检测。设搜索范围为 Ω,当前测试区域(28 ×32)为 $f, f \in \Omega$,为其重建图像 f',根据 f',f 之间的信噪比可确定最佳匹配位置。

(2)人脸活动轮廓跟踪

在视频会议主席发言、电视播音员、可视电话视频序列中,人物的运动幅度一般不大,可以首先采用空间分割的策略(因为微小的运动使得运动信息不容易被检测到,如利用帧间差就无法得到完整的模板)。同样是这个原因,使得没有必要对每帧都进行空间分割。此处采用活动轮廓对人脸进行跟踪。

活动轮廓的收敛过程实际上是"能量极小化"问题,可以用迭代的方式实现。活动轮廓的具体表示方法有很多。我们用多边形来表示，顶点距离设为3。

① 轮廓初始化

第一帧（或跟踪失效时），需要重新检测人脸，并初始化活动轮廓。初始化活动轮廓是从一个人脸轮廓的骨架模型产生的。根据对多数人脸梯度图像的统计，我们建立了一个25个节点的人脸骨架 $B=\{v_0,v_1,\cdots,v_{25};W,H\}$。其中 $v_i=(x_i,y_i)$，x_i,y_i 是第 i 个节点在“人脸坐标系”中的坐标，该坐标系以人脸中心为原点，W,H 为骨架的宽和高，如图2.52所示。

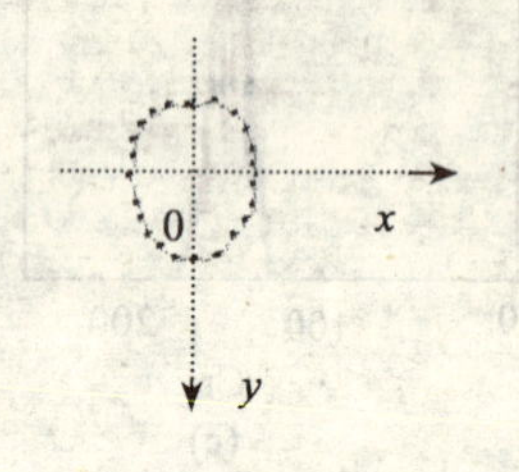

图2.52 人脸骨架模型

初始活动轮廓是通过轮廓骨架缩放（相对于检测到的人脸区域）并插点而产生的。活动轮廓 C 表示为：

$$C_{t0}=\{v_0,v_1,\cdots,v_{N-1}\}$$

其中 N 为多边形节点数，t_0 表示初始帧。

然后按照轮廓的能量最小化目标进行迭代计算，最后结果就是当前帧中真正的人脸轮廓位置。（在这里，“能量”和“力”是等价的说法，能量最小对应力的平衡）

② 跟踪与失效

初始轮廓建立以后，就不必要对下一帧执行全部的空间分割和人脸检测过程，而只需进行轮廓的跟踪即可。首先把上一帧的活动轮廓投射到当前帧，然后通过迭代使其作局部的调整以满足能量最小的要求。活动轮廓的帧间投射，如图2.53所示。

- 平移投射：在上一帧中，对活动轮廓每一个节点所覆盖的子块（8×8）进行平移运动估计得到节点的运动矢量 d_i，把 $v_i=v_i+d_i$ 作为新的初始活动轮廓。
- 局部调整：按照活动轮廓的能量最小化目标进行迭代计算，从而最终达到一个适当的位置。这一过程完成活动轮廓的局部调整。

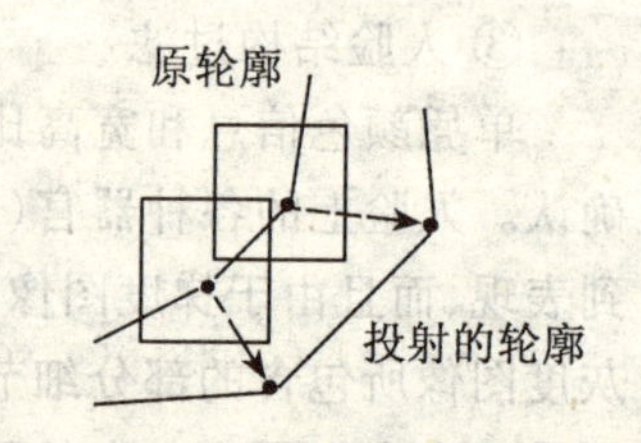

图2.53 活动轮廓的帧间投射

当跟踪失效时，再重新执行完整的空间分割过程。定义跟踪失效的判别标准为：

$$H(C_{t0},C_t)>T_1 \quad 或者 \quad H(C_{t-1},C_t)>T_2$$

其中，C_{t0}是初始轮廓，C_t 是当前帧的轮廓，C_{t-1}是上一帧的轮廓，$H(.)$为Hausdorff距离，T_1，T_2 为两个阈值。前式说明 C_{t0}，C_t 之间的形状差别过大，表明当前轮廓与人脸轮廓的骨架模型偏离太远；后式则说明前后两帧之间的轮廓差别过大，可能是丢失了人脸。

从算法的原理（以及我们的实验中）可以看到，初始检测算法对人脸的颜色和结构特征有较强的依赖性，即人脸的颜色不能与标准脸色分布有较大偏差，同时要求人脸基本为正面（上下左右的扭转角度不能过大），不过可视电话类视频序列一般是能够满足这些要求的。

图2.54和图2.55给出了部分测试结果。

从以上的结果可以看出，对于变化运动缓慢的序列，活动轮廓可以进行长时间跟踪。另外，在claire序列中人脸左右扭动，在新闻序列中人脸上下摇动，活动轮廓都能进行较好的跟踪。

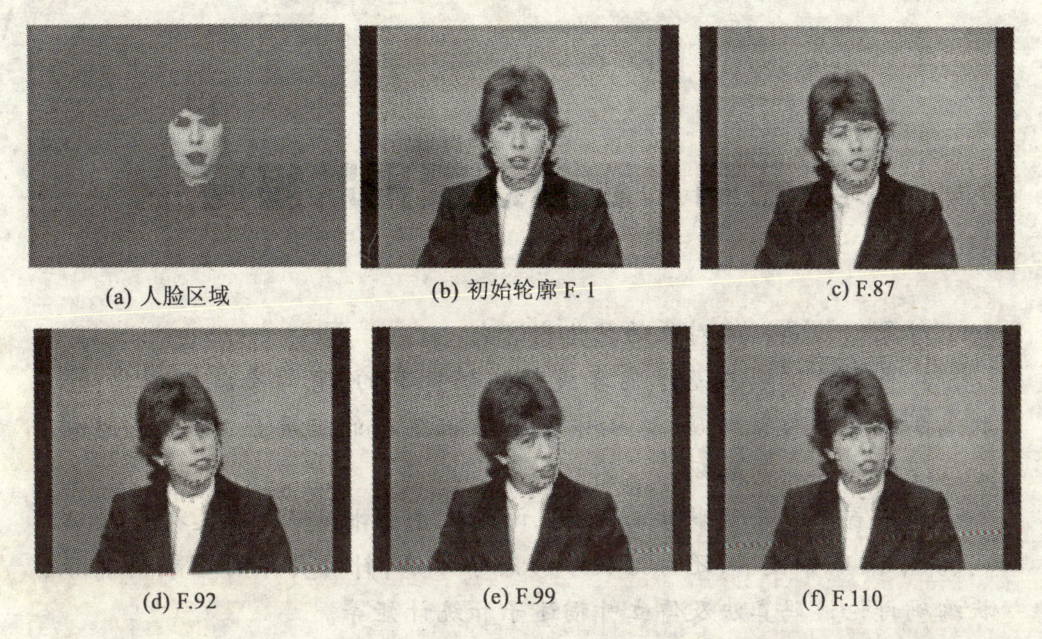

图 2.54　测试结果-1(claire 序列,YUV,176 × 144),(c),(d),(e),(f)为跟踪结果

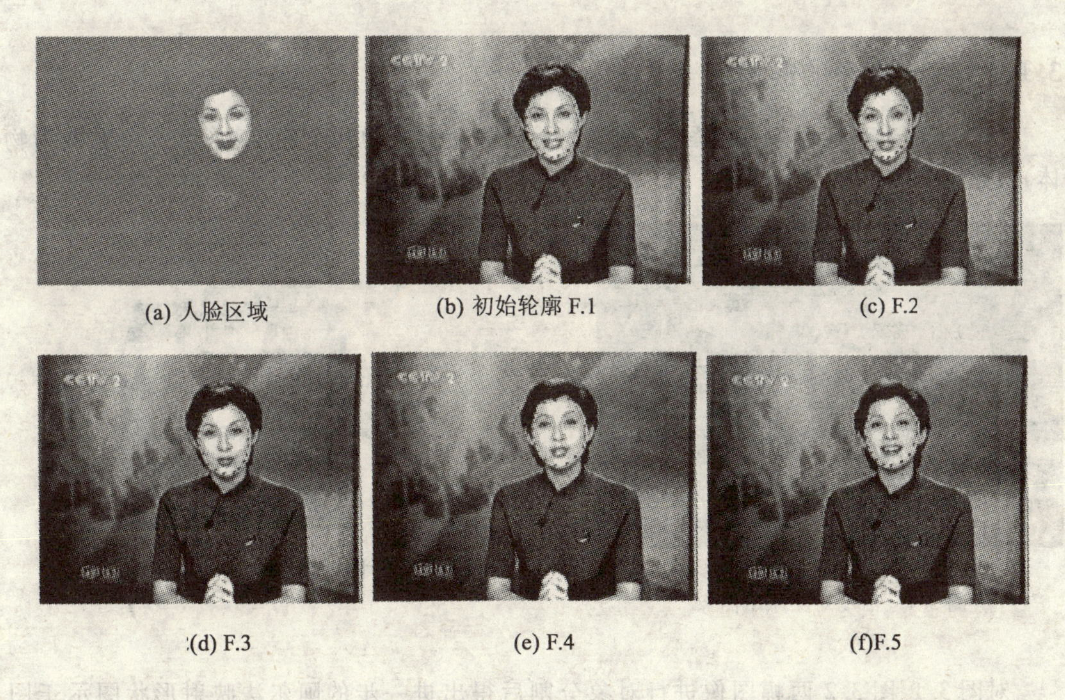

图 2.55　测试结果-2(电视新闻,YUV,192 × 144),(c),(d),(e),(f)为跟踪结果

第三章 视频对象形状编码

对象形状是描述对象的具体内容之一。

对象形状编码是基于内容视频编码特有的,有对象就有形状,形状编码服务于对象编码,这也体现了形状编码的重要性,形状还影响着纹理编码和运动编码。

本章首先讨论形状编码原理,讨论位图形状编码、四叉树形状编码、算术编码等技术,还讨论数学形态学方法;针对具体的对象轮廓形状编码讨论链码算法及傅立叶描述子和统计矩等。

3.1 形状编码概述

3.1.1 关于对象的形状

图 3.1 示出活动对象原始图像;图 3.2 示出静止背景中几个建筑物(可统一看做为物体)原始图像。

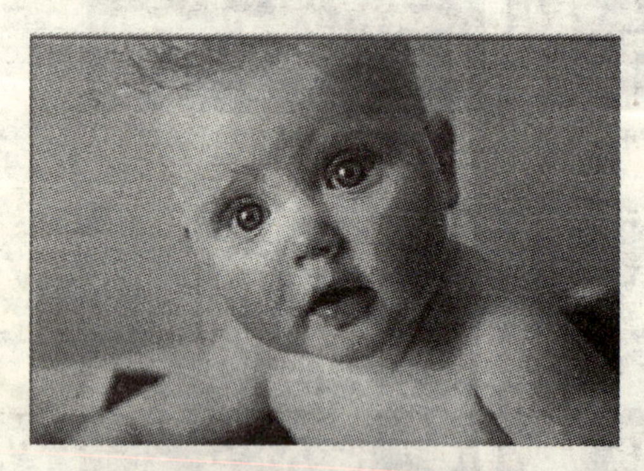

图 3.1 活动对象原始图像

图 3.2 静止物体的形状

对图 3.1、图 3.2 两幅图像进行对象分割后得出进一步的阿尔法映射形状图示于图 3.3、图 3.4 中。对映射后的形状图本文以后同等看做对象形状图,不再区分是活动对象还是静止物体。

设第 k 个对象的二维形状经阿尔法映射 M_k 定义为:

$$M_k = \{f_k(x,y) \mid 0 \leqslant x \leqslant X, 0 \leqslant y \leqslant Y\}\text{,其中 } 0 \leqslant f_k(x,y) \leqslant 255$$

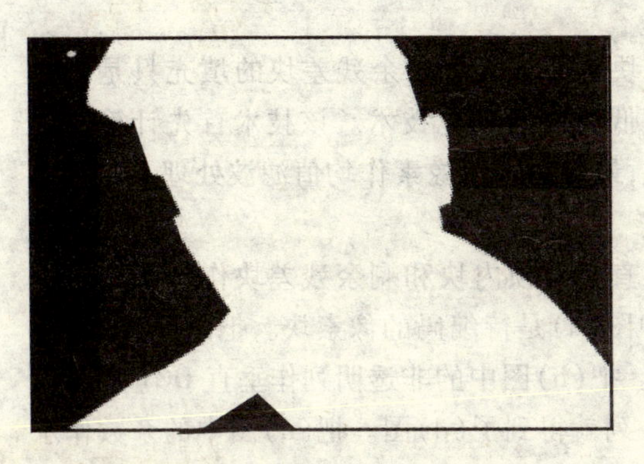

图 3.3　映射后的活动对象形状轮廓

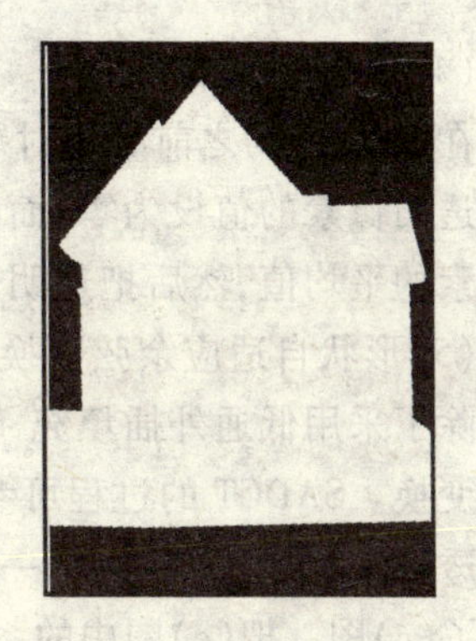

图 3.4　映射后的静止物体形状轮廓

则形状 M_k 对于每个像素 $f_k(x,y)$ 定义了它或者属于该对象（$F_k=255$），或者不属于该对象（$F_k=0$）。

在图 3.3 中，设背景图像为 $F_b(x,y)$，对象图像为 $F_0(x,y)$，阿尔法映射为 $m_0(x,y)$，则对象覆盖在背景上的结果可用下述关系描述：

$$F(x,y) = \left(1-\frac{m_0(x,y)}{255}\right)F_b(x,y)+\frac{m_0(x,y)}{255}\cdot F_0(x,y)$$

3.1.2　形状编码的作用和影响

形状编码是基于内容编码与传统视频编码技术的最大区别。VOP 的形状信息是编码具有内容交互性的前提条件，同时它也渗透于运动预测、运动补偿和纹理编码等部分，从而改进运动和纹理编码的效率。它对于运动和纹理编码的影响体现在以下几个方面：

（1）视频编码中形状信息的表示格式

视频编码形状信息采用矩阵表示，又称为 α 平面，α 平面的大小与其对应的 VOP 边界矩形相等。形状信息同时支持二进制和灰度格式，二进制格式 α 平面中的点只能取 0（黑）和 255（白）两个值。而灰度 α 平面中的点则可以在 0 ~ 255 之间取任意整数值。0 表示对应的像素完全透明，255 对应的像素完全不透明。其中对于灰度形状的编码包括两部分：二进制形状编码和对灰度值进行 16 × 16 宏块的纹理编码。本节只讨论二进制形状编码。

（2）重复填充

在运动预测/补偿中，参考 VOP 与当前 VOP 的形状并不一样，因此必须对参考 VOP 作重复填充处理。重复填充分为 3 个步骤：水平填充、垂直填充和扩展填充。其中水平填充和垂直填充针对 VOP 的边界宏块，扩展填充针对 VOP 的外部宏块。水平填充扫描宏块中的非透明行，其中不透明的像素保持不变，透明的像素取其左边或右边最近的边界像素，如果左右都有边界像素，则取这两个像素的平均值。垂直填充与水平填充只在填充方向上不同。扩展填充分别针对与边界宏块相邻的外部宏块及其他外部宏块。相邻的外部宏块复制与边界宏块相邻的行或列，其他外部宏块则全部设为零值。

（3）多边形匹配

由于边界宏块包含不属于 VOP 的透明像素，因此传统的块匹配技术必须修改为多边形匹配技术。多边形匹配与块匹配技术的惟一区别是不计入透明像素产生的误差。

(4)低通外插填充

在DCT编码之前必须对剩余残差块和帧间块进行填充。剩余残差块的填充只是简单地把透明像素的值设为零,而帧内块则需要使用低通外插填充技术。该技术首先计算非透明像素的平均值,然后把透明像素设为该平均值,最后对透明像素作均值滤波处理。

(5)形状自适应余弦变换(SADCT)

除了采用低通外插填充+DCT块外,还可以直接对帧内块和剩余残差块作形状自适应余弦变换。SADCT的过程可参考图4.11 。其中图(a)是待编码的像素块。把图(a)中的所有非透明像素向上移动到第一行就得到了(b)图。把(b)图中的非透明列作垂直DCT变换就得到了(c)图。把(c)图中的系数向左移动到第一列就得到了(d)图。把(d)图中的系数作水平DCT变换就得到了(e)图。SADCT产生的系数都集中在8×8系数块的左上角,这些系数被称为活动系数。对系数块进行Z字形扫描的顺序没有变化,但变化编码将不计入非活动系数。

总之,正是采用了形状编码技术,才使得基于内容的交互成为可能,同时形状信息也提高了运动和纹理编码的压缩效率。

3.2 形状编码原理

形状编码方法从两种思路出发:一种是位图法,这种方法来源于传统的纹理编码方法,将形状矩阵分块,用运动估计消除时间冗余,用适当的帧内编码方法消除空间冗余,采用不同的帧内编码方法就产生了不同的形状编码方法;另外一种形状编码方法是基于边缘轮廓的思想,这种方法有效地将形状的压缩与边缘的跟踪联系起来。

3.2.1 位图形状编码

3.2.1.1 直接编码

直接编码当然是最简单的一种编码方法。在二进制形状表示中虽然只有0,1(1表示对象,0表示背景)两个元素组成,但每个像素点(即每个0或1)仍然占一个字节。其实只是用每字节的最低位来表示图像像素点,其余的7位是多余的0。因此,只要将每8个字节为一组,将每组各字节最低位顺次放入一个字节的各位,形成一个组合字节,即实现了直接编码,大大压缩了编码的数据量。

3.2.1.2 四叉树形状编码

将描述物体形状的平面图形,用$M \times M$尺寸的最小方框包围该图形,其中M是2的整数次幂个像素,使得可以对该方框4等分,接着对每一个方框又4等分,直到分到像素为止。原图形的所有像素都在方框内,使得可以顺利地对该图形实现四叉树编码。

用二进制符号编码四叉树,并以深度优先的方式遍历树。在进行分叉树编码时,用1表示该方框不再分割,用0表示该方块需进一步分割,使其准确描述原图形;在进一步四分时,又用4个符号表示各个子方块的状态,递归重复,直到对原图形所有像素描述完为止。

在分叉树完成后,得到原方框中大大小小的子块,有些子块属于原形状图形,其余子块不属于,用1表示所有属于原图形的子块,0表示不属于原图形的子块,即得到按四叉树对原图形的形状编码。图3.5中各图说明树码、形状码的编码过程。

图3.6中一物体平面图形,其竖直方向最大14像素,水平方向最大11像素,为对其实

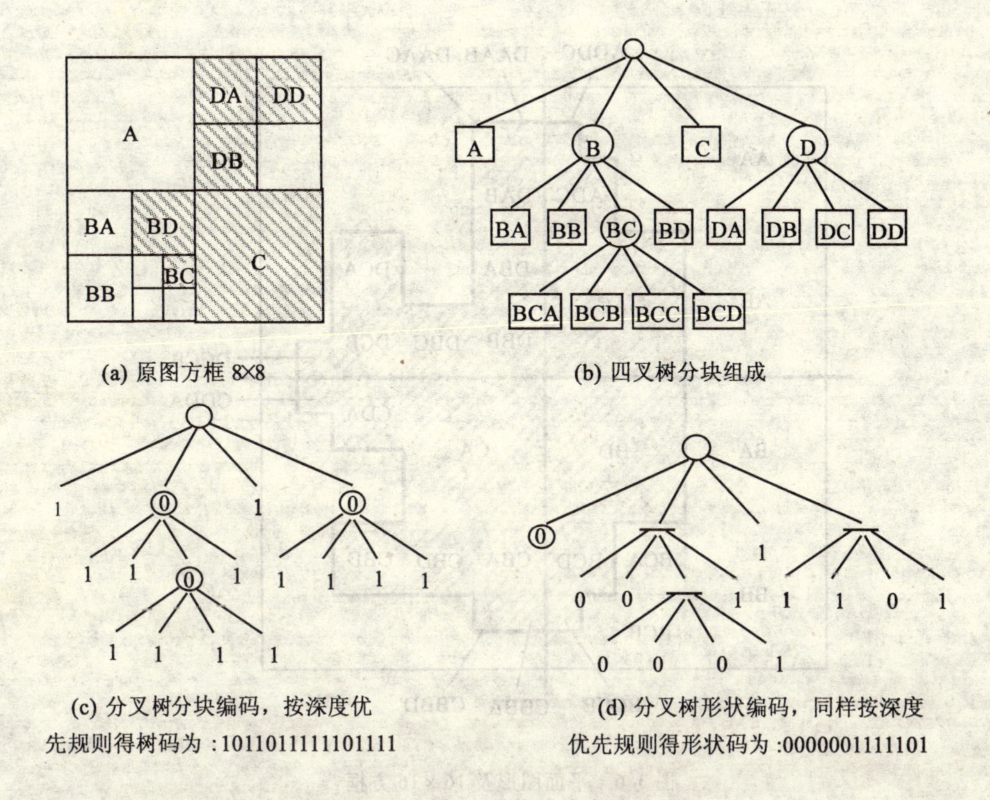

(a) 原图方框 8×8　(b) 四叉树分块组成

(c) 分叉树分块编码，按深度优先规则得树码为 :101101111101111　(d) 分叉树形状编码，同样按深度优先规则得形状码为 :0000001111101

图 3.5　树码、形状码的编码过程

现四叉树形状编码，扩充使用包围该图形的 16×16 像素矩形框。

图 3.7 是对应给出的分块组成四叉树图，对该图中属于原图形的子块编码为 1，不属于原图形的子块编码为 0，同样以深度优先的方式遍历该树，得到对原图形的形状编码为：

0010010010

0000000111

111001011000 1001000

0110100111011010000

此例是以 16×16 宏块作为方框，建议四叉树形状编码大小以宏块为准。对该宏块在整体图像帧中的位置再予以记载。

3.2.1.3　算术编码

(1)常规算术编码

二值算术编码是用于二值图像压缩的一种高效的信息熵编码，它建立在常规算术编码的基础上。针对多符号的常规算术编码方法是一种近年来广泛应用的信息熵编码方法，它是利用概率分布特性进行编码的。算术编码在有些方面优于 Huffman 方法，它使表示的信息尽量紧凑并对输入的数据没有分块输入的要求（与变换编码相比），算术编码方法计算效率高并且容易提供自适应模式。它的基本原理是将被编码的信息表示成实数 0 和 1 之间的一个区间（Inteval）。信息越长，编码表示它的区间就越小，表示这一区间所需的二进制位数就越多。信息源中连续的符号根据某一模式生成概率的大小来缩小区间。可能出现的符号要比不太可能出现的符号缩小的范围少一些，因此只增加了较少的比特位。在传输任何信

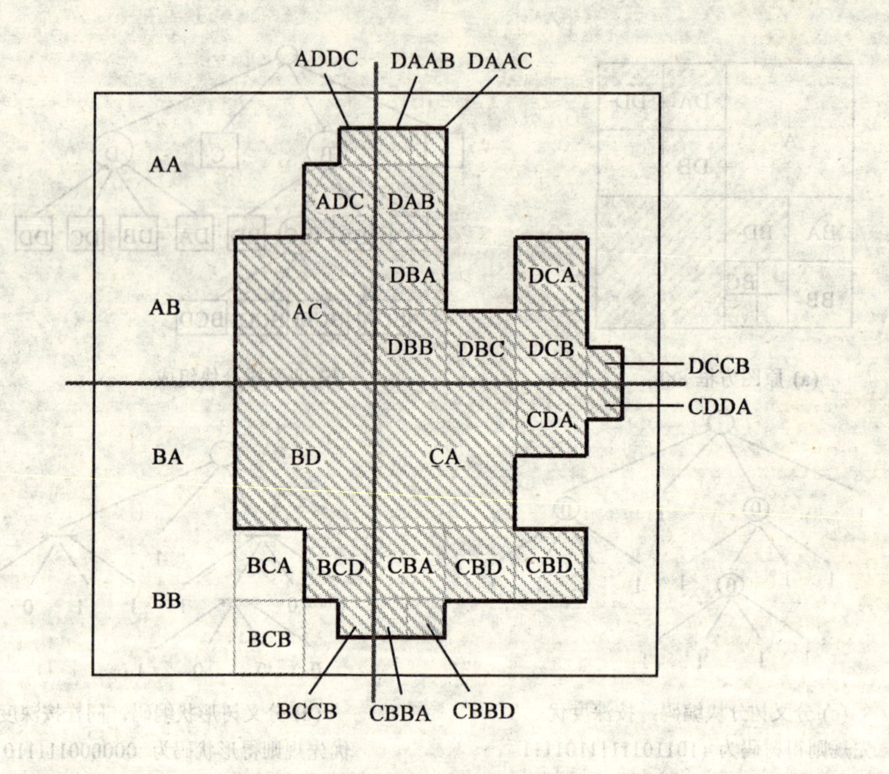

图 3.6 平面图形及 16×16 方框

息之前信息的完整范围是[0,1],表示为 0 < = x <1。当一个符号被处理时,这一范围就依据分配给这一符号的那部分变窄。举例说明如下:采用固定模式,符号概率分配如表 3.1 所示。

表 3.1 固定模式举例

字符	概率	范围
a	0.2	[0, 0.2]
e	0.3	[0.2, 0.5]
i	0.1	[0.5, 0.6]
o	0.2	[0.6, 0.8]
m	0.1	[0.8, 0.9]
l	0.1	[0.9, 1.0]

字符串“email”的图示算术编码过程,如图 3.8 所示。

图 3.8 说明 e 的概率范围为 0.3,“em”联合出现的概率是在 e 的范围内占取 m 的概率范围,所以得到 0.44 ~0.47,以下如此类推。

字符串为 email, range = high - low, 初始 high = 1, low = 0, 下一个 low, high 按下式计算:

$$\text{low} = \text{low} + \text{range} \times \text{low}$$

$$\text{high} = \text{low} + \text{range} \times \text{high}$$

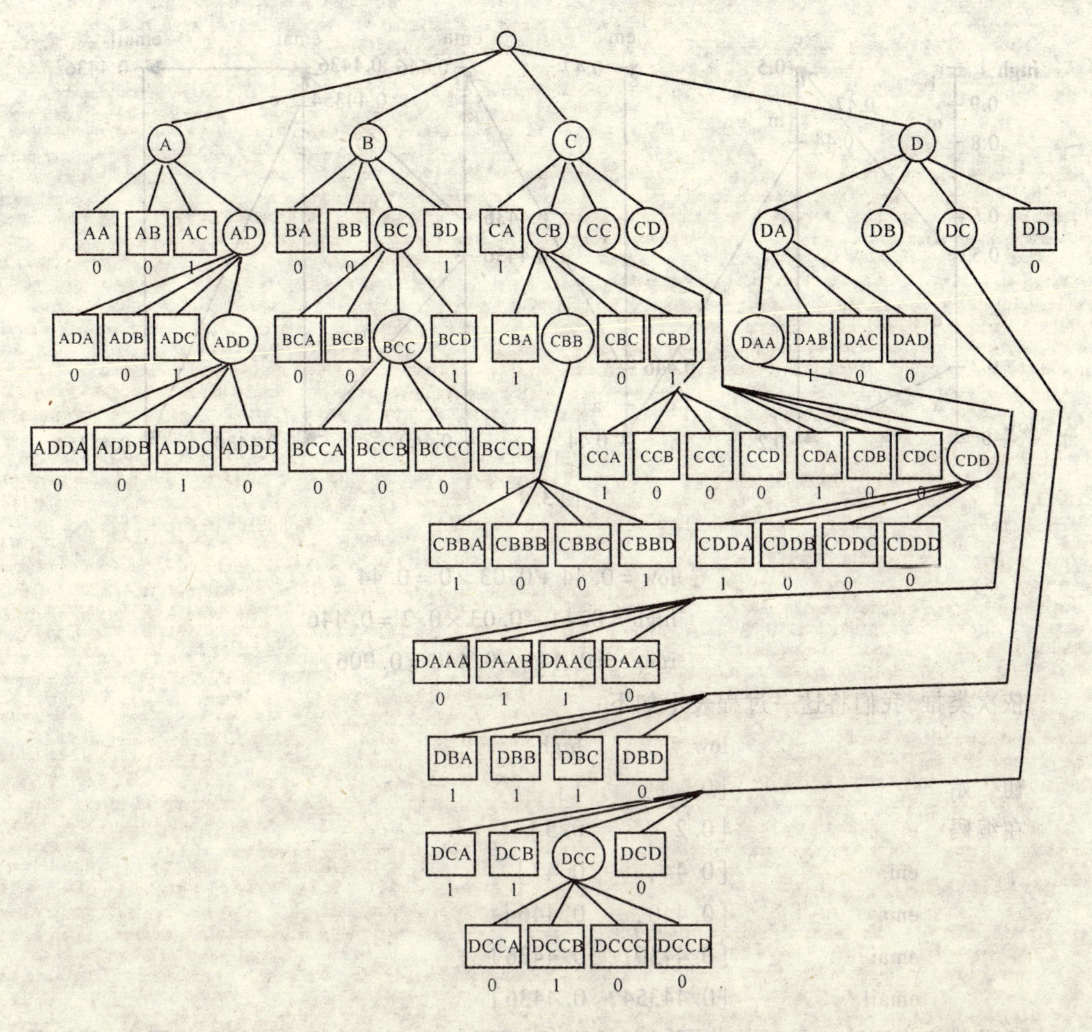

图 3.7 四叉树分块组成图

编码器和解码器都知道初始范围为[0,1],在第一个字符 e 被编码时,e 的 rangelow = 0.2,rangehigh = 0.5,因此

$$low = 0 + 1 \times 0.2 = 0.2$$

$$high = 0 + 1 \times 0.5 = 0.5$$

$$range = high - low = 0.5 - 0.2 = 0.3$$

此时,分配给 e 的范围为[0,2,0.5],不难看出在接收到第一个字符 e 后,范围由[0,1]变成[0.2,0.5]。第二个字符为 m 被编码时需使用新生成的范围[0.2,0.5],因为 m 的 low = 0.8,high = 0.9,因此 em 的

$$low = 0.2 + 0.3 \times 0.8 = 0.44$$

$$high = 0.2 + 0.3 \times 0.9 = 0.47$$

$$range = 0.47 - 0.44 = 0.03$$

范围变为[0.44,0.47]。下一个字符为 a,a 的 low = 0,high = 0.2,

a 在 em 的前提下出现,所以 ema 的

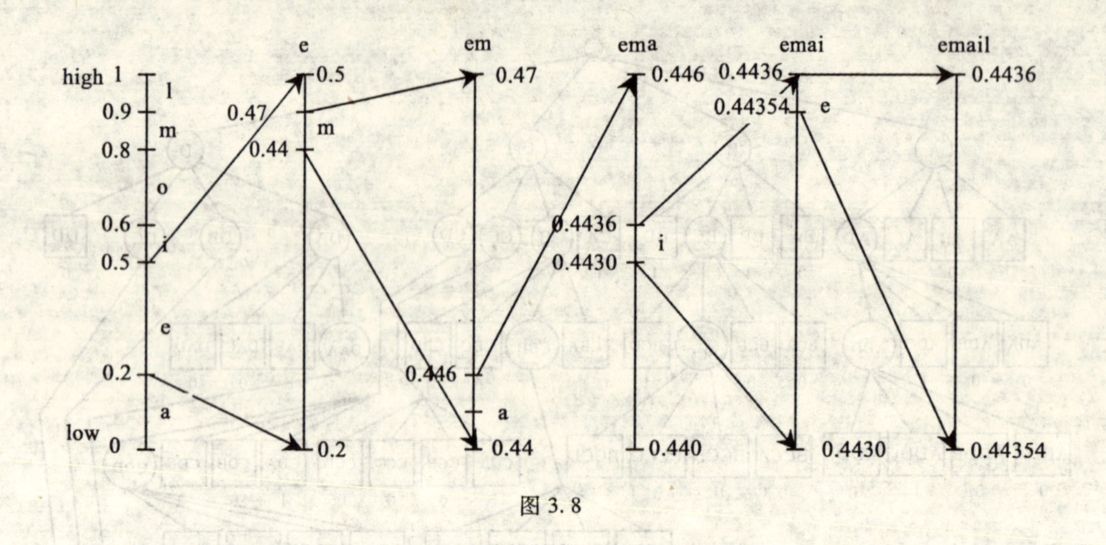

图 3.8

$$low = 0.44 + 0.03 \times 0 = 0.44$$

$$high = 0.44 + 0.03 \times 0.2 = 0.446$$

$$range = 0.446 - 0.440 = 0.006$$

依次类推,我们将这一过程表示如下:

		low	high
初　始		[0,	1]
在编码	e	[0.2,	0.5]
	em	[0.44,	0.47]
	ema	[0.440,	0.446]
	emai	[0.4430,	0.4436]
	email	[0.44354,	0.4436]

解码器接收到这一最后的范围[0.44354,0.4436],由于它在0.2~0.5范围内,所以马上可以解得第一个字符为e。

在e的范围(0.2~0.5)内再分解,可以比较出(0.44354,0.4436)在(0.44,0.47)范围内,故分解出“em”。

在em的范围(0.44~0.47)内再分解,可以比较出(0.44354,0.4436)在(0.440,0.446)范围内,故分解出“ema”。

在ema的范围(0.440~0.446)内再分解,可以比较出(0.44354,0.4436)在(0.4430,0.4436)范围内,故分解出“emai”。

在emai的范围(0.4430~0.4436)内再分解,可以比较出(0.44354,0.4436)范围吻合,故分解出“email”。

这就是算术编码和解码的基本过程。

算术编码方法除了有基于概率统计的固定模式外,还有其他模式。在自适应模式下各个符号的概率初始值都相同,它们依据出现的符号而改变响应。只要编码器和解码器使用相同的初始值和相同的改变值的方法,那么它们的概率模型将保持一致。编码器接收到下一个字符的编码,然后改变概率模型,解码器根据当前的模式解码,然后改变自己的概率模型。

(2)二值算术编码

二值算术编码是指输入的字符只有两种,即0,1。在二值算术编码器的两个输入字符中,出现概率较大的一个通常称为MPS(More Probable Symbol),另一个称为LPS(Low Probable Symbol)。假设LPS出现的概率为Q,MPS出现的概率则为1-Q,对这两个符号构成的序列编码就是不断划分概率子区间的过程。

其编码法则归纳如下(如图3.9所示):

初始状态:编码点C=0;区间宽度A=1-0;

对于MPS

C=C;

A=A(1-Q)=A-AQ

对于LPS

C=C+A(1-Q)=C+A-AQ

A=AQ

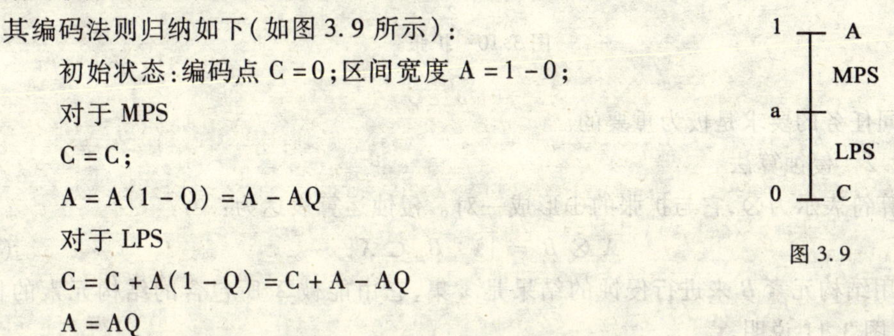

图3.9

3.2.2 数学形态学算法[12][23]

数学形态学提供了一种工具,它以形态为基础对图像进行分析。数学形态学的数学基础是集合论,视觉心理学家认为把集合论用于视觉理解符合视觉的基本功能。他们认为"看见"或"不看见"实际上是一种"并集"或"交集"运算。因为,对于所能看到的东西来说,其理解的结果是它们的"并";而对于所有因遮盖而不能看到的东西来说,其理解的结果是它们的"交"。数学形态学所使用的测量工具是"结构元素",用具有一定形态的结构元素去度量图像中的形态以理解问题是应用数学形态学的基本思路。这种想法无论是在图像的低层次处理或是高层次处理方面都是可以奏效的[9]。去除图像中的噪声是一个滤波问题,但是如果着重于从噪声与主体信息的形态差别去进行考虑以便对二者进行隔离,则当然就是一个x形态分析问题。细化处理所分析的是路径的形态。分割处理所分析的是区域的形态、纹理的形态以及区域的过渡形态等。而识别则更是名副其实的对"形态"的识别。因此,运用数学形态学有可能出现贯穿于计算机视觉的不同阶段(由低层次到高层次)的统一的分析手段,这是一个颇有意义的前景。

数学形态学的四个最重要的算符是:扩张、侵蚀、开启和闭合,下面以二值图像为例进行说明。

3.2.2.1　扩张算法

扩张算符为$\oplus$,设X为数据集,B为扩张用结构元素,B_x为B的核,则

$$X \oplus B = \{x : B_x \cap X \neq \phi\} = \{x : B_x \Uparrow X\} \tag{3-1}$$

上式读作:X用B来进行扩张时,其结果为集合x,其中所包含的为B_x与X之交不为空集的诸数据集,或者也可以这样说,x是B_x集中(用$\Uparrow$符号来表示)X形成的数据集。可以用图3.10来说明这个概念。

图中结构元素B由五个单元组成,其核即(0,0)居于中心。$X \oplus B$是在保持原来形态的情况下向外扩张一个单元,而$X \oplus B - X$则基本上提取出来了X的外形,如用别的结构元素则不能达到这样的效果。这一实例说明了提取形态的概念,也说明了选用结构元素的形态

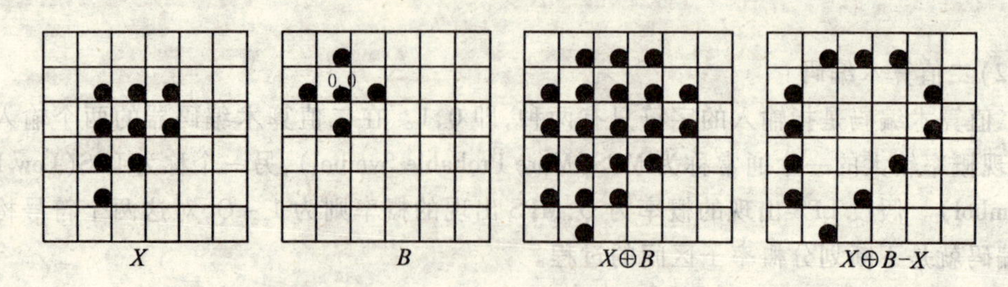

图 3.10 扩张

以满足不同任务的要求是极为重要的。

3.2.2.2 侵蚀算法

侵蚀算符表示为⊗,它与扩张的⊕形成一对。侵蚀运算表达为:

$$X \otimes B = \{x : B_x \subset X\} \tag{3-2}$$

数据集 X 用结构元素 B 来进行侵蚀的结果是 x 集,它由能被 X 所包含的结构元素的核 B_x 所形成,以图 3.11 说明。

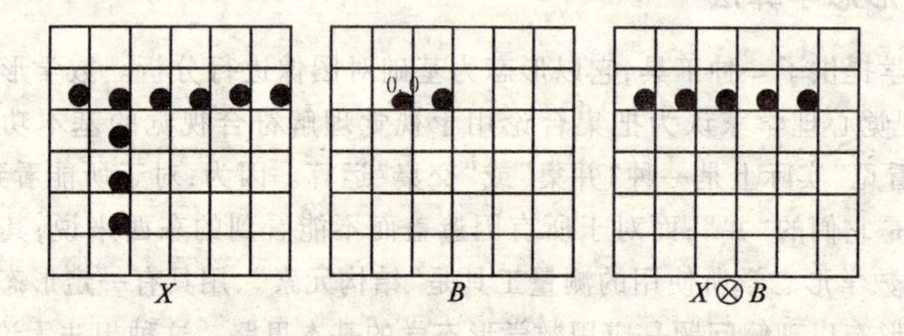

图 3.11 侵蚀

X 为一 Γ 型的集合,它的垂直手柄上都无法容纳下结构元素 B,因而这根柄就被侵蚀掉了。

3.2.2.3 开启和闭合

扩张与闭合常是连在一起用的,因而形成了开启和闭合这一对算符。

开启算符为∘,数据集 B 和结构元素 K 的闭合运算可表达为:

$$B \circ K = (B \otimes K) \oplus K \tag{3-3}$$

闭合算符为●,数据集 B 和结构元素 K 的闭合运算可表达为:

$$B \cdot K = (B \oplus K) \otimes K \tag{3-4}$$

开启运算和闭合运算的实例如图 3.12 和图 3.13 所示。

从图中可以看出,开启运算所起的是分离作用,比结构元素小的孤立部分都将被过滤掉,而 X 的主要情节不变。因而,$X \circ B \subseteq B$。而闭合运算起着连通补缺的作用,其主要情节不变。因而,$X \subseteq X \cdot B$。这两种运算所引起的效果,对图像处理中需要对结构元素进行操作的地方非常有帮助。

以简单的二值图像来展示简单的数学形态学算子,可以看出数学形态学运算所达到的处理图像的效果,是其他方法所无法替代的,所以数学形态学算子被广泛应用于图像滤波、

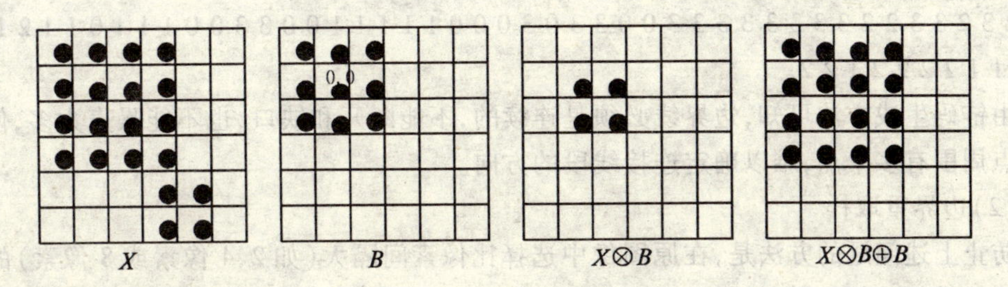

图 3.12　$B \circ K=(B \otimes K) \oplus K$

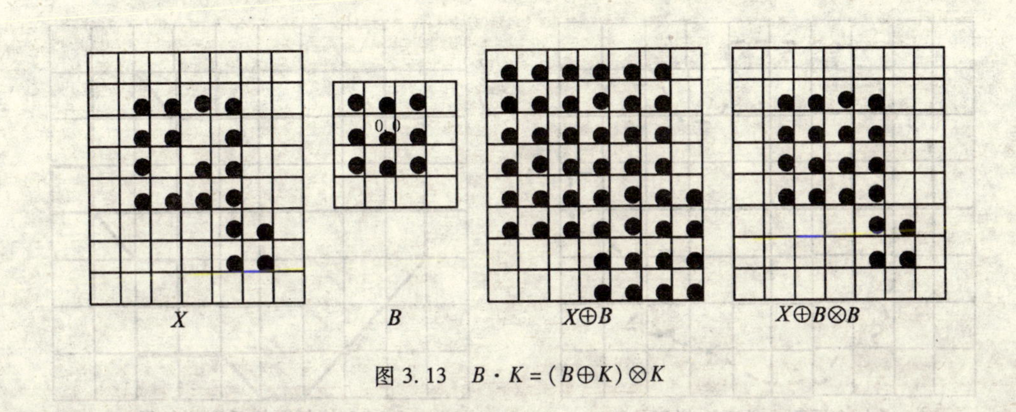

图 3.13　$B \cdot K=(B \oplus K) \otimes K$

图像分割、图像分析等多媒体研究领域中。

3.2.3　轮廓形状编码

3.2.3.1　形状链码

(1)常规链码

链码用于表示图形的边界线,该边界线一般由顺次连接的具有有限长度和方向的直线段组成。其中线段的方向常常用 4 方向链码和 8 方向链码表示,如图 3.14 所示。

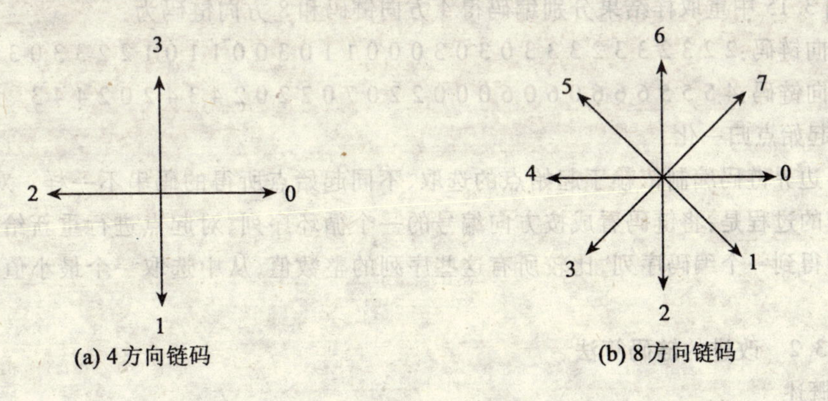

(a) 4方向链码　(b) 8方向链码

图 3.14

链码是对图形边界按顺时针方向每对像素的连接线段赋予一个方向而生成的。

对于图 3.15(a)的平面图形可编出 4 方向链码为(以图形下部中点为出发点):

2 3 2 3 3 2 2 3 3 3 3 3 3 3 3 0 0 3 3 0 3 0 0 0 1 1 1 1 1 0 0 3 3 0 0 1 1 1 0 1 1 2 1 2 2 1 1 0 0 1 1 2 2 2 2 1 2 2。

由链码生成方法可知,边界线必须是连续的,不能断开和缺口,也不能噪声太多,使得在一个点周围有多个点,难以确定连接线段的方向。

(2)边界重取样

防止上述问题的方法是,在原图像中选择比像素间隔大(如2,4像素或8像素)的网格而对边界进行重新取样,如图3.15(b)所示。

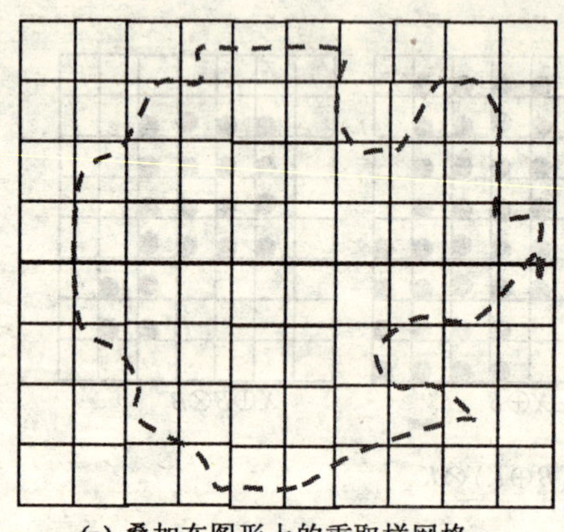

(a) 叠加在图形上的重取样网格

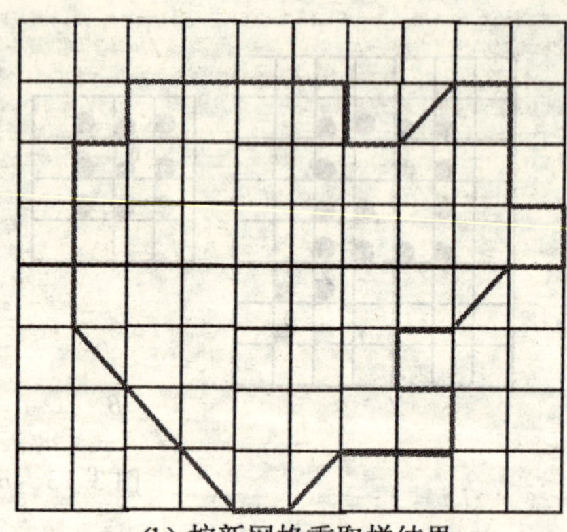

(b) 按新网格重取样结果

图3.15

由于新网格线穿过图形的边界线,将交点的边界点指定为大网格节点。许多地方该交点并不正好落在新网格的方格之处,这就要使交点就近往新网格的格点上重取。这样做的弊病是对原图形产生了近似处理的影响,近似精度取决于网格的大小,但正因为近似也才达到了消除原图形边界断点和噪声点的影响。

对图3.15中重取样结果分别编码得4方向链码和8方向链码为:

4方向链码:2 2 3 2 3 3 2 3 3 3 0 3 0 3 0 0 0 1 1 0 3 0 0 1 1 0 1 2 2 3 3 0 3 2 2 2 1

8方向链码:4 5 5 5 6 6 6 0 6 0 6 0 0 0 2 2 0 7 0 2 2 0 2 4 3 4 2 0 2 4 4 3

(3)起始点归一化

图形边界链码编制依赖于起始点的选取,不同起始点所得的码串不一样。对起始点归一化处理的过程是:将链码看成按方向编号的一个循环序列,对起点进行重新给定,每换一个起点即得到一个编码序列,比较所有这些序列的整数值,从中选取一个最小值,得到对应的链码。

3.2.3.2 改进的链码算法

(1)概述

编码理论追求的目标是使被编成码的结构化信息最小化。改进的Freeman链码压缩编码方法就是实现这一目标的一种压缩编码方法。它与前述链码一样也使用8个方向的小直线段表示每个码的移动,但不同的是对8个小直线段的编码并不是根据它们的固定方向而是根据在链码中的一个码(小直线段)与其前一个码前进方向之间的角度差。这样的编码方法是基于以下的观察:用 Freeman 链码表示实际应用中的数字曲线或边界时,其中每个码与其后一个码的码值经常是相同的或相邻的,或者说在链码中一个码所表示的方向与其前一个码的方向相同或相近的情况的出现概率大大高于两者之间方向变化很大的情况。因此,新链码的每个码值被定义来表示该码与其前一个码之间的方向变化角度值。

统计各种应用中共 1 050 条数字曲线或区域边界中前后码元素间方向变化的各种角度差值的出现概率,结果列于表 3.2 中。这 1 050 条数字曲线均取自自然景物,通过边界跟踪程序得到。所选的景物包含了我们所能找到的各种类型的不同图像,包括各种多毛刺图像,如带有头发的人的头像(其实,即使对于像头发这样很细的毛刺也只是在顶端有一个角度差为 360°的码及在根部有一个角度差为锐角的码,而在其中间段的大量编码则是 0 角度差或小角度差。现在我们可以定义新链码的 8 个码值以及根据表 3.2 得到的每个码值的出现概率如表 3.3 所示。

表 3.2 **改进的 Freeman 链码编码**

C0	表示 0°角度差,出现概率为 0.453
C1	表示 45°角度差,出现概率为 0.244
C2	表示 -45°角度差,出现概率为 0.244
C3	表示 90°角度差,出现概率为 0.022
C4	表示 -90°角度差,出现概率为 0.022
C5	表示 135°角度差,出现概率为 0.006
C6	表示 -135°角度差,出现概率为 0.006
C7	表示 180°角度差,出现概率为 0.003

表 3.3 **1 050 条数字曲线中前后码元素间的方向变化的各种角度差的出现概率**

角度差	出现概率
±0°	0.453
±45°	0.488
±90°	0.044
±135°	0.012
±180°	0.003

我们知道 Huffman 编码方法是最常用的一种不等码长编码方法,被称为最佳变长编码。尤其对于出现概率不同的符号集合进行编码,它具有很好的效果。其编码的原则是对于出现概率较高的符号给予较短的编码,对于出现概率较低的符号给予较长的编码,以达到平均码长最短的目的。

Huffman 编码的算法步骤为:

① 以全部符号及其概率为节点。

② 找出两个未标记的最小节点,将它们标记并作为左右分支连线到一个新的节点上。新节点的概率为该两节点之和。

③ 重复第②步,直到全部符号连成一棵二叉树为止。

④ 从树根到每个符号节点所经路径就是该符号的编码,其中经过一个左分支时编码就增添一个 0,经过一个右分支时编码增添一个 1。

现在以新链码的 8 个码值符号及其概率作为输入,用上述的 Huffman 方法对其进行编码就可得到具体的码值如下:

C0:0, C1:10, C2:110, C3:1110, C4:11110, C5:111110, C6:1111110, C7:1111111

这就是新链码的编码。根据信息论理论,该编码的平均码长为:

$$K = \sum_{i=0}^{7} k_i \times p_i = 1.97\text{bit}$$

其中 k_i 表示第 i 个码值的编码位数,p_i 表示其出现的概率。该编码的信源熵为:

$$H(U) = -\sum_{i=0}^{7} p_i \times \log p_i = 1.866\text{bit}$$

因此该编码有很高的效率:$\eta = H(U)K = 0.95$ 或 95%。由于新链码中的每个码都是对于其前一个码进行编码的,而链码中的第一个码没有前一个码,所以我们规定新链码的第一个码仍然使用 Freeman 码。以图 3.15(b)的平面图形为例,其改进的 Freeman 链码是(以下部 0 为起点,逆时钟方向编码):

C1C2C0C3C4C3C4C1C2C3C4C3C0C4C2C1C3C0C4C0C0C4C3C4C3C4C0C0C0C1C0C0C1

进一步的 Huffman 编码为:

101100111011110111011110101101110111101110011110110101110011110001111011101111011101111000010001 0

(2)算法的边沿跟踪

在链码方法实际执行中的难点是边沿跟踪算法。边沿跟踪算法主要包括扫描过程和跟踪过程,不同算法的差异主要体现在跟踪过程中,尤其是如何根据当前的情况判断下一步的跟踪方向。文中以'-'表示二值图中的背景点,以'+'表示二值图中的目标点。

① 边沿元的定义

假设边界存在于像素之间,由边沿元构成,分为水平(Horizontal,记为 H)和垂直(Vertical,记为 V)两种。设当前考察点坐标为[i][j],判断是否存在水平边沿元以[i+1][j]为参考点,判断是否存在垂直边沿元以[i][j+1]为参考点。当考察点与参考点的值相同时,这两个点之间没有边界通过,边沿元的值为零。根据它们都是目标点还是背景点分为正零(Positive Zero,记为 PZ)和负零(Negative Zero,记为 NZ)两种。当考察点与参考点的值相异时,两点之间有边界通过,边沿元的值非零。根据考察点是目标点还是背景点分别取正(Positivity,记为 P)或负(Negativity,记为 N)。参见图 3.16(c),图 3.16(d),图 3.17(c),图 3.17(d)。

跟踪方向规定如下:目标点始终在前进方向的左边,如各图中箭头所示。对于一个连通区域的外边界,跟踪方向为逆时针方向;而内边界(内部孔洞所形成的边界)则为顺时针方向。当在封闭链码基础上求面积时,外边界链码所围成的区域面积为正,而内边界链码所围成的区域面积为负,从而在计算机视觉的高层推理中很容易把内边界、外边界区分开。

显然，边沿元的取值同时也表明了相应的跟踪方向，因此以下用边沿元的方向来表明相应的跟踪方向。如说某个边沿元方向为正，对水平边沿元而言，跟踪方向向右；对垂直边沿元而言，跟踪方向向上。

跟踪过程中的标记打在当前边沿元的目标点上，以区分该边界点是否已经被跟踪过。

② 边沿元的记法

用 H 或 V 表示边沿元的类型（水平还是垂直），后跟当前考察点的坐标，等号右边表明对边沿元的值。如："V〔i〕〔j〕= N"即表示：在考察点为〔i〕〔j〕和参考点为〔i〕〔j+1〕之间的边沿元类型为 V、值为 N（即跟踪方向向下的垂直边沿元）。为方便读者，各边沿元的记法同时标在图 3.16 和图 3.17 中。

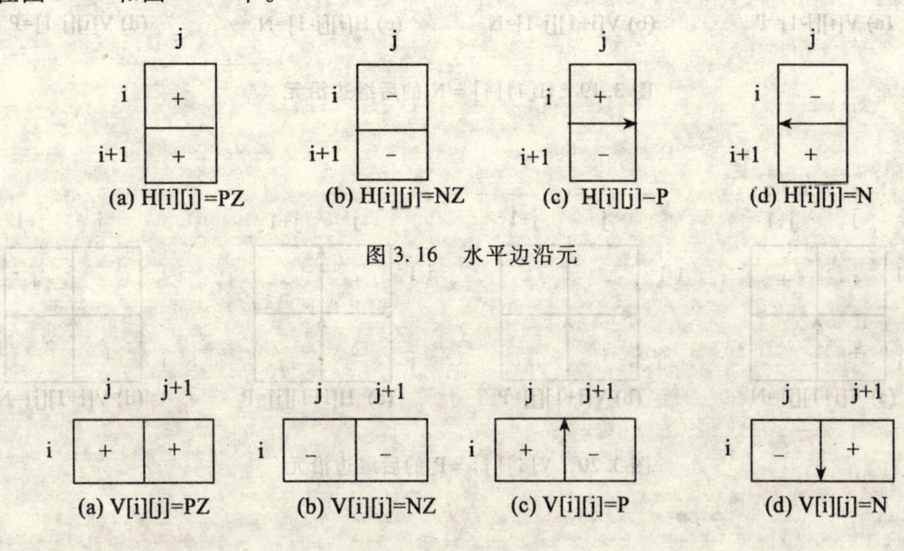

图 3.16　水平边沿元

图 3.17　垂直边沿元

③ 后继边沿元的确定

前面说过，边沿跟踪算法的核心在于如何判定下一步的跟踪方向。这个判定方法非常重要，它在很大程度上决定了算法效率的高低。本文采用的判定方法其主要思想就是：在当前考察点与参考点之间存在非零边沿元时（图 3.16、图 3.17 中的（c），（d）），根据这两点所构成的 2×2 窗口中其余两点的情况，来决定下一步的跟踪方向（以下称为后继边沿元）。

图 3.18～图 3.21 给出了所有以〔i〕〔j〕为当前考察点并在已知当前边沿元的类型及方向的情况下，所有可能的后继边沿元的类型及方向。

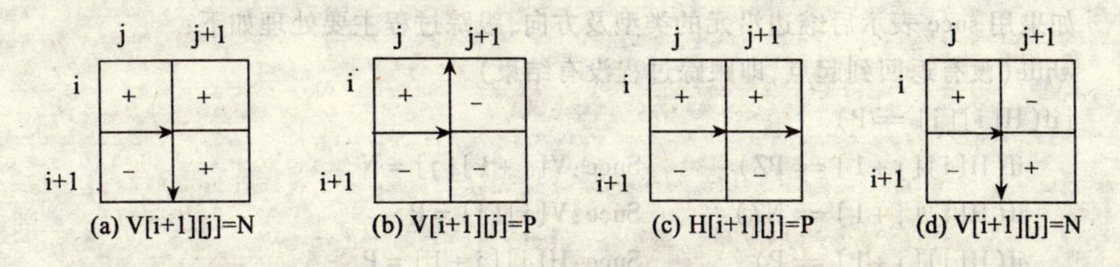

图 3.18　H[i][j] = P 的后继边沿元

例如,对于图 3.16,当前边沿元为“H〔i〕〔j〕= P”,窗口右边的两个像素〔i〕〔j+1〕和〔i+1〕〔j+1〕的取值有四种组合(图 3.18(a)~图 3.18(d)),每一种组合都确定了惟一的后继边沿元(在各图中标明)。容易证明:对于图 3.19 中的任何一种情况,其后继边沿元都是惟一的。

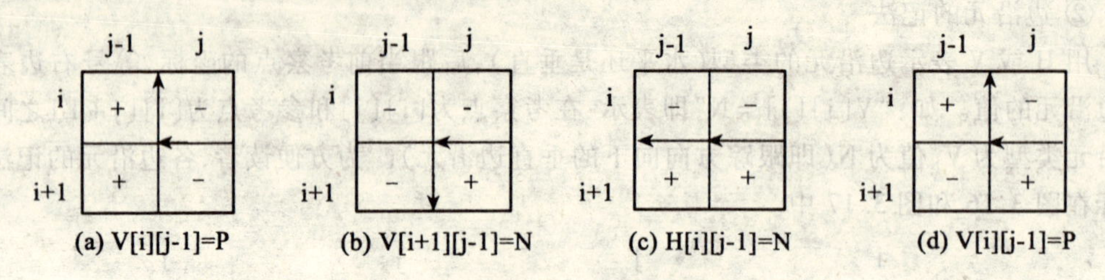

图 3.19 H〔i〕〔j〕= N 的后继边沿元

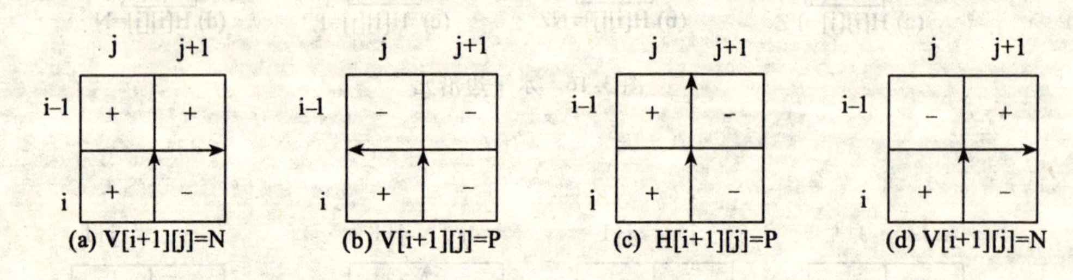

图 3.20 V〔i〕〔j〕= P 的后继边沿元

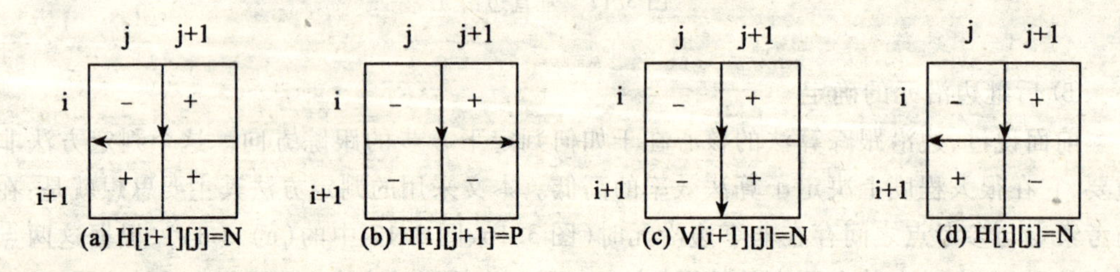

图 3.21 V〔i〕〔j〕= N 的后继边沿元

④ 边沿跟踪算法

如果用 succ 表示后继边沿元的类型及方向,跟踪过程主要处理如下:

```
while(没有返回到起点,即跟踪过程没有结束)
{if(H〔i〕〔j〕== P)
    if(H〔i〕〔j+1〕== PZ)          Succ:V〔i+1〕〔j〕= N
    if(H〔i〕〔j+1〕== NZ)          Succ:V〔i〕〔j〕= P
    if(H〔i〕〔j+1〕== P)           Succ:H〔i〕〔j+1〕= P
    if(H〔i〕〔j+1〕== N)           Succ:V〔i+1〕〔j〕= N
    if(H〔i〕〔j〕== N)
```

```
if(H[i][j-1] == PZ)        Succ:V[i][j-1] = P
if(H[i][j-1] == NZ)        Succ:V[i+1][j-1] = N
if(H[i][j-1] == P)         Succ:V[i][j-1] = P
if(H[i][j-1] == N)         Succ:H[i][j-1] = N
if(V[i][j] == P)
if(V[i-1][j] == PZ)        Succ:H[i-1][j+1] = P
if(V[i-1][j] == NZ)        Succ:H[i-1][j] = N
if(V[i-1][j] == P)         Succ:V[i-1][j] = P
if(H[i-1][j] == N)         Succ:H[i-1][j+1] = P
if(V[i][j] == N)
if(V[i+1][j] == PZ)        Succ:H[i][j] = N
if(V[i+1][j] == NZ)        Succ:H[i][j+1] = P
if(V[i+1][j] == P)         Succ:H[i][j] = N
if(V[i+1][j] == N)         Succ:V[i+1][j] = N }
```

⑤ 新链码方法与传统 8 方向、4 方向链码的比较

码长

后两种链码都采用固定长度编码。8 方向 Freeman 链码有 8 个码值，因此都使用 3 位二进制数进行编码，码长为 3。4 方向 Freeman 链码有 4 个码值，因此都需要两个二进制位对其进行编码，码长为 2。新链码采用不等长编码，其平均码长如上计算为 1.97 位/码。可见新链码的平均码长最短。

链码长度

8 方向链码的表示能力较强。也就是说，如果表示同一曲线，则 8 方向链码使用较少的码，或者说其链码长度较短。这是因为要表示一个对角线移动，用 8 方向链码只需一个码而用 4 方向链码则需要两个码。

是否独立于旋转

新链码独立于旋转操作，即在旋转操作下链码不变。这一性质对区域形状的匹配等应用是很有意义的。

上面的比较结果归纳于表 3.4 中。

表 3.4　　**新链码与现有链码的比较**

	码长	链码长度	是否独立于旋转
8 方向 Freeman	3	长	否
4 方向 Freeman	2	长	否
新链码	1.97	短	是

链码总位数比较

表示一个数字曲线的链码的总位数等于平均码长乘链码的长度（码的数量）。对表 3.5 用以上三种链码编码，便得列其所用的总位数。

表 3.5　　链码所需位数比较

方　　法	总 位 数
8 方向 Freeman	183 位
4 方向 Freeman	166 位
新链码方法	114 位

从表中可见新链码所用的二进制数远小于其他各种链码。

3.2.3.3　傅立叶描述子[11][23]

图 3.22 示出对一幅对象形状图像赋以 xoy 平面及坐标，设以任意点(x_0, y_0)为起点，沿形状轮廓线（总共 N 点）顺时针方向（也可以按逆时针方向）得到坐标对的序列为(x_0, y_0)，(x_1, y_1)，(x_2, y_2)，$\cdots$，(x_{N-1}, y_{N-1})。

对这些坐标点的表示可以记为 $x_n \Rightarrow x(n)$，$y_n \Rightarrow y(n)$，则坐标点对成为：

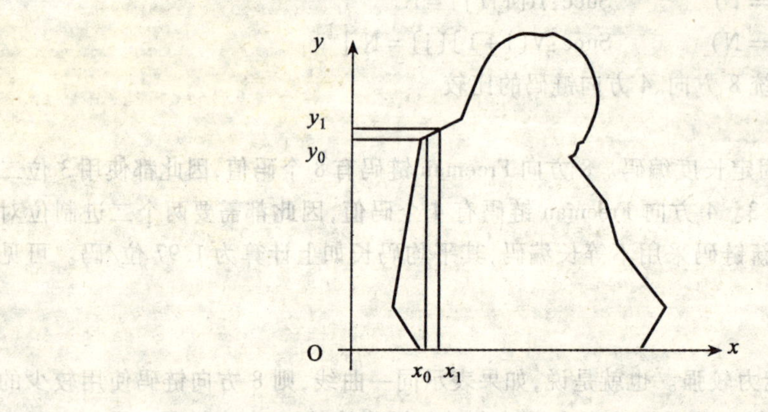

图 3.22　对象形状轮廓线的点序列及坐标对

$$Z(n) = [x(n), y(n)], n = 0, 1, 2, \cdots, N-1$$

若将图中 x 轴看做实轴，y 轴看做虚轴，则 xoy 平面成为复数平面，坐标点对可以写成复数形式：$Z(n) = x(n) + jy(n)$，$n = 0, 1, 2, \cdots, N-1$；应该说这样的表示对于形状轮廓本身的性质并未改变，但它实现了将二维问题转化成一维问题的转化，为实现一维形式的处理奠定了基础。

对上述离散数字序列 $Z(n)$ 进行离散傅立叶变换为：

$$Z(m) = \sum_{n=0}^{N-1} Z(n) \cdot e^{-j(\frac{2\pi}{N} \cdot nm)}, m = 0, 1, 2, \cdots, N-1$$

此处复系数 $Z(m)$ 即称为轮廓的傅立叶描述子。

变换结果 $Z(m)$ 成为与频率特性有关的函数，序列的主要能量集中在傅立叶级数低频项上，高频项则表达轮廓线的曲折变化。

系数 $Z(o)$ 即 DC 直流系数值，$Z(o)$ 的大小反映轮廓平移的状况；对所有系数乘以缩放因子可反映轮廓形状的放大缩小状况；式中傅立叶系数的相位平移可反映轮廓旋转的状况。

系数序列 $Z(m)$ 同样存在逆向傅立叶变换：

$$Z(n) = \sum_{m=0}^{N-1} Z(m) \cdot e^{-j(\frac{2\pi}{N}\cdot nm)}, n = 0,1,2,\cdots,N-1$$

在进行逆变换重建轮廓形状时,可以选择 m 只对有限项 $K(<N)$ 进行,但此 K 项系数的能量相对于全部 N 项的能量可以占 90% 或 95%(或更多)以上,也就是说被删减的(N-K)项的能量是可以忽略不计的,因而删减带来的影响也就不大。控制 K 的大小可以控制轮廓形状变化的近似度(或曰失真度)。

从傅立叶变换特性可以理解到,起始点位置的选择对于描述子也不敏感。

总结轮廓点序列 $Z(n)$ 在执行旋转、平移、缩放和改变起点等变换的傅立叶描述子,得到表 3.6。

表 3.6 **傅立叶描述子的性质**

变换类型	轮廓序列函数式	傅立叶描述子
原函数	$z(n)$	$Z(m)$
旋转变换	$z_r(n) = z(n)e^{j\theta}$	$Z_r(m) = Z(m)e^{j\theta}$
平移变换	$z_t(n) = z(n) + (\Delta_{xy})$	$Z_t(m) - Z(m) + \Delta_{xy}\delta(m)$
缩放变换	$z_s(n) = \alpha z(n)$	$Z_s(m) = \alpha Z(m)$
起点改变	$z_k(n) = z(n - k_0)$	$Z_k(m) = Z(m) \cdot e^{-j\frac{2\pi}{N}K_0 m}$

* 表中 $\Delta_{xy} \overset{定义}{=} \Delta_x + j\Delta_y$

3.2.3.4 统计矩[11][23]

对象形状的轮廓曲线可以截分成几个(若干个)线段,对这些线段则可以用简单的统计矩来定量描述,统计矩如均值、方差等,甚至还有高阶矩。

图 3.23 示出某对象形状轮廓线被分成①、②、③、④共 4 个线段,设取出第①线段,表示成如图 3.24 所示的形式。

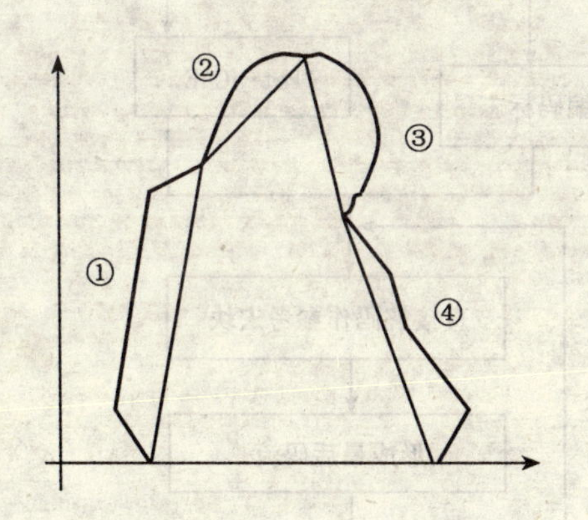

图 3.23 某对象形状轮廓的分段

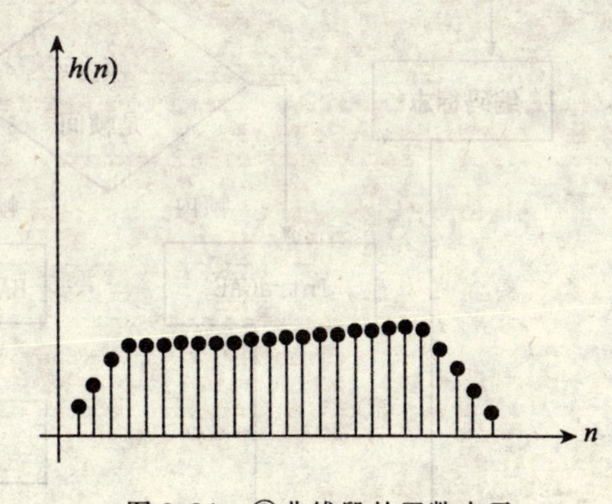

图 3.24 ①曲线段的函数表示

图 3.24 显示了任意变量(n)的一维函数 $h(n)$ 描述的线段①,函数 $h(n)$ 由连接线段①的两个端点并将连接线(连同曲线段)旋转到水平方向而形成,曲线段上各点坐标被旋转同样的角度。

设把 $h(n)$ 看做基于变量 n 的直方图,且将 $h(n)$ 归一化为单位面积下的函数,这样,

$h(n)$成为变量 n_r 的概率,将 r 作为随机变量,则得到矩:

$$P_k(r) = \sum_{i=0}^{N_1-1} (r_i - m)^k h(n_i)$$

其中 m 为均值,$m = \sum_{i=0}^{N_1-1} r_i h(n_i)$,式中 N_1 是曲线段上的点数,$P_k(n)$与形状函数 $h(n)$直接相关。

3.3 形状编码的实施

形状编码的流程图,如图 3.25 所示。为使系统达到高效压缩,本文形状编码基于位图

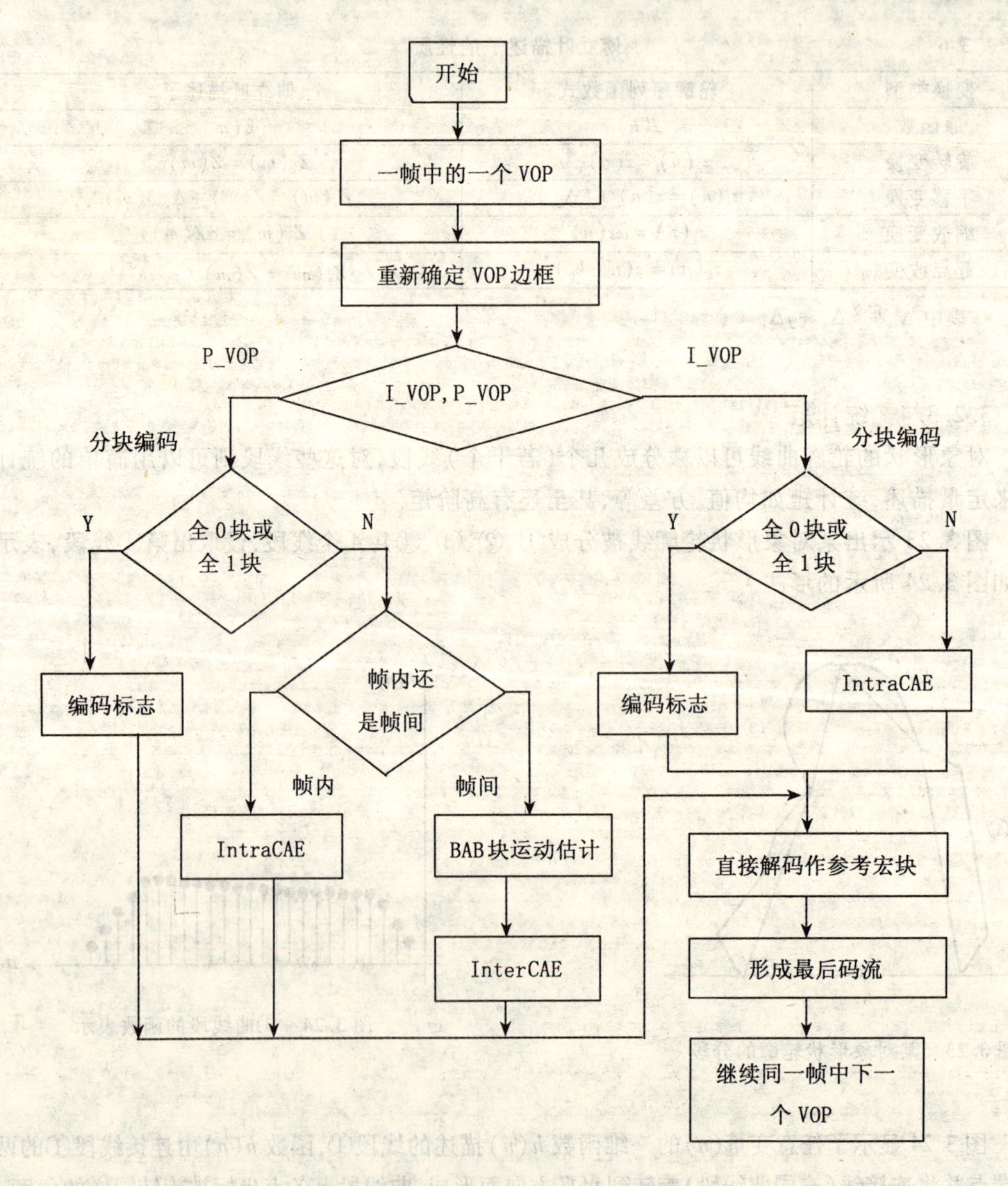

图 3.25 形状编码的具体实施流程图

的分块编码,主体仍是采用帧内和帧间两种编码方式。在帧间块运动估计时采用基于形状的方法,采用效率较高的基于上下文的算术编码,该算法利用阿尔法平面的空间和时间冗余。算法里面主要的数据结构是二值 BAB 块,该块是表示透明或不透明的二值像素组成的正方形块,它指定了 16×16 块组成的区域的形状。编码流程,每一步的实现如下。

(1)重新确定 VOP 矩形框

每个 BAB 块在进行编码前必须重新确定新边界,它是 VOP 编码的第一步。

- 边界框必须是由 16×16 的 BAB 块组成;
- 边框左上角点的绝对位置坐标原则上为偶数;
- 原则上是对于 VOP 形状有贡献的 BAB 块数目最少。

(2)宏块为全零或全 1(255)的处理

特殊块指的是全 1 块和全 0 块,即全部在形状轮廓内或形状轮廓外的块,对于它们无需再进行形状编码,只分别编码一个标志符。

(3)帧间或帧内编码的判定方法

确定宏块的编码方式是依据宏块的 ACQ 函数。其求取方法为将待编码宏块 BAB 分为 4×4 的子块 PB,如图 3.26 所示。

x x x x x x x x x x x x x x x x	x x x x x x x x x x x x x x x x	x x x x x x x x x x x x x x x x	x x x x x x x x x x x x x x x x
x x x x x x x x x x x x x x x x	x x x x x x x x x x x x x x x x	x x x x x x x x x x x x x x x x	x x x x x x x x x x x x x x x x
x x x x x x x x x x x x x x x x	x x x x x x x x x x x x x x x x	x x x x x x x x x x x x x x x x	x x x x x x x x x x x x x x x x
x x x x x x x x x x x x x x x x	x x x x x x x x x x x x x x x x	x x x x x x x x x x x x x x x x	x x x x x x x x x x x x x x x x

图 3.26　BAB 由 16 个 PB 块组成

$ACQ(BAB) = MIN(acq_1, acq_2, acq_3, \cdots, acq_{16})$,如果 $SAD\_PB_i > 16 * alpha\_th$,那么 $acq_i = 0$,否则 $acq_i = 1$,其中 SAD_PB_i 表示当前 PB_i 与 PB_{i-1} 中各点的绝对差之和;alpha_th 为 $\{0, 16, 32, \cdots, 255\}$,alpha_th = 0 则为无损编码。Alpha_th = 256 表示可以接受最大的数据丢失,在理论上可以理解为所有的 alpha 点都可以出错。如果 ACQ 函数为 1,则宏块采用帧内编码,否则采用帧间编码。

(4)基于 BAB 块的运动估计

运动估计是帧间编码的重要环节，它在形状编码中的作用与传统纹理编码中的作用一样，当前形状宏块通过运动矢量在前一帧 VOP 形状矩阵中找到对应块，然后只对两块差值进行编码。形状编码中运动估计仍然采用基于宏块的方式，但是不需要进行半像素运动估计，重叠运动补偿、基于子块的运动估计等高级选项。它的运动矢量 MV_S 由两部分组成，即 $MV_S = MVP_S + MVD_S$。

首先确定 MVP_S：

MVP_S 是从 MV_{S1}、MV_{S2}、MV_{S3} 中选取 SAD 值最小者，如果没有则为 0，如果有两个相等的则选取运动矢量较小的一个。如图 3.27 所示，这一步相当于预测起始点；然后确定 MVD_S：

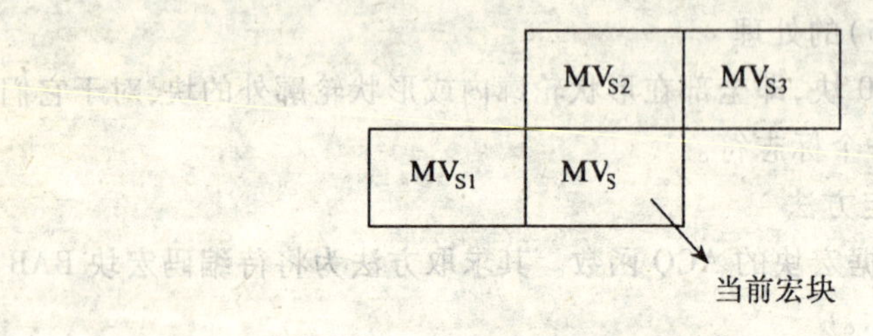

图 3.27

如果 MVP_S 所指向的宏块与当前宏块的残差绝对值之和 SAD < 16 * alpha_th，则 $MVD_S = 0$，否则应在 MVP_S 指向的宏块附近搜索，从而得到 MVD_S 搜索范围为 +/-16。如果几个 SAD 值相等，则按 Q 值最小来选择，Q 的计算公式为：

Q = 2 ×（MVD_S 垂直分量绝对值）+ 2 ×（MVD_S 水平分量绝对值）+ 2 -（1 或 0）（MVD_S 水平分量为 0 则为 0，否则为 1）；如果又出现 Q 值相等的情况则选择 MVD_S 垂直分量较小的 MVD_S，如果仍然相等则选取水平分量较小的 MVD_S。

（5）帧内编码和帧间差值块的编码（IntraCAE 和 InterCAE）

帧内编码和帧间差值块的编码不再采用 DCT 编码，而采用基于上下文的算术编码（CAE）。

基于上下文的算术编码（CAE）

基于上下文的算术编码是基于二值算术编码的，它的概率模型不是固定模式，而是采用自适应概率模型。编码时首先由上下文计算得到一个上下文环境数，然后以该环境数为索引在标准提供的概率索引表中查找到一个概率值，以这个概率值驱动算术编码。其具体编码是对 16 ×16 的形状块中的每一个点按照从上到下，从左到右的顺序逐一编码。

生成环境数

环境数其实就是根据当前的待编码点附近的多个点的值生成一个数字。其计算公式为：

$$C = \sum_k C_k \cdot 2^k$$

对帧内块在当前点的附近取 10 个点，对帧间块在当前点附近取 4 个点，并在运动补偿块中对应点的周围取 5 个点，如图 3.28 所示。

其中 $k = 0,1,2,\cdots,9$，如果第 k 点为 255，则 C_k 为 0。在 IntraBAB 中，如果图中 C_7 不知

道，则 $C_7 = C_8$；如果 C_3 不知道，则 $C_3 = C_4$；如果 C_2 不知道，则 $C_2 = C_3$。在 InterBAB 中 C_1 不知道，则 $C_1 = C_2$。

概率表

形状块中每个点生成环境数后，将以该环境数为索引，从概率表中得到一个概率值。其中帧内和帧间块对应不同的概率表。概率表列出了在不同的环境数条件下，当前点取值为 0 的概率 P_0。正因为概率分布与环境数相关，CAE 算法才能利用当前点与环境点之间的空间和时间相关性提高压缩率。

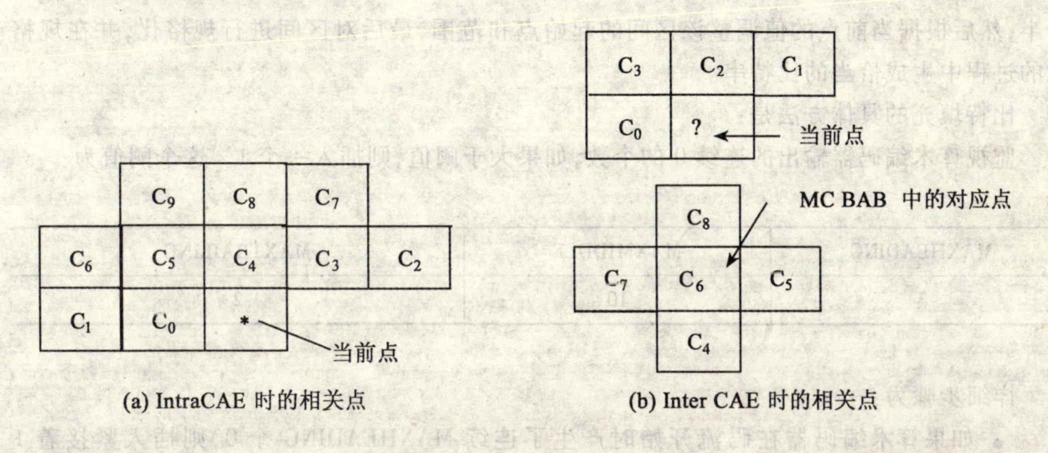

图 3.28　上下文环境数的求法

MPEG-4 标准中对帧内和帧间分别提供了概率表，由于 C 由 10 位表示，共可能有 1 024 个概率入口，所以概率表是大小为 1 024 的一维数组。MPEG-4 中的概率表如下：

```
Intra_prob:
Static unsigned int intra_prob[1024] = {
65267, 16468, 65003, 17912, 64573,8556,64252,5653,
40174,3932,29789,277,45152,1140,32768,2043,
4499,80,6554,1144,21065,465,32768,799,
.....................
62687,47332,62805,28948,64284,53620,52870,49567,
65032,31174,63022,28312,64299,46811,48009,31453,
61207,7077,50299,1514,60047,2634,46488,235
};
Inter_prob:
Static unsigned int inter_prob[1024] = {
65532,62970,65148,54613,62470,8192,62577,8937,
65480,64335,65195,53248,65322,62518,62891,38312,
65075,53405,63980,58982,32768,32768,54613,32768,
.................................
32768,32768,32768,32768,32768,32768,32768,32768,
```

32768,32768,32768,32768,32768,32768,32768,32768,
32768,32768,32768,32768,32768,32768,32768,32768
};

上下文算术编码

算术编码涉及5个过程:初始化、符号编码、规格化、填充比特、终止处理。初始化主要是设置编码器各寄存器初始值。终止处理主要是填充终止比特。比特填充主要是防止比特流中出现起始码。符号编码的过程是:首先根据获得的概率,把一个特定的直线区间划分成两半,然后根据当前点的值调整该区间的起始点和范围,最后对区间进行规格化,并在规格化的过程中生成恰当的比特串。

比特填充的具体方法是:

监视算术编码器输出的连续0的个数,如果大于阈值,则插入一个1。这个阈值为:

MAXHEADING	MAXMIDDLE	MAXTRAILING
3	10	2

详细步骤为:

- 如果算术编码器在码流开始时产生了连续 MAXHEADING 个0,则插入紧接着1个1。
- 如果算术编码器在码流中间产生连续的 MAXMIDDLE 个0,则插入1。
- 如果算术编码器在码流最后产生连续的 MAXTRAILING +1 个0,则在码流末插入1个1。
- 如果算术编码器产生的码流只含有0,则在码流末尾加上1。

这些步骤是连续进行的。算术解码要跳过这些插入的位。

上下文算术解码

BAB的像素按光栅顺序解码。对于每一个像素的解码仍然是三步:一个上下文数用模板计算;上下文数用来访问概率表;通过存取概率表,算术解码器解码出像数值。其中前两步和编码是相同的,只是采用的概率表不一样。下面重点介绍二值算术解码。算术解码包含四个步骤:

第一,去除填充比特;

第二,初始化,它在解码第一个符号之前被执行;

第三,解码符号,每一个符号的解码可能跟着一个重新标准化过程;

第四,在解码最后一个符号后终止。

为了叙述算术解码器,定义了几个寄存器、符号和常量如下:

HALF:32 比特定点常量;

QUARTER:32 比特定点常量,等于1/2(0x80000000);

L:32 比特定点寄存器,包含较低的间隔范围;

R:32 比特定点寄存器,包含间隔范围;

V:32 比特定点寄存器,包含算术码的值,V总是大于或等于L,而小于L+R;

P_0:16 比特定点寄存器,符号 0 的概率;

P_1:16 比特定点寄存器,符号 1 的概率;

LPS:布尔值,最可能的符号值;

Bit:布尔值,解码符号的值;

pLPS:16 比特寄存器,LPS 的概率;

rLPS:32 比特定点寄存器,LPS 的相应范围。

比特填充

算术解码时应该注意跳过编码时的比特填充位。

初始化

低范围 L 被设置为 0,R 被设置为 0x1 的一半(0x7f f f f f f f),而最先的 31 比特被读入寄存器 V。

解码一个符号

在解码一个符号时,符号 0 的概率由上下文计算得到。P_0 使用 16 比特定点数表示。因为解码器是二值的,所以符号 1 的概率定义为 $P_1=1-P_0$。

最小概率符号 LPS 定义为概率低的符号。如果两个符号的概率都等于(0x8000),那么符号 0 被看成最小概率符号。

与 LPS 相联系的范围 rLPS 可以直接由 R×pLPS 计算:寄存器 R 的 16 个重要比特(前 16 个比特)和 16 比特的 pLPS 相乘,得到 32 比特的 rLPS。

间隔[L,L+R]被分成两部分:[L,L+R-rLPS]和[L+R-rLPS,L+R]。如果 V 出现在后一个间隔内,那么解码符号等于最小概率符号;否则解码符号和最小概率符号相反。然后间隔[L,L+R]被缩小为 V 所在的子间隔。

在新间隔被计算出来后,新范围 R 可能小于 1/4。如果是这样,需要执行重新标准化,如下面所述。

重新标准化

只要 R 小于 1/4,就要指向重新标准化。

如果间隔[L,L+R]在[0,HALF]内,那么间隔被定义为[2L,2L+2R],V 定义为 2V。

如果间隔[L,L+R]在[HALF,1]内,那么间隔被定义为[2(L-HALF),2(L-HALF)+2R],V 被定义为 2(V-HALF)。

在其他情形下,间隔被定义为[2(L-QUARTER),2(L-QUARTER)+2R],V 被定义为 2(V-QUARTER)。

在重新标准化后,解码器读入一个比特进入寄存器 V 的最低位。

中止

在最后一个符号被解码后,附加比特需要被消耗掉,这是由编码器保证的。一般地说,需要读入下 3 个比特。但是在下面的情形下,只要读入 2 个比特:

第一,当前间隔覆盖了整个[QUARTER-0x1,HALF]。

第二,当前间隔覆盖了整个[HALF-0x1,3QUARTER]。

在这些附加比特被读入后,32 比特将不读,也就是将寄存器 V 的内容放回到比特缓冲区中。

第四章　对象的纹理编码

纹理编码是传统图像编码的内容，也必然是视频对象的内容，是描述对象不可缺少的信息。对象的纹理编码又有它的特殊性，由于对象形状的任意性、不规则性，列出了任意形状区域纹理编码和形状自适应的变换编码，又由于对象被分割提取，所以引出背景的 Sprite 编码，这些都是本章讨论的重点。为了便于编码计算，所以本章花了一定的篇幅讨论 DCT 的快速计算方法，DCT 是纹理编码重要技术之一。

4.1　纹理编码概念

纹理是由许多相互接近、互相编织的元素构成的，并且具有一定程度的规律性或周期性。纹理可认为是灰度（颜色）在空间以一定的形式变化而产生的图案（模式），是真实图像区域固有的特征之一。任何物体的表面，由其形状、颜色、表面形式及光照的影响，成像后即构成图像的纹理。

在数字视频图像处理中，视频目标的纹理信息由视频信号的亮度和色度呈现出来。对 I-VOP（帧内编码的 VOP）而言，纹理信息直接放在亮度和色度模块中，在运动补偿的 VOP 中，纹理信息表示了运动补偿后的残差信息。纹理编码就是针对视频对象的空间图像压缩编码。

纹理编码主要目的是压缩数据量，以压缩形式存储和传输，既节约了存储空间，又提高了通信干线的传输效率，同时保证计算机能实时处理音频、视频信息，并保证播放出高质量的视频、音频节目。在视频对象中，数据有极强的相关性，也就是说有大量的冗余信息。对纹理信息进行压缩就是将纹理数据中的冗余信息去掉（去除数据之间的空间相关性），保留相互独立的信息分量。以静态图像画面为例，数字图像的灰度信号和色差信号在空域（x,y 坐标系）虽然属于一个随机场分布，但是它可以看成为一个平稳的马尔柯夫场。通俗地理解，图像像素点在空域中的灰度值和色差信号值，除了边界轮廓外，都是缓慢变化的，如一幅头肩人像图，背景、人脸、头发等处的灰度、颜色都是平缓改变的。相邻像素的灰度和色差比较接近，具有较强的相关性，直接用采样数据（PCM 码）表示灰度和色差，信息有较多的冗余。但是如何先排除冗余信息，再进行编码，使表示每像素的平均比特数下降，这就是通常说的帧内编码，以减少空域冗余。编码视频对象可以看成是连续编码一帧帧的静态图像，这些帧构成沿时间轴方向的序列，序列中连续帧图像的相关性很强，减少帧间冗余的编码则要综合利用多种方法。

4.2　纹理编码原理

4.2.1　变换压缩概述

变换编码不是对空域图像信号直接编码，而是首先将空域图像信号映射变换到另一个正交矢量空间(变换域或频域)，产生一批变换系数，然后对这些变换系数进行编码处理。在发送端将原图像分割成 $1\sim N$ 个子图像块，每个子图像块送入正交变换器作正交变换，变换器输出变换系数经量化编码后经信道传输到达接收端，接收端作解码、逆变换、综合拼接，恢复出空域图像。

数字图像信号经过正交变换为什么能够压缩数据量呢？举一个最简单的时域三角函数 $y(t)=A\sin 2\pi ft$ 的例子，当 t 从 $(-\infty)\sim(+\infty)$ 改变时，$y(t)$ 是一个正弦波。假如将其变换到频域表示，只需要幅值 A 和频率 f 两个参数就足够了，可见 $y(t)$ 在时域描述，由于其周期性，使数据之间的相关性大，数据冗余度大；而转换到频域描述，数据相关性大大剔除，即冗余量减少，参数独立，数据量降低。对于数字图像信号，转换到变换域后，其相关性下降，数据冗余度减少，对压缩数据有显著效果。

同时考虑到接收端恢复图像最终是供人眼观看，利用人眼视觉对图像高频细节不敏感的特点把变换系数中的高频系数部分滤除，保留低频系数，使恢复图像与原始图像之间的误差所产生的图像失真降低，人眼难以察觉，即图像失真不致降低主观保真度。

变换编码技术，迄今已有近30年的历史，技术成熟，理论完备，广泛应用于各种图像数据压缩，诸如单色图像、彩色图像、静止图像、运动图像。

正交变换的种类很多，如傅立叶(Fouries)变换、沃尔什(Walsh)变换、哈尔(Haar)变换、斜(Slant)变换、余弦变换、正弦变换、K-L(Karhunen-Loeve)变换等。本文只讨论 JPEG，MPEG，H.26x 等多媒体技术标准中广泛涉及的余弦变换。

由于图像中存在空间相关性，这种空间相关性可以通过对预测误差进行空间变换加以改变。在时间域中表示图像的数据，经 DCT 变换后，大部分信号能量集中在少数几个系数上，这就有可能只编码少数系数而不严重影响图像质量。选择 DCT 是因为它具有良好的能量集中特性，而且，实现上有许多快速的计算方法。

此处以一例说明 DCT 计算压缩数据量的效果。

有一源图像点阵灰度数据分布如表 4.1 所示。

表 4.1　　源图像样本

139	144	149	153	155	155	155	155
144	151	153	156	159	156	156	156
150	155	160	163	158	156	156	156
159	161	162	160	160	159	159	159
159	160	161	162	162	155	155	155
161	161	161	161	160	157	155	157
162	162	161	163	162	157	157	157
162	162	121	161	163	158	157	158

经 DCT 计算后结果数据如表 4.2 所示。由表 4.2 看出,变换后多数数据其值很小,可以忽略,少数几个绝对值较大的数据集中在左上角附近区域。

表 4.2 **FDCT 系数**

235.6	-1.0	-12.1	-5.2	2.1	-1.7	-2.7	1.3
-22.6	-18.5	6.2	-3.2	-2.9	-0.1	0.4	1.2
-10.9	-9.3	-1.6	1.5	0.2	-0.9	-0.6	0.1
-7.1	-1.9	0.2	1.5	0.9	-0.1	0	0.3
-0.6	-0.8	1.5	1.6	-0.1	-0.7	0.6	1.3
-1.8	-0.2	1.6	-0.3	-0.8	1.5	1.0	1.0
-1.3	-0.4	-0.3	-1.5	-0.5	1.7	1.1	0.8
-2.6	1.6	-3.8	-1.8	1.9	1.2	-1.6	-0.4

对 DCT 数据进行量化的量化用数据表如表 4.3 所示;量化后结果数据如表 4.4 所示。可以看出表 4.4 数据相对于表 4.1 得到了大幅度的压缩(其中只有 6 个系数非 0,58 个系数为 0)。

表 4.3 **量化表**

16	11	10	16	24	40	51	61
12	12	14	19	26	58	60	55
14	13	16	24	40	57	69	56
14	17	22	29	51	87	80	62
18	22	37	56	68	109	103	77
24	35	55	64	81	104	113	92
49	64	78	87	103	121	120	101
72	92	95	98	112	100	103	99

表 4.4 **量化后的 DCT 系数数据表**

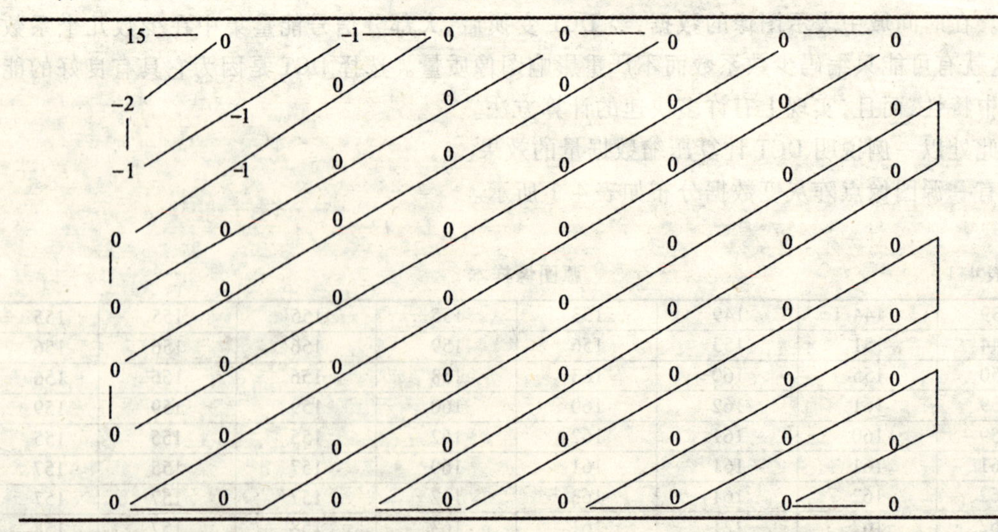

15	0	-1	0	0	0	0	0
-2	-1	0	0	0	0	0	0
-1	-1	0	0	0	0	0	0
0	0	0	0	0	0	0	0
0	0	0	0	0	0	0	0
0	0	0	0	0	0	0	0
0	0	0	0	0	0	0	0
0	0	0	0	0	0	0	0

视频编码解码采用离散余弦变换(DCT),将2维空间像素亮度值变换成2维空间频域系数,通常以 $N\times N$ 像素块作为基本变换单元。编码器使用正向变换将空域的 $N\times N$ 像素值 $f(x,y)$ 变换到频域,得到 $N\times N$ 频域系数 $F(u,v)$。解码器使用反向变换将频域系数 $F(u,v)$ 变换回空域像素值 $f(x,y)$。在空域中,通常像素排列次序为:左上角像素在 x,y 坐标系中的原点,即 $x=0,y=0$,依次从左到右像素的 x 坐标由0到 N 逐步增大,从上到下时,像素的 y 坐标由0到 N 逐步增大。频域中,u,v 坐标系与空域中 x,y 坐标系相对应,u 对应于 x,v 对应于 y。在频域的 8×8 系数块中,左上角为直流系数,右下角为 x 和 y 两个方向的最高空间频域系数。左上方各系数的平方反映了图像的低频能量,右下方各系数的平方反映了图像的高频能量,即图像细节。右上角系数反映 y 方向为直流、x 方向最高频的能量,左下角系数反映 x 方向为直流、y 方向最高频的能量。

设原图像尺寸为 $M\times M$,如果对 $M\times M$ 像素多的矩阵做一次DCT变换,那么所需的存储空间及运算时间都太大,难以满足实时应用的要求。因此,一般将 $M\times M$ 矩阵划分为若干个 $N\times N$ 的小块,然后对 $N\times N$ 的小块进行变换。但 N 值不能太小,否则变换后使得图像块与块之间的方块效应太明显。为了既能提高运算速度同时又使得方块效应不太明显,通常使用 $N=8$ 作为变换图像子块的尺寸。

4.2.2　变换的快速计算

4.2.2.1　傅立叶变换简介

一个周期信号在满足 Dirichilet 条件时可展成傅立叶级数:

$$f(t)=\sum_{n=-\infty}^{\infty}D_n e^{jn\Delta\omega t}\tag{4-1}$$

其中系数:
$$D_n=\Delta f\int_{-T/2}^{T/2}f(t)e^{-jn\Delta\omega t}dt\tag{4-2}$$

注意,其中
$$\Delta\omega=2\pi\Delta f,\Delta f=\frac{1}{T},n=0,\pm 1,\pm 2,\cdots$$

由式(4-2)得:
$$\frac{D_n}{\Delta f}=\int_{-T/2}^{T/2}f(t)e^{-j(n\Delta\omega)t}dt\tag{4-3}$$

当 $T\to\infty$ 时,$\Delta f\to 0,\Delta\omega\to 0$,则谱线密布整个 ω 轴,ω 成为连续变量,

可令 $\omega=n\Delta\omega$,从而得到　$D_n=D(n\Delta\omega)=D(\omega)$,所以

$$\lim_{\Delta f\to 0}\frac{D_n}{\Delta f}=\lim_{\Delta f\to 0}\frac{D(n\Delta\omega)}{\Delta f}=\lim_{\Delta f\to 0}\frac{D(\omega)}{\Delta f}\triangleq F(\omega)\tag{4-4}$$

由式(4-3)得:
$$F(\omega)=\int_{-\infty}^{\infty}f(t)e^{-j\omega t}dt\tag{4-5}$$

此即 $f(t)$ 的傅立叶变换 $F(\omega)$ 的公式。

由式(4-4)得 $D_n=F(n\Delta\omega)\cdot\Delta f$,代入(4-1)式中,得

$$\begin{aligned}f(t)&=\sum_{n=-\infty}^{\infty}F(n\Delta\omega)e^{jn\Delta\omega\cdot t}\Delta f\\&=\frac{1}{2\pi}\sum_{n=-\infty}^{\infty}F(n\Delta\omega)e^{jn\Delta\omega\cdot t}\Delta\omega\\&\xrightarrow{\Delta\omega\to 0}\frac{1}{2\pi}\int_{-\infty}^{\infty}F(\omega)e^{j\omega t}d\omega\end{aligned}\tag{4-6}$$

此即对 $F(\omega)$ 求 $f(t)$ 的傅立叶反变换公式。

对于有限长序列 N，由(4-5)式、(4-6)式可推出离散傅立叶变换对为：

$$\begin{cases} F(u) = \sum_{t=0}^{N-1} f(t)\mathrm{e}^{-j\frac{2\pi}{N}ut} & \text{正变换式} \\ f(t) = \dfrac{1}{2\pi}\sum_{u=0}^{N-1} F(u)\mathrm{e}^{j\frac{2\pi}{N}ut} & \text{逆变换式} \end{cases}$$

4.2.2.2 DFT-FFT

离散傅立叶变换 DFT 是大家熟知的信号分析方法，特别是 1965 年库利(J. W. Cooley)和图基(I. W. Tukey)提出 DFT 的快速算法即快速傅立叶变换 FFT 后，这种方法更大地推动了数字信号处理技术的发展。

一维 DFT 的定义如下：

$$X(k) = \sum_{n=0}^{N-1} x(n) W_N^{nk} \quad 0 \leqslant k \leqslant N-1 \tag{4-7}$$

其中 $x(n)$ 为输入序列，$X(k)$ 为其离散傅立叶变换，W_N 为复指数 $\mathrm{e}^{-j2\pi/N}$。

DFT 就是利用 W_N^{nk} 的周期性及对称性，将 DFT 逐级分解为尺寸较小的 DFT，以此来减小计算量。

下面让我们先来理解 FFT 算法。

对时域序列 $x(n)$ 进行适当的重新排列，可以利用上面所指出的 W_N^{nk} 的性质，对 N 点 DFT 进行分解简化，这种方法称为时间抽选(Decimation in Time)的 FFT。为实现逐级分解，N 必须是 2 的整数次幂，$N=2^m$，所以这种方法又称为基 2FFT，对于 N 不是 2 的整数次幂的序列 $x(n)$，可以通过补零来达到。

由前述 DFT 的定义可知，计算每个 $X(k)$，需要进行 N 次复数乘法和 $(N-1)$ 次复数加法，也就是 $4N$ 次实数乘法和 $(4N-1)$ 次实数加法。所以，计算所有的 $X(k)$ 所需要的运算量是 $4N^2$ 次实数乘法和 $(4N^2-2N)$ 次实数加法。当 N 比较大时，运算量相当大，不适于实时信号处理。

时域序列 $x(n)$ 可以分解为两个子序列：

$$e(r) = x(2r)$$

$$o(r) = x(2r+1)$$

$$0 \leqslant r \leqslant \frac{N}{2}-1$$

其中 $e(r)$ 为偶序列(Even)，$o(r)$ 为奇序列(Odd)。则 $x(n)$ 的 N 点 DFT 可分解为这两个序列的 $N/2$ 点 DFT：

$$\begin{aligned} X(k) &= \sum_{n=0}^{N-1} x(n) W_N^{nk} \\ &= \sum_{r=0}^{N/2-1} x(2r) W_N^{2rk} + \sum_{r=0}^{N/2-1} x(2r+1) W_N^{(2r+1)k} \\ &= \sum_{r=0}^{N/2-1} e(r) W_N^{2rk} + \sum_{r=0}^{N/2-1} o(r) W_N^{(2r+1)k} \\ &= \sum_{r=0}^{N/2-1} e(r) W_{N/2}^{rk} + W_N^k \sum_{r=0}^{N/2-1} o(r) W_{N/2}^{rk} \end{aligned}$$

$$= E(k) + W_N^k O(k)$$

其中 $E(k)$,$O(k)$分别表示序列 $e(r)$,$o(r)$的 $N/2$ 点 DFT:

$$E(k) = \sum_{r=0}^{N/2-1} e(r) W_{N/2}^{rk} \qquad 0 \leqslant k \leqslant N/2 - 1 \tag{4-8}$$

$$O(k) = \sum_{r=0}^{N/2-1} o(r) W_{N/2}^{rk} \qquad 0 \leqslant k \leqslant N/2 - 1 \tag{4-9}$$

又因为 $E(k+N/2) = E(k)$,$O(k+N/2) = O(k)$,可得:

$$X(k) = E(k) + W_N^k \cdot O(k) \qquad 0 \leqslant k \leqslant N/2 - 1$$

$$X\left(k + \frac{N}{2}\right) = E\left(k + \frac{N}{2}\right) + W_N^{(k+N/2)} \cdot O\left(k + \frac{N}{2}\right)$$

$$= E(k) - W_N^k O(k) \qquad 0 \leqslant k \leqslant N/2 - 1$$

即 N 点的 DFT 分解为两个 $N/2$ 点 DFT 的线性组合。

下面说明分解后的运算量。每个 $N/2$ 点 DFT 需要 N^2 次实数乘法与($N^2 - N$)次实数加法,$E(k)$与 $O(k)$之间的线性组合需要 $4N$ 次实数乘法和 $4N$ 次实数加法,所以这种分成奇偶序列的计算方法的总工作量是($2N^2 + 4N$)次实数乘法和($2N^2 + 2N$)次实数加法,比直接计算 DFT 的方法减少约一半的运算量。

如果利用这种按奇偶序列分解的方法不断地对各级子序列进行分解,直到分解为若干个 2 点 DFT,则总的运算量就会大大减小,这种算法称为蝶形算法。

$X(k)$与 $E(k)$及 $O(k)$的关系,如图 4.1 所示。如果继续对各级子序列进行奇偶分解,可以得到各级的蝶形流图,而且所有蝶形流图的组合即整个 FFT 流图。

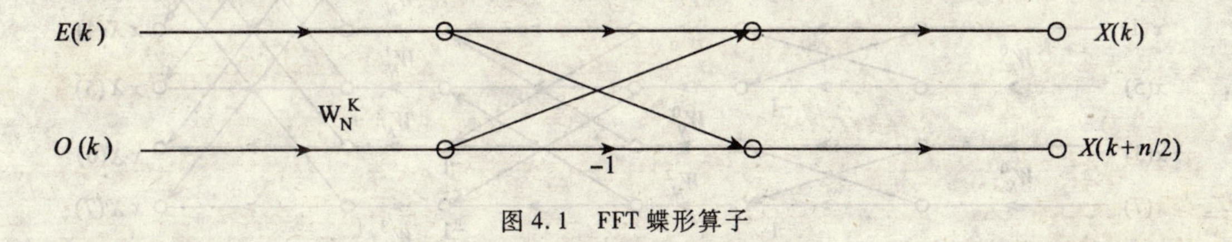

图 4.1　FFT 蝶形算子

图 4.2、图 4.3 分别给出了 8 点 FFT 的第一次分解及第二次分解所对应的蝶形流图。

对于 N 点的 FFT,$N = 2^m$,共需要 $mN/2$ 个蝶形运算,每个蝶形有 4 次实数乘法和 6 次实数加法,所以总的运算量为 $2mN$ 实数乘法与 $3mN$ 次实数加法。与直接计算 DFT 的运算量作比较,可得 $N = 1\,024(m = 10)$时两种方法乘法次数之比为:

$$\frac{4N^2}{2mN} = \frac{2N}{m} = \frac{2 \times 1\,024}{10} = 204.8$$

可见 FFT 的效率是非常高的。

4.2.3　离散余弦变换 DCT

4.2.3.1　一维 DCT 的由来

余弦变换是傅立叶变换的一种特殊情况,是使傅立叶级数中只保留余弦项而得到的。

设有一维离散函数:$f(x)$,$x = 0, 1, \cdots, N-1$

使其进行偶对称扩展,即增加 $x = -1, -2, \cdots, -N$ 共 N 个取值点,则从 $-N \sim N-1$ 共 $2N$ 个

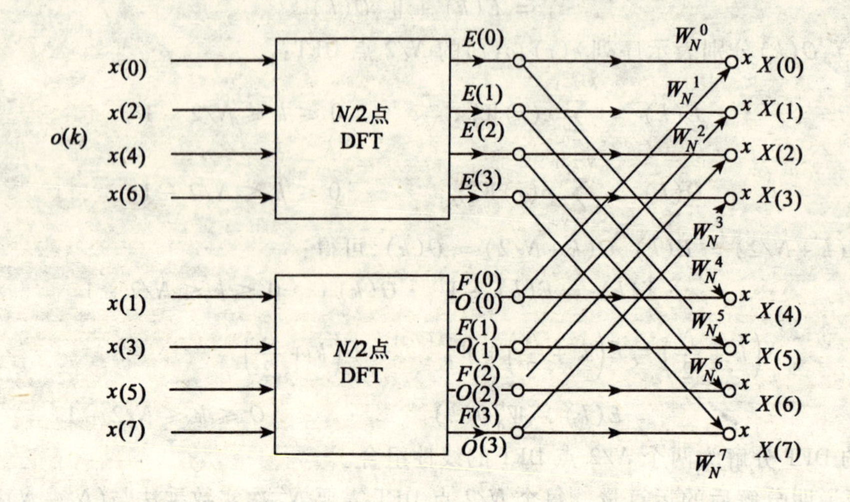

图 4.2 8 点 FFT 的第一次分解蝶形流图

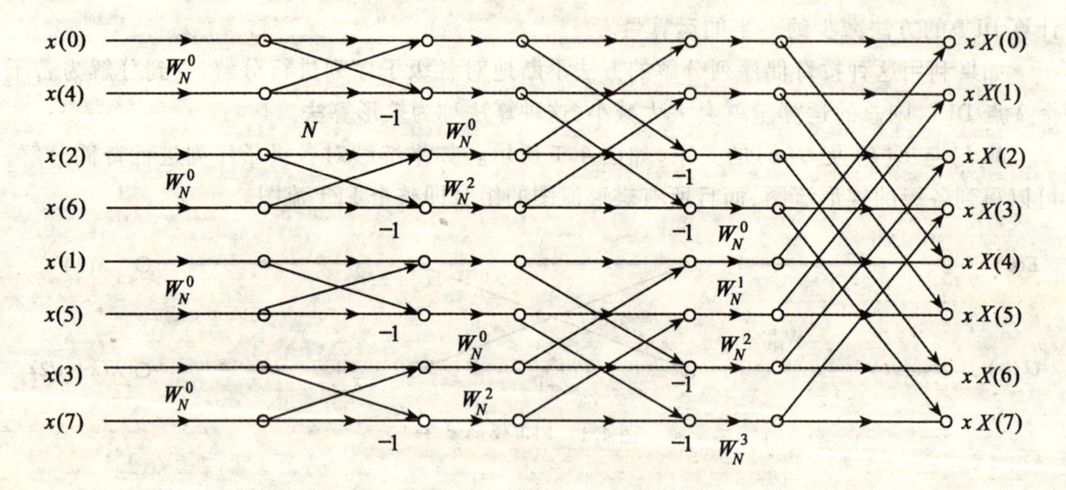

图 4.3 8 点 FFT 的流图

点，其对称轴在 $x=-1/2$ 处，形成函数 $f_S(x)$。

$$f_S(x)=\begin{cases}f(x) & 0\leqslant x\leqslant N-1\\ f(-x-1) & -N\leqslant x\leqslant -1\end{cases} \tag{4-10}$$

其中的对称性表现为：$f(0)=f(-1),\cdots,f(N-1)=f(-N)$

为使函数 $2N$ 点中间对称，取 $-1/2$ 作为新的坐标原点 O'，则函数式成为 $f_S\left(x+\dfrac{1}{2}\right),x=-N,\cdots,N-1$，如图 4.4 所示。

2N 点的傅立叶变换成为

$$F(u)=\frac{1}{\sqrt{2N}}\sum_{x=-N}^{N-1}f_S\left(x+\frac{1}{2}\right)\mathrm{e}^{-j\frac{2\pi}{2N}u\cdot\left(x+\frac{1}{2}\right)} \tag{4-11}$$

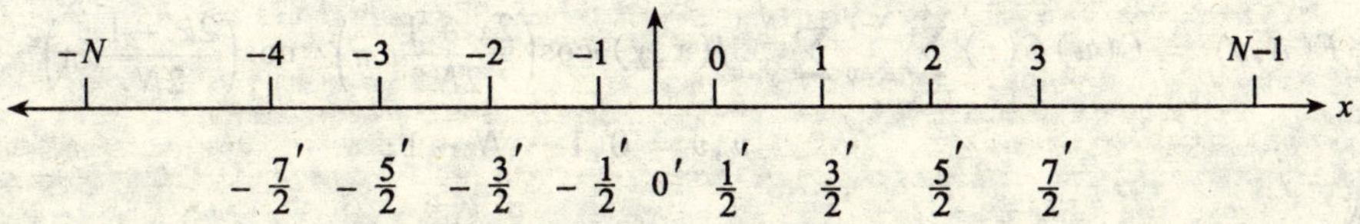

图 4.4 对 $f(x)$ 的对称扩展示意图

其中 $f(0)=f(-1)$，即 $f_s\left(\frac{1'}{2}\right)=f_s\left(-\frac{1'}{2}\right)$，得到

$$f(0)\mathrm{e}^{-j(\frac{u/2}{2N}\cdot 2\pi)}=f(-1)\mathrm{e}^{-j(\frac{-u/2}{2N}\cdot 2\pi)}$$

等式两边相加即得

$$2f(0)\cos\left(\frac{2\pi}{2N}\cdot\frac{u}{2}\right) \tag{4-12}$$

又有 $f(1)=f(-2)$，即 $f_s\left(\frac{3'}{2}\right)=f_s\left(-\frac{3'}{2}\right)$，得到

$$f(1)\mathrm{e}^{-j(\frac{2\pi}{2N}\cdot\frac{3u}{2})}=f(-2)\mathrm{e}^{-j(\frac{2\pi}{2N}\cdot\frac{-3u}{2})}$$

等式两边相加即得

$$2f(1)\cos\left(\frac{2\pi}{2N}\cdot\frac{3}{2}u\right) \tag{4-13}$$

……

还有 $f(N-1)=f(-N)$，即 $f_s\left(N-\frac{1}{2}\right)=f_s\left(-N+\frac{1}{2}\right)$

得到 $f(N-1)\mathrm{e}^{-j\frac{2\pi}{2N}(N-\frac{1}{2})u}=f(-N)\mathrm{e}^{-j\frac{2\pi}{2N}(-N+\frac{1}{2})u}$

等式两边相加即得

$$2f(N-1)\cos\left(\frac{2\pi}{2N}\cdot(2N-1)\cdot\frac{u}{2}\right) \tag{4-14}$$

将式(4-12)、式(4-13)、式(4-14)全部代入式(4-11)相加即得：

$$\begin{aligned}F(u)&=\frac{1}{\sqrt{2N}}\sum_{x=-N}^{N-1}f_s\left(x+\frac{1}{2}\right)\mathrm{e}^{-j\frac{2\pi}{2N}(x+\frac{1}{2})\cdot u}\\&=\frac{2}{\sqrt{2N}}\sum_{x=0}^{N-1}f(x)\cos\left(\frac{2\pi}{2N}\left(x+\frac{1}{2}\right)u\right)\\&=\sqrt{\frac{2}{N}}\sum_{x=0}^{N-1}f(x)\cos\left(\frac{2x+1}{2N}u\pi\right)\qquad u=0,1,\cdots,N-1\end{aligned} \tag{4-15}$$

式(4-15)即一维离散余弦正变换式。

综合出一维 DCT 逆变换式为：

$$f(x)=\sum_{u=0}^{N-1}C(u)F(u)\cdot\cos\left(\frac{2x+1}{2N}u\pi\right)\qquad x=0,1,\cdots,N-1 \tag{4-16}$$

4.2.3.2 二维离散余弦变换

拓展一维 DCT 使原函数成为 $f(x,y)$，则可推出二维 DCT 正逆变换关系为：

正变换式

$$F(u,v) = C(u)C(v)\sum_{x=0}^{N-1}\sum_{y=0}^{N-1}f(x,y)\cos\left(\frac{2x+1}{2N}u\pi\right)\cdot\cos\left(\frac{2x+1}{2N}v\pi\right)$$

$$u,v = 0,1\cdots,N-1; \tag{4-17}$$

逆变换式

$$f(x,y) = \sum_{u=0}^{N-1}\sum_{v=0}^{N-1}C(u)\cdot C(v)\cdot F(u,v)\cdot\cos\left(\frac{2x+1}{2N}u\pi\right)\cdot\cos\left(\frac{2y+1}{2N}v\pi\right)$$

$$x,y = 0,1,\cdots,N-1; \tag{4-18}$$

式中：当 $u=0,v=0$ 时，$C(u),C(v)=\sqrt{\frac{1}{N}}$

当 $u,v=1,2,\cdots,N-1$ 时，$C(u),C(v)=\sqrt{\frac{2}{N}}$

为实现二维分离计算，对正、逆变换式写成分离形式，即：

正变换

$$\begin{cases} F(0,0) = \dfrac{1}{N}\sum_{x=0}^{N-1}\sum_{y=0}^{N-1}f(x,y) \qquad u=0,v=0 \\ F(u,v) = \dfrac{2}{N}\sum_{y=0}^{N-1}\left[\begin{array}{l}\sum_{x=0}^{N-1}f(x,y)\\ \cdot\cos\left(\dfrac{2x+1}{2N}u\pi\right)\end{array}\right]\cdot\cos\left(\dfrac{2y+1}{2N}v\pi\right) \\ u,v = 1,2,\cdots,N-1 \end{cases} \tag{4-19}$$

逆变换

$$\begin{cases} f(0,0) = \dfrac{1}{N}\sum_{v=0}^{N-1}\left[\sum_{u=0}^{N-1}F(u,v)\cdot\cos\dfrac{u\pi}{2N}\right]\cdot\cos\dfrac{v\pi}{2N} \qquad x=0,y=0 \\ f(x,y) = \dfrac{2}{N}\sum_{v=0}^{N-1}\left[\begin{array}{l}\sum_{u=0}^{N-1}F(u,v)\\ \cdot\cos\left(\dfrac{2x+1}{2N}u\pi\right)\end{array}\right]\cdot\cos\left(\dfrac{2y+1}{2N}v\pi\right) \\ x,y = 1,2,\cdots,N-1 \end{cases} \tag{4-20}$$

此即两步计算法，在第一步计算出方括号中结果以后，第二步计算与第一步完全类似。

$$F(u,v) = \frac{2}{N}\sum_{y=0}^{N-1}F'(u,v)\cos\left(\frac{2y+1}{2N}v\pi\right)$$

注意到此处的关键是一步计算：

$$F'(u,v) = \sum_{x=0}^{N-1}f(x,y)\cdot\cos\frac{2x+1}{2N}u\pi, u = 1,2,\cdots,N-1 \tag{4-21}$$

4.2.3.3　Loeffler 快速 DCT 算法

20 世纪 80 年代期间，DCT 的快速算法受到很多人的重视，关于一维 8 点的快速 DCT 算法不断被提出，而且用快速算法实现的 DCT 数字处理芯片也已经出现了。

这里共列举 7 种不同的快速 DCT 算法，将它们的运算量、原理及优缺点作一评价。这些算法都是针对 8 点的一维 DCT 的，各算法都以其作者姓名标识。

表 4.5 给出了各种算法所需的乘法和加法次数。其中，Chen 的算法是最早提出的，运算量偏大一些，Loeffler 的算法所需运算量最小。

表 4.5　**各种快速 DCT 算法比较**

作者	Chen	Wang	Lee	Verterli	Suehiro	Hou	Loeffler
乘法次数	16	13	12	12	12	12	11
加法次数	26	29	29	29	29	29	29

Duhanmel 通过把 DCT 看做是一种循环旋转运算，用 Winograd 的方法证明了对于 8 点的一维 DCT，理论上最少需要 11 次乘法。Heidemann 也得到了同样的结论。可见 Loeffler 的算法就是达到了这一极限的算法。

以 Loeffler 算法与直接计算 DCT 的运算量作一比较：前者用 11 次乘法和 29 次加法；而直接计算则需要 56 次乘法和 56 次加法，可见快速算法节约了很多计算量。

Loeffler 算法将 8 点 DCT 运算划分为 4 级（Stage），由于各级之间的输入输出的依存关系，4 级操作必须串行进行，而各级内部的运算则可以并行处理。

图 4.5 给出了 Loeffler 算法的流图。流图中共有三种运算因子：蝶形因子、旋转因子和倍乘因子。

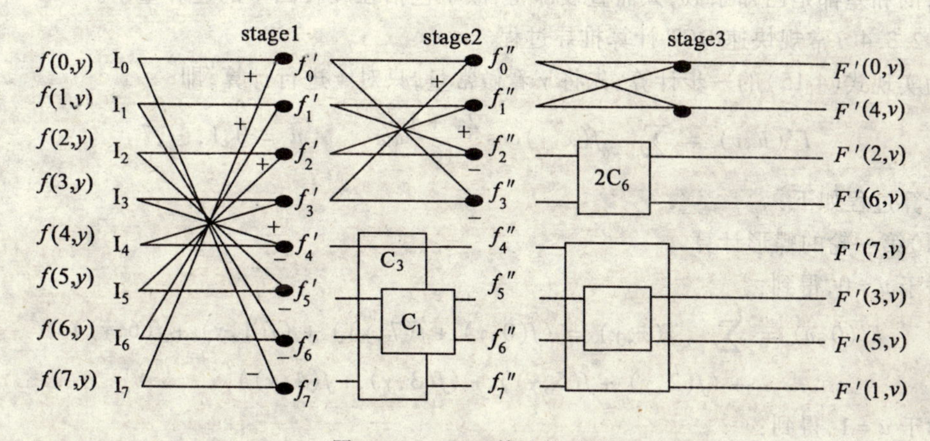

图 4.5　Loeffler 算法的流图

图 4.6(a)、图 4.6(b)分别表示蝶形和旋转因子。

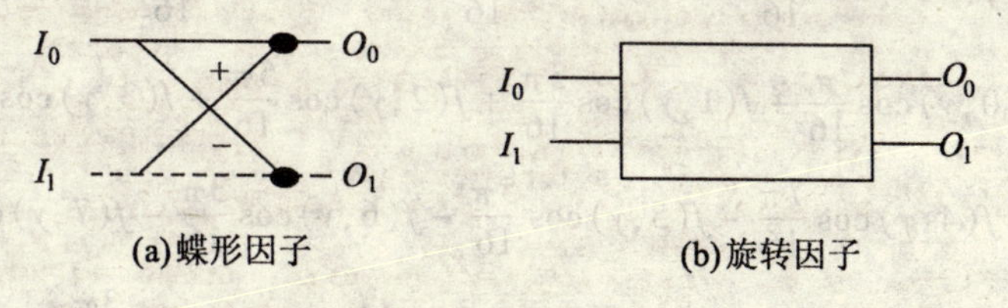

图 4.6　两种算子

图中 I_0, I_1 表示输入，O_0, O_1 表示输出。

(1)蝶形因子计算

蝶形因子的输入输出关系是：

$$O_0 = I_0 + I_1 \qquad O_1 = I_0 - I_1$$

完成一个蝶形因子需要 2 次加法。

(2)旋转因子计算

旋转因子的输入输出关系是：

$$O_0 = I_0 K\cos\frac{n\pi}{2N} + I_1 K\sin\frac{n\pi}{2N}$$

$$O_1 = -I_0 K\sin\frac{n\pi}{2N} + I_1 K\cos\frac{n\pi}{2N}$$

若直接计算旋转因子，则需要 4 次乘法，2 次加法。如果对其输入输出关系式作如下变形：

$$O_0 = \left(K\sin\frac{n\pi}{2N} - K\cos\frac{n\pi}{2N}\right)I_1 + K\cos\frac{n\pi}{2N}(I_0 + I_1)$$

$$O_1 = -\left(K\cos\frac{n\pi}{2N} + K\sin\frac{n\pi}{2N}\right)I_0 + K\cos\frac{n\pi}{2N}(I_0 + I_1)$$

则只需要 3 次乘法、3 次加法即能完成一个旋转因子的运算。这里的 $K\cos\frac{n\pi}{2N}$ 及 $K\sin\frac{n\pi}{2N}$，以及两者的和差都是已知系数，只需查表即得，故不包括在旋转因子的运算量中。

4.2.3.4　常规快速 DCT 计算推导过程

为实现式(4-15)的一步计算，先将 y 看做常量，只对 x 进行计算，即

$$F'(u,v) = \sum_{x=0}^{7} f(x,y)\cos\frac{2x+1}{16}u\pi, \qquad u = 0,1,\cdots,7$$

可得计算过程如下：

(1)第一轮的蝶形计算

对于 $u=0$，得到：

$$F'(0,v) = \sum_{x=0}^{7} f(x,y) = (f(0,y) + f(7,y)) + (f(1,y) + f(6,y)) + (f(2,y) + f(5,y)) + (f(3,y) + f(4,y))$$

对于 $u=1$，得到：

$$\begin{aligned}F'(1,v) &= f(0,y)\cos\frac{\pi}{16} + f(1,y)\cos\frac{3\pi}{16} + f(2,y)\cos\frac{5\pi}{16} + f(3,y)\cos\frac{7\pi}{16} \\ &\quad + f(4,y)\cos\frac{9\pi}{16} + f(5,y)\cos\frac{11\pi}{16} + f(6,y)\cos\frac{13\pi}{16} + f(7,y)\cos\frac{15\pi}{16} \\ &= f(0,y)\cos\frac{\pi}{16} + f(1,y)\cos\frac{3\pi}{16} + f(2,y)\cos\frac{5\pi}{16} + f(3,y)\cos\frac{7\pi}{16} \\ &\quad - f(4,y)\cos\frac{7\pi}{16} - f(5,y)\cos\frac{5\pi}{16} - f(6,y)\cos\frac{3\pi}{16} - f(7,y)\cos\frac{\pi}{16} \\ &= [f(0,y) - f(7,y)]\cos\frac{\pi}{16} + [f(1,y) - f(6,y)]\cos\frac{3\pi}{16} \\ &\quad + [f(2,y) - f(5,y)]\cos\frac{5\pi}{16} + [f(3,y) - f(4,y)]\cos\frac{7\pi}{16}\end{aligned}$$

对于 $u=2$，得到：

$$F'(2,v) = f(0,y)\cos\frac{2\pi}{16} + f(1,y)\cos\frac{6\pi}{16} + f(2,y)\cos\frac{10\pi}{16} + f(3,y)\cos\frac{14\pi}{16}$$

$$+f(4,y)\cos\frac{18\pi}{16}+f(5,y)\cos\frac{22\pi}{16}+f(6,y)\cos\frac{26\pi}{16}+f(7,y)\cos\frac{30\pi}{16}$$

$$=f(0,y)\cos\frac{2\pi}{16}+f(1,y)\cos\frac{6\pi}{16}-f(2,y)\cos\frac{6\pi}{16}-f(3,y)\cos\frac{2\pi}{16}$$

$$-f(4,y)\cos\frac{2\pi}{16}-f(5,y)\cos\frac{6\pi}{16}+f(6,y)\cos\frac{6\pi}{16}+f(7,y)\cos\frac{2\pi}{16}$$

$$=[f(0,y)+f(7,y)]\cos\frac{2\pi}{16}+[f(1,y)+f(6,y)]\cos\frac{6\pi}{16}$$

$$-[f(2,y)+f(5,y)]\cos\frac{6\pi}{16}-[f(3,y)+f(4,y)]\cos\frac{2\pi}{16}$$

对于 $u=3$,得到:

$$F'(3,v)=f(0,y)\cos\frac{3\pi}{16}+f(1,y)\cos\frac{9\pi}{16}+f(2,y)\cos\frac{15\pi}{16}+f(3,y)\cos\frac{21\pi}{16}$$

$$+f(4,y)\cos\frac{27\pi}{16}+f(5,y)\cos\frac{33\pi}{16}+f(6,y)\cos\frac{39\pi}{16}+f(7,y)\cos\frac{45\pi}{16}$$

$$=f(0,y)\cos\frac{3\pi}{16}-f(1,y)\cos\frac{7\pi}{16}-f(2,y)\cos\frac{\pi}{16}-f(3,y)\cos\frac{5\pi}{16}$$

$$+f(4,y)\cos\frac{5\pi}{16}+f(5,y)\cos\frac{\pi}{16}+f(6,y)\cos\frac{7\pi}{16}-f(7,y)\cos\frac{3\pi}{16}$$

$$=[f(0,y)-f(7,y)]\cos\frac{3\pi}{16}-[f(1,y)-f(6,y)]\cos\frac{7\pi}{16}$$

$$-[f(2,y)-f(5,y)]\cos\frac{\pi}{16}-[f(3,y)-f(4,y)]\cos\frac{5\pi}{16}$$

对于 $u=4$,得到:

$$F'(4,v)=f(0,y)\cos\frac{4\pi}{16}+f(1,y)\cos\frac{12\pi}{16}+f(2,y)\cos\frac{20\pi}{16}+f(3,y)\cos\frac{28\pi}{16}$$

$$+f(4,y)\cos\frac{36\pi}{16}+f(5,y)\cos\frac{44\pi}{16}+f(6,y)\cos\frac{52\pi}{16}+f(7,y)\cos\frac{60\pi}{16}$$

$$=f(0,y)\cos\frac{4\pi}{16}-f(1,y)\cos\frac{4\pi}{16}-f(2,y)\cos\frac{4\pi}{16}+f(3,y)\cos\frac{4\pi}{16}$$

$$+f(4,y)\cos\frac{4\pi}{16}-f(5,y)\cos\frac{4\pi}{16}-f(6,y)\cos\frac{4\pi}{16}+f(7,y)\cos\frac{4\pi}{16}$$

$$=[f(0,y)+f(7,y)]\cos\frac{4\pi}{16}-[f(1,y)+f(6,y)]\cos\frac{4\pi}{16}$$

$$-[f(2,y)+f(5,y)]\cos\frac{4\pi}{16}+[f(3,y)+f(4,y)]\cos\frac{4\pi}{16}$$

对于 $u=5$,得到:

$$F'(5,v)=f(0,y)\cos\frac{5\pi}{16}+f(1,y)\cos\frac{15\pi}{16}+f(2,y)\cos\frac{25\pi}{16}+f(3,y)\cos\frac{35\pi}{16}$$

$$+f(4,y)\cos\frac{45\pi}{16}+f(5,y)\cos\frac{55\pi}{16}+f(6,y)\cos\frac{65\pi}{16}+f(7,y)\cos\frac{75\pi}{16}$$

$$=f(0,y)\cos\frac{5\pi}{16}-f(1,y)\cos\frac{\pi}{16}+f(2,y)\cos\frac{7\pi}{16}+f(3,y)\cos\frac{3\pi}{16}$$

$$-f(4,y)\cos\frac{3\pi}{16}-f(5,y)\cos\frac{7\pi}{16}+f(6,y)\cos\frac{\pi}{16}-f(7,y)\cos\frac{5\pi}{16}$$

$$=[f(0,y)-f(7,y)]\cos\frac{5\pi}{16}-[f(1,y)-f(6,y)]\cos\frac{\pi}{16}$$

$$+[f(2,y)-f(5,y)]\cos\frac{7\pi}{16}+[f(3,y)-f(4,y)]\cos\frac{3\pi}{16}$$

对于 $u=6$,得到:

$$F'(6,v)=f(0,y)\cos\frac{6\pi}{16}+f(1,y)\cos15\frac{18\pi}{16}+f(2,y)\cos\frac{30\pi}{16}+f(3,y)\cos\frac{42\pi}{16}$$

$$+f(4,y)\cos\frac{54\pi}{16}+f(5,y)\cos\frac{66\pi}{16}+f(6,y)\cos\frac{78\pi}{16}+f(7,y)\cos\frac{90\pi}{16}$$

$$=f(0,y)\cos\frac{6\pi}{16}-f(1,y)\cos\frac{2\pi}{16}+f(2,y)\cos\frac{2\pi}{16}-f(3,y)\cos\frac{6\pi}{16}$$

$$-f(4,y)\cos\frac{6\pi}{16}+f(5,y)\cos\frac{2\pi}{16}-f(6,y)\cos\frac{2\pi}{16}+f(7,y)\cos\frac{6\pi}{16}$$

$$=[f(0,y)+f(7,y)]\cos\frac{6\pi}{16}-[f(1,y)+f(6,y)]\cos\frac{2\pi}{16}$$

$$+[f(2,y)+f(5,y)]\cos\frac{2\pi}{16}-[f(3,y)+f(4,y)]\cos\frac{6\pi}{16}$$

对于 $u=7$,得到:

$$F'(7,v)=f(0,y)\cos\frac{7\pi}{16}+f(1,y)\cos\frac{21\pi}{16}+f(2,y)\cos\frac{35\pi}{16}+f(3,y)\cos\frac{49\pi}{16}$$

$$+f(4,y)\cos\frac{63\pi}{16}+f(5,y)\cos\frac{77\pi}{16}+f(6,y)\cos\frac{91\pi}{16}+f(7,y)\cos\frac{105\pi}{16}$$

$$=f(0,y)\cos\frac{7\pi}{16}-f(1,y)\cos\frac{5\pi}{16}+f(2,y)\cos\frac{3\pi}{16}-f(3,y)\cos\frac{\pi}{16}$$

$$+f(4,y)\cos\frac{\pi}{16}-f(5,y)\cos\frac{3\pi}{16}+f(6,y)\cos\frac{5\pi}{16}-f(7,y)\cos\frac{7\pi}{16}$$

$$=[f(0,y)-f(7,y)]\cos\frac{7\pi}{16}-[f(1,y)-f(6,y)]\cos\frac{5\pi}{16}$$

$$+[f(2,y)-f(5,y)]\cos\frac{3\pi}{16}-[f(3,y)-f(4,y)]\cos\frac{\pi}{16}$$

以上所列表现出的蝶形计算关系示意图,如图 4.7 所示。

(2) 第二轮蝶形计算考察如下,从第一轮计算式接下来

$$F'(2,v)=f'_0\cdot\cos\frac{2}{16}\pi+f'_1\cdot\cos\frac{6}{16}\pi-f'_2\cdot\cos\frac{6}{16}\pi-f'_3\cdot\cos\frac{2}{16}\pi$$

$$=(f'_0-f'_3)\cos\frac{2}{16}\pi+(f'_1-f'_2)\cos\frac{6}{16}\pi$$

$$F'(6,v)=f'_0\cdot\cos\frac{6}{16}\pi-f'_1\cdot\cos\frac{2}{16}\pi+f'_2\cdot\cos\frac{2}{16}\pi-f'_3\cdot\cos\frac{6}{16}\pi$$

$$=(f'_0-f'_3)\cos\frac{6}{16}\pi-(f'_1-f'_2)\cos\frac{2}{16}\pi$$

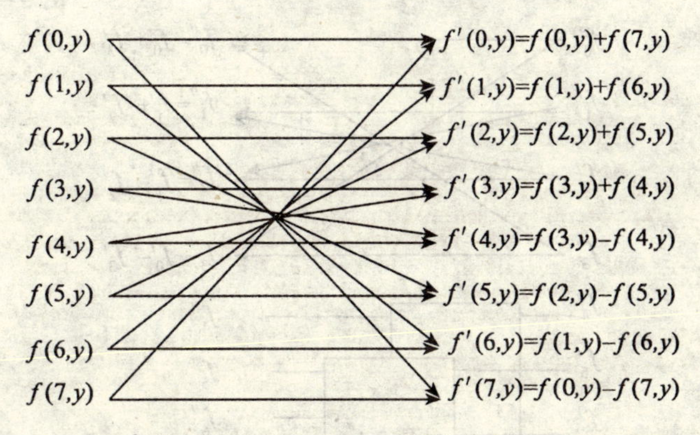

图 4.7 第一轮蝶形计算关系示意图

$$F'(4,v)=f'_0\cdot\cos\frac{4}{16}\pi-f'_1\cdot\cos\frac{4}{16}\pi-f'_2\cdot\cos\frac{4}{16}\pi+f'_3\cdot\cos\frac{4}{16}\pi$$

$$=(f'_0+f'_3)\cos\frac{4}{16}\pi-(f'_1+f'_2)\cos\frac{4}{16}\pi$$

$$F'(0,v)=(f'_0+f'_3)+(f'_1+f'_2)$$

$$F'(3,v)=f'_7\cdot\cos\frac{3}{16}\pi-f'_6\cdot\cos\frac{7}{16}\pi-f'_5\cos\frac{1}{16}\pi-f'_4\cdot\cos\frac{5}{16}\pi$$

$$=f'_7\cdot\cos\frac{3}{16}\pi-f'_6\cdot\sin\frac{1}{16}\pi-f'_5\cos\frac{1}{16}\pi-f'_4\cdot\sin\frac{3}{16}\pi$$

$$=\left(f'_7\cos\frac{3}{16}\pi-f'_4\cdot\sin\frac{3}{16}\pi\right)-\left(f'_5\cos\frac{1}{16}\pi+f'_6\cdot\sin\frac{1}{16}\pi\right)$$

$$F'(1,v)=f'_7\cdot\cos\frac{1}{16}\pi+f'_6\cdot\cos\frac{3}{16}\pi+f'_5\cos\frac{5}{16}\pi+f'_4\cdot\cos\frac{7}{16}\pi$$

$$=\left(f'_7\cos\frac{1}{16}\pi+f'_4\sin\frac{1}{16}\pi\right)+\left(f'_6\cos\frac{3}{16}\pi+f'_5\sin\frac{3}{16}\pi\right)$$

$$F'(5,v)=f'_7\cdot\cos\frac{5}{16}\pi-f'_6\cdot\cos\frac{1}{16}\pi+f'_5\cos\frac{7}{16}\pi+f'_4\cdot\cos\frac{3}{16}\pi$$

$$=\left(f'_7\sin\frac{3}{16}\pi+f'_4\cos\frac{3}{16}\pi\right)-\left(f'_6\cos\frac{1}{16}\pi-f'_5\sin\frac{1}{16}\pi\right)$$

$$F'(7,v)=f'_7\cdot\cos\frac{7}{16}\pi-f'_6\cdot\cos\frac{5}{16}\pi+f'_5\cdot\cos\frac{3}{16}\pi-f'_4\cdot\cos\frac{1}{16}\pi$$

$$=\left(f'_7\sin\frac{1}{16}\pi-f'_4\cos\frac{1}{16}\pi\right)-\left(f'_6\sin\frac{3}{16}\pi-f'_5\cos\frac{3}{16}\pi\right)$$

第二轮的蝶形计算关系示意图,如图 4.8 所示。

(3)第三轮整理计算表达式成为

$F'(0,v)=(f''_0+f''_1)$, 式中无乘法,1 次加法

$F'(4,v)=\left(f''_0\cos\frac{4}{16}\pi-f''_1\cos\frac{4}{16}\pi\right)=(f''_0-f''_1)\cos\frac{1}{4}\pi$, 式中 1 次乘法

$$F'(6,v)=f''_3\cos\frac{6}{16}\pi-f''_2\cos\frac{2}{16}\pi=f''_3\sin\frac{2}{16}\pi-f''_2\cos\frac{2}{16}\pi$$

针对上述 $F'(2,v)$ 与 $F'(6,v)$ 给出变形旋转因子,计算为:

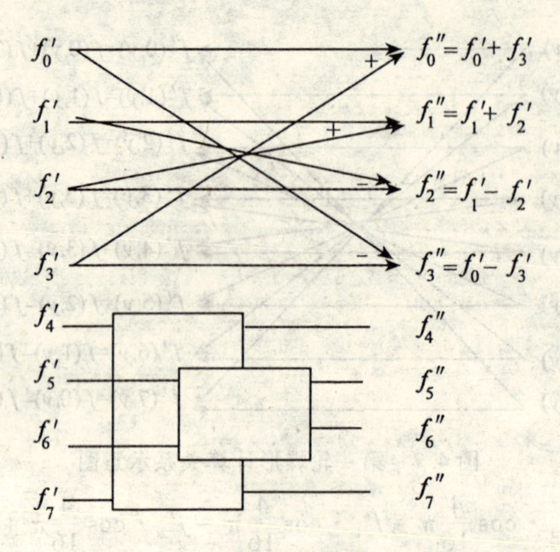

图 4.8 第二轮蝶形计算关系示意图

$$\begin{cases} F'(2,v) = \left(\sin\frac{2}{16}\pi - \cos\frac{2}{16}\pi\right)f''_2 + \cos\frac{2\pi}{16}(f''_3 + f''_2) \\ F'(6,v) = \left(\cos\frac{2}{16}\pi + \sin\frac{2}{16}\pi\right)f''_3 - \cos\frac{2\pi}{16}(f''_3 + f''_2) \end{cases}$$,两式共 3 次乘法,3 次加法。

针对第二轮得出的 $F'(3,v)$, $F'(1,v)$, $F'(5,v)$, $F'(7,v)$ 给出变形旋转因子算法为:

$$F'(1,v) = \left(\sin\frac{1}{16}\pi - \cos\frac{1}{16}\pi\right)f'_4 + \cos\frac{\pi}{16}(f'_7 + f'_4) + \left(\sin\frac{3}{16}\pi - \cos\frac{3}{16}\pi\right)f'_5 + \cos\frac{3\pi}{16}(f'_6 + f'_5)$$

$$F'(7,v) = \left(\cos\frac{1}{16}\pi + \sin\frac{1}{16}\pi\right)f'_7 - \cos\frac{\pi}{16}(f'_7 + f'_4) - \left(\cos\frac{3}{16}\pi + \sin\frac{3}{16}\pi\right)f'_6 + \cos\frac{3\pi}{16}(f'_6 + f'_5)$$

$$F'(3,v) = -\left(\cos\frac{3}{16}\pi + \sin\frac{3}{16}\pi\right)f'_4 + \cos\frac{3\pi}{16}(f'_7 + f'_4) - \left(\sin\frac{1}{16}\pi - \cos\frac{1}{16}\pi\right)f'_6 - \cos\frac{\pi}{16}(f'_6 + f'_5)$$

$$F'(5,v) = \left(\sin\frac{3}{16}\pi - \cos\frac{3}{16}\pi\right)f'_7 + \cos\frac{3\pi}{16}(f'_7 + f'_4) + \left(\cos\frac{1}{16}\pi + \sin\frac{1}{16}\pi\right)f'_5 - \cos\frac{\pi}{16}(f'_6 + f'_5)$$

上述 4 式共 12 次加法,12 次乘法。由第三轮计算表达式可看出,总共使用 16 次乘法,28 次加法。

本节只给出快速计算过程,使逻辑关系很清楚,但未推及 Loeffler 算法的节省效果,读者可自行发挥,推断出该算法计算过程。

4.2.4　为节省变换的措施

由于预测较准确，经过帧间预测后得到的运动补偿数据通常很小，对这种数据块再进行离散余弦变换和量化处理则往往成为全零块。为了减少编码器的运算量，可预先判断全零系数块，使减免对该块的DCT和量化处理运算，较大幅度地减少了编码器的运算量，对于纹理编码实时实现非常有意义。对该块的判断以运动估计所得各块的最小绝对误差和为判断准则，不需要附加别的运算。这种方法可以随量化级的变化自适应地调整全零块的判断阈值。另外，因为该方法采用的判据是全零块的充分条件，所以它不会因为误判而影响解码后的图像质量。

4.2.4.1　Alice Yu 判断方法

Alice Yu 等人提出了一种在进行离散余弦变换(DCT)和量化前预先判断DCT系数全为零的方法(简称 Alice Yu 算法)，则被判断为全零的块可以省去DCT和量化运算。对运动平缓的图像序列，这种块是很常见的，故根据这种方法省却的运算是很可观的。

Alice Yu 判断方法是依据DCT变换系数的统计特性来判断的。NXN的DCT变换数学表达式为：

$$F(u,v) = C_u C_v \sum_{x=0}^{N-1} \sum_{y=0}^{N-1} f(x,y) \cos\frac{(2x+1)u\pi}{2N} \cos\frac{(2y+1)v\pi}{2N}$$

当 $u=v=0$ 时，上式可简化为：$F(0,0) = \frac{1}{8}\sum_{x=0}^{7}\sum_{y=0}^{7} f(x,y)$，$F(0,0)$ 即为DCT变换的直流系数。由于在大多数情况下，$F(0,0)$ 是所有DCT系数中绝对值最大的，根据这种统计规律，Alice Yu 认为：当 $F(0,0)$ 小于 $2Q$(Q 为量化系数)，且 $ABS(\sum_{x=0}^{7}\sum_{y=0}^{7} f(x,y)) < 16Q$ 时，量化后DCT系数全为零，即当某个块的纹理数据代数和的绝对值小于阈值 $16Q$ 时，这个块被判为全零系数。为减少误判，阈值可降低到 $8Q$。也就是说，当某个块满足

$$ABS(\sum_{x=0}^{7}\sum_{y=0}^{7} f(x,y)) < 8Q$$

时，被判为全零系数块。

但是，这种方法在判据上存在不合理的地方，它的判断方法是基于运动补偿块的统计特性。实际上，存在不少满足该式但并不是全零系数的块。例如，表4.6所示的块，该块的数据和为32，按上式该块被判为全零块，但它经过DCT和量化后显然不是全零系数块，并且这种块被误判后对图像的损伤是非常严重的。另外，Alice Yu 判断方法在判别前还必须计算每个被判别块的数据和的绝对值，需要附加运算。

表4.6　　运动补偿数据块

0	20	1	1	0	1	1	-20
0	20	1	1	0	1	1	-20
0	20	1	1	0	1	1	-20
0	20	1	1	0	1	1	-20
0	20	1	1	0	1	1	-20

续表

0	20	1	1	0	1	1	-20
0	20	1	1	0	1	1	-20
0	20	1	1	0	1	1	-20

4.2.4.2　本文使用判断全零系数的方法

本文从 DCT 公式出发，给出一个预先判断全零系数的新方法。当 $N=8$ 时，DCT 正变换成为：

$$F(u,v) = \sum_{x=0}^{7}\sum_{y=0}^{7} f(x,y)\left[C_u \cos\left(\frac{(2x+1)u\pi}{16}\right)\right]\left[C_v \cos\left(\frac{(2y+1)v\pi}{16}\right)\right], \quad u,v \in [0,1,\cdots,7]$$

由于

$$\cos((2x+1)u\pi/16) \leqslant \cos(\pi/16), \cos((2y+1)u\pi/16) \leqslant \cos(\pi/16)$$

则成立

$$F(u,v) \leqslant \frac{1}{4}\sum_{x=0}^{7}\sum_{y=0}^{7} ABS(f(x,y))\cos\left(\frac{\pi}{16}\right)\cos\left(\frac{\pi}{16}\right) < \frac{1}{4}\sum_{x=0}^{7}\sum_{y=0}^{7} ABS(f(x,y)) \quad (4\text{-}22)$$

又因为 DCT 系数为全零的充分条件为：

$$F(u,v) < 2Q \quad (4\text{-}23)$$

由式(4-22)，式(4-23)可得 DCT 系数为全零的判别准则为：

$$\sum_{x=0}^{7}\sum_{y=0}^{7} ABS(f(x,y)) < 8Q \quad (4\text{-}24)$$

式(4-24)的左边表示被判断块各像素点的绝对值和，它正好等于该块的绝对误差和。由于各块的绝对误差和已经计算过了，只需将结果保存下来，判断时就可以直接引用。因此，本判别方法不需任何附加的运算。

4.3　纹理编码技术

4.3.1　背景纹理编码

在 MPEG-4 中，背景编码又叫 Sprite 编码，是针对视频对象背景的特点而提出的一种编码方法。在许多应用场合中，视频对象背景(Background Video Object)自身是没有任何局部运动的，其每帧所产生的变化是由于前景物体的运动，一部分背景被遮盖，而另一部分背景又显露出来；或者是由于摄像头的运动，如平移、旋转、缩放所产生的比较复杂的变化。为了有效编码这类图像，可以将某一背景 VO(Video Object)在一段时间的内容拼接成一幅完整的背景图像，该 VO 在某一帧出现过的像素点，在这幅大的背景图像中都能找到对应点，这样的图像就叫 Sprite 图像。

针对不同的应用场合，Sprite 有两种不同的传输方式：一种是仅在开始时传输 Sprite 的一部分，传输过的部分足以重构最早的几个 VOP。Sprite 的其余部分当需要时或带宽允许时再进行传输。另一种是把整个 Sprite 逐步传输。先传输一个低质量的版本,再通过传输其余部分的图像逐渐改进质量。这两种传输方式可以单独使用,也可以组合使用。

我们现在所考虑的是这样的一段视频:从第一帧图像开始即有 VO 的存在,但由于前景 VO 的遮挡,无法直接得到完整的背景图。随着 VO 的不断运动,被它遮住的背景显露出来,采用上面提到的第一种传输方式编码,通过运动检测和运动补偿,将此背景不断完善,最终得到整个视频段的全景 Sprite,在此暂时不涉及摄像头的运动。

Sprite 编码流程如图 4.9 所示。

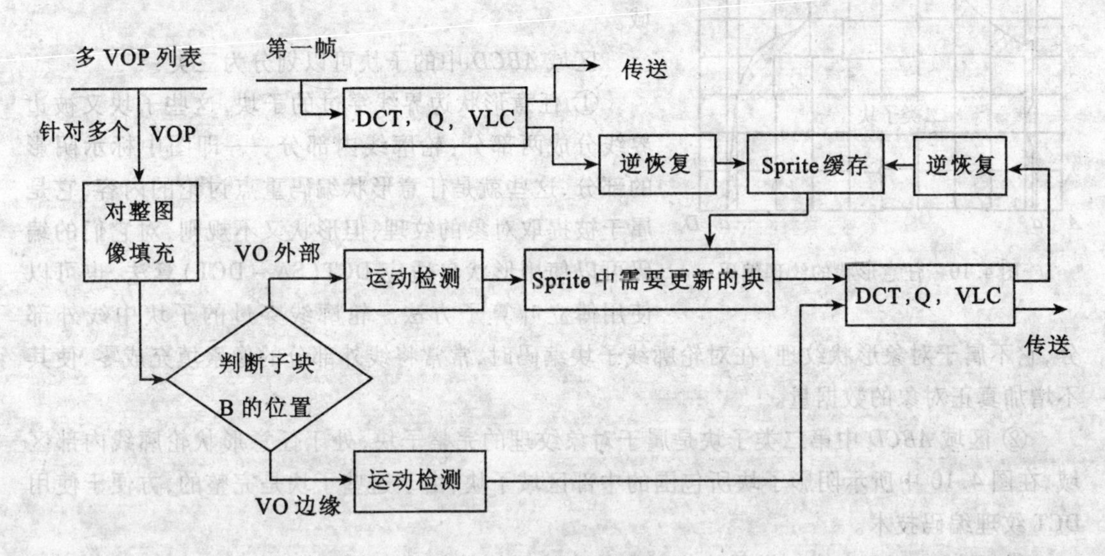

图 4.9　Sprite 编码流程图

图 4.9 说明,在得到一帧视频图像后:如果是第一帧,则直接进行 DCT,Q,VLC,传输,并将其逆过程得到的数据存入 Sprite 缓冲区;如果不是第一帧,首先根据 VOP 列表信息对其进行填充,判断整帧图像中每一子块相对于 VO 的位置。对处在 VO 边缘和 VO 外部的块做运动检测并给出相应的判断,得到 Sprite 中最终需要更新的块。对这些块进行 DCT,Q,VLC,传输,其逆过程得到的数据填入 Sprite 缓冲区的相应位置,其中的细节在后面的函数实现中将详细讨论。

这里的第一帧是指一段完整镜头的第一帧图像。如果镜头发生转变,则转变后的第一帧需要重新传入 Sprite 缓冲区,即重新构造一个新的背景 Sprite。这里的逆过程是相对于 DCT,Q 和 VLC 来说的相反过程,即 VLD、反量化和逆 DCT。另外,为了方便运动检测和其他操作,我们根据子块与 VO 的位置关系将子块分为三种类型:内部子块、边缘子块和外部子块。

子块判断 B_Position 函数功能是判断出当前图像中某一子块与 VO 的位置关系。判断方法:整个子块每一像素点的亮度值如果全为 0,则此块为外部块,函数返回 0;如果全不为 0,则为内部块,函数返回 1;否则为边缘块,函数返回 2。

4.3.2　任意形状区域的纹理编码

在基于内容的视频编码系统中,视频内容中的对象被提取以后,该对象在每一帧中的平面图一般都呈不规则的任意形状,本节讨论对这种任意形状区域的纹理编码。

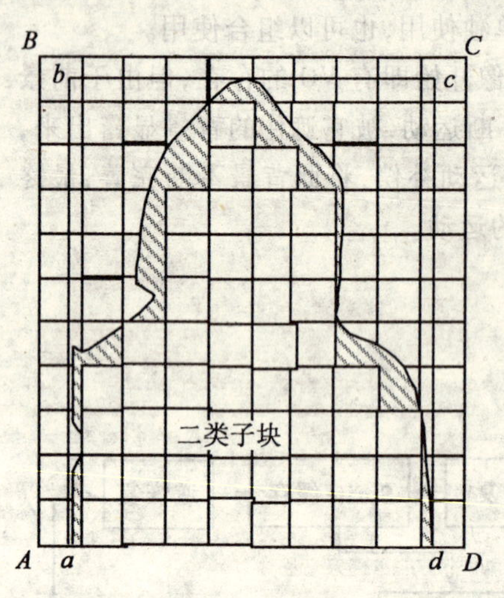

图 4.10 任意形状的纹理编码

如图 4.10 所示是一女性职员头肩图像帧平面图,图中曲线即任意形状区域的外轮廓线。根据任意形状的最大边界点作出一外接矩形 *abcd*,矩形内即为欲编码的纹理区域。从图中可看出,矩形 *abcd* 的边界不一定与图中子块边界吻合,有必要将矩形 *abcd* 外推,得到外推矩形框 *ABCD*,这就是重新定义的欲编码纹理区域。

区域 *ABCD* 中的子块可以划分为三类:

① 任意形状边界线穿过的子块,这些子块又被边界线分成两部分:轮廓线内部分——即图中标示阴影的部分,这些就是任意形状编码重点讨论的内容,它是属于被提取对象的纹理,但形状又不规则,对它们的编码可以使用形状自适应 DCT(SA - DCT)算法,也可以使用傅立叶算子方法。轮廓线穿过的子块中线外部分,它不属于对象形状纹理,在对轮廓线子块编码时,常常将线外部分的像素填充成零,使其不增加真正对象的数据量。

② 区域 *ABCD* 中第二类子块是属于对象纹理的完整子块,处于任意形状轮廓线内部区域,在图 4.10 中所示阴影子块所包围的中部区域子块,由于这些子块是完整的,方便于使用 DCT 纹理编码技术。

③ 区域 *ABCD* 中第三类子块指对象轮廓线子块外部的完整子块,它们不属于对象编码范畴,常常被归于关于背景的 Sprite 编码。

4.3.3 形状自适应 DCT 算法

基于内容视频编码的一个重要特点是能对任意形状的对象进行编码,从而适应未来多媒体系统中基于内容的处理需要。为此,MPEG-4 视频组指定了传统的基于块视频编解码(如 H.263 和 MPEG-1)向视频分割的基于对象的编码扩展,除了传输纹理和运动信息,还要包括视频对象的形状和位置,要对任意形状的视频对象进行单独处理。任意形状视频对象的边缘不再是标准的方块,传统的 8×8DCT 不能适应对边缘块的处理。Gilge,Englhardt 和 Mehlan 基于 DCT 基函数的正交化首先提出了一种自适应形状的 DCT。和 KL 变换一样,这种 DCT 虽然在理论上提供了方法,却难以找到高效率的实现方法。1995 年 Sikora 和 Makai 提出了另一种自适应形状的 DCT 算法(SA-DCT),对边缘块采用一种新的处理方法,不仅克服了像素补充定义引入的误差,而且减小了计算复杂度。SA-DCT 对边缘非方块二维 DCT 按行列法实现,与方块 DCT 所不同的是在行列变换中根据边缘形状的不同采用不等长度一维变换。自从 1995 年 SA-DCT 被提出后,由于其简单的结构已经成为对任意形状图像进行 DCT 变换编码的重要工具,所以应用于许多基于对象或基于区域的编码系统中。1996 年 SA-DCT 被包含进了 MPEG-4 视频标准校验模型中,由于在 SA-DCT 实现过程中,行列 DCT 变换的长度都不是固定的,对于 8×8 的参考方块,需要长度 2～8 的一维 DCT 快速算法。20 世纪 80 年代以来,已经提出了多种优秀的长度为 2,4 和 8 的 DCT 快速算法可供使用。

下面我们将针对其他几种长度的 DCT 推导高效快速算法。

设$\{f(n), n = 0,1,2,\cdots,N-1\}$是长度为 N 的待变换数据序列。

$\{F(k), k = 0,1,2,\cdots,N-1\}$是相应的 DCT 系数序列。长度为 N 的 DCT 变换定义如下：

$$F(k) = \alpha(k) * \sum_{n=0}^{N-1} f(n) * \cos(k\pi(2n+1)/2N)$$

式中 $\alpha(0) = 1/\sqrt{N}, \alpha(k) = \sqrt{2/\mathrm{N}}$, k 不等于 0。

为方便标记，简写为：$\cos(m\pi/N) = C_N^m$

于是分别推导出 $N = 2 \sim 8$ 的一维 DCT 快速算法：

(1) $N=2$

$$k = 0, F(0) = \sqrt{2}/2[f(0) + f(1)]$$
$$k = 1, F(1) = \sqrt{2}/2[f(0) - f(1)]$$

(2) $N=3$

$$k = 0, F(0) = \sqrt{3}/3[f(0) + f(1) + f(2)]$$
$$k = 1, F(1) = [f(0)C_6^1 + f(1)C_6^3 + f(2)C_6^5] * \sqrt{2/3}$$
$$k = 3, F(2) = [f(0)C_6^2 + f(1)C_6^6 + f(2)C_6^{10}] * \sqrt{2/3}$$

进一步化简，得到：

$$F(0) = \sqrt{3}/3[f(0) + f(2)] + \sqrt{3}/3f(1)$$
$$F(1) = \sqrt{2}/2[f(0) - f(2)]$$
$$F(2) = \sqrt{6}/6[f(0) + f(2) - f(1) * 2]$$

(3) $N=4$

$$F(0) = 1/2[f(0) + f(3)] + 1/2[f(1) + f(2)]$$
$$F(1) = \sqrt{2}/2\{C_8^1[f(0) - f(3)] + C_8^3[f(1) - f(2)]\}$$
$$F(2) = 1/2[f(0) + f(3)] - 1/2[f(1) + f(2)]$$
$$F(3) = \sqrt{2}/2\{C_8^3[f(0) - f(3)] - C_8^1[f(1) - f(2)]\}$$

(4) N = 5

$$F(0) = 1/\sqrt{5}[f(0) + f(4)] + 1/\sqrt{5}[f(1) + f(3)] + 1/\sqrt{5}f(2)$$
$$F(1) = \sqrt{10}/5\{C_{10}^1[f(0) - f(4)] + C_{10}^3[f(1) - f(3)]\}$$
$$F(2) = \sqrt{10}/5\{C_{10}^2[f(0) + f(4)] - C_{10}^4[f(1) + f(3)] - f(2)\}$$
$$F(3) = \sqrt{10}/5\{C_{10}^3[f(0) - f(4)] - C_{10}^1[f(1) - f(3)]\}$$
$$F(4) = \sqrt{10}/5\{C_{10}^4[f(0) + f(4)] - C_{10}^2[f(1) + f(3)] + f(2)\}$$

(5) N = 6

$$F(0) = 1/\sqrt{6}[f(0) + f(5)] + 1/\sqrt{6}[f(1) + f(4)] + 1/\sqrt{6}[f(2) + f(3)]$$
$$F(1) = \sqrt{3}/3\{C_{12}^1[f(0) - f(5)] + \sqrt{2}/2[f(1) - f(4)] + C_{12}^5[f(2) - f(3)]\}$$
$$F(2) = 1/2[f(0) + f(5)] - 1/2[f(2) + f(3)]$$

$$F(3)=\sqrt{6}/6[f(0)-f(5)]-\sqrt{6}/6[f(1)-f(4)]-\sqrt{6}/6[f(2)-f(3)]$$

$$F(4)=\sqrt{3}/3\{1/2[f(0)+f(5)]-[f(1)+f(4)]+1/2[f(2)+f(3)]\}$$

$$F(5)=\sqrt{3}/3\{C_{12}^{5}[f(0)-f(5)]-\sqrt{2}/2[f(1)-f(4)]+C_{12}^{1}[f(2)-f(3)]\}$$

(6) $N=7$

$$F(0)=\sqrt{7}/7[f(0)+f(6)]+\sqrt{7}/7[f(1)+f(5)]+\sqrt{7}/7[f(2)+f(4)]+\sqrt{7}/7f(3)$$

$$F(1)=\sqrt{14}/7\{C_{14}^{1}[f(0)-f(6)]+C_{14}^{3}[f(1)-f(5)]+C_{14}^{5}[f(2)-f(4)]\}$$

$$F(2)=\sqrt{14}/7\{C_{14}^{2}[f(0)+f(6)]+C_{14}^{6}[f(1)+f(5)]-C_{14}^{4}[f(2)+f(4)]-f(3)\}$$

$$F(3)=\sqrt{14}/7\{C_{14}^{3}[f(0)-f(6)]-C_{14}^{5}[f(1)-f(5)]-C_{14}^{1}[f(2)-f(4)]\}$$

$$F(4)=\sqrt{14}/7\{C_{14}^{4}[f(0)+f(6)]-C_{14}^{2}[f(1)+f(5)]-C_{14}^{6}[f(2)+f(4)]+f(3)\}$$

$$F(5)=\sqrt{14}/7\{C_{14}^{5}[f(0)-f(6)]-C_{14}^{1}[f(1)-f(5)]+C_{14}^{3}[f(2)-f(4)]\}$$

$$F(6)=\sqrt{14}/7\{C_{14}^{6}[f(0)+f(6)]-C_{14}^{4}[f(1)+f(5)]+C_{14}^{2}[f(2)+f(4)]-f(3)\}$$

(7) $N=8$

$$F(0)=\sqrt{2}/4[f(0)+f(7)]+\sqrt{2}/4[f(1)+f(6)]+\sqrt{2}/4[f(2)+f(5)]+\sqrt{2}/4[f(3)+f(4)]$$

$$F(1)=\{C_{16}^{1}[f(0)-f(7)]+C_{16}^{3}[f(1)-f(6)]+C_{16}^{5}[f(2)-f(5)]+C_{16}^{7}[f(3)-f(4)]\}/2$$

$$F(2)=\{C_{16}^{2}[f(0)+f(7)]+C_{16}^{6}[f(1)+f(6)]-C_{16}^{6}[f(2)+f(5)]-C_{16}^{2}[f(3)+f(4)]\}/2$$

$$F(3)=\{C_{16}^{3}[f(0)-f(7)]-C_{16}^{7}[f(1)-f(6)]-C_{16}^{1}[f(2)-f(5)]-C_{16}^{5}[f(3)-f(4)]\}/2$$

$$F(4)=\{\sqrt{2}/2[f(0)+f(7)]-\sqrt{2}/2[f(1)+f(6)]-\sqrt{2}/2[f(2)+f(5)]+\sqrt{2}/2[f(3)+f(4)]\}/2$$

$$F(5)=\{C_{16}^{5}[f(0)-f(7)]-C_{16}^{1}[f(1)-f(6)]+C_{16}^{7}[f(2)-f(5)]+C_{16}^{3}[f(3)-f(4)]\}/2$$

$$F(6)=\{C_{16}^{6}[f(0)+f(7)]-C_{16}^{2}[f(1)+f(6)]+C_{16}^{2}[f(2)+f(5)]-C_{16}^{6}[f(3)+f(4)]\}/2$$

$$F(7)=\{C_{16}^{7}[f(0)-f(7)]-C_{16}^{5}[f(1)-f(6)]+C_{16}^{3}[f(2)-f(5)]-C_{16}^{1}[f(3)-f(4)]\}/2$$

在 MPEG-4 中，主要对 Intra 方式下的 DCT 进行了改进，由于在 VOP 边缘处宏块内有些点不是 VOP 内的点，为了减少编码系数，对于非 VOP 内的点不必变换编码，为此 VM 中提出形状自适应 DCT(SA-DCT)变换。任意形状区域被分成相邻的 $M\times M$ 图像块，对区域内的块用标准 $M\times M$DCT，对区域边缘的块采用形状自适应 DCT 算法(S-SADCT)，该算法计算简便，易与现存的混合编码标准(如 H.261，MPEG-1，MPEG-2 等)相容。

首先进行一维的列变换(不等长)，然后进行一维的行变换。算法思路如图 4.11 所示。

图 4.11(a)是分成两个区域的 8×8 Block,前景为黑。

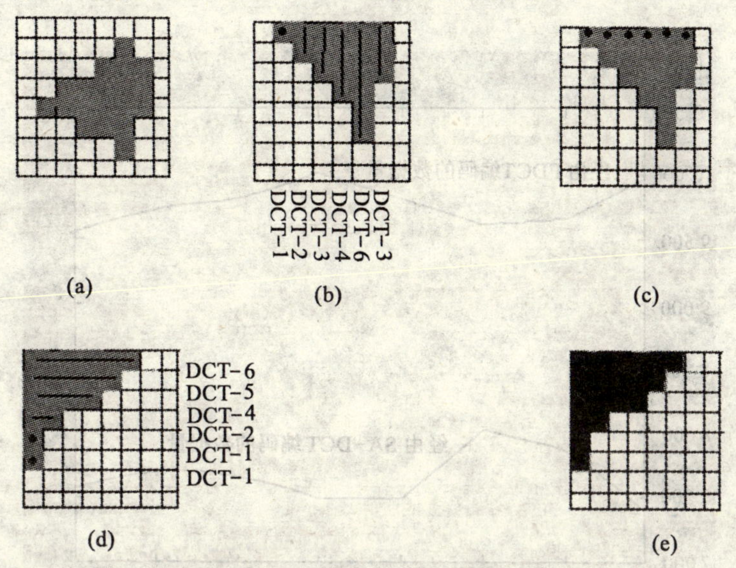

图 4.11　形状自适应 DCT 变换示意图

第一步:对前景作竖直方向的 DCT。

此时先计算每一列属于前景的像素个数,然后将这些像素上移成图 4.11(b)的形式,对各列作长度为 N 的一维 DCT,N 为各列像素个数,所得 DCT 系数按序置于原列上(见图 4.11(c)),DC 系数在最顶端。

第二步:对前景作水平方向的 DCT。

先把各 DCT 系数左移(见图 4.11(d)),然后对每行作长度为 M 的 DCT,M 为各行数据个数,最后得出变换后的系数矩阵(见图 4.11(e))。

换句话说,S-SADCT 是对各列像素作一维 DCT,然后将下标相同的 DCT 系数集中起来再作一维 DCT,最后得到的 DCT 系数位于 $M \times M$ 大小块中,个数与原块中像素个数相同,直流系数在块的左上角。解码时,结合随传过来的形状信息恢复原图数据。

各点 DCT 乘法次数和加法次数如表 4.7 所示。

表 4.7　**各点 DCT 乘法次数和加法次数**

点　数	SaDct 乘次数	SaDct 加次数	每点运算量
2	2	2	2
3	4	4	2.667
4	6	8	3.5
5	18	12	6
6	11	17	4.667
7	31	24	7.857
8	22	23	5.625

对边缘块进行 SA-DCT,可以减少运算量和数据量,根据文献[8]的分析统计,对 SA-

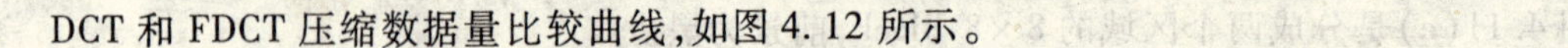

DCT 和 FDCT 压缩数据量比较曲线，如图 4.12 所示。

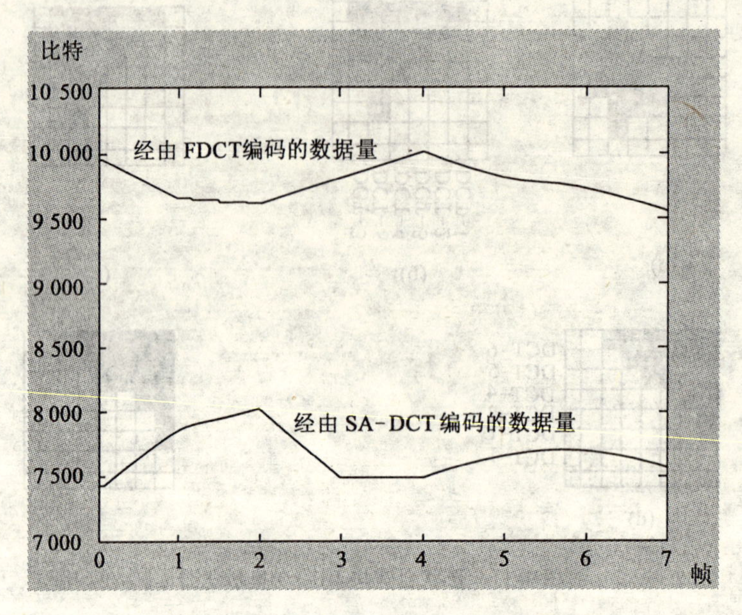

图 4.12　FDCT 和 SA-DCT 数据量比较图

自适应 DCT 实现流程如图 4.13 所示。

4.3.4　视频对象 VOP 纹理编码流程

VOP 纹理编码流程如图 4.14 所示：视频对象被分割出来后，在不同帧中形成 VOP 序列，从基于帧的 VOP 纹理编码开始。首先读入一帧的纹理信息，VOP 纹理编码是对每个 VOP 进行循环处理。VOP 的纹理编码分成两个方面：

(1)帧内 VOP(I-VOP)

帧内 VOP 对 VOP 内的每个像素点都要处理。此时对 VOP 最小矩形框按照 8 × 8 像素划分子块，对于 VOP 外部子块，不做任何处理；对 VOP 内部子块，进行 FDCT、量化、VLC 编码送出，解码端逆过程解码；对 VOP 边缘子块，进行 SA-DCT、量化、VLC 编码送出，解码端逆过程解码。

(2)帧间 VOP(P-VOP)

对于帧间 VOP，首先将属于在 VOP 最小矩形框内但又不属于 VOP 的像素以 0 填充。对 VOP 最小矩形框划分宏块，检测宏块是否有运动。如果没有运动，此宏块是静止宏块，不用编码，只需要传送一个标志位，在解码端接收到此标志后，将前一帧的对应宏块信息原样拷贝到此宏块。如果有运动，进行运动估计；如果运动过大，对此宏块进行帧内方式编码，处理方法同帧内 VOP 中的内部宏块。否则对此宏块进行帧间编码。首先将此宏块和对应运动估计宏块求残差，然后对残差进行 DCT、量化，如果得到的数据全部为 0，就只传送运动矢量，解码端根据运动矢量找到对应的宏块，将对应宏块信息拷贝，解码得出此宏块信息。如果不是全部为 0，就将残差 DCT 及量化后的数据 VLC 传出，解码端得到运动矢量和残差后，将按运动矢量找到的对应宏块信息和残差叠加，得出此宏块解码信息。

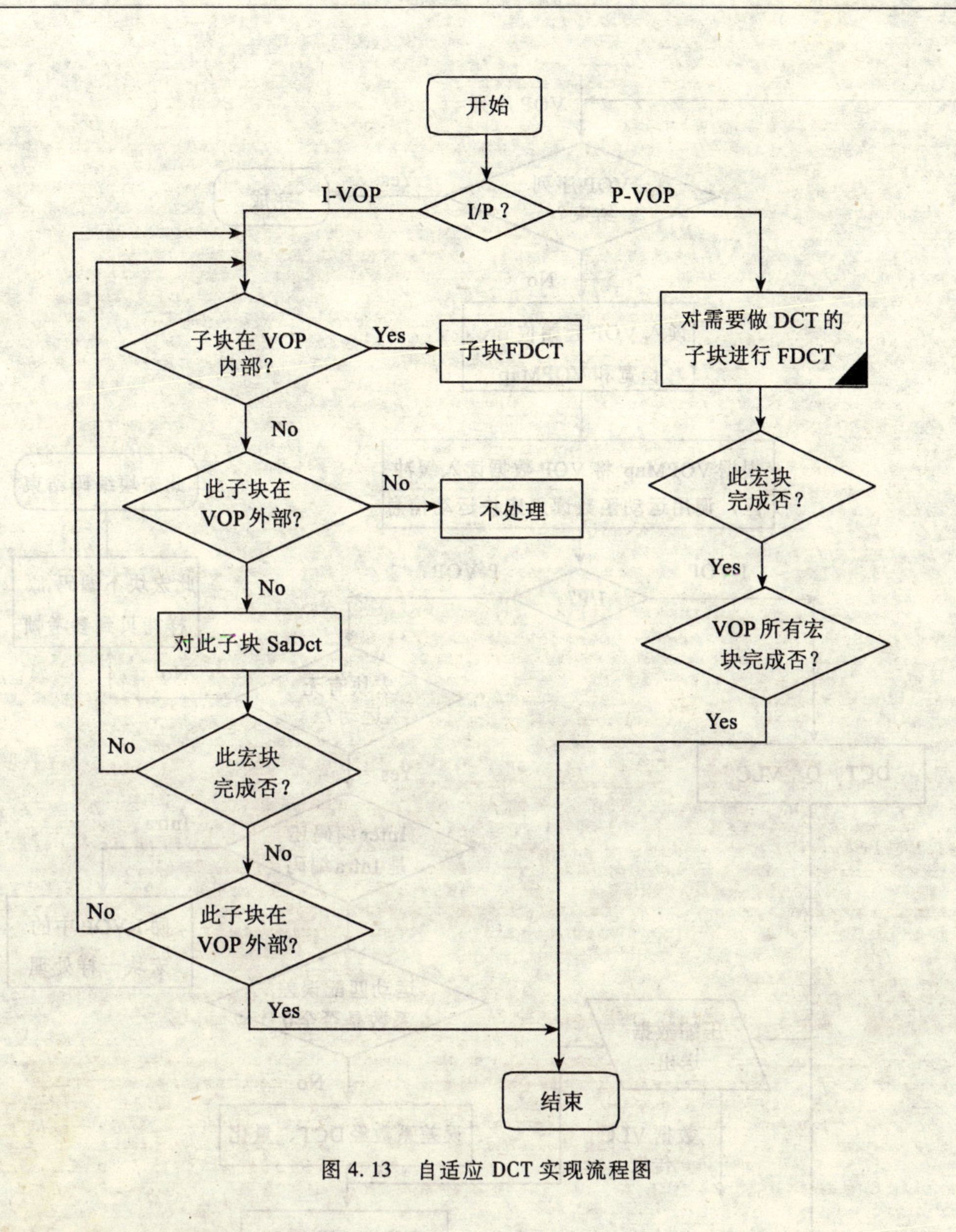

图 4.13　自适应 DCT 实现流程图

4.3.5　纹理分层编码

4.3.5.1　基于像素比特平面的分层编码

对于图像空间域的像素亮度值,按其自然二进码表示的比特位,分别组合为相应的空间二值平面来编码,叫做比特平面编码法。例如,对于用 10 比特表示像素亮度的图像,如果把每个像素的第 j 比特抽取出来,就可以得到比特平面的二值图案。于是图像可以用 10 个比特平面的一组图案来完全地表示,每个比特平面可分别进行二值编码。

显示时,按二进制的比特位从高到低的顺序对各比特平面进行传输或解码,这样图像的清晰度在显示时可以逐渐提高,最后恢复到原始图像的水平。

如果在显示时,根据显示端的精度要求,只对前面 8 个比特平面进行解码,则最后恢复

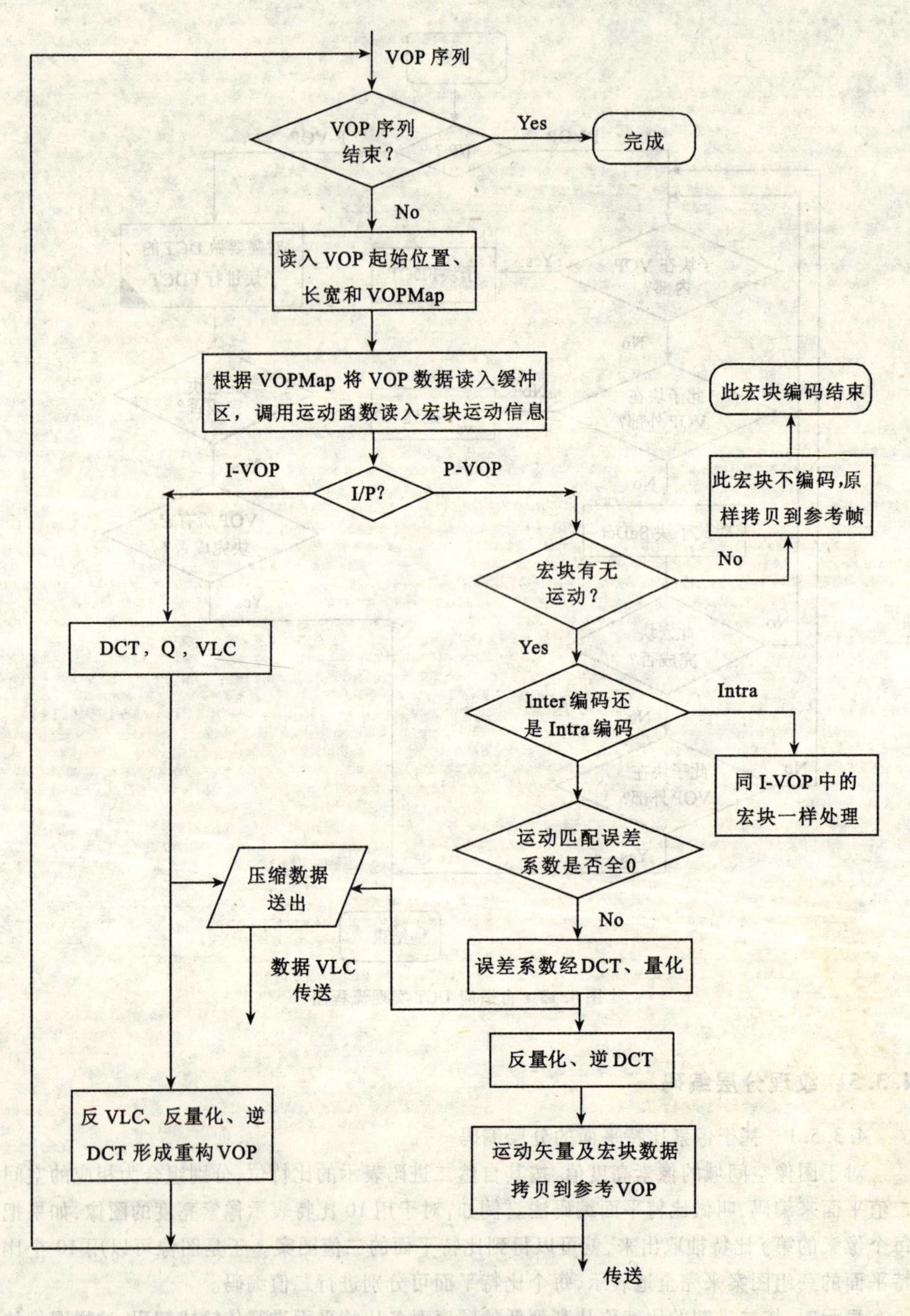

图 4.14 VOP 纹理编码流程图

到8比特精度的图像水平。这样就达到为不同的显示精度与传输码率，提供可控制的分级编解码并恢复显示的手段。

4.3.5.2　基于DCT的纹理分层编码

在DCT变换中，可以在DCT结果系数上进行优先级的分层。一种做法是设定DCT系数所需编码的比特数百分比作为门限，使按Z型扫描编码比特数超过百分比门限时，对剩余DCT系数分配较低的优先级，已经编码DCT系数分配较高的优先级；另一种做法是利用DCT变换系数的能量分布作为区分依据，在扫描过程中能量积累到门限时，对剩余DCT系数分配较低优先级。当网络拥塞时，包含较低优先级的DCT系数的数据包被首先丢弃，对于视频图像而言，即图像的高频部分或细节部分被丢弃，因人眼视觉特性对高频部分不敏感，所以保证了视频图像的主观质量稳定。由于分层编码的特点，低优先级的图像块丢失可以简单由高优先级的图像块代替，减少了数据包丢失的影响。本节讨论一种简单的基于DCT变换系数的频域特性分层算法。

(1)基于DCT的累进操作方式编码

图像编码在多次扫描中完成。累进编码传输时间长，接收端收到的图像是多次扫描由粗糙到清晰的累进过程。第一次扫描只进行一次粗糙的压缩，以相对于比总的传输时间快得多的时间传输粗糙图像数据，利用粗糙的压缩数据，先重建一幅质量较低的可识别图像；在随后的扫描中再传送增加的信息，可重建出一幅质量提高了的图像。这样不断累进，直到达到满意的图像质量为止。

有两种较简单的方法来实现累进编码，一种是“频谱选择累进”编码法，另一种是“逐位逼近累进”编码法。它们是对量化的DCT系数块进行编码。第一，在一次扫描中，只对块中被选择的某个频带系数进行编码，这个过程叫做“频谱选择”，因为每一个频带都代表8×8块中空间频谱的一个低频或高频段中的一个频带。第二，在一次扫描中，对当前频带中的系数不是对量化后的全部有效位（满精度）进行编码，而是对一个系数的有效位数分段进行编码，第一次扫描，只取它的最有效的N位进行编码，这个N是可选择项；在随后的扫描中，对剩余的位数进行编码，这个过程叫做“逐位逼近”。这两种方法可以独立地使用，也可以按不同的组合方式混合使用。

算法根据网络信道的实际拥挤状况向分层处理模块提供分层参数m，分层处理模块将8×8子块的DCT系数通过Z型扫描排列。由于通过Z型扫描后的系数具有按频率从低到高的顺序排列的特征，所以此时可以将重新排列过后的系数分成4层（分别称之为0,1,2,3层），同时设3个分层门限a_1,a_2,a_3，在DCT系数扫描过程中当能量积累到一定门限时，则将大于门限值的所有剩余DCT系数配置为0。当网络带宽宽裕时，就选择较大的门限，相应地传送到解码端的DCT系数就比较多，图像质量也相对清晰。当网络带宽比较紧张时，就选择较小的门限，而将大于门限值的剩余系数丢弃。相对于解码后的图像而言，表现为图像的高频部分或细节部分被丢弃，但仍然能够保证视频图像有可以接受的主观质量。

现在看看具体的分层方法。每层系数分别保留1~64,1~a_1,1~a_2,1~a_3个系数，剩余分量置为0。因为这些连续的0分量在经过行程编码和VLC后基本不占用比特数，这样就可在不改变帧格式的前提下实现变比特率的分层编码。对于Inter帧的编码，因为计算出的预测图像与预测误差是相对于上一完整的编码帧，而需要的则应是相对于实际发送的分层后（即损失了部分高频信息）的帧。由于DCT是线性变换，空域中的偏差对应频域中的偏差，所以这些预测误差值的偏差可以在频域中纠正。为此需要一个频域帧缓存，并定义 2 个算子 Tm 和 $T'm$，其中 m 表示分层级。记编码器输出的第 n 帧图像块的第 k 个系数为 $\text{coef}(n,k)$，则：

$$Tm[\text{coef}(n,k)] = \begin{cases} \text{coef}(n,k), & k \leqslant a_m, \\ 0, & k > a_m \end{cases} \tag{4-25}$$

$$T'm[\text{coef}(n,k)] = \begin{cases} 0, & k \leqslant a_m, \\ \text{coef}(n,k), & k > a_m \end{cases} \tag{4-26}$$

其中 $a_m = 64$，则分层处理后输出的系数为 $Hm[\text{coef}'(n,k)]$，其中

$$\text{coef}'(n,k) = \begin{cases} \text{coef}(n,k) & I\text{—帧} \\ \text{coef}(n,k) + T'[\text{coef}(n-1,k)] & P\text{—帧} \end{cases}$$

上式中 $\text{coef}(n-1,k)$ 表示对上一帧进行运动补偿后的预测图像块的系数。显然，算子 Tm 和 $T'm$ 只需少量的加法运算，便于用软件实时实现。

下面研究 DCT 系数的具体划分方案。由于 DCT 系数中的高频分量和低频分量的统计特性是不相同的，如何使分层处理后的图像可以在比特数上和图像质量上都有较平滑的过渡是问题的关键所在。简单的等间距划分是不可能达到平滑过渡的，而应考虑统计意义上的能量均匀划分，同时，I 帧的 DCT 系数与 P 帧的 DCT 系数的统计特性和重要性相差很大。为此需要制定不同的分层方案。经统计，发现能量大多集中在低频系数，且随着频率的增高而逐渐衰减。这一特征对分层方案具有指导作用，通过进一步的实验比较，对于 I 帧取 $a_1 = 26$，$a_2 = 18$，$a_3 = 12$ 可以取得较好的分层效果。I 帧的系数划分如图 4.15 所示。

(a) $m=3$;2.98kbit

(b) $m=2$;3.54kbit

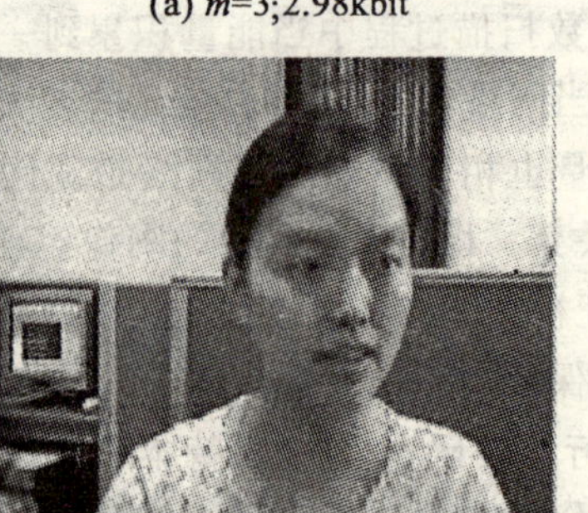
(c) $m=1$;4.24kbit

(d) $m=0$;4.85kbit

图 4.15 四幅不同分级层数的 I 帧

P 帧的系数划分，同样不能采取等距划分的方案而应采取类似的非线性分层方案。由于 P 帧 DCT 系数本身所含的信息量及对应的比特数都远小于 I 帧，其图像质量和比特数对分层处理不太敏感，所以不能采用 I 帧的划分方案。通过实验比较，可以取 $a_1=18, a_2=8, a_3=1$。这样，在对 P 帧进行分层处理时对应的分层图像比 I 帧保留了更少的系数，甚至在最低层只保留直流分量。P 帧的系数划分如图 4.16 所示。

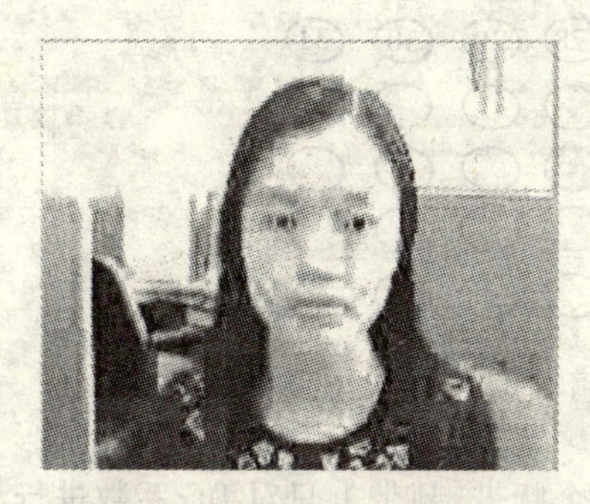
(a) m=3;0.85kbit

(b) m=2;1.54kbit

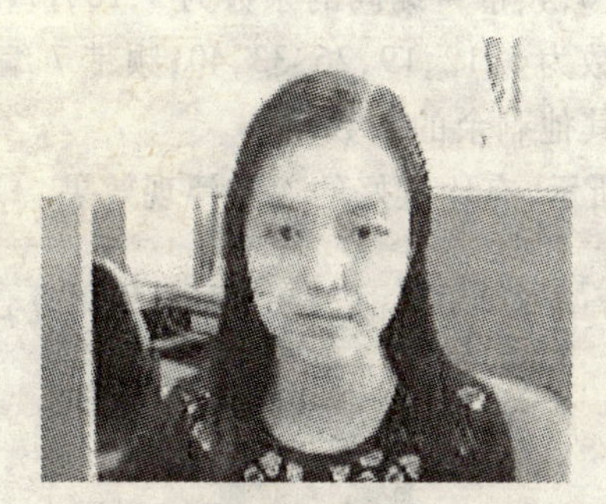
(c) m=1;1.87kbit

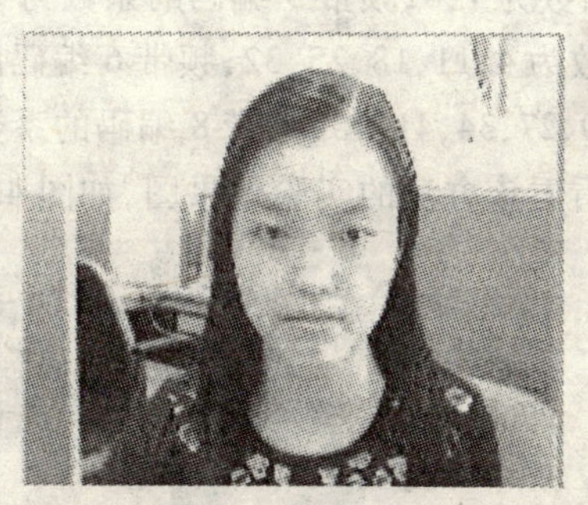
(d) m=0;2.23kbit

图 4.16　连续 4 帧不同分级层数的 P 帧

(2)基于 DCT 频带选择的分层编码方法

我们将 8×8 的 DCT 块中 64 个系数根据频率特性将它们分为若干频率带，每次传输一个频带的系数，分若干次将所有的频带都传输过去，则在解码端将会有逐步浮现的效果。如果是简单地以平均的方式对 64 个系数进行频带划分，每个频带都有相同数量的系数。我们发现以这样的方式，很难达到解码出来的图像能从模糊到清晰的逐步浮现，而将会出现图像质量的跳变。那么如何划分这 64 个系数，才能使解码端的图像能达到从模糊到清晰的渐进效果呢，这是问题的关键所在。

由于人眼对低频系数比较敏感，而对于高频系数则相对不敏感。低频系数在图像中是对应那些分块信息，而高频系数则是对应图像中细节内容信息。这样就为频带划分提供了理论依据，也就是在频带划分时，对于那些反映分块边界信息的系数要划分得细一些，而对于那些反映细节信息的系数则可以划分得粗一些。DCT 变换是将空域图像信号映射变换到频域空间，这样原来比较分散的能量信息，通过 DCT 变换后变得比较集中，有利于编码。8×8DCT 块有这样的特征：低频系数都集中分布在矩阵的左上角，而高频系数则集中分布在矩阵的右下角。这样的特性又为频带划分提供了依据，实验表明如下的方法进行划分能达到比较好的效果,如图4.17所示。

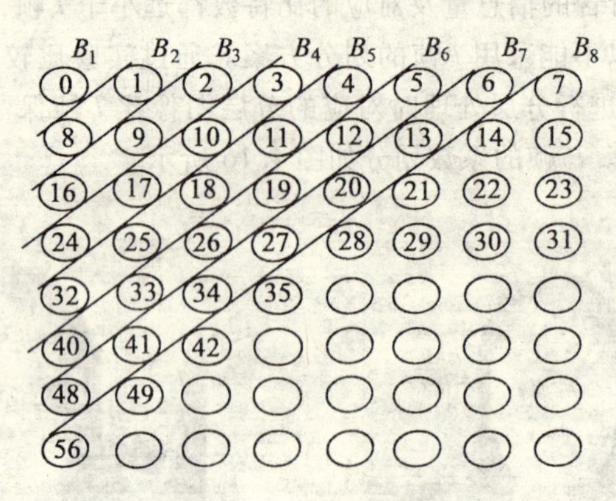

图4.17　频谱划分图

在图4.17中,我们将8×8DCT块划分为8个频带:频带1只对DC系数进行编码;频带2编码的系数为1,8;频带3编码的系数为2,9,16;频带4编码的系数为3,10,17,24;频带5编码的系数为4,11,18,25,32;频带6编码的系数为5,12,19,26,33,40;频带7编码的系数为6,13,20,27,34,41,48;频带8编码的系数为其他剩余的系数。

下面看看该方法的实验效果图,如图4.18所示,有比较好的逐步浮现效果。

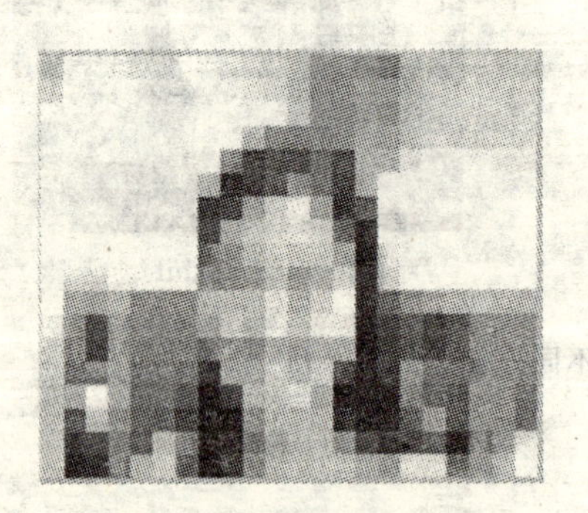

(a)频带1解码后的图像

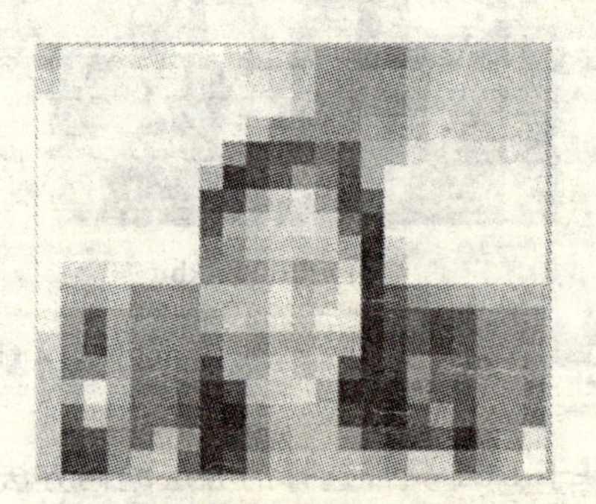

(b)叠加上频带2后的效果

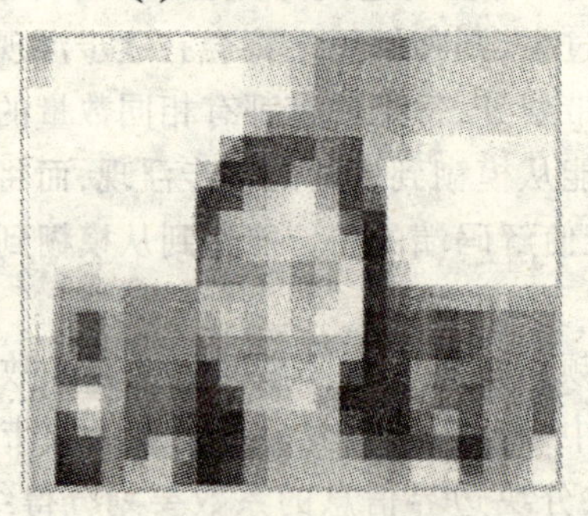

(c)叠加上频带3后的效果

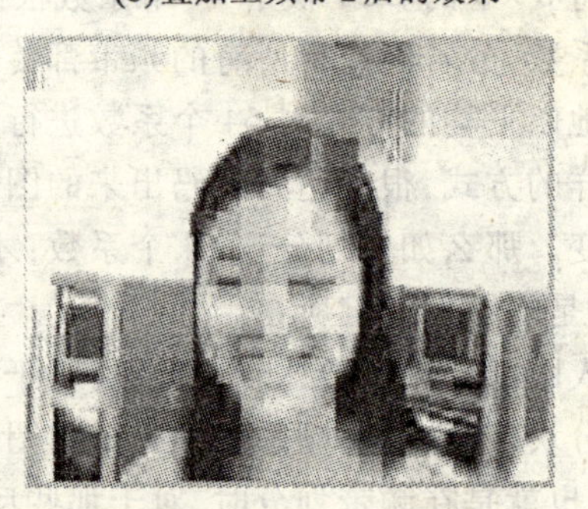

(d)叠加上频带4后的效果

图4.18

(e)叠加上频带 5 后的效果

(f) 叠加上频带 6 后的效果

(g)叠加上频带 7 后的效果

(h)叠加上频带 8 后的效果

图 4.18　基于频带的累进编码的效果图

4.4 量化编码

原图像经过 DCT 变换所得到的频率系数呈现出这样的特点：大部分系数为零或接近于零，低频系数较大，高频系数较小。为了提高编码效率，需要对变换后的系数进行量化，从而一方面可以增加零系数的个数，另一方面可以减小非零系数的表示范围。视频压缩的目的是在给定的比特率下使图像质量最高，这就需要充分利用有限的比特数。通过利用 DCT 表示域中的统计冗余性，使用合适的比特分配能有效地提高系统的编码性能。量化是将 DCT 系数值的精度减小，通过量化和码字分配可以实现比特率压缩。量化是压缩算法中产生失真的根源。量化器设计的好坏直接影响到编码器的性能，人们在设计量化器的时候所需要达到的目标是在给定位率的情况下使量化器的量化失真最小。

4.4.1 量化原理

4.4.1.1　人眼视觉特性

在大多数场合，最终的图像总是由人眼来观察的，就图像编码来说，利用人眼视觉特性具有相当重要的作用。了解人眼的视觉信息处理机制，对图像编码方法研究会提供很好的指导。

长期以来，通过对人眼某些视觉现象的观察，并结合视觉生理、心理学方面的研究成果，人们发现人类的视觉系统有很多特点，主要表现为各种视觉掩蔽效应。这些特点直接或间接地与图像信息的处理有关。图像编码技术中采用的视觉模型，就是利用了人眼的各种视觉将图像压缩后带来的失真,根据香农率失真理论采用更低的编码比特率而使图像的主观质量保持恒定。人眼的视觉特性有很多,这里重点讨论量化方法所利用的特性。

人眼主观上刚可辨别亮度差别所需的最小光强度值 ΔI 称为亮度的辨别阈值。这就是说,当刺激光强 I 增大时,直到变化到某值 $I+\Delta I$ 时人眼才感觉到亮度有变化了。人眼对亮度光强变化的响应是非线性的,定义 Weber 比为 $\Delta I/I$,则在相当宽的光强范围内 Weber 比保持常数为 0.02,但在 I 很低或很高时不是常数。$\Delta I/I$ 又称为静态对比灵敏度。如果有背景,则对比灵敏度不仅与目标物的光强 I 有关,而且与背景亮度 IO 有关。经过测试得出结论:

① 恢复图像的误差如果低于对比灵敏度,则不会被人眼察觉。

② 高频部分在相同的灵敏度阈值下,色差信号 U-R 的空间频率只有亮度 Y 的一半,Y-B 则为 Y 的 1/4,可见表示色差信号所需的像素数比亮度要少得多。

③ 在相同灵敏阈值下,斜向栅格的空间只有正常栅格的 0.7,因此按斜向栅格对图像数据采样所需的频率成分较低。

④ 高频端的灵敏度要小于低频端,因此对这些部分的量化误差可大一些。

性质①,④则在传统的变换编码中被用来作为决定变换系数量化步长和量化级数的参考尺度。

如前所述,时域的图像经过 DCT 变换到了频域。如果能够增加数据 0 的个数,同时又降低非 0 数据的表示范围,对于这样数据进行编码,可以达到较高的压缩比。于是量化技术应运而生,成为数据压缩技术中的关键技术之一。

由于对于信号矩阵正交变换后,系数的能量分布一般比较集中,例如,二维 DCT 变换后的系数矩阵,能量集中在左上角。如果想办法对于能量或能量差分重新量化就可达到信息压缩的目的。量化时对于人眼最敏感的空间频率及能量分布比较大的系数就分配较多的比特率,反之,则分配较少的比特率。但压缩的同时,又要保证有较好的图像还原质量,即最小的量化失真,而这一步就是量化器设计的关键,也是后面提及的实验的最初思想。

4.4.1.2　量化器的设计

(1)基于概率分布的量化器设计

经过 DCT 变换后,各系数分量 $F(k)$ 可以使用标量量化。

设给系数 $F(k)$ 分配 $B(k)$ 比特,然后对每个系数分别量化。假定给定每个系数的平均比特数为 b,那么比特分配问题就是在满足 $\frac{1}{\mathrm{N}}\sum \mathrm{B(k)} = \mathrm{b}$ 的条件下找到一种 $B(k)$ 的分配方法,使量化的均方差最小。1963 年 Huang 和 Schulthesis 发表了一篇关于变换编码分组量化的基准性论文,在这篇论文中,把 $F(k)$ 看成独立的高斯分布的量,且各系数以相等的失真度 D 进行传输,则所需的平均比特最小。如把 $B(k)$ 看成连续的变量,那么每个分量 $F(k)$ 的最小传送比特数为:

$$B(k) = \frac{1}{2}\log_2 \sigma_k^2 / D, k = 0,1,2,\cdots,n-1$$

因此,

$$\frac{1}{N}\sum_{k=0}^{n-1} B(k) = \frac{1}{2}\log_2\left[\prod_{k=0}^{n-1}\sigma_k^2\right]^{1/N} / D = b$$

可得最小失真度为:

$$D_{\min} = \left[\prod_{k=0}^{n-1}\sigma_k^2\right]^{1/n} \times 2^{-2b}$$

最后可得：$B(k)=b+\frac{1}{2}\log_2\frac{\sigma_k^2}{[\prod_{k=0}^{n-1}\sigma_k^2]^{1/n}}$

$B(k)$可能为小数，可以通过取整的方法处理之。

从上式不难计算出对每一个系数$F(k)$分配的比特数$B(k)$，但是必须指出上述结论的假设是高斯分布。

(2)对于二维 DCT，还有另外两种模型

① 基于圆对称协方差结构的模型

其模型为：$$b(k,l)=\sigma^2 l^{-\sqrt{\alpha k^2+\beta l^2}}$$

此模型当：

$$\sigma^2=1,\alpha^{1/2}=\beta^{1/2}=-\ln 0.95$$

时，其时域二维 8×8 比特分配表如表 4.8 所示。

表 4.8

L \ k	1	2	3	4	5	6	7	8
1	6	5	5	3	3	2	2	2
2	5	4	3	3	3	2	2	2
3	5	3	3	3	2	2	2	1
4	3	3	3	2	2	2	2	1
5	3	3	2	2	2	2	2	1
6	2	2	2	2	2	1	1	1
7	2	2	2	2	1	1	1	1
8	2	2	1	1	1	1	1	1

② 使用马尔可夫协方差结构模型

其模型为：

$$b(k,l)=\sigma^2 l^{-\alpha|k|-\beta|l|}$$

此模型当：

$$\sigma=1,\alpha=\beta=-\ln 0.95$$

时，其时域二维 8×8 比特分配表如表 4.9 所示。

表 4.9

L \ k	1	2	3	4	5	6	7	8
1	5	5	4	4	3	3	3	2
2	5	4	4	3	3	3	2	2
3	4	4	3	3	3	2	2	2

续表

L \ k	1	2	3	4	5	6	7	8
4	4	3	3	3	2	2	2	1
5	3	3	3	2	2	2	1	1
6	3	3	2	2	2	1	1	1
7	3	2	2	2	1	1	1	1
8	2	2	2	1	1	1	1	1

上述两种模型与第一类不同，第一类先给出平均比特数 b，然后计算各个系数的具体分配。后两种是直接计算各个系数的比特分配，然后再计算平均使用比特数 b。

这两种模型在使用时为了达到更高的压缩比，经常将一些位于右下角的高频分量割舍。

(3)基于视觉特性的变换编码量化器设计

视频压缩最主要的目的是以尽可能少的数据传送尽可能高的还原质量，因此人眼对图像的质量评价也成为量化器设计成功与否的指标。在设计量化器时应充分重视视觉特性。对于不同区间位置根据其对人视觉影响的不同权，量化采用不同的步长。对彩色图像而言，又根据其亮度与色度信号的不同贡献对亮度和色度采用不同的量化步长。

4.4.1.3　量化器的分类

量化器主要分为三类：

① 均匀量化器，其量化间隔是等长的。

② 非均匀量化器，其量化间隔是不等长的。

③ 自适应量化器，其量化间隔随传送数据而变。

对于已知分布概率及其数字特征的数据，比较容易依概率分布安排量化器的量子，以得到具有最小量化失真的优化量化器。如果分布是均匀的，那么采用均匀量化器较为理想；如果分布是不均匀的，那么采用变长量化器较为理想。对于均匀输入，均匀量化器的最佳输出应是每个量化间隔的中点。

在变换编码中，变换是对图像子块进行的，量化也是针对子块变换后频域系数进行的，系数块矩阵的不同位置，反映了图像数据的不同频率成分，反映了图像的变化情况。一般来说，图像的变化是缓慢的，高频成分少，低频成分多。依据图像的这一性质，我们对系数子块矩阵的不同元素采用不同步长量化，而对于同一图像不同子块的相同位置，采用同步长的量化(即均匀量化)。它的好处在于只有简单的乘除运算，易于硬件实现。

量化是对频域系数子块矩阵某一位置(u,v)进行的。

量化计算式如下：

$$C(U,V) = \frac{[F(U,V) \pm Q(U,V)/2]}{m \times Q(U,V)}$$

其中，$C(U,V)$是量化器的输出，$F(U,V)$是量化器的输入，$Q(U,V)$是量化器的步长，m是量化系数，为的是调节数据流量的大小。

当输入 $F(U,V)$ 是正数时，公式中取 + 号；当输入 $F(U,V)$ 是负数时，公式中取 - 号。这样做的目的是为了保证还原后的精度，进行了四舍五入的运算。

由公式可以看出，当输入处于 $(-Q(U,V)/2, Q(U,V)/2)$ 时，输出是 0；当输入处于 $(Q(U,V)/2, 3Q(U,V)/2)$ 时，输出是 1，依此类推。

当对图像恢复时，逆量化公式如下：

$$F(U,V) = C(U,V) \times Q(U,V) \times m$$

其中，$C(U,V)$ 是逆量化器的输入，$F(U,V)$ 是逆量化器的输出。这样 $C(U,V)$ 为 0 时，恢复的频域值为 0。当 $C(U,V)$ 为 1 时，恢复的频域值为 $Q(U,V)$。在该量化方法中，在量化方或恢复方，都需要一个量化表以记录频域系数子块矩阵每一位置的步长。在实时系统中，量化表需要长驻内存。

彩色图像由 Y,U,V 三分量组成，压缩是对 Y,U,V 分量分别进行的。由于 Y 分量和 UV 分量具有不同的频率特性（人眼对 Y 分量较为敏感，而对 UV 分量的感觉较为迟钝），同时，UV 分量对图像质量的影响较小，实际压缩时使用不同的量化表，即 Y 分量量化表，UV 分量量化表。

4.4.1.4　量化表的形成

在空间域中图片信息均匀分布在所有的像素上，变换后，它仅仅集中在某些系数上。人眼并不能对高频部分作出很好的反应，因而可以随着频率的增加而逐渐增加对系数量化的粗糙程度。如果根本不用传送系数，也就是从严格意义上来说，仅仅用一个替换值就可以量化（也就是 0），在具有高活动性的图片区域，不会感知到编码错误，有时它们被完全屏蔽了。除了这些之外，系数具有不同的统计特性，这可以在修改后的量化过程和编码中使用。

在低活动性的图片区域中，系数的输出很小，这样可以在理论上节省位数，但正好在这些图片区域内特别容易注意到编码错误，对于活动性图片区域的情况恰好相反。

为了解决以上的矛盾，形成量化表有以下的考虑：对于低活动区域量化相对精细，即量化矩阵系数取得相对较小；对于高活动区域量化相对粗糙，即量化矩阵系数取得较大。

众所周知，在 DCT 以后的数据矩阵中 DC 系数代表了图片中的直流部分，剩下的所谓 AC 系数对应于图片段内的对比度和活动度。

那么，量化表最终是怎样形成的呢？简单地说，就是对不同频率的因子进行加权舍入，将高频数据量变小。形成一张量化表共分为五个步骤：

（1）确定大致压缩比

众所周知，在 DCT 之后，大部分数据量集中在低频段，尤其是 DC 系数上，因此量化表对应 DC 系数位置的值即可大致确定压缩比。如压缩比大致为 8，则量化矩阵 (0,0) 位置的值为 8。

（2）确定系数加权矩阵

DCT 之后，交流部分成为 AC 系数，数据矩阵中 AC 系数的不同位置代表了不同频率下的值。对于不同频率人眼的敏感程度不同，根据大量实验，可确定加权矩阵。加权矩阵各有不同，但共同点是低频加权因子较大，即数据保留较多；高频加权因子较小，数据舍去较多。加权因子记为 W。表 4.10 是一张典型的 8×8 的权重矩阵。

表 4.10

1.00	0.73	0.80	0.50	0.33	0.20	0.16	0.13
0.67	0.67	0.57	0.42	0.31	0.14	0.13	0.15
0.57	0.62	0.50	0.33	0.20	0.14	0.12	0.14
0.57	0.47	0.36	0.28	0.16	0.09	0.10	0.13
0.44	0.36	0.22	0.14	0.12	0.07	0.08	0.10
0.33	0.23	0.15	0.13	0.10	0.08	0.07	0.09
0.16	0.13	0.10	0.09	0.08	0.07	0.07	0.08
0.11	0.09	0.08	0.08	0.07	0.08	0.08	0.08

(3)确定活动级别 α

因为具有高图片活动性的段内编码错误不容易被感知,因此可以在这样的段内使用较小的权重系数。一般的做法是搜索段内 AC 系数的最大幅值,用它来确定 α,并用 α 与加权因子 W 来加权所有的 AC 系数。这是利用屏蔽的一个简单方法。

(4)确定缓冲区加权因子 $f(B)$

由于缓冲区大小有限,因此数据速率在缓冲区输入处的波动必会导致每个缓冲区存在溢出的危险。为了避免这种情况,必须引入缓冲区控制,因为可以用量化器的台阶高度方便地控制位率,在熵编码期间,对 AC 系数进行了第三次加权 f,它取决于瞬态缓冲区内容级别 B:在任何给定的时刻,缓冲区越满,则权重系数就越小。

权重系数有如下特点:

① 如果缓冲区正好半满,则没有加权($f(B)=1$)。

② 如果缓冲区没有达到半满,则进行更精细的量化。对于 $F>1$ 的情况,量化台阶将更加精细,而不是粗糙,这样便产生更多的数据。

③ 在较大范围内 $f(B)$ 是常数,以使缓冲区得到最佳的利用。

采用这种方法,则有可能节省那些位于低图片活动区域内的位,并用于更重要的区域。

(5)形成量化表

为了方便计算,上述过程最终体现在一张量化表上。这样只用进行一次除法运算,就能完成三次加权。注意,加权运算为乘法运算,而量化是除法运算,因此量化矩阵因子为加权因子的倒数。

加权具体计算公式如下:

$$C'_{i,j} = \begin{cases} C_{i,j} \times \omega_{i,j} & i=0, j=0 \\ C_{i,j} \times \omega_{i,j} \times a_{i,j} \times f(B) & \text{所有其他情况} \end{cases}$$

其中 $C'_{i,j}$为量化后系数,$C_{i,j}$为量化前系数,ω 为频率权重系数,a 为活动权重系数,f 为缓冲区权重系数。注意,最后要对 $C'_{i,j}$进行舍入计算。

$$q_{i,j} = \begin{cases} \theta & i=j=0 \\ \theta \times \dfrac{1}{\omega_{i,j}} \times \dfrac{1}{a_{i,j}} \times \dfrac{1}{f(B)} & \text{其他情况} \end{cases}$$

其中 θ 为预测压缩比。

让我们来看一个例子：

设θ为8，频率权重系数ω如表4.10所示，活动系数α为0.66，$f(B)$为1。

计算量化表在位置(2,2)处的值：查表4.10得ω为0.50，则

$$q = 8 * (1/0.50) * (1/0.66) * (1/1) = 24$$

依此类推，得到整张量化表如表4.11所示。

表4.11

8	16	15	24	36	60	75	92
18	18	21	29	39	86	92	80
21	19	24	36	60	86	100	86
21	26	33	43	75	133	120	92
27	33	55	120	100	171	150	120
36	52	80	92	120	150	171	133
75	92	120	133	150	171	171	150
109	133	150	150	171	150	150	150

4.4.2　常用量化表

4.4.2.1　JPEG用量化表

JPEG是一个ISO标准，它派生于ISO/IEC JTC1/组委会的静止图像专家小组，它是与国际电信联盟(ITU-TS)合作开发的。它是一个用于连续色调灰度级或彩色图像的压缩标准，它使用离散余弦变换、量化、行程和哈夫曼编码等技术并支持几种操作模式，它包括无损和各种形式的有损模型。

由于JPEG主要针对静态图像，因此它对压缩率的大小相对MPEG来说并不是很高，图像还原质量相对较好。通过后面的实验可看出它与MPEG在这方面的区别，但有一点需要提及的是，上面的区别并不是绝对的，在不同形式的图像中，压缩的效果不同。有个别情况JPEG的压缩率比MPEG的量化压缩率还大，相应的还原质量较差。

在JPEG中并没有明确规定使用哪种量化表，使用者根据自己的需要自行设计量化表，只要是线性的就可以了。设计者可凭着大量的实验及自己的主观观察确定量化表。

在JPEG中对DCT变换系数(尺寸为8×8的块)推荐了一个根据在压缩比Cr为16左右的一个量化表，为了标准起见本文采用它来进行比较。Y亮度量化矩阵如表4.12所示。

表4.12　　Y亮度量化矩阵

16	11	10	16	24	40	51	61
12	12	14	19	26	58	60	55
14	13	16	24	40	57	69	56

续表

14	17	22	29	51	87	80	62
18	22	37	58	68	109	103	77
24	35	55	64	81	104	113	92
49	64	78	87	103	121	120	101
72	92	95	98	112	100	103	99

Cb 色度量化矩阵如表 4.13 所示。

表 4.13 **Cb 色度量化矩阵**

17	18	24	47	99	99	99	99
18	21	26	66	99	99	99	99
24	26	56	99	99	99	99	99
47	66	99	99	99	99	99	99
99	99	99	99	99	99	99	99
99	99	99	99	99	99	99	99
99	99	99	99	99	99	99	99
99	99	99	99	99	99	99	99

4.4.2.2 MPEG 用量化表

ISO 小组制定了 3 种不同运动图像压缩标准,且每一种都有其特殊的用途,但是这些方法并非完全不同,它们中也有交叉的部分。这些方法分别命名为 MPEG-1, MPEG-2, MPEG-4。

MPEG-1 用于在 CD-ROM 上存储 VCR 质量的音频-视频序列。对于 SIF 图像在 12Mbps 下它可达到最佳效果。

MPEG-2 用于在 6Mbps 下的音频质量和多个 CD 质量音频通道,它已经被扩展以达到最佳的 HDTV。

MPEG-4 使用基于内容的技术,它可以在非常低的比特率下达到视频会议的质量。

由于 MPEG 系列是针对运动图像的数据压缩标准,因此它不仅有帧内压缩还有帧间压缩。在实时性要求很高的场合下,要求压缩比要大,而对于图像的质量,由于人眼对运动图像每一帧的分辨能力不是很高,因而要求也不是那么严格。

以 MPEG-2 为例,由于存在帧间和帧内的区别,量化也存在着帧间量化表和帧内量化表。

帧内编码技术的应用对象是 *I* 帧图像、*I* 宏块和预测误差块。由于 *I* 帧图像提供在压缩数据流中随机存取的点,因此对 *I* 帧的压缩不应过粗。MPEG-2 的帧内量化过程与 JPEG 无异;在对一帧中的 8×8 子块进行 DCT 之后,对 DCT 变换后的频域数据采用人的视觉能够接受的量化表进行量化，对平滑灰度变化的块要适当调整量化表，以避免视觉看出块效应。由DCT的变换性质我们知道，其频域系数矩阵从左上角到右下角频率由低到高，量化后许多高频分量已经变成零。为了最大限度地提高编码效率，采用Z形扫描技术将其重新组合，对组合串采用游程编码技术处理。对处理得到的数据采用变长编码（一般用Huffman编码或算术编码）进一步编码。

MPEG-2的帧间量化过程主要是针对P帧（向前预测帧）和B帧（双向预测帧）。在对这些帧与参考帧之间的差分信息进行DCT后，再利用量化表进行量化以进一步压缩数据。由于这些差分后的数据本身就不大，也没有很强的频率相关性，所以量化表可以很粗略。现在一般使用的是全16的矩阵。

表4.14～表4.16是在实际的应用中针对MPEG-2应用环境的量化表（量化表的压缩比Cr为8左右）。

表4.14 **Y亮度量化矩阵**

8	16	19	22	26	27	29	34
16	16	22	24	27	29	34	37
19	22	26	27	29	34	34	38
22	22	26	27	29	34	37	40
22	26	27	29	32	35	40	48
26	27	29	32	35	40	48	58
26	27	29	34	38	46	56	69
27	29	35	38	46	56	69	83

表4.15 **Cb色度量化矩阵**

16	16	16	48	99	99	99	99
16	16	32	48	99	99	99	99
16	32	48	99	99	99	99	99
48	99	99	99	99	99	99	99
99	99	99	99	99	99	99	99
99	99	99	99	99	99	99	99
99	99	99	99	99	99	99	99
99	99	99	99	99	99	99	99

表 4.16 帧间的 Y 分量量化表

16	16	16	16	16	16	16	16
16	16	16	16	16	16	16	16
16	16	16	16	16	16	16	16
16	16	16	16	16	16	16	16
16	16	16	16	16	16	16	16
16	16	16	16	16	16	16	16
16	16	16	16	16	16	16	16
16	16	16	16	16	16	16	16

由此可见在不同的场合使用不同的量化器,而且复杂的量化表一般用于对帧内 *Y* 分量的压缩。

4.4.2.3 2 的幂次方量化表

(1)问题的分析

为了能节省量化处理时间,希望量化表中每个数据都能近似表示成 2 的整数次幂,使在计算时只对寄存器内的数据进行左移或右移即可,就比对这些数据进行乘除运算所占 CPU 的时间要少得多,这样在相同时间内处理的压缩数据的数目就会大大提高。现在剩下的问题就是评价这个量化表,看它是否在可接受图像质量的范围之内,并测出其压缩比。

基于问题的分析,首先提出了以下的 Y 分量量化表,如表 4.17 所示。

表 4.17

8	16	16	16	32	32	32	32
16	16	16	32	32	32	32	32
16	16	32	32	32	32	32	32
32	32	32	32	32	32	32	32
32	32	32	32	32	32	32	32
32	32	32	32	32	32	32	32
32	32	32	32	32	32	32	32
32	32	32	32	32	64	64	64

在表 4.17 量化表中,主要遵循了表 4.14 的分布原则,同时基于过去的主观经验,左上角低频分量量化较细,右下角高频分量量化较粗。

为了考察此表的压缩效果,将其与前面提及的 JPEG 和 MPEG-2 的量化表进行比较(压缩比为 8),对若干幅图像处理,然后计算量化方差和量化处理后数据表中 0 的个数,得到的比较表如表 4.18 所示。

表 4.18

	JPEG 量化	MPEG 量化	2 的幂次方量化
量化方差	372.004	426.083	517.875
0 的个数差	57 608	61 019	61 003

从表 4.18 可见,虽然 0 的个数与 MPEG 基本持平,即数据的压缩率与 MPEG 差不多,但量化的方差太大,比 MPEG 量化大 21.5%,比 JPEG 量化大 39%,以下对该表进行调整改进。

(2)一张改进量化表

在经过反复的比较和调整之后,量化表改进为如表 4.19 所示的量化表。

表 4.19

8	16	16	16	16	16	16	32
16	16	16	16	16	32	32	32
16	16	16	16	32	32	32	32
16	16	16	16	32	32	32	32
16	16	16	16	32	32	32	32
16	16	16	32	32	32	32	64
16	16	32	32	32	32	64	64
16	32	32	32	32	64	64	64

针对同一幅图像,再次量化数据比较如表 4.20 所示。

表 4.20

	JPEG 量化	MPEG 量化	2 的幂次方量化
量化方差	372.004	426.083	355.024
0 的个数差	57 608	61 019	59 422

可以看出,量化方差明显改善,比 JPEG 和 MPEG 都要小,且量化后的数据压缩率在 JPEG 与 MPEG 压缩率之间,属于较理想范围。

(3)增大因子的量化表

基于以上实验,得知上面的量化表方差比 JPEG 与 MPEG 都要小。为了在不大幅影响量化方差的情况下,进一步压缩数据,在参考了许多视觉模型形成的不同的视觉系数加权矩阵后,形成了这样一张量化表,如表 4.21 所示。

表 4.21

8	16	16	16	16	32	32	32
16	16	16	16	32	32	32	32
16	16	16	16	32	32	32	64
16	16	16	16	32	32	64	64
16	16	16	16	32	64	64	64
16	16	16	32	64	64	64	64
16	16	32	64	64	64	64	128
16	32	32	32	64	64	128	128

量化方差比较表,如表 4.22 所示。

表 4.22 量化方差比较表

图像编号	JPEG 量化	MPEG 量化	2 的幂次方量化
1	299.708	426.083	349.389
2	250.159	363.333	209.768
3	389.350	471.214	370.33
4	303.295	417.112	344.129
5	356.943	445.518	321.780
6	362.746	446.344	336.455
7	323.949	452.764	306.788
8	310.654	514.002	428.767
9	332.305	457.688	297.056
10	338.157	484.534	312.332
11	402.490	534.533	387.750
12	402.600	425.797	389.779
13	326.373	475.054	345.670
14	364.592	487.047	338.845
总和	4 763.321	6 401.023	4 738.838

由上可见,2 的幂次方量化表在压缩误差上比压缩比约为 8 的 JPEG 的量化表减少 0.6%,而比压缩比约为 8 的 MPEG-2 的量化表减少 26%。

量化结果数据表中 0 的个数比较列表,如表 4.23 所示。

表 4.23

图像编号	JPEG 量化	MPEG 量化	2 的幂次方量化
1	60 351	61 019	59 905
2	60 557	61 081	59 977
3	60 401	60 846	59 844
4	59 369	59 620	59 669
5	59 097	59 071	59 047
6	60 111	59 736	60 055
7	62 605	62 613	62 784
8	62 762	62 735	61 991
9	62 684	62 689	61 865
10	61 792	61 851	61 097
11	64 109	64 072	64 252
12	62 797	63 353	62 201
13	60 773	60 445	60 499
14	60 003	59 998	59 878
总和	856 711	859 129	853 064

由上可见,量化中的压缩比大致相同。由上表再增加因子,量化方差显著增加。

由于 2 的幂次方量化表比较适应于嵌入式硬件平台,在以上均方差和压缩率与标准量化表相差不大的情况下,采用以上两张量化表可达到加快压缩速度,又不明显降低恢复图像质量的效果。

4.4.2.4　加速量化

一般地一幅图像中有很多子块是亮度均匀的块,块内的各个元素的 Y 分量数值几乎相等。但在常规的方法中,仍然将它进行 DCT 后再量化处理,这就浪费了时间。能不能预先判定是否均匀块,再作量化处理呢?

在进一步研究原始图像后发现,大部分非均匀块中子块与子块之间是平滑过度的,突变的很少。用一种线性的函数来模拟这些平滑的块,而对突变的块进行常规的 DCT 量化过程。这样真正需要量化的只是一少部分突变的块,可以预见码率将大大降低。关键是如何判定块的性质,即如何设定门限值,如何用线性函数模拟平滑块。

(1)门限值的设定

根据 Weber 定律,在均匀背景 l 下,物体的可见性检测门限(对比度敏感门限)Δl 为:

$$\Delta l = 0.02 \times l$$

上式表明,背景越亮,可见性检测门限越高。

一个像素值变化的图像块可以被看成是在均匀背景上叠加一个变化信号。该信号幅度必须达到一定的强度(门限)才能为视觉系统所看见。因此,如果叠加的信号幅度小于视觉系统的检测门限,该图像块可以被认为是均匀的。背景越亮,可允许叠加的信号越强。这种现象称为比度掩蔽。换言之,对于被认为均匀的图像块,亮度高时,允许块内的像素变化也更大些。

对视觉系统的进一步研究表明:对比度敏感门限与背景亮度的关系更接近指数规律。一些更准确的对比敏感度函数已被提出。根据 A. B. Welson 在 1980 年发表的论文对比度敏感门限可表示为:

$$\Delta l = l_a \max\{l, (l/l^a)^a\}$$

其中,L_a 为当 $L=0$(背景亮度为0)时的对比度敏感门限,a 为常数,根据视觉生理实验,其值为 0.6 ~0.7。因此,可以确定一个参数,用以判断图像 $f(x,y)$ 中大小为 $n \times n$ 的块 B 根据对比度敏感门限与背景亮度的非线性关系,用如下公式表示:

$$d(B) = \frac{1}{n^2} \sum_{(x,y) \in B} \omega(m) \frac{|f(x,y) - m|}{m}$$

其中,m 为 B 的均值,$\omega(m)$ 为考虑对比度敏感门限后的加权因子,由下式确定:

$$\omega(m) = (1/m)^a$$

由于这种度量参数考虑了视觉系统的特性,采用了对比度而不是均方误差测量图像块内信号变化的可见度,而且考虑了对比度敏感门限与背景亮度的非线性关系,引入了根据块平均亮度调整的加权因子 ω,因此用这种模型测量均匀块是比较准确的。

设 T_1 为门限值,若 $d(B) < T_1$,则 B 被认为是均匀的否则,B 不均匀。

在区分了均匀块和非均匀块后,如何区分平滑块和非平滑块呢?在一维的情况下,一阶多项式常用来拟合变化比较平缓的数据,这种方法可推广到二维场合。因此,二维一阶多项式近似误差可作为衡量数据是否平滑的标准。基于这种想法,可将每一非均匀块用如下多项式表示:

$$C(x,y) = \alpha + \beta \cdot x + \delta \cdot y$$

系数 α,β,δ 可采用最小均方误差准则求解。

用 C 近似 B 引起的误差为:

$$\mathrm{MSE}(B) = \| f(x,y) - C(x,y) \|_{(x,y) \in B} = \frac{1}{n^2} \sum_{(x,y) \in B} [f(x,y) - C(x,y)]^2$$

设门限为 T_2,则若 $\mathrm{MSE}(B) < T_2$,B 就被分类为平滑块;否则被分类为非平滑块。

(2)编码

分割和分类后,原始图像被分为具有不同局部性质的图像块。根据它们所具有的特点,用不同的编码器编码不同的图像块。

① 均匀块

均匀块采用块均匀值代替。由于均匀块块内的像素值差异很小,利用块均匀值近似后所引起的视觉误差将很小。

② 平滑块

平滑块定义为那些用二维一阶多项式近似后均方差较小的块。这表明对平滑块来说,二维一阶多项式是一种有效的编码方法。

用二维一阶多项式来编码平滑块可表示如下:

$$E(B_k) = \{\alpha_k, \beta_k, \delta_k\}, \forall B_k \in S_2$$

其中,S_2 指的是平滑块集合,B_K 是 8×8 的子块,α, β, δ 为多项式的系数,它们采用 MMSE 准则,即最小均方误差准则求解,求解公式如下:

$$\alpha_k = m_k$$

$$\beta_k = \sum_{(x,y) \in B_k} (x - x_\alpha) \times f(x,y) \Big/ \sum_{(x,y) \in B_k} (x - x_\alpha)^2$$

$$\delta_k = \sum_{(x,y) \in B_k} (y - y_\alpha) \times f(x,y) \Big/ \sum_{(x,y) \in B_k} (y - y_\alpha)^2$$

其中(X_α, Y_α)表示块 B_k 的中心坐标。对于 8×8 的子块来说,若左上角坐标为(X_1, Y_1),那么(X_α, Y_α)为$(X_1 + 3.5, Y_1 + 3.5)$。

③ 非平滑块

非平滑块的编码方式与一般 JPEG 子块编码方式无异,先 DCT,再量化,Z 形扫描等。

④ 实验结果与算法优点

将此算法与 JPEG 相比较。实验结果证明在保持相同压缩率的情况下,此算法的重建图像客观质量比 JPEG 明显改善。随着压缩率进一步降低,效果更加突出,其区别在高分辨率显示器上更加明显。重建图像的主、客观效果表明所提出的算法压缩性能大大优于 JPEG。

在计算复杂度上,与 JPEG 相比,算法也有明显降低。表 4.24 为两种算法对各类图像块所需要的大概计算量。

表 4.24

图像块(8×8)	JPEG 计算量	所提出算法计算量
均匀	DCT 编码	均匀度计算
平滑	DCT 编码	均匀度计算、多项式计算(含误差计算)
非平滑	DCT 编码	均匀度计算、多项式计算(含误差计算)、DCT 编码

从表 4.24 可以看出,均匀度和多项式近似的计算量远小于 DCT,在所提出的算法中,只有少部分图像采用 DCT 编码,因此,其计算复杂度比 JPEG 低得多。

表中未考虑分割过程中 32×32、16×16 块均匀度的计算。由于均匀度计算量比 DCT 小得多,且对于 32×32、16×16 的均匀块,其子块无需再计算。可以认为,对于大多数实际图像,分割所需的计算量与表 4.24 相比可以忽略。

4.4.3 量化编码实施

4.4.3.1 H.263 的量化方法

量化参数 QP 可以取值 1~31,量化步长为 2×QP,下面定义一些标志符：

COF:将要被量化的变换系数。

LEVEL:变换系数量化后的绝对值。

COF′:重构的量化系数。

量化：

对于 Intra 编码方式:LEVEL = |COF| * (2 * QP)

对于 Inter 编码方式:LEVEL = (|COF| - QP/2)/(2 * QP)

除了 Intra DC 系数之外,对所有系数都被剪裁到[-127,127]范围内。

逆量化：

|COF′| =0　　　　如果 LEVEL =0;

|COF′| =2 * QP * LEVEL + QP　　　　如果 LEVEL 不等于 0,且 QP is odd

|COF′| =2 * QP * LEVEL + QP - 1　　　　如果 LEVEL 不等于 0,且 QP is even

重构的变换系数为 COF′ = Sign(COF) * |COF′|Sign(COF)表示 COF 的符号。在 IDCT(逆 DCT 变换)之前,要先将逆量化后的值剪裁到[-2 048,2 047]范围内。Intra 块内的 DC 系数量化如下:(Intra 的 DC 系数量化后用 8 位表示。)

量　化:LEVEL = COF//8　　　　//表示四舍五入。

逆量化:COF′ = LEVEL * 8

4.4.3.2 MPEG-4 中的量化方法

(1)DC 系数量化

在 Intra 宏块内部,亮度块成为类型 1 块,色差块成为类型 2 块：

- 类型 1 的 DC 系数通过类型 1 的非线性标尺来量化；
- 类型 2 的 DC 系数通过类型 2 的非线性标尺来量化。

非线性量化策略提供一种在压缩效率和图像质量上的折中方法,这个技术的关键点如下：

- 亮度和色差信号有独立的标尺,色差具有较小的标尺；
- 对于编码宏块使用非线性的 DC 系数标尺量化 DC 系数；
- DC 标尺可以通过启发式实验方法获得；
- DC 系数标尺的非线性功能可以通过在预先确定的断点之间的线性近似来获得。

表 4.25 通过分段线性近似指定了非线性的 DC 标尺的表示。

表 4.25　**DC 标尺**

类型		量化参数(QP)范围内的 dc-scaler			
		1~4	5~8	9~24	25~31
亮度	Type1	8	2QP	QP+8	2QP-16
色差	Type2	8	(QP+13)/2		QP-6

量化：level = dc_coef//dc_scaler

重构的 DC 系数值：dc_rec = dc_scaler * level

(2)AC 系数量化

AC 系数首先使用单独的量化因子重新度量：

$$ac\sim[i][j] = (16\times ac[i][j])//w_I[i][j]$$

其中 $w_I[i][j]$ 是缺省 Intra 量化器矩阵的第 $[i][j]$ 个元素，然后量化结果 $ac\sim[i][j]$ 被裁减到[-2 048,2 047]范围内。表 4.27 所示的是一个 Intra 的量化器矩阵。

根据量化参数 QP 再对重新度量的 DCT 系数进行量化。

它的量化系数 QAC[i][j]：

$$QAC[i][j] = (ac\sim[i][j] + \text{sign}(ac\sim[i][j])\times((p\times QP)//q))/(2\times QP)$$

最后将 QAC[i][j] 裁剪到[-127,127]范围内。在 VM12.0 中 $p=3, q=4$。

(3)非 Intra 宏块的量化

在 P-VOP 和 B-VOP 中的非 Intra 宏块用一个统一的量化器。表 4.26 所示的是非 Intra 的量化矩阵。

首先重新度量 DC 和 AC 系数：

$$ac\sim[i][j] = (16\times ac[i][j])//w_N[i][j]$$

其中 $w_N[i][j]$ 是非 Intra 的量化矩阵的元素。然后量化：

$$QAC[i][j] = ac\sim[i][j]/(2\times QP)$$

最后将量化系数 QAC[i][j] 裁剪到[-127,127]范围内。

表 4.26　**非 Intra 的量化矩阵**

8	17	18	19	21	23	25	27
17	18	19	21	23	25	27	28
20	21	22	23	24	26	28	30
21	22	23	24	26	28	30	32
22	23	24	26	28	30	32	35
23	24	26	28	30	32	35	38
25	26	28	30	32	35	38	41
27	28	30	32	35	38	41	45

表 4.27　**Intra 的量化矩阵**

16	17	18	19	20	21	22	23
17	18	19	20	21	22	23	24
18	19	20	21	22	23	24	25
19	20	21	22	23	24	26	27

续表

20	21	22	23	25	26	27	28
21	22	23	24	26	27	28	30
22	23	24	26	27	28	30	31
23	24	25	27	28	30	31	33

在此 MPEG-4 纹理编码中，量化处理流程如图 4.19 所示。

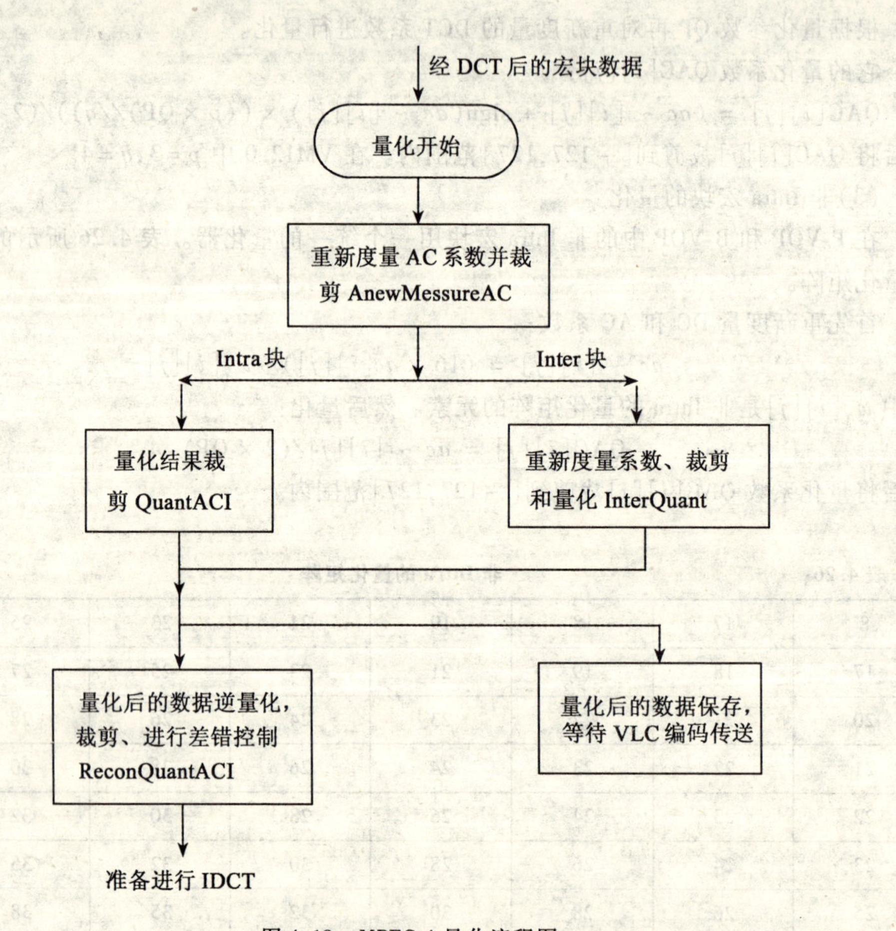

图 4.19 MPEG-4 量化流程图

经过 DCT 后的宏块数据开始量化，首先判断是 Intra 宏块还是 Inter 宏块，根据宏块的不同，选用表 4.27 或表 4.26 给出的量化矩阵，裁剪系数至[-2 048, 2 047]，然后确定量化级数。

比较 H.263 和 MPEG-4 提供的量化方法，经过测试，得出 MPEG-4 的量化方法压缩比大于 H.263 的量化方法压缩比的 1.2 倍，还原后图像效果相差无几，因此，MPEG-4 给出的量化方法是优于 H.263 的。

4.4.4 量化与方块效应

4.4.4.1　方块效应的成因

在量化实验过程中，可以见到恢复图像子块与子块之间边界比较明显，亮度过度不平滑，即出现了所谓“方块效应”。这种现象明显影响了图像质量，应该予以消除。

那么，为什么会有“方块效应”呢？原因主要有两个：

① 因为在低比特率的数据压缩过程中引入了高频量化误差。在编制量化表时一般通过加大量化矩阵中的高频系数来滤掉高频数据，因此还原后自然有所偏差。

② 更重要的原因是：一幅图像原本是一个整体，但为了便于计算，人为地将它划分为多个 8×8 子块，分别进行运算压缩。这样就割裂了块与块之间的自然相关性，造成了边缘的不连续性，即方块效应。

4.4.4.2　消除方块效应的方法

目前，许多国家的专家学者都在努力解决基于分块的编码图像的方块效应。解决的方法主要分为两类：前处理与后处理。

(1)前处理

在这种算法中，首先仍然将图像划分为 8×8 的子块，但划分的方式有所不同。在各子块之间有重叠区域。在恢复图像之前，将重叠区域内的数据进行加权平均，这样就使块与块之间过度平滑，减少了方块效应。下面就是子块划分对比图，如图 4.20 所示。

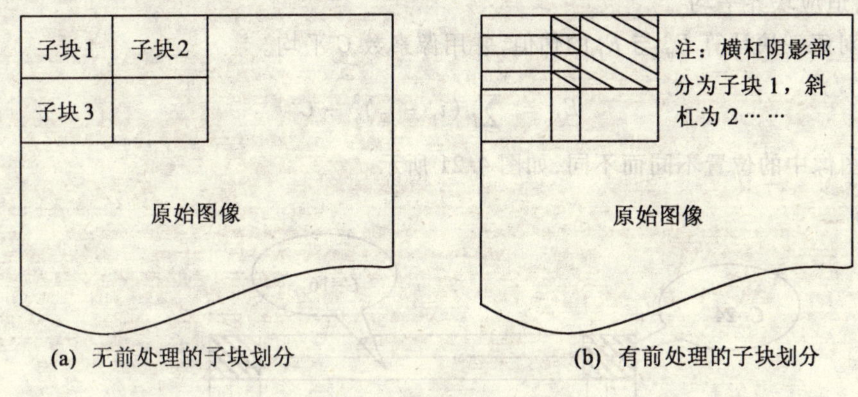

(a) 无前处理的子块划分　(b) 有前处理的子块划分

图 4.20　子块划分对比图

这种方法显而易见的缺点就是提高了图像传输的比特率，加重了编解码的负担。

(2)后处理

后处理，顾名思义即是指在图像恢复后，对之进行处理，滤掉方块效应，再在屏幕上显示出来。

在图像域中随着图像内容的不同，“块效应”有着不同的表现，所以对于有效的后处理方法，区分不同的噪声并用不同的方法处理十分重要。

图像噪声主要有以下几种：

梯形噪声：在图像的强边缘处出现，在低码率下，DCT 的高阶系数被量化为 0，结果与强边缘有关的高频分量在变换域内不能被完全体现；又因为每个块被分别处理，不能保证穿过边界的强边缘的连续性，导致在图像边缘处出现锯齿状噪声，称之为梯形噪声。

格形噪声：多在图像的平坦区域出现。在变换域内 DC 分量体现了该块大部分的能量，所以在平坦区如果有亮度的递增或递减，可能会导致 DC 分量越过相邻量化级的判决门限，造成在重建图像中边界处出现亮度突变，表现为在平坦区域内出现的片状轮廓效应，称为格形噪声。

纹理噪声：多出现于图像的纹理区域，如有很多随机方向的边缘的区域，是梯形噪声与格形噪声的综合，由于人眼的掩蔽效应，这部分噪声主要感觉不明显。

那么如何判定块效应的严重程度？显然只靠人眼是远远不够的，还需要一种客观的量度。

有一种比较传统的简单测量方法：假定 i_1 与 i_2 是位于不同块的相邻像素，由于压缩前的图像中 i_1 与 i_2 有很大相关性，但经过压缩后由于量化的原因，它们之间的相关性大大减弱，用所有这些像素的差的平方和表示块效应的严重程度：

$$E_L = \sum (i_1 - i_2)^2$$

用相同的方法计算在同一块内的像素而得到的 E_d 作为原图像 E_l 的估计值，如果估计值小于 E_l，则表示有严重的"块效应"，拟做块边界的平均。

后处理有很多算法，如低通滤波、中值滤波、基于边缘提取的 DCT 变换域算法、小波分析等，这里推荐一种相对简单有效的算法。

算法分为两步：

1）自适应块界平均

首先对每一块计算 E_d 与 E_l 的估值，并用像素数 C 平均。

$$E_K = \sum_{i}^{\text{块边界}} (i_1 - i_2)^2 \div C$$

C 随块在图像中的位置不同而不同，如图 4.21 所示。

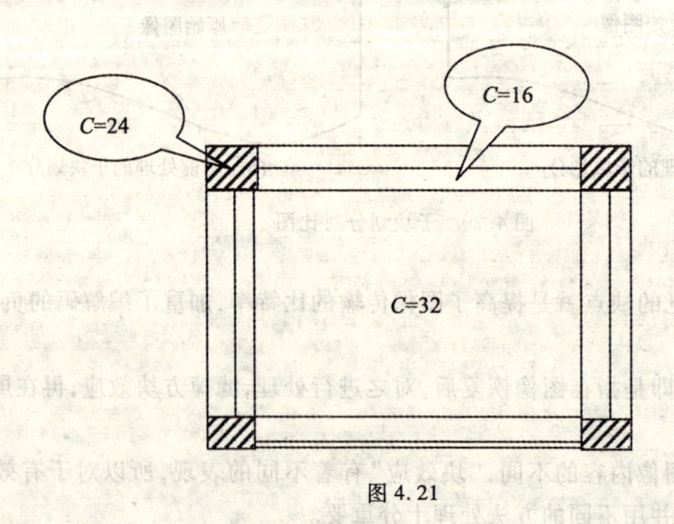

图 4.21

$$E_d = \sum_{i}^{\text{块内}} (i_1 - i_2)^2 \div (14 + 49 \times 2)$$

对于 E_d 在块内计算 $i_1 - i_2$ 的顺序是自左至右，自上而下，对每一像素只计算与上方和左方的像素之差，如图 4.22 所示。

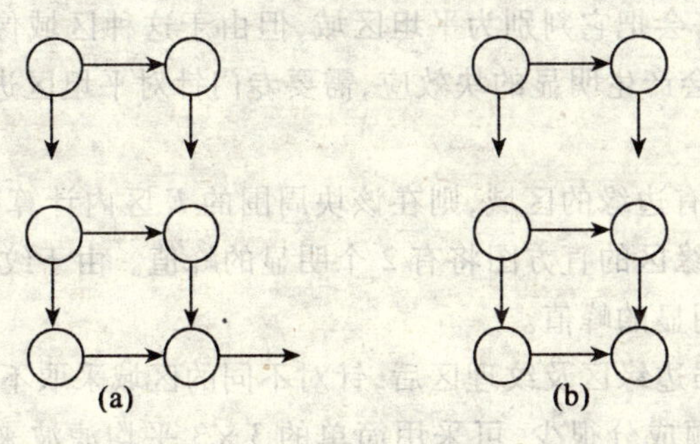

图 4.22

如果 $E_l > E_d$，则根据

$$\alpha \in [0,1]$$

$$\lim_{E_d/E_1 \to 0} \alpha = 0.5$$

$$\lim_{E_d/E_1 \to 0} \alpha = 1$$

构造自适应处理函数

$$\alpha = 0.5 + 0.5\sqrt{E_d/E_l}$$

然后利用平均后的 i_3, i_4 分别代替 i_1, i_2，如下式所示：

$$i_3 = \alpha \times i_1 + (1-\alpha) i_2 \qquad i_4 = \alpha \times i_2 + (1-\alpha) i_1$$

2）基于边缘检测的平滑

经过第一步的块边界平均后，在块内会出现不连续的情况，为了进一步平滑图像同时又要保持图像的细节不受损伤，我们采用边缘提取算法将图像分为不同的区域，并针对不同的区域采用不同的滤波算法。

分辨边缘与平坦区的算法如下：

① 设置计数器 K, L 的初值为 0，用 $X_{i,j}$ 表示在 8×8 块内的第 (i,j) 个像素点，用 X_α 表示二者的平均值。

② 设 T 为预制的阈值，对于所有的水平相邻像素执行如下计算：

$$\nabla x_{i,j} = x_{i-1,j} - x_{i,j}$$

$$x_\alpha = (x_{i-1,j} + x_{i,j})/2$$

其中，$i = 1, 2, \cdots, 7$；$j = 1, 2, \cdots, 8$

计算：

$$d_e = \nabla x_{i,j} / x_\alpha$$

如果 $d_e > T$，将 K 加 1，如果 $d_e < -T$，将 K 减 1。

③ 对于所有的垂直像素，执行下列运算：

$$\nabla x_{i,j} = x_{i,j-1} - x_{i,j}$$

$$x_\alpha = (x_{i,j} + x_{i,j-1})/2$$

其中，$i = 1, 2, \cdots, 8$；$j = 1, 2, \cdots, 7$ 计算 d_e，如果 $d_e > T$，将 L 加 1，如果 $d_e < -T$ 将 L 减 1。

④ 令 m 为预设的阈值,它表示边缘段的最小长度。如果 K 与 L 的绝对值都小于 m,则该块所在区域为平坦区域,否则为有边缘的区域。这样如果出现相邻或相近像素交替急剧变化的区域,用此算法将会把它判别为平坦区域,但由于这种区域像素间相关性很小,在基于 DCT 的压缩处理后,会产生明显的块效应,需要专门针对平坦区进行滤波处理,减轻块效应。

如果块所在区域为有边缘的区域,则在该块周围的 E 区内计算直方图以分辨该区域是否纹理区。典型的强边缘区的直方图将有 2 个明显的峰值。由于纹理区域的空间状态较复杂,一般最多只有一个明显的峰值。

在分辨出平坦区、强边缘区及纹理区后,针对不同的区域采取不同的滤波平滑图像。对于平坦区来说,由于高频成分很少,可采用简单的 3×3 平均滤波来滤除格状噪声,公式如下:

$$Y_K = \frac{\sum_{i,j\in\omega} X_{i,j}(k)}{9}$$

其中,ω 为以 $X(k)$ 为中心的 3×3 窗口。

对于含有强边缘的区域,采用 5×5 的中值滤波器来滤除梯形噪声。由于中值滤波器对于边缘有很好的保持作用,所以对图像细节损伤不大。

对于含纹理的区域,由于人眼的掩蔽效应,纹理噪声在这里并不明显,如果滤波器特性不好反而会损伤图像细节,所以对该区域,一般不加处理。

此算法相对简单,效果较好,块效应不明显,基本没有降低清晰度,但峰值信噪比有所提高。

4.4.5 量化与码率控制

4.4.5.1 量化与码率控制的关系

在可视电话、视频会议等实时性很强的系统中,由于一般是通过通常信道,如电话线传输的,而这些信道传输要求均匀码流;但通常的数据压缩算法和核心是混合编码,由于混合编码中变字长编码产生的是不均匀码流;这样就产生了矛盾,因此需要一个输出缓存器完成码流的均衡作用。在输出缓存器中存储着即将要发出的帧,如果检测到码率偏高,就调节使之降低下来。

根据量化公式:

$$C(U,V) = F(U,V)/Q(U,V)/m$$

m 即量化因子,为大于 1 的常数。由上式可得,当 m 增加时,编码输出的数据减小,也即 0 的个数增加,码流减少,码率得到控制。

4.4.5.2 码率控制策略

(1)传统的码率控制

传统的码率控制策略就是通过监视像素之间的差别,将其转化为量化尺度因子反馈给量化器进行调节,并且总是通过输出缓存器调节局部编码比特数变化,同时保证所要求的全局性能,因此,亦称为输出缓存器控制策略。

这种策略的思想如下:

检测实际缓存器的占有率 C,如果 C 超过一定的门限值 T 则加大 m(量化尺度因子),m 增加,自然,码率减小,缓存器占有率 C 下降,再将 m 恢复原有水平,避免图像质量下降。

这种策略的缺点:

从上面的描述可以看出,调节在发端进行,且只对码流不对帧,对重要的 I 帧并没有加权,这样造成 I 帧失真较大;同时由于 P 帧与 B 帧都是参考 I 帧得到的,I 帧的失真加大,势必造成 PB 帧的图像质量严重下降,产生了所谓积累误差;而且由于是通过实际缓存器占有率来调节,与信道常码率传输只是间接关系,难以保证信道传输的常码率。

(2)虚拟缓存器控制

基于上述考虑,在 MPEG-2 中引入了虚拟缓存器(Vritual Buffer)的概念,其基本思想是不同帧类型(I,P,B)因压缩率的不同,分配以不同的比特数。这样,通过三种类型图像码字分配的动态平衡就可以达到总压缩比下的图像质量要求,即保持每个图像组(GOP)以常码率传输。

以 MPEG-2 Test Model5 的码率控制策略为例:

该控制策略分为以下两个步骤:

1)目标比特分配

① 复杂度估计

根据已编码的帧,按 I,P,B 帧不同,定义各自的全局复杂度为:

$$X_{I,P,B} = S_{I,P,B} \times Q_{I,P,B}$$

其中,S 为最近已编码 I,P,B 帧的编码比特数;Q 为相应的帧平均量化级。由于 I,P,B 帧复杂度不同,反映其不同的压缩效率,据此可给 I,P,B 帧分配以不同的比特数,从而实现符合图像内容的高效压缩。通常,I 帧可分配比特数为 P 帧的 2~3 倍,为 B 帧的 4~6 倍。

② 设置当前编码帧可编码比特数

$$T_I = \max\left\{\frac{R}{1 + N_P X_P (X_L K_P)^{-1} + N_B X_B (X_L K_B)^{-1}}, R_{\text{ret}}\right\}$$

$$T_B = \max\left\{\frac{R}{N_B + N_P K_B X_P (X_B K_P)^{-1}}, R_{\text{ret}}\right\}$$

$$T_P = \max\left\{\frac{R}{N_P + N_B K_P X_B (X_P K_B)^{-1}}, R_{\text{ret}}\right\}$$

其中:Rret = bit rate/(8 * picture rate);K_b 和 K_p 为依赖于量化权矩阵的常数,分别为 1.0 和 1.4;R 为 GOP 中至当前帧剩余可编码的帧数,$R=R-S$;GOP 开始时,$R=G+R$,$G=$ bit rate * N/picture rate,N 为 GOP 的帧数,整个序列开始时,$R=0$;N_p 和 N_b 分别为至当前帧 GOP 剩余 P,B 帧的数目。通过上述图像全局复杂度测度的加权,就可以给出 T_i,T_p,T_b。在场景不变的情况下,上式可以给出合理的可分配比特数,同时,每编码一帧,R 刷新一次,从而可充分保证每个 GOP 获得精确常码率。在场景切换时,前后图像复杂度有较大差别,将造成所分配比特数不合理,引起图像质量严重下降。

2)码率控制

利用虚拟缓存器,通过每个宏块实际编码比特数与分配的目标比特数的差最终完成量化尺度因子的调节,并且这种差值在虚拟缓存器中是积累的,在编码宏块 $j(j \geqslant 1)$之前,计算虚拟缓存器的占有率:

$$d_j^{I,P,B} = d_D^{I,P,B} + B_{j-1} - \frac{T_{I,P,B}}{\text{MB. cnt}} \times (j-1)$$

其中，d_D 为三种帧类型虚拟缓存器的初始占有率；B_j 为图像中至第 j 个宏块已编码比特数的总和；MB. cnt 为每帧图像之宏块总数；d_j 为三种帧类型在第 j 个宏块时虚拟缓存器占有率，由此可得第 j 个宏块可参考量化尺度因子：

$$Q_j = 31d_j/r$$

式中，r 为反映参数，$r = 2 \times \text{bit. rate/picture. rate}$

策略优点：

上述码率控制策略根据三种不同类型帧压缩率不同，预分配了不同的比特数，而码率控制是通过监视虚拟缓存器状态，在宏块级上调节量化因子，以使实际帧编码比特数尽可能接近于预分配帧编码比特数，它符合 MPEG-2 标准定义的视频缓存校验器对缓存器不产生"上溢"或"下溢"的要求。上述策略可以较精确地控制码率及合理地分配码字，实际缓存器占有率始终保持在 25% ~75% 的安全范围内。

4.5　变长编码(VLC)技术

4.5.1　哈夫曼(Huffman)编码

哈夫曼编码是变字长编码。在变字长编码中，编码器的编码输出是字长不等的码字，按编码输入信息符号出现的统计概率，给输出码字分配不同的字长。对于编码输入大概率的信息符号，赋予短字长的输出码字；对于编码输入小概率的信息符号，赋予长字长的输入码字。可以证明，按照概率出现大小的顺序，对输出码字分配不同码字长度的变字长编码方法，其输出码字的平均码长最短，与信源熵值最接近。

哈夫曼编码的具体步骤归纳如下：

① 概率统计（如对一幅图像或 m 幅同种类型图像作灰度信号统计），得到 n 个不同概率的信息符号。

② 将 n 个信源信息符号的 n 个概率，按概率大小排序。

③ 将 n 个概率中，最后两个小概率相加，这时概率个数减为 $n-1$ 个。

④ 将 $n-1$ 个概率，按大小重新排序。

⑤ 重复步骤③，将新排序后的最后两个小概率再相加，相加的和与其余概率再排序。

⑥ 如此反复重复 $n-2$ 次，得到只剩两个概率的序列。

⑦ 以二进制码元(0,1)赋值，构成哈夫曼码字，编码结束。

哈夫曼码字长度和信息符号出现的概率大小次序正好相反，即大概率信息符号分配码字长度短，小概率信息符号分配码字长度长。

4.5.2　行程编码(RLC)

行程编码(Run Length Code)，也称行程长度编码。行程编码是无失真压缩编码方法。计算机多媒体静止图像数据压缩标准算法中就采用了行程编码方法。

行程编码的基本原理是建立在图像的统计特性基础上的。如在传真通信中，所传的文件多数为二值(黑、白)图像,每个像素的灰度为黑(1)、白(0)表示的二级灰度。如果每个像素用一位二进制码(0,1)直接传送,那么一帧图像编码输入码元数等于该帧图像的像素总数,当分辨率提高,像素点数猛增,码元数随之激增。传送时间加长、存储空间也越大。所以通常没有这样做,而是采用压缩编码传送,在接收端解码,还原原始文件。

对于黑、白二值图像,由于图像的相关性,每一行扫描线总是由若干段连续的黑像素点和连续出现的白像素点构成的。黑(白)像素点连续出现的像素点数称行程长度,简称长度。黑像素点的长度和白像素点的长度总是在交替产生,交替产生变化的频度与图的复杂度有关。现在我们把灰度1(黑)与1的行程长度、0(白)与0的行程长度组合,构成编码输入码元而进行编码,并按其出现的概率,分配以不同码长的码字,大概率以短码、小概率以长码。

同样道理,对于灰度图像或是彩色图像,也可以将灰度值(或彩色值)与其行程长度组合在一起作为编码输入的码元进行编码。

因为文字输入的二值图像、黑白图像或彩色图像,它们的分布都属于平稳的随机分布,在同一行或相邻行的像素之间具有强的相关性,采用行程编码会取得满意的压缩效果,但是如果所压缩的对象是一幅纯粹随机的"沙土型"图像,行程编码效果非常糟糕,平均码长增加。

4.5.3 MPEG-4 中的可变长编码

在 MPEG-4 的 VOP 纹理编码中,量化数据经过码字分配后,形成用于传输的数字码流。在视频压缩中,大多数变换系数经常被量化为0,会有一些非0的低频系数和稀散的非0高频系数。为此,将二维变换系数数组重新排列,通过Z形扫描处理,按优先顺序排成一维序列,这使得大多数非0系数(代表能量和视觉敏感)集中到序列前部,后面跟着长串的量化为0的系数,这些0值系数可以使用行程编码。在行程编码中,一个非0系数前连续系数的数量(行程)被编码,后随的是非0系数。行程和系数值既可以独立也可以联合进行熵编码。扫描将多数0和非0系数编成组,这样可提高行程编码的效率。另外,当序列中的剩余系数都为0时,要用一个特殊的块尾标志(EOB)来指示。MPEG-4 中的 VLC 是哈夫曼编码和行程编码的结合。

(1) Intra 方式宏块的 VLC 编码

VLC 编码即可变长度编码。VLC 编码中使用 Z 形扫描、交替水平扫描和交替垂直扫描三种方式,在表 4.28 ~ 表 4.30 中列出了这三种方式的扫描顺序。在 Intra 预测情况下,AC 预测标志(Acpred_flag)为0时,对所预测宏块中所有块都使用 Z 形扫描,否则将以扫描方向作为 DC 预测方向。例如,如果 DC 预测使用水平邻近方式,那么系数扫描时将使用交替垂直扫描方式,否则使用交替水平扫描方式。对于非 Intra 块,8×8 块变换系数使用 Z 型扫描。

使用一个三参数可变长度码字来编码变换系数(量化),一个 EVENT 是这三个参数的结合:

LAST 0:表示在该块中还有非零系数;

LAST 1:表示这是该块中最后一个非零系数;

RUN ：当前非零系数前面系数为0的个数;

LEVEL：系数大小。

在 MPEG-4 VM 文档的附录中列出了经常出现的（LAST，RUN，LEVEL）的码表，它们都是可变长度的，将用这些可变长度码字进行编码，剩余的（LAST，RUN，LEVEL）用 22 位长度的码字编码，它的构成如下：

ESCAPE：7 位

LAST：　1 位

RUN：　6 位

LEVEL：　8 位

固定长度的 ESCAPE 码字作为非码表中的标志，在 VM 文档附录 A 中列出。

Intra 宏块中色差的 AC 系数使用和亮度的 IntraAC 系数一样的 VLC 编码。

（2）Inter 方式宏块的 VLC 编码

Inter 编码方式宏块的 VLC 编码系数扫描用表 4.30 的 Z 形扫描来进行，其他步骤都和 Intra 编码方式宏块的 VLC 编码一样，只是（LAST，RUN，LEVEL）码表不一样。

表 4.28　　交替水平 扫描

0	1	2	3	10	11	12	13
4	5	8	9	17	16	15	14
6	7	19	18	26	27	28	29
21	20	24	25	30	31	32	33
22	23	34	35	42	43	44	45
36	37	40	41	46	47	48	49
38	39	50	51	56	57	58	59
52	53	54	55	60	61	62	63

表 4.29　　交替垂直扫描

0	4	6	20	22	36	38	52
1	5	7	21	23	37	39	53
2	8	19	24	34	40	50	54
3	9	18	25	35	41	51	55
10	17	26	30	42	46	56	60
11	16	27	31	43	47	57	61
12	15	28	32	44	48	58	62
13	14	29	33	45	49	59	63

表 4.30　Z 形扫描

0	1	5	6	14	15	27	28
2	4	7	13	16	26	29	42
3	8	12	17	25	30	41	43
9	11	18	24	31	40	44	53
10	19	23	32	39	45	52	54
20	22	33	38	46	51	55	60
21	34	37	47	50	56	59	61
35	36	48	49	57	58	62	63

4.6　视频内容可扩展分层编码

视频可以说是多媒体中最重要的组成部分,可视电话、视频会议、远程教学、视频点播以及高清晰数字电视(HDTV)代表了典型而广泛的视频应用,其技术水平也代表着多媒体业务的未来发展趋势。由于数字视频的数据量具有海量性的特征,因此高效的压缩算法也成为推动多媒体业务快速发展的直接动力。视频图像是由一连串时间的图像帧序列组成的。基于运动补偿的帧间压缩技术有效地去除了视频图像的时间冗余度,所以在 H.26*x*,MPEG-*x* 等国际标准中广泛应用,然而它们的一个共同不足就是可扩展性差。

视频的可扩展性是指一个具有多种码率的、嵌入的压缩比特流,解码器可以根据需要从中抽取某些部分进行解码。编码器可根据可用的传输带宽资源从压缩码流中抽取一个子集,以便优化利用现有的信道带宽。这个特性对于许多视频应用是可取的,如在分组交换网上进行视频传送、视频会议、点播视频数据库等,尤其是在多点传输环境中更显重要。

由此可以看出,传统的视频编码方法受限于网络传输,其根本原因在于它们是将视频压缩成为适合一个或几个固定码率的码流,而由于网络的异构性和缺乏 QoS 保证,其带宽在一个很大的范围内变化,因此,面向网络传输的视频编码的目标是将视频压缩成为适合一个范围的码率。

视频可扩展性分层编码的基本思想是将视频编码成一个可以单独解码的基本层码流和一个可以在任何地点截断的增强层码流,其中基本层码流适应最低的网络带宽,而增强层码流用来覆盖动态变化范围的网络带宽。

视听对象编码的国际标准 MPEG-4 通过 DMIF 建立起具有特殊服务质量(QoS)的信道和面向每个基本流的带宽。它能够在时域、空域以及时空域对视音频对象进行可分级编码,在视频对象的可分级编码过程中,基本层仅支持基本的图像质量,更高一些的图像质量由一个或多个增强层提供,当视频数据在网络中传输时,如果网络拥挤,可以只传输和解码基本层或部分增强层。所以,编码端只做一次高质量编码,不管信道和接受条件如何,在实际传输和解码时都可根据网络容量和拥堵情况自动调整或根据终端处理能力及显示分辨能力由用户自行选择服务质量。由于采用了基于对象的编码技术,MPEG-4 可根据对象性质选择合适的码率,对景象中的不同对象使用其合适的、专用的基于对象的运动预测“工具”进行单独编码,对于重要对象(如画面主体)采用高分辨率(高空间分辨率、高时间分辨率或高时空分辨率)和高图像质量编码,并分配给较多的带宽,而对非重要背景则采用低分辨率和低图像质量编码,只分配给较少的带宽。当网络拥挤时,网络路由器、交换机可以有选择地抛弃视频流中不太重要的数据包,只传输那些重要对象。这种智能化的带宽分配和动态的QoS参数调整措施,解决了网络拥挤时数据无法传输、用户无法访问的问题(至少可以访问某些重要的对象或以较低的质量进行访问)。

4.6.1 分层扩展性编码应用需求

在许多应用场合,都要求视频的质量和分辨率在一个不同的范围内同时进行编码或解码。

① 不同应用的需要:由于不同客户端情况不同,如显示器件的分辨率不同、解码端能力的限制、视频图像的用途不同等,不同的用户会请求不同的服务质量。设想在服务器端存储同一视频的不同等级的数据,将不同等级的视频内容分别发送到相应的客户端。显然,这种方式对于海量的视频数据来说是相当浪费和不现实的。

② 网络带宽的需要:网络特别是国际 Internet 是一个开放的环境,缺少有效的资源管理。网络的异质特性,在网络的各局部存在不同的网络带宽,端到端的实际带宽受到许多因素的影响。客户端连接网络的速度、服务器端的速度、网络通道中的瓶颈带宽都会限制实际的连接带宽,网络上的数据流通繁忙程度也严重影响了端到端的实际速度。所以,不同的客户端和服务器端有着不同的网络连接带宽。如果服务器端按以最低速率相对应的最低等级传送视频数据流,不但满足不了许多用户的实际需求,也存在网络资源严重浪费,而且少数用户通道的网络拥塞会导致全部服务的失败。

同时满足应用和网络两方面的需求,就意味着首先能够同时得到视频数据的多个分辨率和不同质量的伸缩编码。通过伸缩编码,能产生一个视频多个分辨率和不同质量的特殊编码表示,解码器用码流的一部分可以产生某个分辨率和质量的完整图像。一方面,客户端可以存在不同复杂程度的解码器,低性能的解码器可以只解码部分码流,高性能的解码器可以解码更多的码流并产生更好的质量。另一方面,网络中的网关可以根据其服务的局部网络特性,从接收的码流抽取适合局部带宽的部分进行转发。

MPEG-4 提供了灵活的视频编码策略,这些策略包括对编码图像时间分辨率、空间分辨率和解码图像的信噪比的控制,通过伸缩编码方式,单独的底层可以获得基本的视频服务,加入增强层信息可以获得更高或者完全的视频服务质量(QoS)。可伸缩的分层编码主要是为了适应不同的传输和存储媒体带宽的需要,分层编码的另一优点就是它为信号传输提供了灵活性,重要的低层数据通过误码特性更好的信道传送,高层数据通过误码特性相对较差的信道传送,以期信道资源的合理利用。

4.6.2 分层可扩展性编码的分类

分层可扩展性编码(Layered Scalable Coding)主要分为三种:时域可扩展性、空域可扩展性和质量可扩展性。其中质量可扩展性中的视频质量是用峰值信噪比(PSNR)来衡量的。

(1) 时域可扩展性(Temporal Scalability)

时域扩展是指在按时间顺序排列的视频帧中增加帧数。此举对于静止的背景来说意义并不大,但对于运动对象若增加了视频帧,显然达到对运动过程细腻描述的效果,所以时域扩展主要是对 VOP 增加插值帧。

插值帧是使用与它在时间上最近邻的前后两个 *I* 帧或 *P* 帧来预测的,预测帧可作更精细层插值的参考帧,预测帧可以不直接传输,在接收端根据其生成规则即可解码获取;必要时只传输有关参数或误差补偿即可。图 4.23 是 MPEG-4 的时域可扩展性分层编码的示意图。

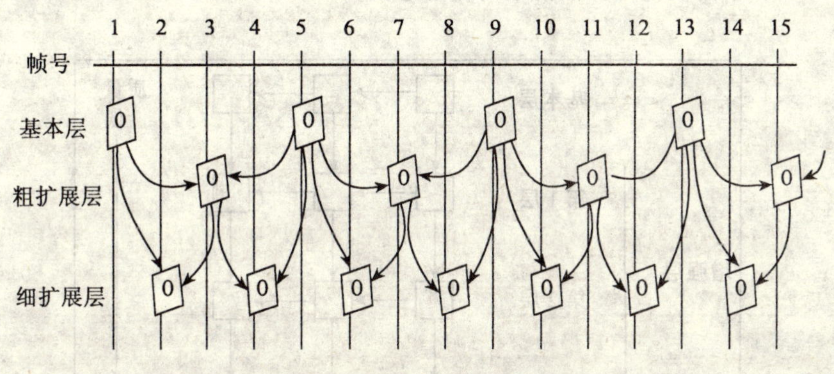

图 4.23　时域可扩展性分层编码

(2) 空域可扩展性(Spatial Scalability)

空域扩展是在图像帧中对像素数扩展使其增加空间分辨率。此举既可以对图像背景进行,也可以对活动图像进行,使其增加视频对象的分辨率,尤其对增加对象细节的描述(形成特写)有很积极的意义。

通常空域可扩展性编码是在视频帧中创建多分辨率的表示来实现。当进行空域扩展性编码时,对原始图像首先采样抽取低分辨率的图像,由此获得基本层码流;然后标记原始图像和基本层图像的差生成增强层码流。系统只需传输原始图像与基本层图像之差的编码,接收端即可解码恢复扩展图像。图 4.24 为空域可扩展性分层编码的示意图。

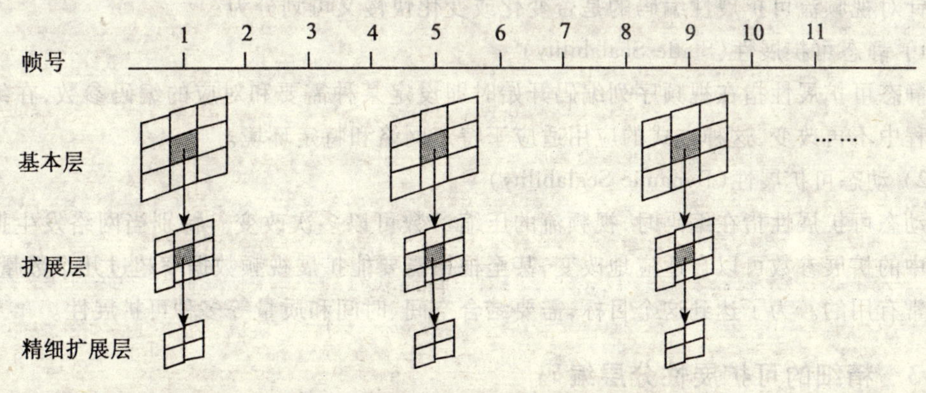

图 4.24　空域可扩展性分层编码示意图

(3) 质量可扩展性(PSNR Scalability)

在保证视频帧率足够高使人眼观察视频图像连续圆润的情况下,使图像质量扩展,主要是对图像分辨率扩展,对图像的纹理色彩展现得更细腻。这种扩展可以从几个方面进行,包括对 DCT 系数的频带由低到高的扩展选用、对 DCT 系数量化时由粗到细的扩展选用、对图像像素点由抽点到插点的逐步加密扩展选用,其中后者类似于空域扩展。

通常质量可扩展性编码是先进行很粗的量化形成基本层码流,然后对原始视频和基本层视频的差再进行量化,生成增强层码流;重复多次上述过程则形成多个增强层码流。图 4.25 是 MPEG-4 中的质量可扩展性编码的示意图。

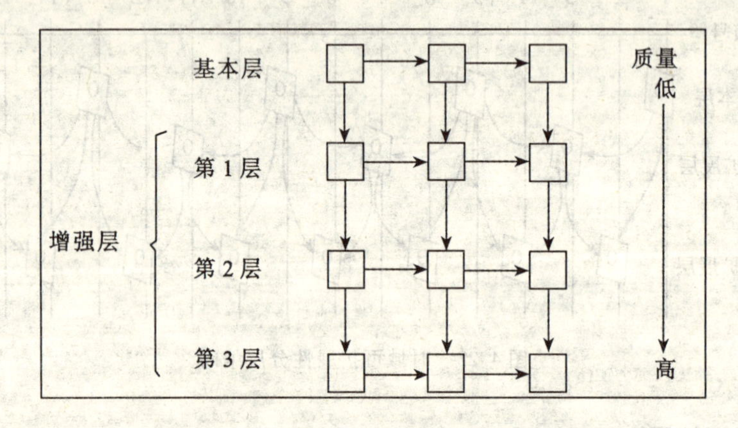

图 4.25 MPEG-4 中的质量可扩展性编码

时域可扩展性编码的关键是选择关键帧,或者每隔若干帧选一帧作为关键帧,或者把每次镜头移动的第 1 帧作为关键帧,关键帧是必须编码传输的,使其成为预测帧和扩展帧的基础。在关键帧比较少时,需要产生比较多的预测帧,进而编码中间帧,使运动图像看起来更平滑。空域可扩展性编码是在编码端对原图像进行像素层分辨率的缩扩,在解码端可对解码的图像再通过插值显示所需要的层次。信噪比可扩展性编码是根据实际应用的需要和传输带宽的限制来确定和实现所需要的图像质量。

针对视频流可扩展性编码的是否变化或变化快慢又可划分为:

1) 静态可扩展性(Static Scalability)

静态可扩展性指在视频序列编码开始时即设定某种需要和对应的编码参数,在编码传输过程中不再改变,这种方式的应用适应于特定网络和特定环境。

2) 动态可扩展性(Dynamic Scalability)

动态可扩展性指在编码时,视频流的压缩参数可以多次改变。特别当网络发生拥塞时系统中的扩展参数可以自适应地改变,甚至根据需要能扩展视频数据率超过几个数量级,这是非常有用的。为了达到这个目标,需要结合空间、时间和质量等多种可扩展性。

4.6.3 精细的可扩展性分层编码

视频的精细分层编码是为了支持信道特性多变的包交换网上多媒体应用和服务而提出来的,它的应用范围包括了:Internet 视频流、视频内容点播、视频档案、交互式视频游戏、会议电视、可视电话、多媒体邮件、视频数据库服务、远程视频监视、无线多媒体应用等。尤其是目前移动通信网络的迅速发展,无线信道正成为访问因特网的一个方便的途径;新的3G移动通信标准可以为视频传输提供范围广泛的无线连接(384kbps~2Mbps),但无线信道是典型的噪声信道,经常会出现随机位错误,对于在这种易出错的信道上进行视频传输,FGS提供了一个鲁棒的解决方案。该方案提供一个固有的错误恢复特性,能很快恢复任何增强层的错误,还提供嵌入式的分层码流,不同的层具有不同的重要程度。增强层码流能够容忍信道错误,当发生位错误而失去同步时,解码器只需丢掉这一帧后面的比特,寻找下一个同步标志就可以了,因此对于无线视频应用,采用FGS技术对视频进行编码很有前途。还有诸如远程教学、远程医疗等应用,FGS的嵌入式特性使得对于具有不同解码能力的终端能够享受到与之相应的视频服务。

MPEG-4的FGS主要有以下一些特性:第一,基本层使用基于分块运动补偿和DCT变换的编码方式达到网络传输的最低要求;第二,增强层使用位平面编码技术对DCT残差进行编码来覆盖网络带宽的变化范围;第三,每一帧的增强层码流可以在任何地点截断;第四,解码器重建的视频质量和收到并解码的比特数成正比。

FGS的基本层编码和普通的MPEG-4非可扩展性编码相同,都是由运动估计、运动补偿、DCT变换、标量量化和变长编码(Variable Length Coding)组成的。而在增强层编码时,从原始的DCT系数中减去基本层逆量化后重建的DCT系数值获得DCT残差,然后对每一个8×8的块按从上到下、从左到右的顺序使用位平面进行编码。嵌入式的增强层码流,它保存着基本层的量化差值,嵌入式的码流是指在码流的任意位置截断,解码器均能恢复出一定质量的视频信号,这就使得当网络带宽变化时(码流可能在某处截断)视频信号的改变可以渐进地、平滑地适应。视频的增强层码流是对参考图像的基本层做预测的,接收到的增强层码流越多,对基本层所恢复的图像质量的增强也越多,视频效果也越好。与传统分层的算法相比,它的增强层不需要进行码率控制,只需保证在一定速率范围内即可。也就是说增强层的分层是连续的,即精细粒度分层。

一般的FGS只考虑了要编码系数的值,实际上FGS的应用是非常灵活的。例如,可以对图像中比较感兴趣的前景部分优先编码,具体做法就是将图像中的某些块上移若干个位平面,就实现了对图像中感兴趣部分的优先传输。还可以对不同频率的DCT系数加以不同的权重,也就是对不同的DCT系数上移不同的位平面,从而满足人眼对不同频率成分的敏感程度。

目前在FGS技术中占主导地位的是DCT系数差值的位平面编码技术,其次也有基于小波变换的零树编码技术,另外,近来还提出了各种基于DCT的FGS技术的改进方案。

基于DCT的精细分层编码的编码器和解码器的框架分别如图4.26、图4.27所示。

FGS编码采用与MPEG,H.263等标准兼容的基于运动补偿预测和DCT变换对基本层进行编码,产生一个低质量的基本层,且使得该基本层与网络的最低带宽相适应,以减少错误和包丢失。DCT系数的量化误差,进行位平面编码以获得嵌入式增强效果。

嵌入式的增强层码流,它具有精细粒度分层特性。位平面编码是先找到要编码的系数中绝对值最大的那个系数,并由此确定所需要的位平面个数,最重要的位平面(MSB)将最先编码,次重要的其次编码,最不重要的位平面(LSB)最后编码。对于每个8×8块的位平面进行"Z"形扫描得到一个64位的数组,再对每个块的每一个位平面形成(RUN,EOP)符

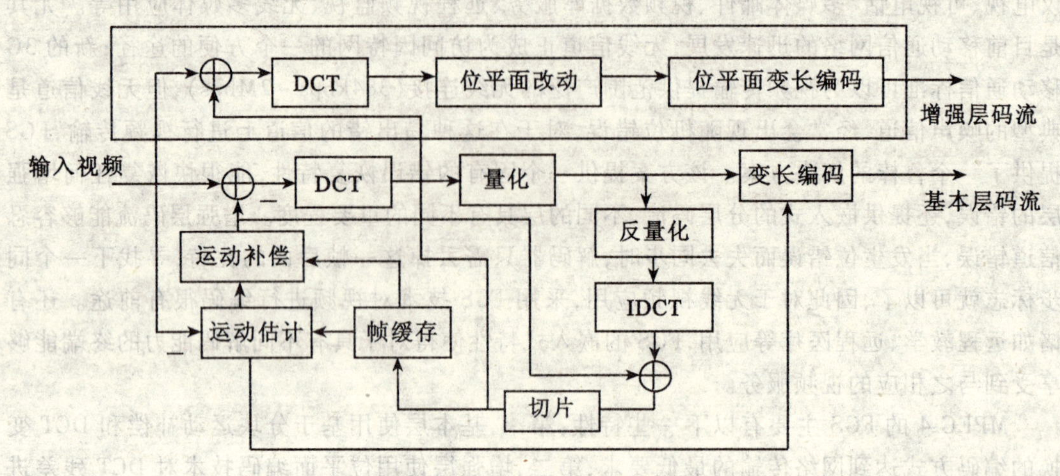

图 4.26 FGS 的编码器结构

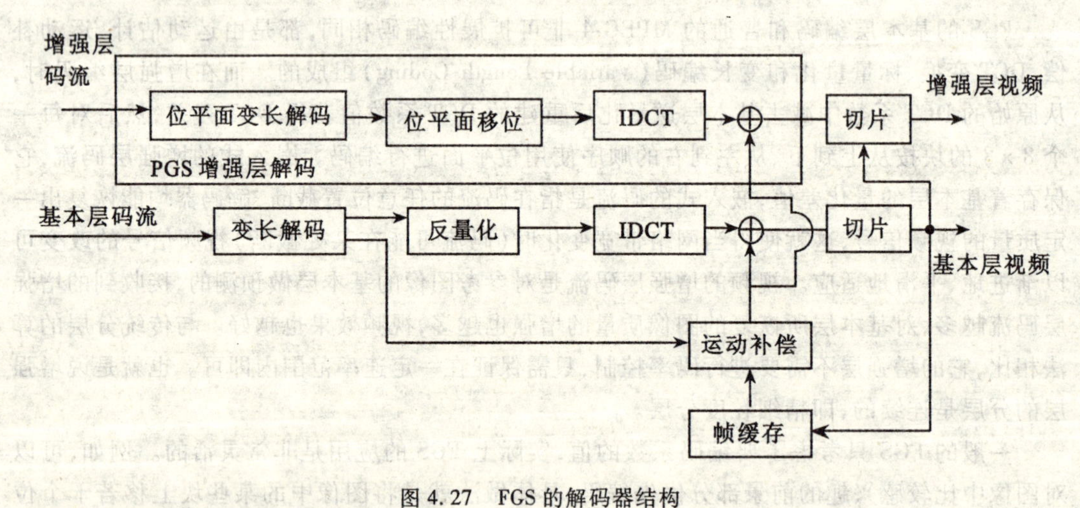

图 4.27 FGS 的解码器结构

号。RUN 表示 1 前面的连续的 0 的个数,EOP 表示在这个位平面中是否后面还有 1。然后再对(RUN,EOP)进行变长编码得到输出码流。这样在解码端,MSB 最先收到,最后是 LSB。即使由于网络带宽的变化,接收端无法接收完整的码流,解码器也能从已接收的增强层码流中恢复出部分增强的视频。为了完成上述的功能,任何要提高编码效率的方法只能是针对基本层来作的。FGS 的一个特点就是基本层和所有增强层都是利用恢复的参考帧的基本层来作预测的,所有的增强层都由基本层预测带来的好处是一个增强层的丢失或损害对后续帧没有影响。但是由于预测是基于视频质量低的基本层,因此 FGS 的编码效率甚至还不如传统的 SNR 分层编码。为提高 FGS 增强层视频的质量,又有以下两种方法:

(1)选择增强(Selective Enhancement)

对于一个视频序列的某些帧来说,帧的某一部分可能会比其他部分重要,因此利用抬高位平面的方法将重要区域的位平面放在码流的最前面。

(2)频率加权(Frenquency Weighting)

通常低频系数的准确程度比高频系数的重要,因此,如果低频系数的比特放在增强层码流的前面将有助于提高视觉效果。FGS 中采用了频率加权方法,引入了加权矩阵,矩阵中元素的值表明该 DCT 差值位平面上移的位数。

FGS 位平面编码方法是在用户信道带宽变化时,满足视频质量平滑改变的一种既简单又有效的方法。有实验表明,FGS 的编码效率比多层 SNR 分层编码要好。不具备分层能力的单层编码效率,是所有分层编码的上界,FGS 比它低 2DB。与两到三个码流的单播相比,FGS 在最低和最高码率时,都有较好的编码效果。FGS 不同于任何不具有分层特性和传统的分层编码技术,它允许编码和传输分离,服务器可以在一定范围内以任意速率传输增强层而不需要码流变换。

FGS 还可以和时域可扩展性编码相结合(FGST),即对 *B* 帧中的 DCT 系数都使用位平面技术编码,这样 FGST 不仅保持了 FGS 的精细可扩展的特性,而且支持帧率的变化。

FGS 虽然具有优良的可扩展特性,但它也有致命的弱点,即效率太低。在同等码率下,FGS 的质量要比 MPEG-4 中的非可扩展性编码低 2～3dB(3 个 dB 意味着码率翻一番),这是人们难以接受的。因此,要想提高 FGS 的编码率,必须改善它用做运动预测和补偿的参考图像的质量。

4.6.4　改进的精细可扩展性编码

可以看出,质量可扩展性编码(对它的增强层使用位平面编码)和 FGS 编码分别走了两个极端,质量可扩展性编码保证了编码效率,因为它用同层的解码图像作参考,获得了较为准确的运动预测和补偿,但它对错误极为敏感,一旦某个增强层出现了错误,它后面的增强层都将无法解码,直到遇到下一个 *I* 帧为止;而 FGS 保证了对错误的恢复能力,它可以从前一帧增强层的任何错误恢复出来,但是由于参考图像质量低,因而效率不高。

为了在编码效率和错误恢复能力之间取得一个权衡,人们提出了很多改进的方法。

(1) PFGS

在前面已经提到,由于 FGS 中所有增强层都是基于参考帧的基本层作预测的,它的编码效率甚至比传统的 SNR 分层编码还差。传统的 SNR 分层虽然利用了同层参考帧的同层作预测,编码效率较高,但是它的错误恢复性能很差,一旦增强层出现错误或包丢失,将会导致错误在后续预测帧中的扩展。有一种 PFGS 算法,它不仅有良好的网络适配和错误恢复能力,且编码效率高。与 FGS 类似,它也是将视频编码成两层,一个视频质量较低的基本层和一个具有较高视频质量的嵌入式的多个增强层。与 FGS 不同之处在于在对增强层编码中,PFGS 试图采用几个质量更高的增强层作为预测的参考而不总是利用基本层作参考。它的基本思想如图 4.28 所示。使用高质量的参考帧,将会使得运动预测更准确以提高编码效率。PFGS 解决了如何替换低质量的参考帧而不影响精细分层特点的问题。

(2) MC-FGS

PFGS 的缺点在于采用的缓存较多,且并不是所有的参考层对于提高编码效率的贡献是一样的,只有一少部分参考层是真正有用的,因此,如何选择最少的参考层以大大提高编码效率还需要进一步讨论。对 FGS 框架的一种简单的扩展是在增强层也引入运动补偿。这里有两种途径:一种是只针对 *B* 帧的双循环 MC-FGS,增强层差值并不只是原始图像减去恢复的基本层图像,而是还要用到增强层参考图像与运动补偿后的差值。只对 *B* 帧作运动补

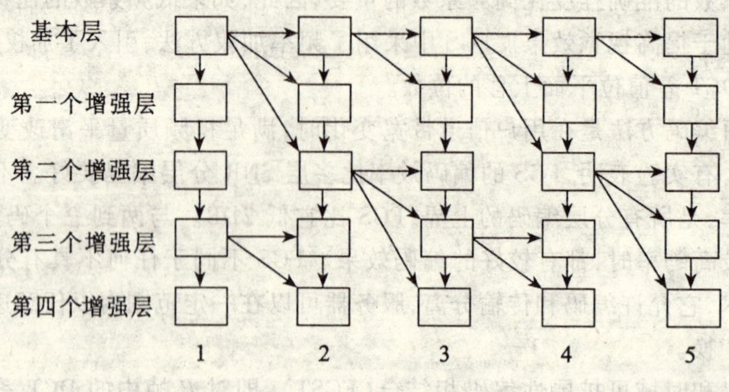

图 4.28 PFGS 的思路

偿避免了 I,P 帧受到错误传播的影响,且在保持 FGS 框架的前提下提高了视频质量。另一种是整个帧都基于基本层和增强层进行预测,从而改变了基本层的性能,尽管基本层编码在运动补偿循环中采用了增强层的信息,但基本层的编码/解码过程是不变的。增强层仍采用 FGS 编码。这种方法引入了一个扩展的基本层的概念,主要是指基本层集成了部分增强层的信息,当码率下降到扩展基本层不能完全传输时,被截断的基本层数据将会受到错误传播的影响,一直要到下一个 I 帧出现才会停止。为减少错误传播的影响,还可以只对 B 帧采用上述的结构,这样可以使得错误不会影响到 I,P 帧。

(3) ALL FGS

FGS 框架中包括了 SNR 分层、时间分层以及二者结合的分层方式,但是在当前的 FGS 框架中没有空间分层。因此,目前的 FGS 只支持一种分辨率,如 QCIF 或 CIF 格式。在 MPEG-2,MPEG-4 中都引入了空间分层。在这些标准中,空间分层可以使得基本层采用低分辨率如 QCIF,高分辨率与基本层的差值在增强层进行编码。但是,在实现空间分层时,基本层和增强层的码率在编码时就选定了,因此,这种空间分层编码不适合在 Internet 上传输,而且空间分层所能覆盖的速率范围太窄了,而对于 Internet 则需要有一个宽的速率范围。Philip 公司利用了 FGS 的灵活特性,将其扩展到空间分层。他们提出了两种方案:一种方案是原始信号首先进行下采样得到低分辨率的信号,再对该信号用 FGS 编码,即基本层速率小于 R_{min},R_{min} 是网络带宽的下界,SNR 差值信号采用 FGS 编码,速率小于 R_{max},R_{max} 是网络带宽的上界。接着,计算出原始信号与恢复的低分辨率信号的上采样信号的差值,该差值也用 FGS 编码。在计算原始信号与恢复的上采样信号的差值时速率是可以确定的。标准的 FGS 可以覆盖(R_{min},R_{max})的码率范围,而加上空间分层后,可以覆盖(R_{min0},R_{max})的范围。$R_{min0} \ll R_{min}$。这种方案的另一个优点就是在标准的 FGS 中,所有序列的基本层都需要按 R_{min} 编码,然而根据序列的统计特性,这个码率可能会过高(如对于 Akiyo 序列)或过低(如 Mobile 序列),而在加入了空间分层的 FGS 中,CIF 分辨率的码率可以根据序列来定,而不一定就是 R_{min}。

另一种方案是在高分辨率的帧中进行运动补偿以提高编码效率。

另外,这种空间分层也能很好地跟具有时间分层特性的 FGS 相结合,从而构成 ALL-FGS。从目前 MPEG-4 的 Streaming Video Profile 中采用的 FGS 算法来看,基于 DCT 的 FGS 已成为基本算法,其他算法只是它的变形或改进。

4.6.5 渐进的精细可扩展编码

前述改进的精细粒度可扩展性编码方法保留了 FGS 编码方法的一些优点，例如，精细粒度分层性、信道的适应性以及错误恢复性。本方法在编码增强层时用一些高质量的增强层作为参考，由于增强层重构图像的质量总是要比基本层高，使得运动补偿更有效，从而提高了可伸缩性编码的编码效率。本方法编码框架有两个关键点：首先是在编码增强层时尽量采用高质量的增强层为参考来提高编码效率；其次是必须保留一些从基本层到最高质量的增强层之间完整的预测路径，其目的是为了使生成的码流具有可伸缩性。第一点是为了运动估计更加准确从而提高编码的效率。第二点是为了保证在网络拥塞、包丢失的时候没有较大的误差，从而不需要重传被丢失或者出错的数据包，因为高质量的视频层可在几帧之后逐渐恢复出来。

渐进的精细粒度可扩展编码的算法框架如图 4.29 所示。在图中的编码框架中很多增强层的预测是用前一帧增强层为参考而不是基本层，例如第二帧是根据第一帧的基本层和偶数增强层作为参考的（如增强层 2）。第三帧是根据第二帧的基木层和奇数增强层作为预测的参考（如增强层 1 和增强层 3）。第四帧同样是根据第三帧的基本层和偶数增强层作为预测参考的，以此类推。因为增强层的图像质量比基本层要高，因此改进的精细粒度编码结构将提供更准确的运动估计以达到提高编码效率的目的。

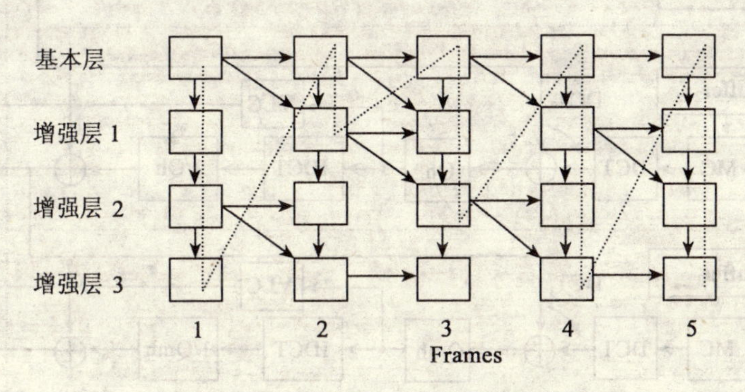

图 4.29 渐进的精细粒度可扩展编码的框架

当应用于通过 Internet 传播视频时，可以看出图 4.29 所示的框架有明显的优点。首先编码后的码流能够适应变化的信道带宽而且不会出现振荡。从图中也可以看出第一帧的基本层，第二帧的增强层 1，第三帧的增强层 2，第四帧的增强层 3 组成了一个从基本层到最高质量的增强层之间的预测路径。通过图 4.29 的虚线可以看出，这种结构是怎样适应网络带宽的波动的。假设在第二帧时网络带宽突然变窄了，只有第一个增强层在解码端能得到，从第二帧后带宽又恢复了，这时第三帧只能解码到增强层 2，因为更高的增强层需要第二帧的增强层 3 作为参考才能解码，而第二帧高的增强层由于带宽的波动已经丢失了。同样的原因第四帧能解码到增强层 3，到第五帧时就又可以得到最高质量的解码图像了。这是网络带宽波动的情况，如果在传输过程中，有一个或几个增强层发生数据包丢失或错误，其恢复过程也类似上面的带宽波动情况。

在渐进的精细粒度算法中，预测当前帧可以有好几个不同的层作为参考，在本文的算法中预测当前帧使用相同层来作参考。对于一个预测帧来说，它的基本层总是根据前一帧中重构出的基本层来作为预测的参考。低增强层可以根据前一帧中重构的对应级别低的增强层来预测，但是高增强层必须参考前一帧中高增强层来进行预测。

以上算法编码器结构如图 4.30 所示。

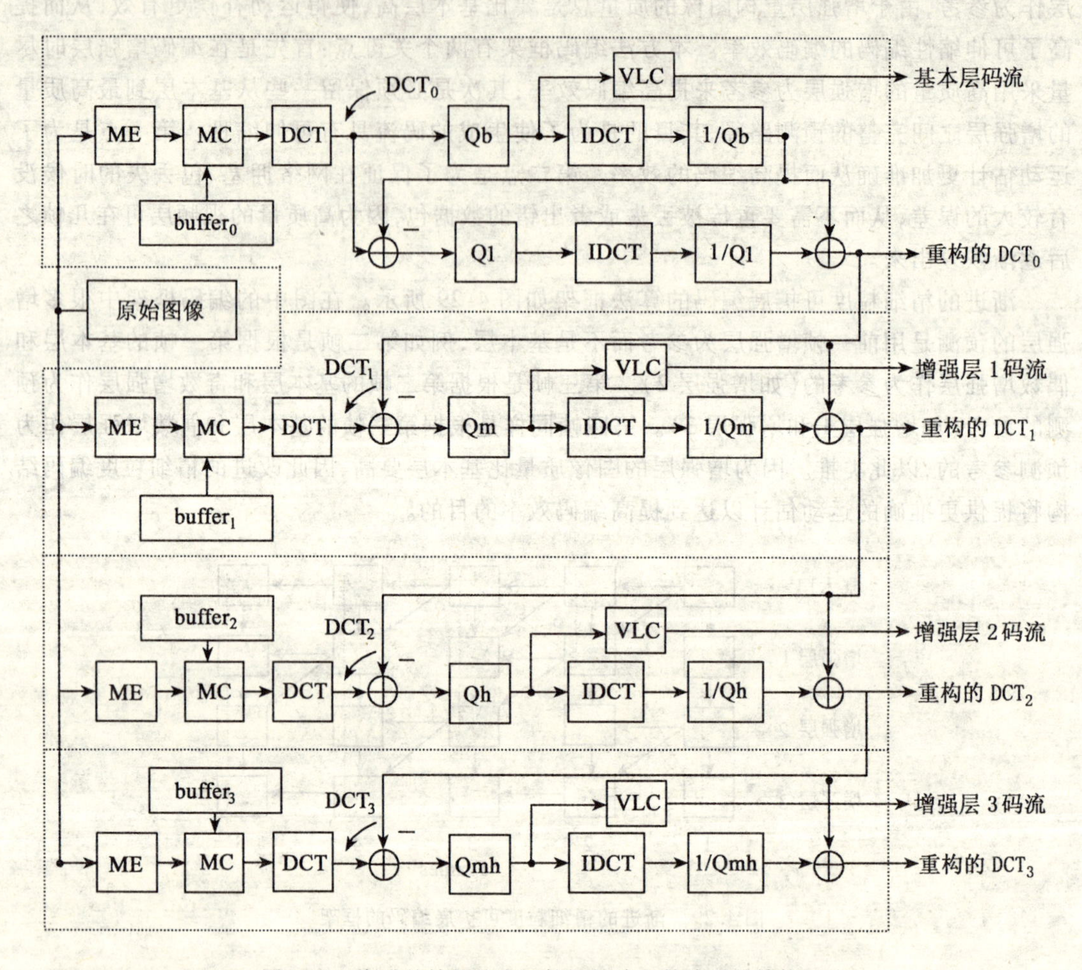

图 4.30 渐进的精细粒度可扩展性编码的编码器结构图

在编码器模块图中，质量逐渐升高的 4 个视频参考层被分别存储在 $buffer_0$，$buffer_1$，$buffer_2$ 和 $buffer_3$ 中。假设这 3 个帧缓存能够被当前帧的重构层及时更新，图 4.30 勾画出一个由 4 个帧缓存、运动补偿、DCT 量化和 VLC 形成的一个完整的编码处理模块。

第一个编码处理过程处理了基本层。因为这些基本层使用前一帧中重构的基本层作为预测参考，这些层的编码与 FGS 里面的方法一样。在这个编码处理过程中，原始图像和由前一帧重构的基本层（在帧缓存中）是输入信息。经过 DCT 变换和运动估计后，我们获得预测误差系数 DCT_0。系数 DCT_0 经过标量量化器量化并通过 VLC 压缩进基本层码流。总的来说标量量化器的量化步长 Q_b 取得比较大，产生一个相对较短的码流。

增强层的编码过程都有三个输入：原始视频、重构的增强参考层（存储在 $buffer_{1,2,3}$ 中）和在上一个编码处理过程中重构的 DCT 系数。例如，在编码增强层 1 的过程中，以 $buffer_1$

中的重构增强层为参考来作运动补偿，再经过 DCT 变换就可以获得新的预测误差系数 DCT_1。在这里我们需要注意的是运动补偿中要使用高质量的参考层，因为在计算第二个预测误差时我们以较高质量的增强层作为参考，这种较高质量的参考层更接近原图像，第二个预测误差（系数 DCT_1）比第一个预测误差（系数 DCT_0）小。而 DCT_2 与 DCT_1 之间的残差要使用 VLC 进行编码产生增强层 1 码流。类似地，DCT_2 和 DCT_1 之间的残差会用来产生增强层 2 的码流。对每个组的视频层的编码过程都会产生一个独立的码流可以传输。

第五章 对象运动编码

运动编码是传统活动图像编码的重要内容和关键技术，同时它也是对象运动编码的关键技术。活动对象运动编码的特殊性在于对象形状的准确匹配，由于对象形状的不规则性，形状轮廓的边界往往穿过一个 MB 或 B 的中部，使得一个宏块部分像素运动、部分像素不运动，增加了匹配计算的难度。本章围绕这个问题着重讨论了重复填充技术、面向对象运动编码技术、整像素和半像素搜索技术等。

5.1 常规方块运动编码

5.1.1 运动编码概述

视频图像序列具有这样一个特点：在一定的采样速率下，视频图像序列中相邻的几帧图像具有很大的相关性，彼此之间的差异不是很大，这称为时间相关性。正是由于视频序列中存在着时间相关性，才使得有可能对运动图像进行大幅度地压缩。MPEG 所推荐的编码方案中采取了帧内编码技术和帧间编码技术。所谓帧内编码就是针对单帧图像的空间纹理压缩编码，它能满足对图像序列随机存取的要求。所谓帧间编码则采用了预测技术和内插法，它能提供很高的压缩比。总的来说，MPEG 运动图像编码方法主要建立在两项技术之上：一是为了减少时间冗余性的基于块的运动补偿技术；二是为了减少空间冗余性的基于块的快速 DCT 变换。运动补偿技术包括因果预测和非因果预测（插值）技术，为每个 16×16 块定义运动向量，预测的误差再用 DCT 技术进一步压缩，从而消除空间相关性，之后对上述结果进行量化处理，以便丢弃一些不重要的信息，这一过程是不可逆的，最后，把运动向量与 DCT 信息合并，并用可变长代码进行编码。

根据对图像采取的压缩方法不同，MPEG 视频中定义了三类图像：帧内编码图像（I 帧）、帧间预测图像（P 帧）和插值图像（B 帧）。帧内编码图像在编码时不需要参考其他图像，它们可以提供视频序列中的随机访问点，它的压缩率中等。预测编码采用运动补偿技术来对活动块有效地编码，因此能达到较高的压缩比。它在编码时需要参考过去的 I 帧或 P 帧，并且可以作为进一步预测的参考。插值图像利用过去的参考图像和后来的参考图像来进行双向预测，它能够提供最高的压缩比，但是它不能作为预测的参考图像。这三类图像的组织非常灵活，根据实际用途由编码器决定。

5.1.2 传统基于块的运动估计算法

在运动估计中,每帧图像被分为众多 $N \times N$ 大小的方块($N=8$ 或 16),然后针对一定目标的块比对参考图像进行活动块搜索,在给定匹配标准下找出补偿误差最小的方块,从而得到该对应方块的运动向量,这个过程就是分块运动匹配。以这个运动向量即可在后来的帧中恢复出原块的图像内容,这个过程就是分块运动补偿。

基于块匹配运动估计算法的一个基本假设就是邻近像素做相同运动,将每块在前帧的特定搜索范围内进行匹配,寻找使某个匹配函数最优的空间位置,进而求得块的运动矢量。块内每个像素都具有同一矢量,通常采用的匹配函数是 MAD(最小平均绝对差),它并不能完全刻画物体的真实运动,但简单易实现,且对物体的运动情况能做较好的近似。由于假设块内所有像素做同样运动,为了精确估值,块的尺寸宜于相对地小,但从 MAD 计算公式可以看出,块越小,该匹配函数越容易受到噪声干扰。对于有较大运动偏移的物体,其中的块取得越小,搜索范围内与之在 MAD 意义上相似或相同的块就越多,这样就产生了运动矢量的误匹配。当块的尺寸取得太大时,虽然克服了噪声干扰和误匹配,但难保其内像素的运动都一致,所以也无法得出准确的运动矢量。考虑到两种情况都有其局限性,所以理想的块匹配算法应能将它们有机地结合起来。

5.1.2.1 基于块的运动模型

基于块运动模型假设图像是由运动的块构成的,我们考虑这种模型中最简单的形式是平移的块形式,这种形式限制每一个块作单纯的平移运动。那么帧 k 中的一个中心位于 $n=(n_1,n_2)$ 的 $N \times N$ 块 B 被模型化成为帧 $k+1$ 中同样尺寸块的一个完全移位形式。所有的 $(n_1,n_2) \in B$,其中 d_1、d_2 是块 B 的位移(平移)矢量分量,d_1, d_2 是整数。其简化模型为:

$$s(n_1,n_2,k) = s(n_1+d_1,n_2+d_2,k+1)$$

块的运动模型如图 5.1 所示。

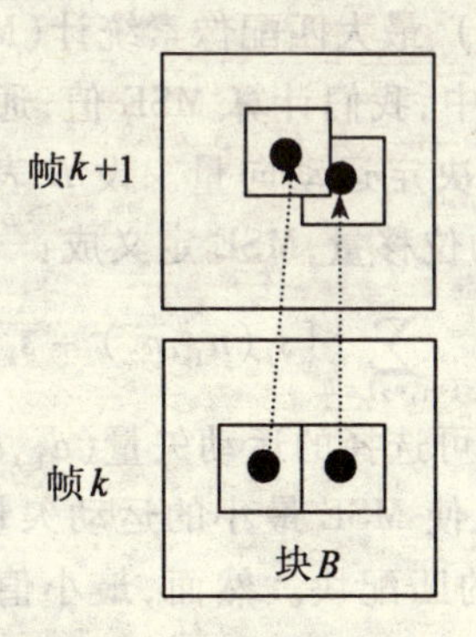

图 5.1 块的运动模型

然而,使用平移块的运动补偿不适用于缩放、旋转运动,在局部变形情况下,同时由于物体边界通常与块边界不一致,邻近的块实际上可能被表示成完全不同的运动矢量,因而导致严重的人为分割现象,这在甚低比特率的应用中尤甚。

5.1.2.2 块匹配方法

块匹配由于它的较小复杂度，对于实际运动来说被认为是通用的方法，这使它在 VLSI 中广泛使用，几乎 H. 261 和 MPEG-1，MPEG-2 都使用块匹配于运动估算。在块匹配中，通过像素域搜索程序找到最佳的运动矢量。

块匹配的基本思想如图 5.2 所示，其中帧 k（当前帧）中的像素(n_1,n_2)的位移通过考虑一个中心定位在(n_1,n_2)的 $N_1\times N_2$ 块，同时搜索帧 $k+1$（参考帧）找出同样大小的最佳匹配块的位置来确定。从计算因素考虑，搜索通常限制在$(N_1+2M_1)\times(N_2+2M_2)$的范围内（称为搜索窗口）。

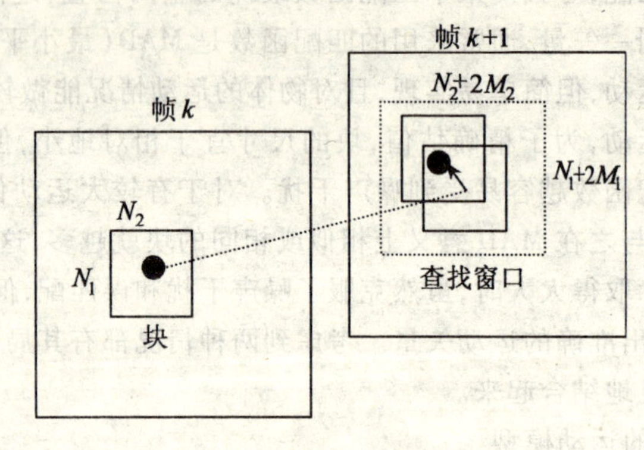

图 5.2

块匹配算法在以下方面有差异：

- 匹配法则（如最大互相关、最小误差）；
- 搜索方法（如三步搜索法、交叉搜索法）；
- 搜索范围的确定。

5.1.2.3 匹配准则

根据所使用的匹配函数可将块匹配算法作不同分类，如最小平均绝对差值函数(MAD)、最小均方误差函数(MSE)、最大匹配像素统计(MPC)。

在最小均方误差(MSE)准则中，我们计算 MSE 值，通过定义一个衡量当前块和运动补偿块之间匹配程度的误差函数来决定运动向量。设 B 表示当前帧 S_k 中的一个宏块，(d_1, d_2)是该宏块相对于参考帧 S_{k+1}的位移量，MSE 定义成：

$$\mathrm{MSE}(d_1,d_2)=\frac{1}{N_1N_2}\sum_{(n_1,n_2)\in B}\left[s_k(n_1,n_2)-s_{k+1}(n_1+d_1,n_2+d_2)\right]^2$$

其中 B 代表 $N_1\times N_2$ 块，作为可选择的运动矢量(d_1,d_2)的集合。运动矢量的估算被转换成求(d_1,d_2)的 MSE 的最小值，使 MSE 最小的运动矢量(d_1,d_2)即为我们寻找的运动矢量，其对应的宏块就是我们寻找的匹配块。然而，最小值 MSE 准则在 VLSI 实现中并不常用，因为在硬件中很难实现乘方运算。

考虑到快速计算，取而代之，MAD（最小平均绝对差值）准则定义成：

$$\mathrm{MAD}(d_1,d_2)=\frac{1}{N_1N_2}\sum_{(n_1,n_2)\in B}\left|s_k(n_1,n_2)-s_{k+1}(n_1+d_1,n_2+d_2)\right|$$

是 VLSI 实现中最常用的选择。于是，位移估算由下式给出：

$$[\hat{d}_1,\hat{d}_2]^T=\arg\min_{(d_1,d_2)}\mathrm{MAD}(d_1,d_2)$$

众所周知,由于在有几个局部极小值的情况下,当搜索范围扩大时,MAD 准则的性能降低。

另一个可选用的方法是最大匹配像素统计(MPC)准则。在这个方法中,块 B 中每一个像素依据下式,或被归入为匹配像素,或被归入为非匹配像素。

$$T(n_1,n_2;d_1,d_2)=\begin{cases}1, & |s_k(n_1,n_2)-s_{k+1}(n_1+d_1,n_2+d_2)|\leqslant t\\ 0, & \text{其他}\end{cases}$$

其中,t 是估算阈值。于是块中匹配像素的个数由下式给出

$$\mathrm{MPC}(d_1,d_2)=\sum_{(n_1,n_2)\in B}T(n_1,n_2;d_1,d_2)$$

和

$$[\hat{d}_1,\hat{d}_2]^T=\arg\max_{(d_1,d_2)}\mathrm{MPC}(d_1,d_2)$$

即运动估算的是(d_1,d_2)的值,在这个值的范围内给出最多数量的匹配像素。MPC 准则需要阈值比较器,和 $\log_2(N_1\times N_2)$计数器。

5.1.2.4　匹配运算过程

一个直观的降低运算量的做法是减少每次块匹配时参加运算的像素点,即选择一块中部分像素点参加匹配运算。通常对原始块或一经过低通滤波的块进行下采样,如采用 2:1 下采样可以节约 75% 的运算量,而采用 4:1 下采样可以节约 93.75% 的运算量。对于一个块来说,简单的 4:1 下采样由于有 93.75% 的像素点没有参加匹配,因此解码图像的主观质量有一定的下降。为了克服此问题,Liu 提出了用所谓轮换的 4:1 下采样来解决此问题,轮换的 4:1 下采样由于采用了特殊的匹配策略,达到了接近于全搜索的效果。

注意到无论是简单的下采样还是轮换的下采样,实质上都认为一块中所有的像素具有同样的重要性,即用于参加匹配的像素对于最佳块寻找的作用是相同的,因此若减少匹配像素,匹配质量就会下降。事实上若物体运动严格满足平移运动模型,由于假设同一块中所有像素都具有相同的运动矢量,而不同的块的运动矢量一般不相同,因此同一块内相邻像素具有较大的相关性,而相邻块内相邻像素具有较小的相关性。

在用 MAD 匹配准则进行计算匹配误差时,当匹配块和待匹配块距离较远时,由于两者相关性很小,因此无论用块中的哪一部分像素作为匹配运算的基础,匹配误差都将很大;而当匹配块和待匹配块距离较近时,即匹配块接近最佳运动矢量时,匹配块中块中央的像素及某一方向上的边缘像素以与最佳匹配块的部分像素重叠,由于此时大部分边缘像素点还在待匹配块之外,以边缘像素为运算基础的部分有较大的匹配误差,而以块中央像素为运算基础的部分有较小的匹配误差,因此以边缘像素点及块中央像素点分别作为匹配基础的结果就将不一样。总之,若以边缘像素点为匹配运算的基础,即使在接近于最佳匹配位置时,块与块之间仍有一个较大的 MAD 值,而若以块中央的像素作为匹配像素时,在接近最佳匹配位置时,由于像素间已有很大的相关性,因此 MAD 值将会较小。可以认为在进行块匹配时,处于块最外层的边缘像素对寻找最佳运动矢量具有较大的作用,此观点在运动较小的视频序列更为合适。

基于以上考虑,由于块边缘像素点对于寻找最佳运动矢量作用更大,因此,在进行块匹配时可对块中央部分像素忽略不计,图 5.3 给出一个示意图,其中部分像素点在进行匹配时可不用。

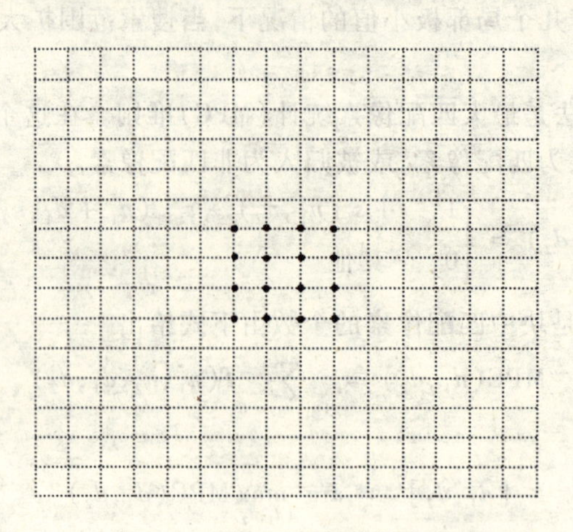

图 5.3 匹配可不用的像素点

显然块中央越大范围内的像素不使用,块匹配速度的改善越好,但解码图像的信噪比也降的越多,通过减少每次匹配时参加匹配的像素来得到速度的改善是有限的,因此,不能完全依赖于该方法达到快速匹配的目的。实验证明,对于大小为 16×16 的宏块来说,每次匹配时块中央的 2×2 或 4×4 像素点不参加匹配是较为合适的,此时相应于采样全部的 16×16个像素,运算量分别节约了 1.6%,6.25%,而解码图像的信噪比平均仅有 -0.012dB,0.056dB 的下降,这对于视频序列而言几乎可以忽略不计。不仅如此,因为以上减少匹配像素点的方法很规则,因此同样易于硬件实现。

5.1.2.5 搜索过程

寻找最佳匹配块需要在每一个像素(n_1,n_2)所有可能的候选位移矢量上优化匹配准则。这可以通过全搜索来实现,它对每一个像素的所有(d_1,d_2)值评测匹配准则。为了减少计算负担,我们通常限制搜索区域在 $-M_1\leqslant d_1\leqslant M_1$ 且 $-M_2\leqslant d_2\leqslant M_2$,搜索窗口中心定位在运动矢量将被估算的每一个像素上,其中 M_1 和 M_2 是预定的整数。如果使用全搜索会花费很多时间,为了加快匹配速度,减少搜索时间,人们一直在寻找最好的搜索方法。我们对全搜索算法作一改进,称为发散式逐点搜索算法,其基本思想是将宏块在 16×16 的像素范围内由内至外与参考帧进行块运动匹配的搜索路径,其中我们需要假设当前帧中宏块的匹配块在参考帧中位置相同的块附近。发散式逐点搜索算法从内向外逐点搜索,这样就可以在相对较短时间内搜索到最佳匹配块,如图 5.4 所示。

另一个常用来降低计算量的方法是:减少比较点数,从整个运动搜索域按一定的方式选取部分点作运动估计,即使用比全搜索快得多的快速搜索方案,它们只产生次优解。快速搜索算法常用的有三步搜索和十字搜索方法,这些快速搜索算法仅在候选的运动矢量位置的预定子集上评测准则函数。

以下用图 5.5 来解释三步搜索过程,其中仅搜索帧用搜索窗口参数 $M_1=M_2=7$ 描述。

“0”标记搜索帧中的像素,它恰好位于当前像素的后面。第一步,选择像素标记成“0”和标记成“1”的 9 个像素来评测准则函数。如果在像素“0”找到最低的 MSE 和 MAD;第二步,围绕在第一阶段中被选择作为最佳匹配的像素(由一个圈着圆圈的“1”表示)为中心,选择 8 个标记成“2”的像素来评测准则函数。注意到在初始步骤中,搜索像素在搜索窗口的

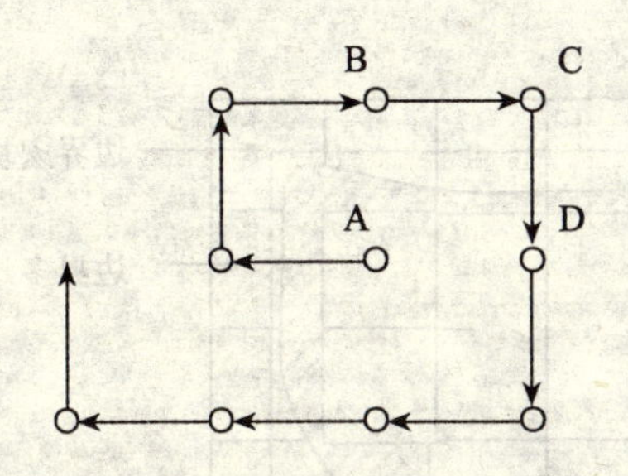

图 5.4　发散式逐点搜索算法的搜索路径

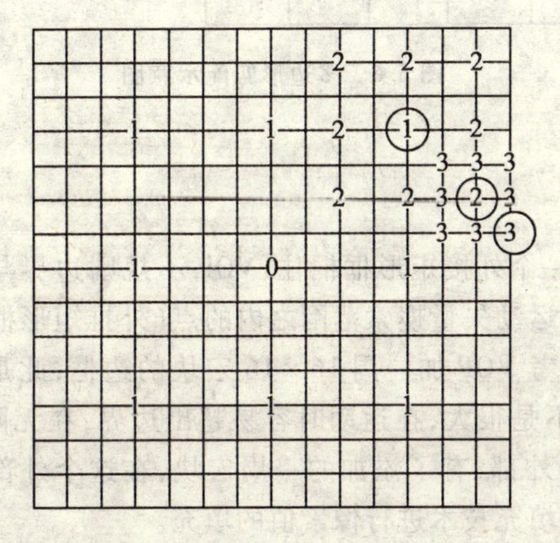

图 5.5　三步搜索

角落，接着在每一步中，将新中心到搜索像素的距离减半，以获得较佳的分辨率。第三步后，即得到运动估算，其中搜索像素都是与中心一个像素的距离。

如果希望得到运动估算中子像素的准确性计算，那么要在此过程中插入附加的步骤，需要插入参考帧来评测在子像素位置的准则函数。把这个过程推广到其他的搜索窗口参数，生成称之为“n 步搜索”。

十字法每一步把搜索空间分成四个方向，水平—垂直方向（“ +”形状）或对角方向（“ ×”形状）。这样更为简单，减少运算量，但会影响匹配性能。

就全搜索法、全搜索的简化算法（三步法）和十字法这三种块匹配搜索算法而言，全搜索算法计算量最大，运动补偿的均方误差最小；三步法居中；十字法计算量最小，而运动补偿的均方误差最大。

5.2　面向对象的运动编码原理

视频对象（VO）的任何一个帧平面（VOP）其形状基本都是不规则的，所以针对 VOP 的运动估计必然要使用多边形匹配技术。

多边形匹配示意如图 5.6 所示。图中 VOP 含有两种子块：VOP 内部完整子块（图中空白部分）、VOP 边缘不规则形状子块（图中标记阴影部分）。多边形匹配时，主要利用形状信息，同时需要进行重复填充。

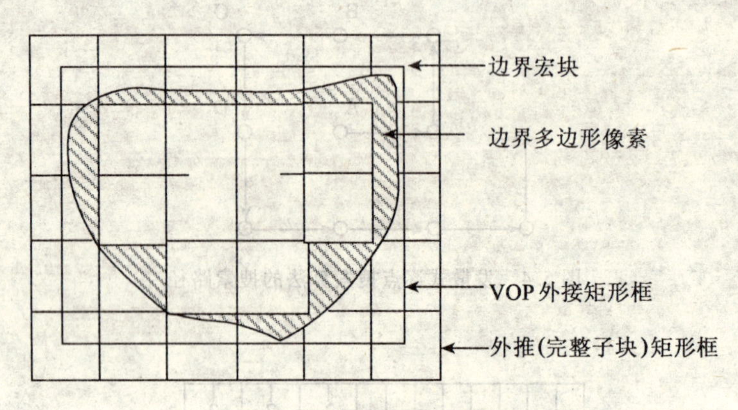

图 5.6 多边形匹配示意图

5.2.1 重复填充技术

在图 5.6 中，VOP 被一个外接矩形框框住，VOP 不规则边界与外接矩形框间的空隙应被填充。在此矩形框外而运动矢量搜索范围之内的点(外推矩形框内)还应进行重复填充。

重复填充之前要对参考 VOP 加一周 16×16 宏块的边框，此是出于对无限运动估计的考虑。由于 VOP 往往都不是很大，在运动时容易超出边界，在无限制矢量模式下运动矢量被允许指向参考帧的边界外部，有了添加的一周宏块，在这个外部范围内，就比较好处理。添加的一周宏块仍然按照填充技术进行像素值的填充。

图中空白处为任意形状的 VOP，这就是将要传递的形状。参考 VOP 中的形状与当前 VOP 的形状有变化，当前 VOP 形状内部点未必是参考 VOP 形状内部点，看图 5.7(a)和图 5.7(b)中 4 号位置宏块，当前 VOP 形状内部的点有一大部分都不在参考 VOP 形状内，所以参考 VOP 形状以外的点需要进行处理，处理的办法就是重复填充技术。

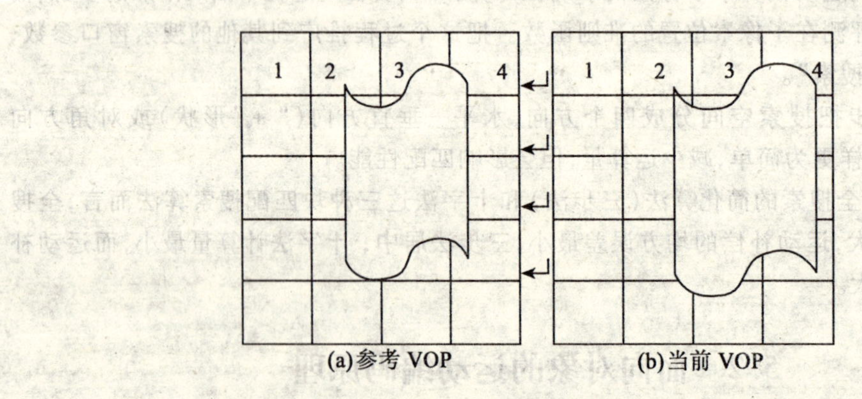

(a)参考 VOP (b)当前 VOP

图 5.7

重复填充技术主要有三步：

① 水平填充(针对边缘宏块)

根据该位置到左右端最近邻舍法灰度值来填充,如果该段左端具有合法近邻值,则以该值填充;如果该段右端具有合法近邻值,则以右近邻值填充;如果两端都有近邻合法像素灰度值,则取平均值。注意:合法是指它是 VOP 内的点(如果该行全为零,就等待垂直填充)。

② 垂直填充(针对边缘宏块)

根据该位置到上、下端最近邻舍法灰度值来填充,如果该位置具有上端近邻灰度值,则以上邻灰度值填充;如果只具有下端近邻灰度值,则以下邻灰度值填充;如果上、下两端都有近邻合法像素灰度值,则取平均值。注意:合法是指它是 VOP 内的点或水平填充后的点。

③ 外部填充(针对边界处外部宏块)

边界处外部宏块可直接用相邻的水平或垂直边缘宏块来填充,但是当一个外部宏块与上、下、左、右不止一个方向的内部宏块相邻时,则采用最大优先数的宏块来填充。

最大优先次序为:下,右,上,左。

没有与任何内部宏块相连的宏块则填充 128。

色差成分用前面所叙述的过程对每一个 8×8 的块进行填充。填充所涉及的形状是通过对相应的亮度成分的形状块亚采样得到。对每一个 2×2 亮度形状采样,如果其中有一个值为 1,那么相应的色差形状采样为 1,否则色差形状采样为 0。编码端由于匹配,只需要亮度值的填充,而在解码恢复块的时候,亮度与色度值都要填充。

5.2.2 运动检测

对当前 VOP 基于宏块进行运动检测,区分出运动块和静止块。在 H.263 中对于每一个宏块,分成 16 个 4×4 的子块,子块亮度值的和与参考帧中对应位置子块亮度值的和求差值的绝对值,此值与一个经验阈值(50)比较,如果有一个子块超过此阈值,就判定为运动宏块,否则为静止块。MPEG-4 中 P-VOP 宏块的运动检测思路与上述过程大致相同,但是存在一个形状问题:问题出在当前 VOP 的边缘宏块,如当前 VOP 的一个边缘宏块分成 4 个子块后,仅有 2 个子块含有 VO,所以只需要求这 2 个子块与对应位置子块的 SAD 值,只求 VO 内的点。由于形状的存在,不同的子块可能含有不同的像素数,所以阈值就不能一样,要根据实际参与运算的点数来确定新的阈值,怎么办?

可以尝试通过一个简单的比例模型

$$\frac{4\times4}{\text{所含 VO 点数}}=\frac{8\times8\text{ 点时的阈值}}{\text{所求阈值}}$$

进行计算,为了计算恰好取整,可以取 8×8 点时的阈值为 64,所以所求阈值 =64×(子块内含 VO 点数)/16 =4×(子块内 VO 点数)。

5.2.3 整像素搜索

对于整像素的运动估计,不必进行插值采样,只要计算宏块 16×16 运动估计后的 SAD_{16}值,然后计算 4 个 8×8 块分别进行运动估计后的 SAD_8。整像素搜索是比较当前宏块和前一重构 VOP 中移动宏块之间的差,重构的 VOP 是进行填充过的。在 VM 中定义了 $SAD_{16}(0,0)$,它表示位移是 0 时的宏块间差别:

$$SAD_{16}(0,0)=SAD_{16}(0,0)-N_B/2+1$$

其中,N_B = VOP 内部所有点数 $*\,2^{\text{bits\_per\_pixel}}$,在搜索范围内具有最小的 SAD_{16} 的(x,y)就

作为 16×16 宏块的整像素运动矢量，在这个矢量位置附近 ±2 像素的窗口内，对于宏块内部的 4 个 8×8 块可以找到 4 个运动矢量 V_1, V_2, V_3, V_4。定义下面一些量，它们对于编码方式的选择有用。

$$\mathrm{SAD}_{4*8} = \sum_{1}^{4} \mathrm{SAD}_8(x,y)$$

$$\mathrm{SAD}_{\mathrm{inter}} = \min(\mathrm{SAD}_{16}(x,y), \mathrm{SAD}_{4*8})$$

不管是宏块还是子块的估计，我们选用的匹配方法是 H.263 中的帧间预测法。

5.2.3.1　搜索中匹配准则的选择

在块匹配算法中采用不同的匹配准则会获得不尽相同的结果。以往的研究工作表明，均方差(MSD)准则的匹配效果优于绝对帧差准则(MAD)。但是由于 MAD 计算次数大大少于 MSD，而且在视频编码系统中，帧间编码是对运动补偿差信号进行编码，与 MAD 一致，比较方便。所以权衡得失，一般选择 MAD 准则，在一定程度上牺牲运动估计的性能。

在此，我们利用一种称为像素差值分类(PDC)的运动估计匹配准则，这是一种与 MSD 和 MAD 不同的准则，该准则不是以像素平均值运算为基础，而是将参考像块中的每一个像素分类为匹配像素和失配像素进行统计，具体运算过程如下：

设 $S_f(k,l)$ 为当前帧中的像素，$S_{f-1}(k+i,l+j)$ 为参考帧 $f-1$ 中相对于 (k,l) 点水平、垂直分别位移了 i,j 的像素，对于选定的门限 t，进行如下分类：

$$T(k,l,i,j)=1 \quad 若 |S_f(k,l)-S_{f-1}(k+i,l+j)| \leqslant t$$

$$T(k,l,i,j)=0 \quad 其他$$

0 表示该像素对位移 i,j 失配，1 表示 $S_{f-1}(k+i,l+j)$ 是 $S_f(k,l)$ 的匹配像素。在整个像块内对 T 值进行求和运算。

$$G(i,j) = \sum\sum T(k,l,i,j)$$

$G(i,j)$ 表示当前块与位移为 i,j 的匹配块中的匹配像素数。在规定的搜索范围内，选取 $G(i,j)$ 最大的块为最佳匹配块，即：

$$\mathrm{Gm}(\mathrm{dh},\mathrm{dv}) = \max(G(i,j))$$

Dh，dv 即为该块的水平、垂直位移矢量。

这种采用 PDC 准则的运动估计实际体现了最小风险准则。即在运动搜索中选取参考块中失配像素最少的块作为匹配块，这一准则对保持当前块与匹配块形状的一致性有较强的约束，而 MAD 准则在边缘区和中等细节较丰富的区域可能出现与实际运动不一致的错配。用 PDC 准则运动补偿的主观质量优于 MAD 而接近 MSD，特别是边缘区的运动估计效果比 MAD 好，而采用 PDC 准则的运算复杂性则比 MAD 还略低，而且采用 PDC 解码图像的主观质量略优于 MAD。

综上所述，PDC 准则从运动估计的性能和运动复杂度上来说都不失为一种可取的方法，但是该准则在应用时也有它的局限性。其一是最佳匹配块的选取，在亮度变化较为缓慢的区域，常常有若干个相邻位置参考块具有同样多的匹配像素数，如何从多个候选位置中选出最佳点是一个有待解决的问题。其二是门限的敏感性，门限选取的适当与否对运动估计的结果有直接的影响，实验表明，当门限值在较小范围内变动时，就会引起解码信噪比约 0.2dB 的波动，这反映出运动估计精度有变化，而不同的图像其最佳门限并不完全一致，下面具体讨论解决这两个问题的方法。

(1)最佳匹配块的判决方法

在运动估计搜索范围内,有些位置在 PDC 准则意义下,具有相同的匹配像素数,即有相同的风险。在这种情况下,随机选取某一位置显然是不合理的。如用 MAD 或其他准则进行二次判别,不仅会大大增加算法的复杂性和一致性,而且也失去了 PDC 准则本来的意义。对于此种情况,提出如下的基于最小相对位移约束的判决方法:

设当前像块为 $BK_r(k,l)$,包含以(k,l)为起点的 $m\times n$ 个像素,相邻的前一块为 $BK_{r-1}(k1,ll)$,同样包含以$(k1,ll)$为起点的 $m\times n$ 个像素,BK_{r-1} 块的运动矢量为 $dh(r-1)$,$dv(r-1)$。块匹配运动估计的搜索范围为水平 $i\in[-p,p]$,垂直 $j\in[-q,q]$。根据上面 PDC 准则定义求出 BK_r 在参考帧上对 i,j 位移块的匹配像素数 $G(i,j)$。若有位移值 ii,jj 则使:

$$G(ii,jj) = \max\{G(i,j)\}$$

当仅有惟一的 ii,jj 使上式成立时,位移矢量:

$$dh(r)=ii, dv(r)=jj$$

若有$\{iu,ju\}$,$u=1,2,\cdots$同时满足时,则计算:

$$\Delta d(iu,ju) = |dh(r-1)-iu|+|dv(r-1)-ju|$$

$$\Delta d(i\_opt,j\_opt) = \min\{\Delta d(iu,ju)\}$$

选取与 $\Delta d(i\_opt,j\_opt)$ 对应的位移矢量(i_opt,j_opt)为最佳运动矢量。

即在 PDC 意义下,若有多个不同位移的参考块有相同最小风险时,选择与相邻像块相对位移最小的像块为当前块的最佳匹配块。显而易见,这一判断准则不仅显著提高了判决的惟一性,而且由于在相同风险下选择最小的相对位移,使得相邻图像区域的运动矢量场的一致性得到进一步提高。

(2)双门限判决法

PDC 块匹配法的优点是能较好地保持当前块与匹配块形状的近似,并对较小的亮度背景变化和梯度变化有一定的回复作用,PDC 判决门限的选择,对块匹配效果有较大的影响。当门限较小时,能较准确地保持当前块和匹配块形状的一致性,但遇到前后帧亮度背景、梯度、细节有一定变化的块,匹配结果就不理想。若门限较大,能较好地匹配这类略有变化的块,但对变化小的块的形状一致约束就不如小门限好,结果造成运动估计依门限的变化而有所变化。

为解决这一问题,采用双门限的方法,高低不同的两个门限 T_1、T_2 各自获得各自的运动矢量,再以 MSD 准则或 MAD 准则二选一得出最佳运动矢量。实现过程如图 5.8 所示,实验表明高低两门限在一定范围内变动时(高门限 16 ~ 32,低门限 4 ~ 16),运动估计稳定性较好,信噪比波动小于 0.03dB。

5.2.3.2　整像素搜索算法

(1)预测起始点的搜索算法

在以往的运动图像分块运动匹配算法中,都是以块所在位置为中心的一个窗口(例如,大小为 ±7 或 ±15)内进行搜索,且都从该中心点开始搜索,起始搜索点是固定的。在这些块匹配算法中,块运动向量的估计可被假设为一个二维空间的寻优问题。在搜索过程中,假设匹配误差随着搜索点向全局最优点的逼近而单调下降,在三步搜索法中还使用了统一分

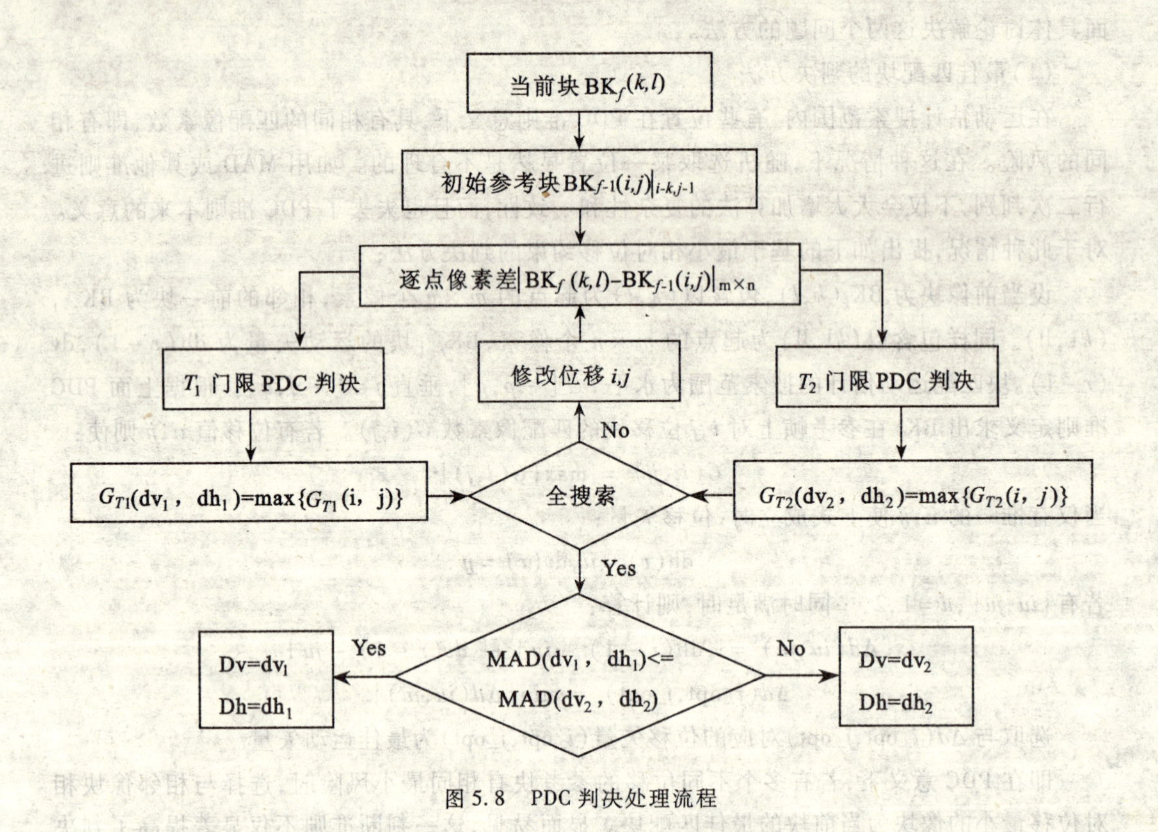

图 5.8 PDC 判决处理流程

布的搜索点模式。但现实世界中，由于存在局部极值点，而且分布规律很复杂，使得上述假设并不总是正确。实验表明，当物体运动平缓时，真实世界里图像的分块运动是平滑的，而且变化较慢，这使得全局最优点呈现中心分布的规律。所以采用侧重中心点的不均匀搜索模式的算法能取得较好效果。但当物体运动较快，全局最优点离中心点较远时，这些算法的平均搜索步数会较大，而且容易落入局部极值陷阱。如何产生预测因子，选择适当的起始搜索点，使全局最优点落入搜索范围并尽量接近起始点的问题就显得十分重要。

所谓运动相关性是指序列图像中同一帧图像的不同部分或前后相邻帧之间运动的相似性，如摄像机的运动造成整个画面的运动，这种全局的运动构成了该帧图像不同部分运动的空间相关性，而对前后相邻帧（或相邻数帧）图像运动的相似性则称为时间相关性。有实验研究表明，由于在现实图像序列中，一个运动物体会覆盖多个分块，所以空间相邻分块的运动可能较相似。又由于物体运动在时间上的连续性，前后帧图像的时间相邻分块的运动也具有相似性。

本文就是利用这种区域运动相关性的运动估计方法，通过分析各块运动向量和相邻分块运动向量的相关特性，使用了一种基于预测起始搜索点的运动图像分块运动匹配新算法。通过前一帧和当前帧相邻分块运动向量的相互关系预测当前分块的起始搜索点，然后在小范围内利用基于中心搜索模式的分块运动匹配算法进一步优化运动向量。该算法预测步骤简单，令搜索更快接近全局极值，与其他快速运动匹配算法相比有效地降低了帧间运动补偿误差和所需搜索运算量，效果较好。具体过程如下：

先对序列图像中第一个需做运动估计的图像帧用传统块匹配法作运动估计，同时记录该帧图像运动估计的平均块匹配误差。再对后续帧做运动估计，其步骤如下：

① 根据前一帧同一位置块的运动矢量及其相邻块的运动矢量增量对当前帧当前块 $k(x,y)$ 作运动矢量预测，记为 $V_1(mb\to x, mb\to y)$，当前块同前一帧中块的关系如图 5.9 所示。其中 $mb\to x$ 和 $mb\to y$ 表示前一帧同一位置块的运动矢量。

② 对当前帧中当前块 $k(x,y)$，由它在当前帧中相邻块的运动矢量增量做预测，预测矢量记为 $V_2(dx, dy)$。当前块同相邻块的关系如图 5.10 所示。其中 $dx = (MB[y][x-1]\to dx + MB[y-1][x]\to dx)/2$，$dy = (MB[y][x-1]\to dy + MB[y-1][x]\to dy)/2$。

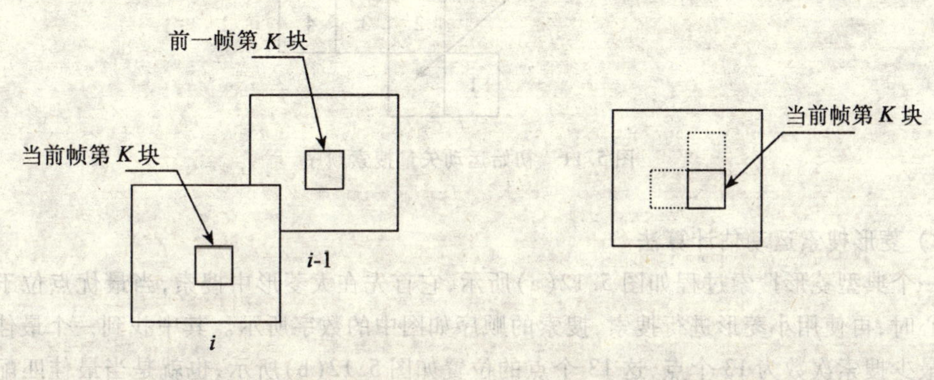

图 5.9　当前块同前一帧块的关系图　　　图 5.10　当前块和相邻块示意图

③ 利用前一帧和当前帧中的相邻块得到当前块相应的预测运动矢量 $V(x\_start, y\_start) = V_1(mb\to x, mb\to y) + V_2(dx, dy)$，其中 $x\_start = mb\to x + (MB[y][x-1]\to dx + MB[y-1][x]\to dx)/2 + x\_curr$，$y\_start = mb\to y + (MB[y][x-1]\to dy + MB[y-1][x]\to dy)/2 + y\_curr$；

④ 利用上面所得的 V 作为进一步估计的初值，在小窗口内做全局搜索，得到的最佳匹配运动矢量即为当前块 $k(x,y)$ 的运动矢量 V_K，并记录匹配误差，如果匹配误差大于一个阈值，则对当前块做传统块匹配运动估计。

⑤ 重复步骤①～步骤④，直至当前帧的所有块都做了运动估计。

重复第(2)步，进入下一帧的运动估计。

从上述算法可以看出，由于采用了匹配误差来决定是否对当前 k 块进行预测，因而从匹配误差方面来说，该算法具有一定的自适应性，一定程度上可以防止误差的扩散。

(2)菱形搜索算法

这种算法针对视频对象有比较新的特点。

由于对象宏块(对象内部宏块和边缘宏块)运动矢量的相关性和中心偏移特性，通常运动矢量总是高度集中在搜索窗的中心附近，对于低码率的视频应用场合更是如此。在视频序列中，运动矢量的这种中心偏移特性在对象宏块的运动矢量分布中也很明显，这是因为属于同一对象的宏块在运动中保持一致的概率要明显高于一帧中所有宏块保持一致的概率，这时，若取相邻对象宏块的运动矢量作为搜索窗口的中心，则中心偏移特性也会明显地表现出来。

1) 初始向量的选择

为了充分利用对象宏块之间较强的相关性，在所提出的算法中，首先在当前块的周围搜索是否有属于同一对象并已经进行过运动估计的宏块，它的搜索顺序如图 5.11 所示。如果宏块 1 符合条件，则搜索终止，使用这个宏块的运动矢量作为当前块的初始运动向量，如果不是，则继续搜索，直到图 5.11 中的 4 个宏块都搜索完毕。如果仍然没有找到符合条件的对象宏块，则选择在时间顺序上相邻、属于同一对象宏块运动矢量作为初始向量，若是第一个对象宏块，为了提高运动估计的精度，使用全搜索算法。

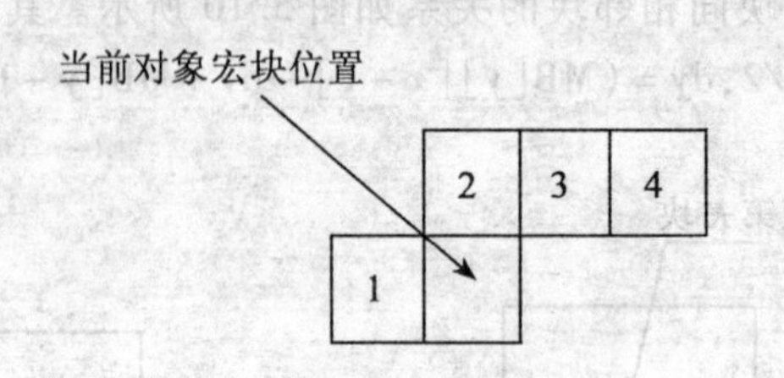

图 5.11 初始运动矢量搜索顺序

2）菱形搜索运动估计算法

一个典型菱形搜索过程如图 5.12(a)所示，它首先在大菱形中搜索，当最优点位于菱形的中心时，再使用小菱形进行搜索，搜索的顺序如图中的数字所示。其中找到一个最佳匹配点的最少搜索次数为 13 个点，这 13 个点的位置如图 5.12(b)所示，也就是当最佳匹配点位于第一个菱形的中心时的情况。这种情况由于运动矢量中心偏移特性的存在，在运动矢量的分布中占有较大部分，因此，有效地减少获得这部分运动矢量所需的搜索次数，可以大大降低运动估计的运算复杂度。

因此，在第一步搜索时，只在搜索窗口中心附近的 5 个点进行，即图 5.13(a)中最中心的 5 个点，同时设立一个门限，当这 5 个点中最优点的匹配误差小于门限值时，就可以认为已经找到了最佳匹配点，同时终止搜索过程。这时的图像块称为缓动块。如果在第一步搜索过程中没有找到符合条件的点，则使用一种环状搜索过程，在每个搜索步骤中搜索一个环状结构中的点。如图 5.13(a)中所标记为 2,3,4 的环。在每一个搜索步骤结束后，将最小匹配误差与门限值比较，如果最小匹配误差小于门限值，则终止搜索过程，否则继续下一个环搜索过程，直到进行到第 4 个环为止。如果已经进行到第四个环仍然没有找到最佳匹配点，则可以认为运动较为剧烈，在后面的搜索过程中使用较大的搜索间隔，即以当前的最小匹配误差点为中心，继续搜索，直到找到最佳匹配点或搜索完整个搜索窗口。一个完整的搜索过程如图 5.13(b)所示。在图 5.13(b)中，经过 4 个环搜索后，最优块的位置是其中心点位于环 4 中的一个点，以下的搜索过程用大写的英文字母来表示，A 为下一个搜索阶段要搜索的点，然后搜索标记为 B 的点。

5.2.4 半像素搜索

半像素搜索是指在整像素搜索的基础上，为了寻找更好的匹配而进一步在像素的插值空间上所进行的搜索。由于图像像素点之间存在采样时间间隔，因而最好的匹配块有可能不是整像素块，而是存在于插值空间上，因此有必要进行半像素搜索。下面首先介绍 MPEG 测试模型 5(TM5)中的运动估计半像素搜索方法，然后给出在本系统中使用的快速半像素搜索方法。

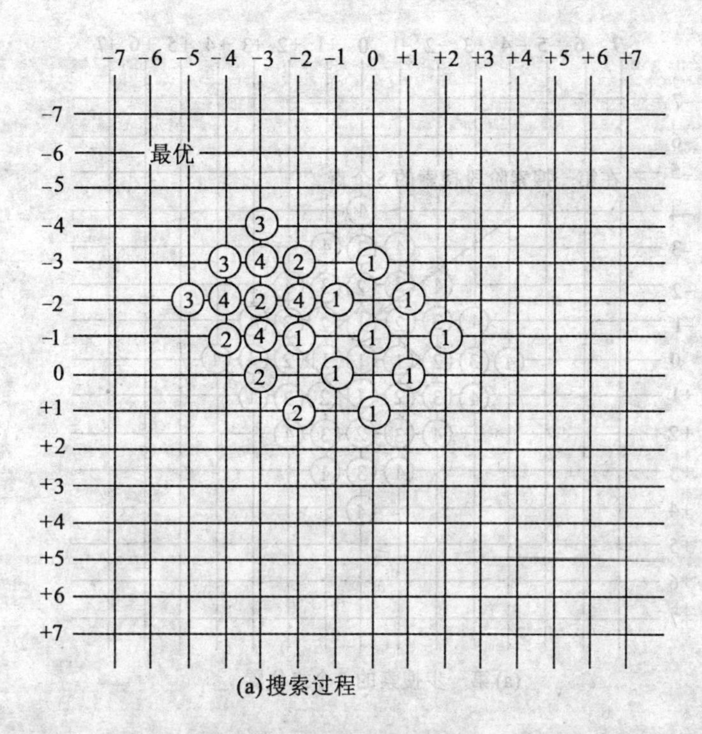

(a)搜索过程

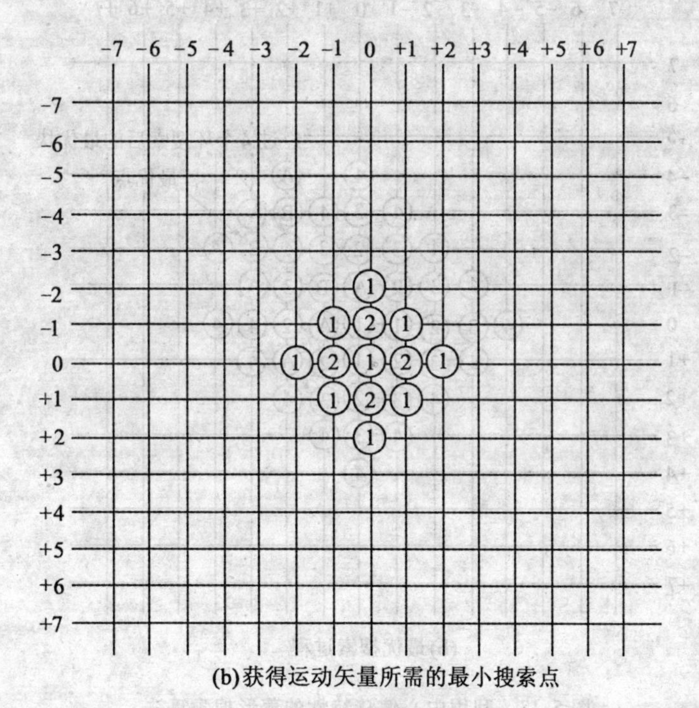

(b)获得运动矢量所需的最小搜索点

图 5.12　菱形搜索算法

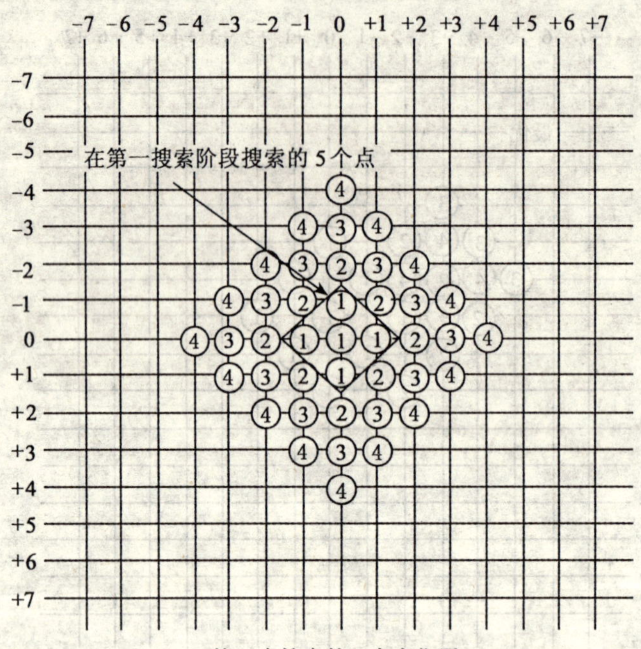

(a)第一步搜索的5个点位置

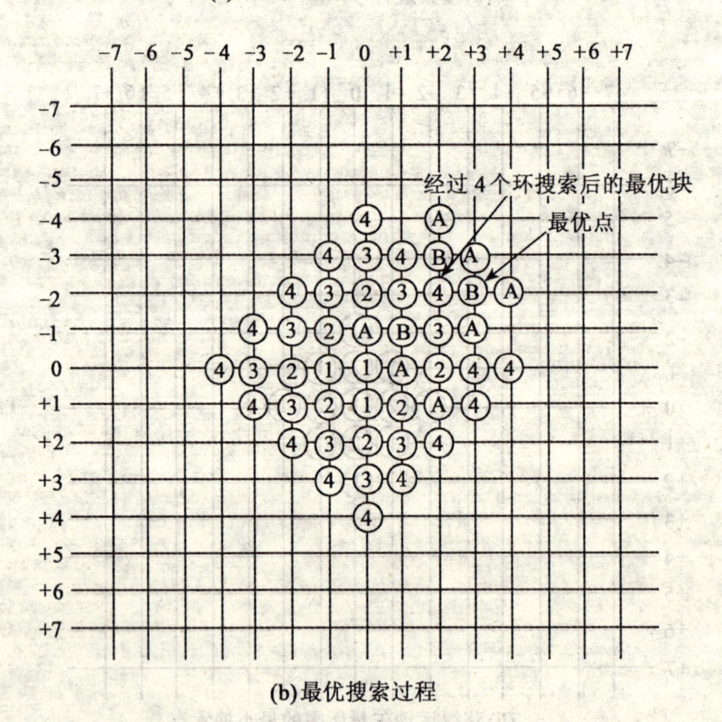

(b)最优搜索过程

图 5.13 利用中心偏移特性的菱形搜索算法

5.2.4.1 运动估计半像素搜索

半像素值是通过双线性插值得到的,如图 5.14 所示。

在图 5.15 中,我们设以 D_0 为左上角的块是待估计块在整像素级上的最佳匹配块,假设

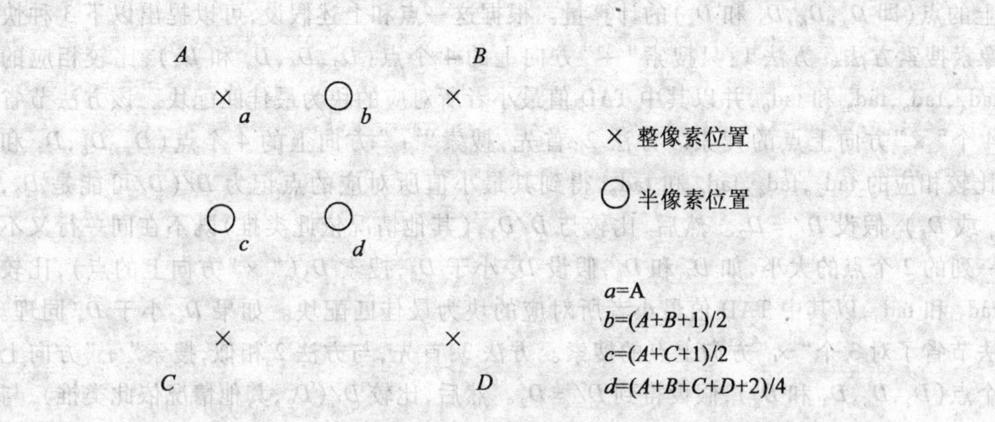

图 5.14　通过双线性插值得到的半像素值

此时的 TAD(Total Absolute Difference)值记为 tad_0;然后沿 D_0 周围的 8 个像素点($D_1 \sim D_8$)依次做半像素搜索(我们称这种方法为半像素级全搜索),这种搜索方法所使用的算法如下:

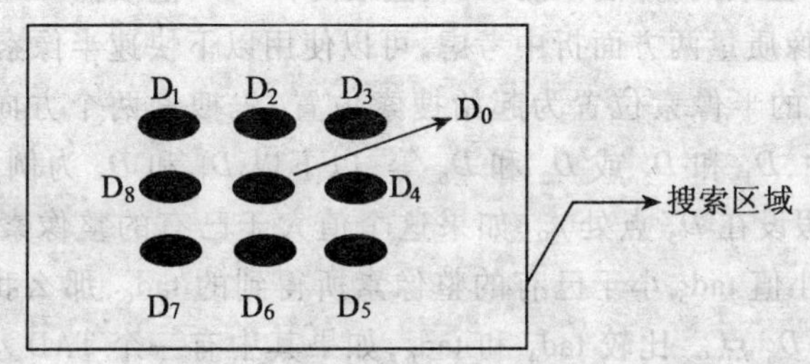

图 5.15　半像素搜索

- 做插值形成参考数据块,记为 data[ ][ ]。当搜索到 D_2 或 D_6 时,即与 D_0 同在一列上,则在列方向做均值插值形成参考数据块 data;当搜索到 D_4 或 D_8 时,即与 D_0 同在一行上,则在行方向做均值插值形成参考数据块 data;当搜索到 D_1,D_3,D_5 或 D_7 时,即与 D_0 既不在同一列上又不在同一行上,则在行方向列方向同时做均值插值形成参考数据块 data。
- 计算并记录每次搜索的 TAD 值,设为 $tad_1 \sim tad_8$,它们中的最小值者所对应的参考块为最佳匹配块。
- 运动向量的表示,运动向量是指参考块(最佳匹配块)相对于待估计块的位移,例如,待估计块左上角位置是(x,y),参考块左上角位置是$(x+k,y+l)$,则运动向量为(k,l)。在 MPEG 标准中,为了表示半像素,都是将 k,l 左移一位,然后,用最低位表示半像素,最低位为'1'表示有半像素,'0'则表示没有。

5.2.4.2　快速半像素搜索算法

快速半像素搜索方法由上述可知,TM_5 所采用的半像素搜索方法是一种完全搜索方法,因此;相对而言计算量较大。

假设在小范围内搜索时,TAD 值是单调的,这种单调性为我们减少搜索次数提供了可能。考虑到在搜索中对位于对角线"×"上的点(即 D_1,D_5,D_3 和 D_7)的计算量要大于位于

“+”上的点(即 D_2,D_6,D_4 和 D_8)的计算量。根据这一点和上述假设,可以提出以下3种快速半像素搜索方法。方法1:只搜索“+”方向上的4个点(D_2,D_6,D_4 和 D_8),比较相应的 tad_2,tad_4,tad_6,tad_8 和 tad_0,并以其中TAD值最小者所对应的块为最佳匹配块。该方法节省了对4个“×”方向上点的搜索。方法2:首先,搜索“+”方向上的4个点(D_2,D_6,D_4 和 D_8),比较相应的 tad_2,tad_4,tad_6 和 tad_8,得到其最小值所对应的点记为 $D/$($D/$可能是 D_2,D_6,D_4 或 D_8),假设 $D/=D_2$。然后,比较与 D/D_2,(其他情况依此类推)既不在同一行又不在同一列的2个点的大小,如 D_4 和 D_8,假设 D_4 小于 D_8,搜索 D_3(“×”方向上的点),比较 tad_2,tad_3 和 tad_0,以其中TAD值最小者所对应的块为最佳匹配块。如果 D_8 小于 D_4 同理。该方法节省了对3个“×”方向上点的搜索。方法3:首先,与方法2相似,搜索“+”方向上的4个点(D_2,D_6,D_4 和 D_8),假设得到 $D/=D_2$。然后,比较 $D/$(D_2,其他情况依此类推)、与 $D/$相邻的2个“×”方向上的点(D_1 和 D_3)以及 D_0 的TAD值,并以其中TAD值最小者所对应的块为最佳匹配块。该方法节省了对2个“×”方向上点的搜索。

比较3种快速方法,从运算次数分析,方法1的运算次数最少,方法3的运算次数最多;通过实验,从运动估计的平均平方误差MSE、解码图像的峰值信噪比PSNR来比较,方法3的MSE值最低,PSNR值最高,方法1的MSE值最高,PSNR值最低。

从运算时间和图像质量两方面折中考虑,可以使用以下快速半像素搜索方法:以上一次所找到的最小TAD值的半像素位置为起始搜索位置,先搜索两个方向上相距最远位置的点,例如,在图5.15中,D_1 和 D_5 或 D_2 和 D_6 等,以下以 D_1 和 D_5 为例,比较相应的 tad_1 和 tad_5,得到其最小值(假设在 D_5 点处)。如果这个值大于已有的整像素所得的 tad_0,则搜索 D_3 和 D_7 点。如果最小值 tad_5 小于已有的整像素所得到的 tad_0,那么我们沿着这个方向继续搜索,再搜索 D_4 和 D_6 点。比较 tad_4 和 tad_6,如果其中有一个TAD小于第一次得到的最小值 tad_5,那这个具有TAD值最小点所对应的块即为最佳匹配块。如果 tad_4 和 tad_6 都大于 tad_5,则需再搜索 D_2 和 D_8 点,比较相应的 tad_2,tad_8 和 tad_5,取其中具有TAD最小值的点,其他情况依此类推。

5.2.5 考虑对象运动的搜索

有时候为了大大地减少数据量,可以忽略VO中块的细节,仅仅考虑VO的运动,如一帧中的一个VO,到了下一帧中仍然存在,只是位移发生了变化,而形变与纹理变化并不大或者和关键的事物相比可以忽略其变化,这时候我们只需要传递VO两次相对帧的全局坐标差,作为运动矢量。如何检测变化呢?第一步,检测VO前后两次的形状MAP图,根据形状运动的检测方法,判断静止宏块的个数,如果超出了总宏块个数的90%(可以根据需要自己来设置),则认为VO没有发生形变,如果此时这个VO的纹理我们可以忽略,如一个纯色的皮球,我们就按照VO的运动处理。对于需要检测的纹理,仍然判断静止宏块的个数,如果超出了总宏块个数的90%(可以根据需要自己设置),则认为VO没有发生纹理变化,按照VO运动处理。

第六章　基于内容的视频编码程序结构

6.1　基于内容的视频编码参数

6.1.1　VO 和 VOL

```
typedef struct {
    Int VoId;                    /* VO 的 Id 号 */
    T_VOL  * pVol;               /* VOL 链表首址 */
    struct T_VO  * pVo;          /* 下一个 VO 的指针 */
    } T_VO, * LPVO;

typedef struct {
    Int VoId;                    /* VO 的 Id 号 */
    Int VoType;                  /* VO 类型 */
    Int VolType;                 /* VOL 类型 */
.........................
/* 运动参数 */
    Int ObmcDisable;             /* VOL 是否禁止重叠块运动补偿 */
    Int RoundingCtrEnable;       /* 当设为 1 时允许 P-VOP 用舍入控制 */
    Int RoundingCtrSValue;
    Int PBetweenINum;
    Int BBetweenINum;
    Int SearchRange;             /* 运动估计搜索半径(像素),越大则编码越慢 */
    Int DmSearchRange;           /* 直接模式 B-VOP 运动估计搜索半径 */
.........................
    /* 形状编码参数 */
    Int ShapeType;
    Int BinaryRoundingTh;
.........................
/* 纹理编码参数 */
```

```
    Int QuantType;                /* VOL 量化类型 (0-H.263, 1-MPEG) */
    Int IntraDcVlcTh;
    Int IVopQuantStep_;           /* I-VOP 的量化步长 */
    Int PVopQuantStep_;           /* P-VOP 的量化步长 */
    Int BVopQuantStep_;           /* B-VOP 的量化步长 */
    Int IntraQuantMatEnable;      /* 设为1时 Intra 量化时可载入非默认 MPEG 量化矩阵 */
    Int IntraQuantMat[64];        /* Intra 量化表 */
    Int InterQuantMatEnable;      /* 设为1时 Inter 量化时可载入非默认 MPEG 量化矩阵 */
    Int InterQuantMat[64];        /* Inter 量化表 */
    Int SaDctDisable;             /* VOL 是否禁止 sa_dct */
    Int IntraPredDisable;         /* VOL 是否禁止 INTRA DC 预测 */
..............................
    /* Not8Bit 模式 */
    Int Not8Bit;                  /* 视频数据的精度是否不是每像素 8 比特 */
    Int QuantPrecision;           /* 纹理量化精度 */
    Int BitsPerPixel;             /* 视频数据每像素比特数 */
    ..........................
    struct T_VOL *pNextVol;       /* 下一个 VOL 指针 */
    T_VOP *pVop;                  /* 对应 VOP 链表首址 */
...............................
}T_VOL, *LPVOL;
```

本章编码结构的定义参考 ISO/IEC 14496-5 Video。结构 VOL 中只写出了部分主要参数,其他参数(包括复杂估计参数、背景及分层参数等)请参考 MPEG-4 相关文献。

形状编码参数中 ShapeType 是对象编码类型。0:“None”整帧;1:“Binary”二值 mask;2:“Gray”灰度平面,“Shape Only”:只有二值 mask 没有视频纹理。BinaryRoundingTh 是二值形状编码的允许误差控制阈值,如设为 128 会产生很大误差;如设为 0,结果无误差。纹理编码参数 IntraDCVlcTh 的值在 0 ~ 7 之间,控制纹理系数编码方式。0 的含义是不用 AC 系数编码 Intra DC 值,7 则反之。1 则是当 QP≥13 时才用,2 则是当 QP≥15 时才用,3 则是当 QP≥17 时才用,4 则是当 QP≥19 时才用,5 则是当 QP≥21 时才用,6 则是当 QP≥23 时才用。

运动参数中 RoundingCtrSValue 是一个 1 比特标志,它指出了参数 rounding_control 的值,这个值在 P-VOP 的运动补偿的像素值插值中使用。当这个标志被设置为 0 时,rounding control 的值为 0;当这个标志为 1 时,rounding_control 的值为 1。当 vop_rounding_type 在 VOP 头中不存在时,rounding_control 的值为 0。PBetweenINum 设置每对 I-VOP 之间的预测 P-VOP 的数目,如此值比 0 小,则只有一个 I-VOP 在序列起始。BBetweenINum 设置每对 P-VOP 之间的预测 B-VOP 的数目。

6.1.2 VOP

(注:基于帧的编码参数从略)

```
typedef struct
{
    Int VopType;                        /* VOP类型:I,B,P */
    Int Width;                          /* VOP宽度 */
    Int Height;                         /* VOP高度 */
    Int VopId;                          /* Id号 */
    /* 图像(包括纹理和形状)指针 */
    IMAGE * image;
    /* 相关VOP指针 */
    struct T_VOP * pSNextVop;           /* 同一时刻的下一个VOP指针 */
    struct T_VOP * pTNextVop;           /* 时间轴上下一个具有相同ID号的VOP指针 */
    struct T_VOP * pTPrevVop;           /* 时间轴上上一个具有相同ID号的VOP指针 */
..................................
}T_VOP, * LPVOP;
```

在以上的VOP编码参数中的一些基本编码参数、码率控制、短头视频、背景编码、量化器、分层编码等参数被省略。

```
typedef struct  {
    Int         Height;
    Int         Width;
    Char        * Mask;/* 图像帧形状数据 */
    Void        * Data;/* 图像帧YUV数据 */
}IMAGE;
```

6.2 基于内容的视频编码主要流程

6.2.1 基本层VOP编码主流程图

基本层VOP编码主流程图,如图6.1所示。

6.2.2 INTRA MB纹理编码

INTRA MB纹理编码,如图6.2所示。

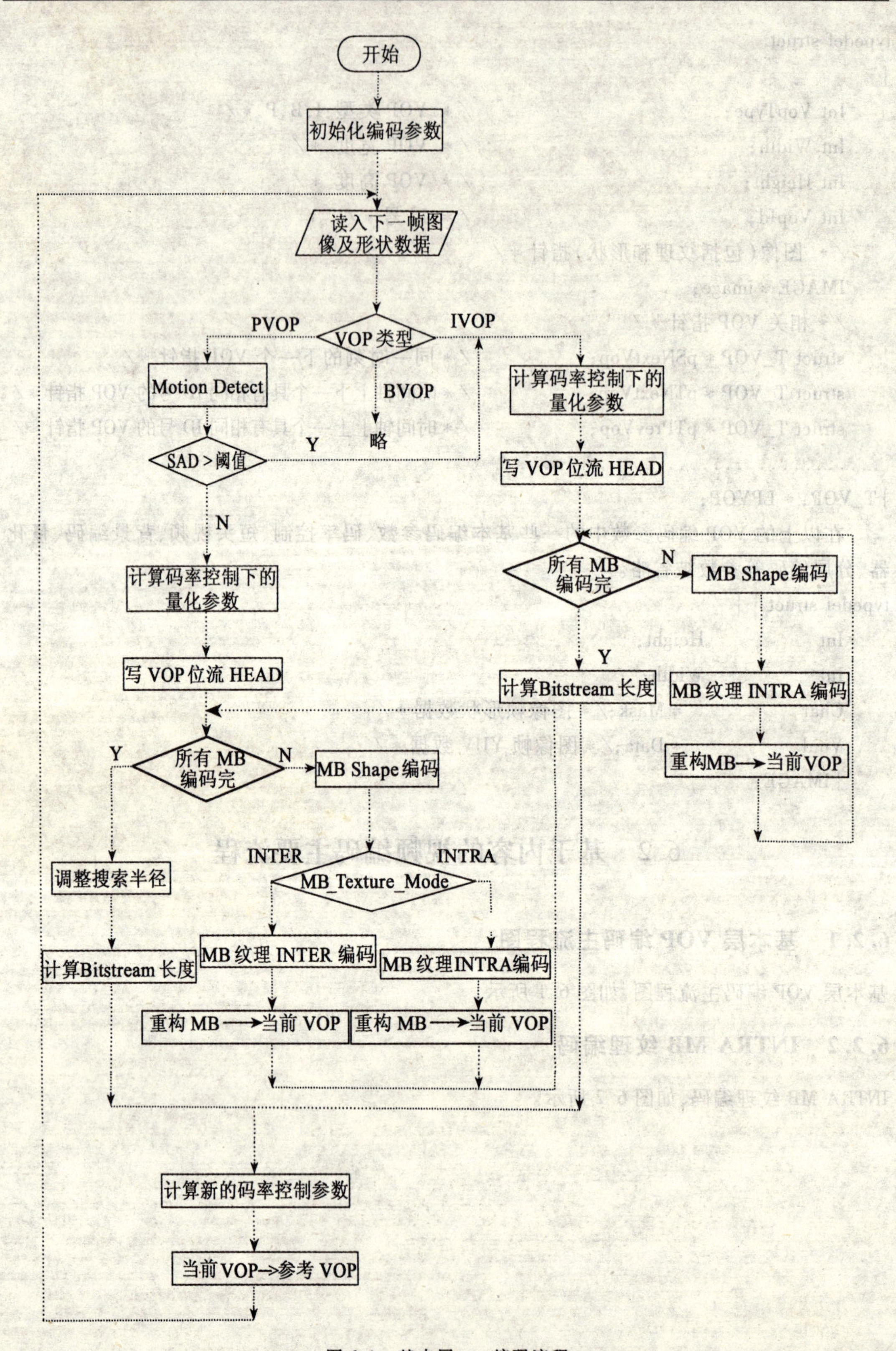

图 6.1　基本层 vop 编码流程

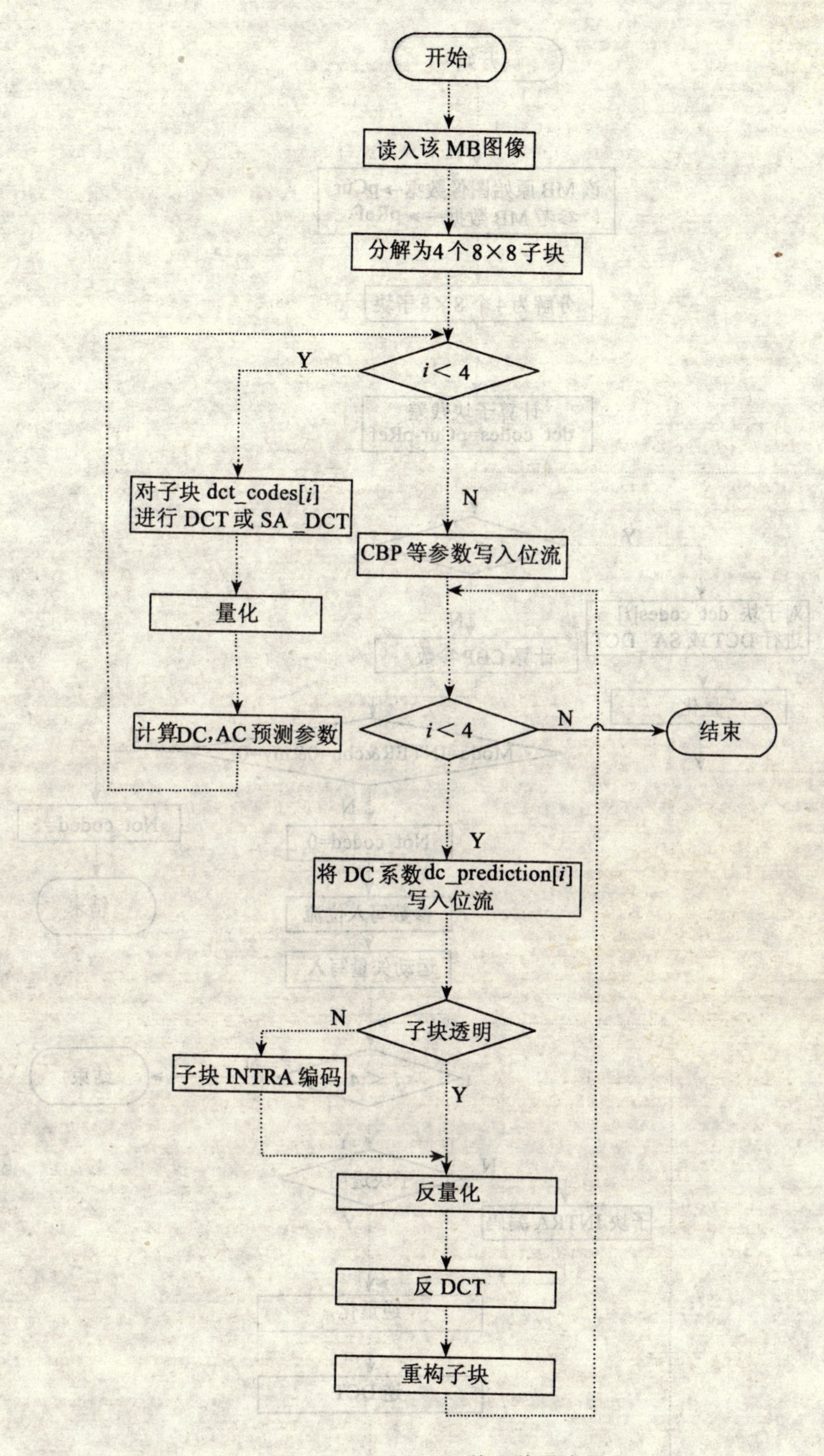

图 6.2　INTRA MB 纹理编码流程

6.2.3　INTER MB 纹理编码

INTER MB 纹理编码，如图 6.3 所示。

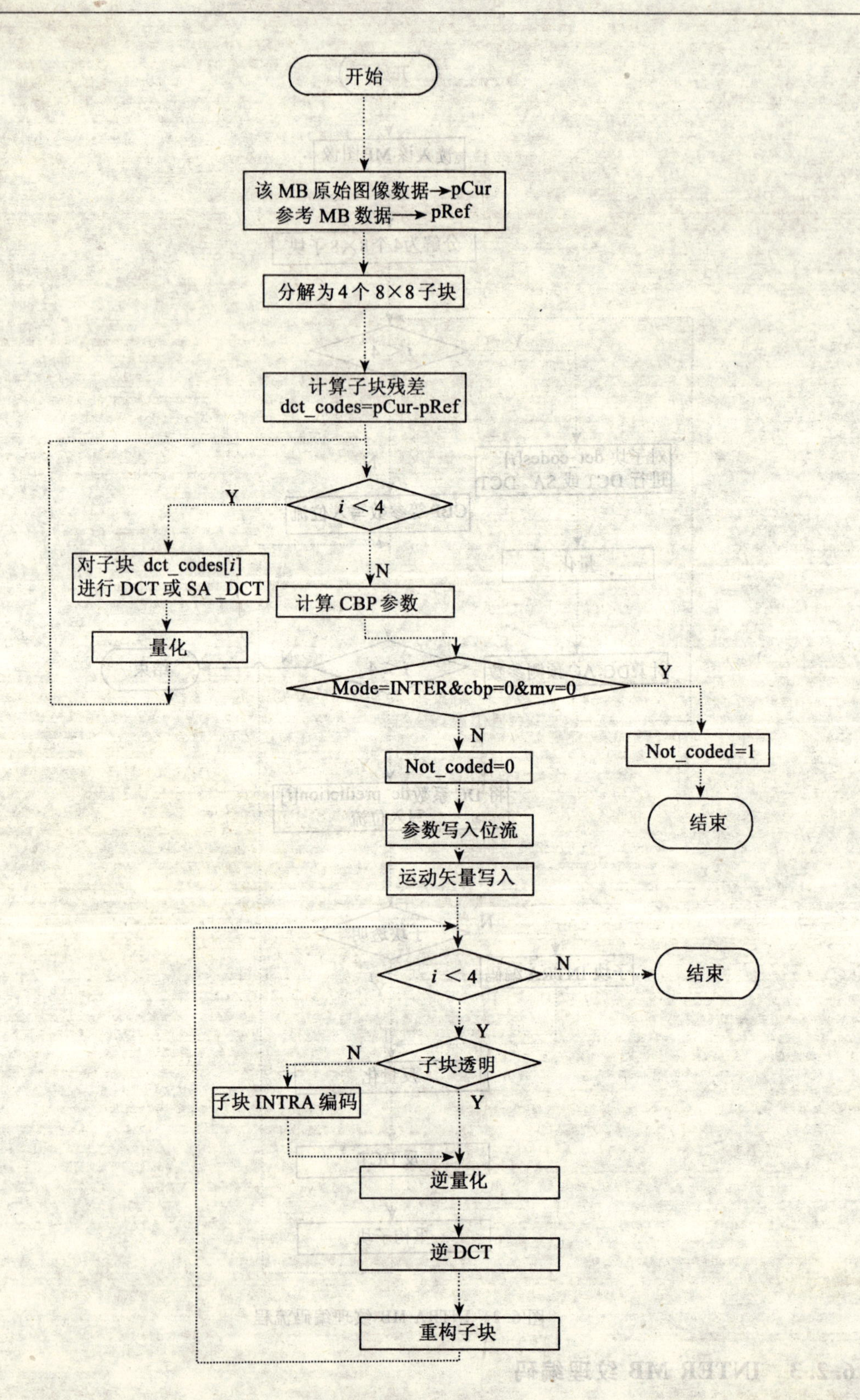

图6.3　INTER MB纹理编码流程

6.2.4 MB Binary Shape 编码

MB Binary Shape 编码，如图 6.4 所示。

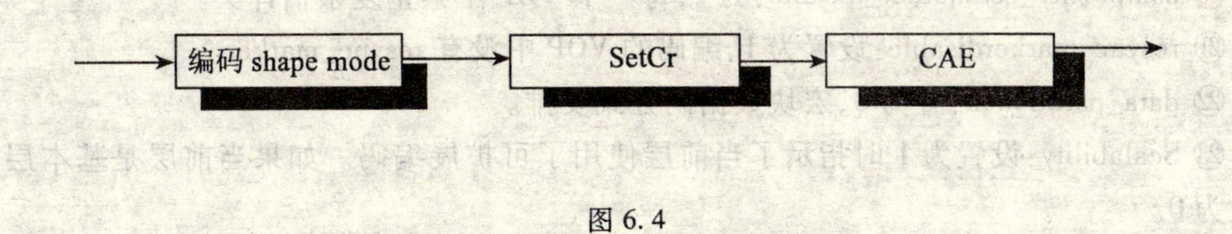

图 6.4

6.3 码流示例

根据 MPEG-4 VIDEO(14496-2)中视频流规定，在不同编码参数设置下视频码流结构变化较大。为了具体化，本节就某一特定码流进行分析和说明，此码流在编码参数如下设置时得到：原始视频(4: 2: 0)帧率为 30 帧/秒，视频数据的精度是每像素 8 比特，不使用码率控制，不进行背景编码，不进行分层编码，对象编码类型为“binary”，即需视频二值形状信息。注：此处只列出了主要编码参数设置。

6.3.1 视觉对象层

VisualObject( )

① Video_object_start_code:24 比特串，为“0000000000000000 0000 0001 000”。

② Video_object_id:视频对象惟一标识，从 00001 到 11111。

③ Video_object_layer_start_code:25 比特串，为“0000000000000000 0000 0001 0010”。

④ Video_object_layer_id:视频对象层的惟一标识，从 0000 到 1111。

⑤ VOL_Random_Accessible:VOL 中所有的 VOP 是否都是内部编码的 VOP 的标志，如不是则设置为 0。

⑥ VO_Type_Indication:对象类型，为 00000100(Main profile)。

⑦ Is_VOL_identifier:视频对象层优先权置为 0。

⑧ Aspect_ratio_info:像素外形的长宽比，置为 0000。

⑨ VOL_Control_Parameters:置为 1。

⑩ VOL_Shape:视频对象层的形状类型，置为 01(Binary)。

⑪ Markbits: 置为 1。

⑫ VOL_time_increment_resolution:16 比特的无符号整数，指示了一个 Modulo 时间的平均间隔(称为 Tick)，置为 0000000000011110。

⑬ Markbits: 置为 1。

⑭ Fixed_VOP_rate:所有 VOP 是否用固定的码率编码，置为 0(两个连续的 VOP 的显示间隔是变化的)。

⑮ interlaced:VOP 是否包含交织视频，置为 0 则 VOP 是累进格式。

⑯ ODMC_Disable:置为 1 禁止重叠块运动补偿。

⑰ Enable_Sprite：sprite 的存在，置为 1。

⑱ VOL_NOT_8_Bit：置为 0，视频数据的精度是每像素 8 比特。

⑲ Quant_type：为 0，使用第二种逆量化方案。

⑳ complexity_estimation_disable：为 1，每一个 VOP 中禁止复杂估计头。

㉑ resync_markerdisable：设置为 1，编码的 VOP 中没有 resync_marker。

㉒ data_pattitioned：置为 0，宏块数据同方式安排。

㉓ Scalability：设置为 1 时指示了当前层使用了可扩展编码。如果当前层是基本层，它被设为 0。

6.3.2 视频对象平面

① VOP_Start_code：视频对象平面的开始标识为"000001B6"。

② VOP_Pred_type：标识了这个 VOP 是内部编码 IVOP(00)、预测编码 PVOP(01)、双向预测编码 BVOP(10)或是 SpriteVOP(11)。

③ Modulo_time_base：局部时间基准，置为 0。

④ Markbits：置为 1。

⑤ VOP_time_increment：描述从同步点开始的绝对 VOP_time_increment，取值范围为[0, vop timeincrement_resolution]，置为 00000。

⑥ Markbits：置为 1。

⑦ VOP_coded：置为 1，对这个 VOP 有后续数据存在。

⑧ VOP_width：13 比特的无符号整数，以像素为单位描述了亮度的可显示部分的宽度。

⑨ Markbits：置为 1。

⑩ VOP_height：是一个 13 比特的无符号整数，以像素为单位描述了亮度的可显示部分的高度。

⑪ Markbits：置为 1。

⑫ VOP_Horizontal_Ref：是一个 13 比特的无符号整数，为包含 VOP 矩形左上角的水平位置。

⑬ VOP_Vertical_Ref：是一个 13 比特的无符号整数，为包含 VOP 矩形左上角的垂直位置。

⑭ Change_conv_Disable：置为 1，conv_ratio 不在宏块层编码。

⑮ VOP_Constant_Alpha：二值或灰度形状加码中使用的尺度因子，置为 1。

⑯ intra_dc_vic_thr：两种内部 DC 系数的变长码的开关机制，置为 000。

⑰ vop_quant：逆量化宏块所用的量化绝对值，缺省值为 5，说明量化器值从 1 到 31。

6.3.3 宏块层

从 MB[0][0]，MB[1][0]到 MB[n][m]依次对各个宏块进行编码，每个宏块码流中首先是形状编码，然后是纹理编码，透明宏块只有一个参数 bab_mode。

(1)形状编码

A. MB 形状帧内编码

1. bab_mode：　　1 到 7 位的变长码，bab 的编码模式。

2. scan_type:　　bab 是否变换格式。

3. MB_shape_CAE

B. MB 形状帧间编码

1. bab_mode:　　1 到 7 位的变长码,bab 的编码模式。

2. mvds_x:　　bab 水平运动向量。

3. mvds_y:　　bab 垂直运动向量。

4. scan_type:　　bab 是否变换格式。

5. MB_shape_CAE

不编码的形状 MB 只有第一个参数 bab_mode。

(2)纹理运动编码

A. MB 纹理帧内编码

① mcbpc:变长码,从宏块类型和色差块的编码模式得出。

② ac_pred_flag:1 比特标志,当它被设置为 1 时说明是对内部编码宏块的。AC 系数的第一行和第一列是差分编码的。

③ cbpy:变长码,说明了宏块中带有至少一个非内部 DC 变换系数的不透明的亮度模式。

④ 4 个子块纹理编码。

B. MB 纹理帧间编码

① not coded:一个宏块是否被编码。1 表示不被编码,0 说明这个宏块被编码。

② mcbpc:变长码,从宏块类型和色差块的编码模式得出。

③ cbpy:变长码,说明了宏块中带有至少一个非内部 DC 变换系数的不透明的亮度模式。

④ 运动矢量编码。

⑤ 4 个子块纹理编码。

第二部分 视频流传输 QoS 控制技术

引 言

视频流应用具有实时连续的特点,对于由源端发送并经远程传输而接收得到的视频流,要求在播放显示时画面人物动作连续、圆润、图像清晰。如果在传输中丢失非关键数据帧,播放时会产生停顿或断续节奏感;如果丢失关键帧,则使连续图像紊乱;如果帧内丢失数据,则至少导致帧幅图像花屏。所以,连续媒体数据传输时数据丢失和出错的影响是很坏的。而连续媒体由于它的实时性、不重复性、瞬间即逝,接收端即便发现错误,也没有机会反复多次重传;即使重传,只有在正常连续显示的很短时间间隔内完成才有意义;如果传输中对视频音频延时太多,或者视、音延时不一致,则使视听效果难以为人们所接受。这些都对连续媒体传输提出了很苛刻的要求。

在现实世界存在多种多样的传输介质、多种多样通信协议、多种多样接收终端的情况下,流媒体数据在传输中出错和丢失是难以避免的,所以采取有效的办法减少丢失、减少出错,或者在数据丢失、出错后,能及时采取弥补措施,这是当务之急。本文视频流传输 QoS 控制技术即讨论数据错误控制或弥补方法和传输控制技术。

数据传输错误控制措施可以归纳为以下几个方面:

(1)网络传输协议支持的控制措施

这些协议包括:

IPV4 及 IPV6 协议、TCP 协议、UDP 协议、RTP/RTCP 协议、RTSP 协议,将在第七章讨论这些协议及控制措施。

(2)基于网络设备支持的服务质量控制措施

此类方法是以网络为中心,即以网络主设备所提供的支持为基础实现控制。要求网络节点(路由器)、网络交换机为流媒体传输提供带宽的保证或控制,提供对延迟、抖动、丢失率的服务质量保证。这其中的技术主要包括:集成服务与资源预留模型、区分服务模型、多协议标签交换模型,这些模型与技术将在第八章进行讨论。

(3)应用层 QoS 控制技术

应用层 QoS 控制技术归纳为以下体系,其中:拥塞控制侧重于防止数据丢包和减小延迟,差错控制侧重于在数据丢失后挽回视频图像质量。

应用层 QoS 控制技术将在第九章中讨论。

(4)全系统传输与控制体系框架

系统输入视频基本流 EVS(Elementary Video Stream),EVS 的来源可以是通过摄像头采集的即时视频(Live Video)经过数字化后所生成的实时视频流。

EVS 进入系统后,首先进行数据压缩编码,在编码过程中加入有关拥塞控制机制和差错控制机制,然后在 SFEC 模块使用基于源编码的前向纠错算法在数据中加入 SFEC 纠错信

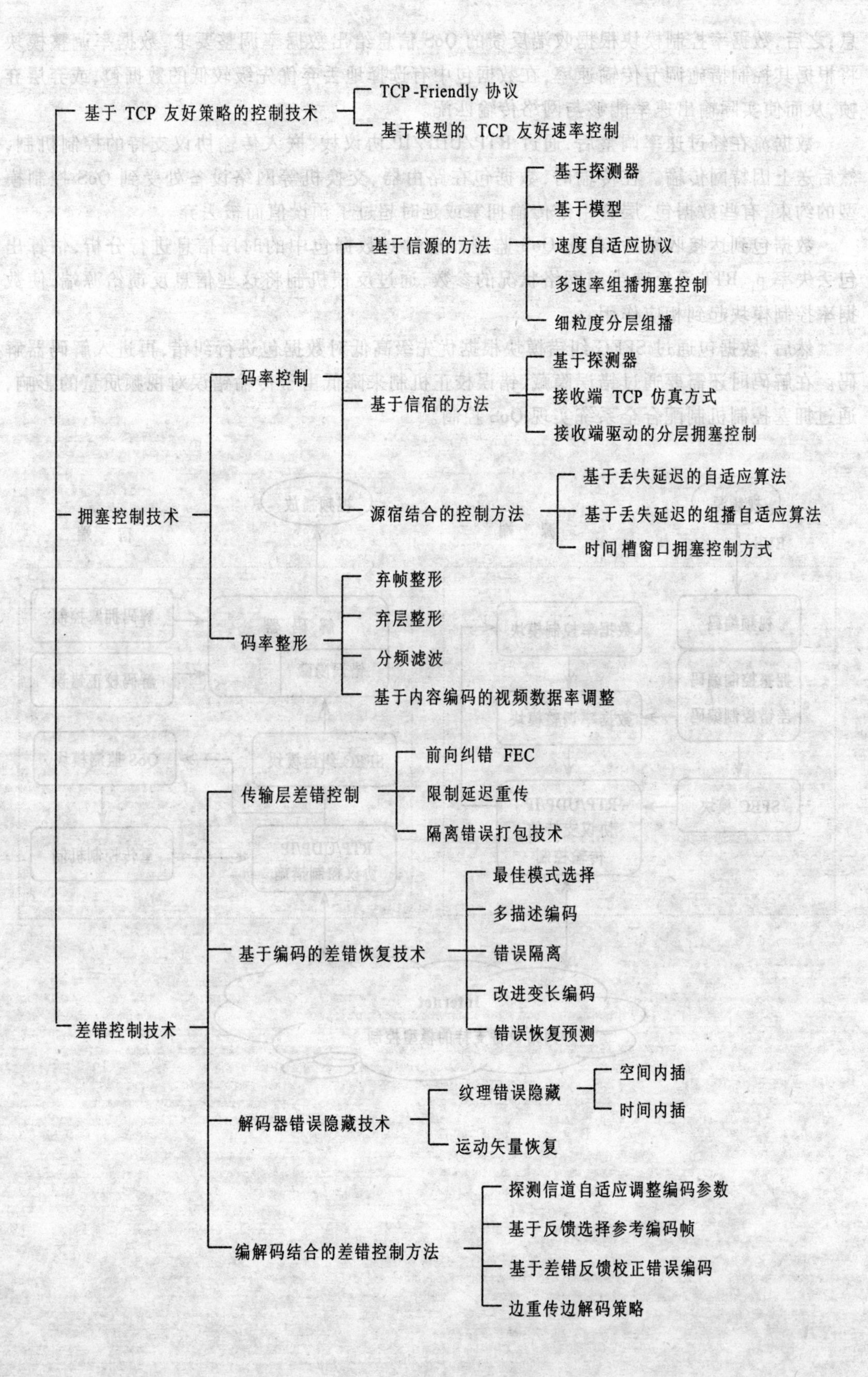
基于 TCP 友好策略的控制技术
TCP-Friendly 协议
基于模型的 TCP 友好速率控制
拥塞控制技术
码率控制
基于信源的方法
基于探测器
基于模型
速度自适应协议
多速率组播拥塞控制
细粒度分层组播
基于信宿的方法
基于探测器
接收端 TCP 仿真方式
接收端驱动的分层拥塞控制
源宿结合的控制方法
基于丢失延迟的自适应算法
基于丢失延迟的组播自适应算法
时间槽窗口拥塞控制方式
码率整形
弃帧整形
弃层整形
分频滤波
基于内容编码的视频数据率调整
差错控制技术
传输层差错控制
前向纠错 FEC
限制延迟重传
隔离错误打包技术
基于编码的差错恢复技术
最佳模式选择
多描述编码
错误隔离
改进变长编码
错误恢复预测
解码器错误隐藏技术
纹理错误隐藏
空间内插
时间内插
运动矢量恢复
编解码结合的差错控制方法
探测信道自适应调整编码参数
基于反馈选择参考编码帧
基于差错反馈校正错误编码
边重传边解码策略

息;之后,数据率控制模块根据收端反馈的 QoS 信息给出数据率调整要求,数据率调整模块将根据其控制措施调节传输速率,在数据包中有选择地丢弃优先级较低的数据包,或弃层弃帧,从而使实际输出速率能够与网络传输匹配。

数据流在经过速率调整后,通过 RTP/UDP/IP 协议栈,嵌入传输协议支持的控制机制,然后送上因特网传输。在传输时,数据包在路由器、交换机等网络设备处受到 QoS 控制模型的约束,有些数据包、层会由于传输拥塞或延时超过了预设值而被丢弃。

数据包到达接收端后,首先 QoS 监测器通过对数据包中的时序信息进行分析,估算出包丢失率 p_1、RTT 等反映当前网络状况的参数,通过反馈机制将这些信息反馈给源端,使数据率控制模块起到相应作用。

然后,数据包通过 SFEC 纠错模块根据优先级高低对数据包进行纠错,再进入解码器解码。在解码时还需要通过错误隐藏、错误校正机制来降低由于传输错误对视频质量的影响,通过拥塞控制机制配合全系统实现 QoS 控制。

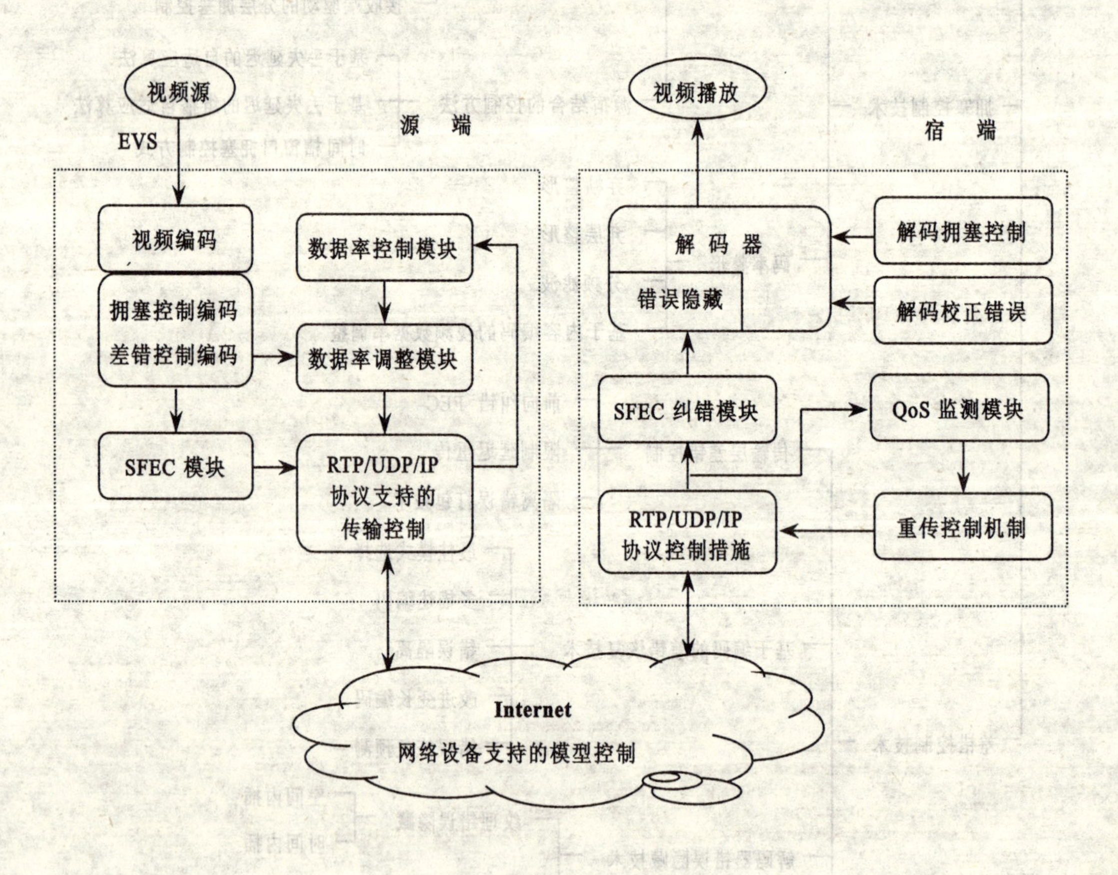

第七章 基本网络协议对传输的控制

本章对基本网络协议介绍 IP(含 IPV4、IPV6)、TCP、UDP、RTP 及 RTCP,实时流协议 RTSP,其中着重讨论它们有限提供的传输控制措施。

这些协议是基于 Internet 传输通信的基础,只要它们提供有传输质量控制措施,哪怕是很小的措施,就应该充分利用,所以本章仍不厌其烦地介绍这些协议,力图尽量挖掘其潜力,发挥其作用。

7.1 几种传输协议的控制措施

因特网最主要的协议是 IP,包括 V4 和 V6 两个版本,其中 IPV6 的控制措施得到很大增强,IPV4 很少控制措施,只有服务类型及其中的"优先级"可以起到一定控制作用。以下对 IPV4 与 IPV6 分别予以说明。

7.1.1 IPV4 协议的控制方式[47][43]

IPV4 帧格式如图 7.1 所示。

	4bit	4bit	8bit	16bit	
IP帧头	版本	分组头长度	服务类型	总长度	
	标识			标志	分段偏移
	生存时间		协议	分组头校验和	
	源 IP 地址				
	目的 IP 地址				
	选项				
	数据				

图 7.1 IPV4 帧格式

IP 帧头长度可以从 20 字节到 60 字节,其中附加选项可以灵活选定。

帧头格式每一个部分的含义说明:

* 版本(Version)编号:当前编号是 4 或 6。
* 分组头长度(HL):以 32 位长的字为单位,长度值为 5 ~ 15;例如分组头长度为 20 字

节，则可分成 5 个 32 位字，即 HL = 5。

* 服务类型（Tos）：长 8bit，分成优先级（Precedence）和服务类型（Tos）二个部分，优先级为 3bit，使可为特定帧流分配高优先级。服务类型长 5bit，使可区分不同 IP 帧的数据类型，达到差分服务。IPV4 的控制措施主要在于对不同类型数据可以划分不同服务类型。

0	1	2	3	4	5	6	7
优先级			D	T	R	L	O

优先级 0 ~ 7，数值越大，优先级越高，无优先级时，值为 0。

D——Delay，0 为一般延迟，1 为要求降低延迟。

T——Throughout，0 为一般吞吐量，1 为较高吞吐量。

R——Reliability，0 为一般可靠性，1 为高可靠性。

L——Loucost，0 为一般通信费用，1 为较低通信费用。

* 总长度（Total Length）：长 16bit，给定本 IP 帧最大长度，以字节为单位；一个 IP 分组的最大长度为 65 536 字节。

* 标识（Identification）：长 16bit，用于识别和组合 IP 分组的片段；

当 IP 传输数据总长超出 65 536 字节时，必须对其分段组帧，此处标识即对每一个分段进行标识，在目的主机上再按标识对分段数据进行拼接。

* 标志（Flag）：长 3bit。

bit0 保留，暂未定义，保持为 0；

bit1：0 表示不可以对分组进行分段，1 表示可分段；

bit2：0 表示本数据帧已是最后一段，1 表示本帧不是最后一帧，还有更多的段。

* 分段偏移（Offset）：长 13bit。

原始 IP 数据被分段后，每一个分段的数据块（Fragment block）都有一个从 IP 分组起始位置开始所处位置，偏移字段即记录这个编移位置。

* 生存时间（Time to Live）：长 8bit；用于限制 IP 数据帧在网上出现无限循环。

一个 IP 数据帧在网上每经过一个节点（路由器），使 TTL 值减 1；当该值被减到 0 时，路由器即会丢弃此数据帧。

生存时间值也可用来控制组播（multicast）数据帧在网络中传播的范围，使组播数据帧的 TTL 值大于通往外部路由器接口中配置的 TTL 值，否则该分组将被丢弃。

* 协议（Protocal）：长 8bit。

协议字段标记在 IP 服务的邻接高层所采用的协议类型，例如：3 = TCP 协议、17 = UDP 协议、1 = ICMP 协议（互联网控制消息协议）、89 = OSPF、2 = GMP（组管理）协议、8 = EGP（外部网关协议）等。

* 分组头校验和（Header checksum）：长 16bit。

此数据是根据本分组头中其他字段的数据按一定编码方法计算出来的；IP 帧每经过一个路由器节点，校验和的值都会被更新，因为前述 TTL 字段中的数据在改变，后述 IP 选项字段中的值也可能发生改变。

报头检查和是对报头按16位整数串检验时,各串求1的补码之和再求1的补码的结果。

* 源IP地址(Source IP address),长32bit。
* 目的IP地址(Destination IP address),长32bit。

7.1.2　IPV6协议及其控制措施[47]

IPV6的QoS控制机制主要通过"传输流类型"与"数据流标签"两个域来实现,放在7.1.2.4节中予以专门说明,7.1.2.1节中先说明IPV6的报头格式。

7.1.2.1　IPV6的报头格式

IPV6报头格式如图7.2所示。

<table>
<tr><td>版本号(4)</td><td>传输流类型(8)</td><td colspan="2">数据流标签(20)</td></tr>
<tr><td colspan="2">有效载荷长度(16)</td><td>下一个报头(8)</td><td>跳数限制(8)</td></tr>
<tr><td colspan="4">信源地址(128)</td></tr>
<tr><td colspan="4">信宿地址(128)</td></tr>
</table>

图7.2　新版IP网协议IPV6报头格式

IPV6的基本报头格式比IPV4简单,只有6个域和2个地址空间。

6个域分别为:版本编号、有效载荷长度、跳数限制(即帧生存时间)、下一个报头协议类型等4个域名称基本相同,但功能有所变化;新增2个域为:传输流类型(预示着数据优先级)和数据流标签。(此2域在7.1.2.4节中专门讨论)原IPV4中的头标长度、服务类型、标识符、标志、报头偏移和头标校验6个域在IPV6中全被取消。

① 版本号——IPV6中版本号仍为4位,其意义与IPV4中相同;使得IPV4仍可与IPV6进行通信,且可共用数据链路层的驱动程序。

② 有效载荷长度——IPV6基本报头长度固定使用40Byte表示,省去了一些可变的设置和判断,减少了软件处理内容,也节省了内存容量开销。其中利用本字段由2字节标记有效载荷长度。

有效载荷长度不含基本报头,包括扩展头和上层PDU部分;PDU是由传输头与负载(UDP消息或ICMPV6消息)构成;16位有效载荷长度最大记录65 536字节的负载量,当实际负载量大于此数时,则由扩展报头巨量负载选项中进行记载,而将此处有效载荷长度字段记为"0"。

③ 下一个报头——使用一个数值来标明本报头后面下一个报头所属类型,例如是扩展报头或某个传输层协议报头等。在表7.1中对下一个报头的类型与数值予以标注说明。

④ 跳数限制——类似于IPV4中的"生命周期"字段,用于限制IP数据帧在路由器之间的转发次数,每转发一次,字段中的数值减1,当减到0时,该数据包即被丢弃。

⑤ 关于扩展报头——IPV6的扩展报头,如表7.1所示,详见表7.3。

表 7.1

下一报头数值	关键字	使用协议名称	扩展报头说明
0			Hop-by-Hop 选项报头
60		Unassigned	信宿选项报头
43	SIP-SR	SIP Source Route	路由报头
44	SIP-FRAG	SIP FRAGment	分段报头
51	SIPP-AH	SIPP-Authentication Header	认证报头
50	SIPP-ESP	SIPP Encap Security Payload	封装安全载荷报头
59		Unassigned	说明最后一个报头,再无下一个

7.1.2.2　IPV6 的地址结构与地址配置

1. IPV6 的地址结构

IPV6 中采用了 128 位二进制数的地址结构(IPV4 仅有 32 位,地址数量只占 40 亿个,仅为 IPV6 的 2^{96} 分之一)。

128 位地址分成 8 个地址节,每节 16 个地址位,共用 1 个 × 表示,写成 4 位 16 进制数,节与节之间用冒号分开,书写格式为:×:×:×:×:×:×:×:×。

为使 IPV6 与 IPV4 兼容,最后的两个 ×:×(共 32 位)可表示成 4 个 8 位即 d:d:d:d,且每个 d 仍沿用十进制数标识。

对于点对点通信,IPV6 对其设计成具有分级结构的地址,称为可聚合全局单点接口地址(aggregatable global unicast address),直接用于标识某一单个接口。其中:前 3 位作为格式前缀(FP—Format Prefix),由其划分不同地址类型(使用 001 表示单播地址类型);后 125 位依次划分为:

FP	TLA(13)	RES(8)	NLA(24)	SLA(16)	INTERFACE(64)

13 位 TLAID,标识顶级聚合体(top Level aggregator),TLAID 是路由分级结构中的最顶层,支持寻址 2^{13} ~ 2^{21}(扩展 RES 时)个。

32 位 NLAID,标识下级聚合体(next Level aggregator),其中划分出 8 位 RES(保留字段),用以挪作扩充 TLA,使其增加路由分级结构的寻址数量;NLA 用于创建组织机构或企业网络的寻址分级结构,并标识节点。

16 位 SLAID,标识位置级聚合体(site Level aggregator),位置级又称站点级,用于标识机构内部分级子网,子网数可达 2^{16} 个,相当于 IPV4 子网概念。

64 位 INTERFACEID,标识主机接口。

TLAID 需从国际 Internet 注册机构获得地址,与电话公司和长途服务机构相互连接。NLAID 确定大型 ISP 地址,需从 TLA 处申请获得,并为 SLA 分配地址。一个 NLAID 空间使机构拥有相当于目前 IPV4 Internet 所支持的网络组织。NLA24 位中可分出前 n 位作为组织的分级结构。SLAID 为订阅者(Subscriber)地址,订阅者相当于一个机构或一个小型 ISP。SLA 为属于它的机构分配地址时,可以分级分配由连续地址组成的地址块,此时可以对 16 位地址再分段,如分成 m 和 $16-m$,形成不同区域不同子网的连续网址。

最后层次的地址即是网络主机地址,与链路层地址相同。

2. 关于地址配置

(1)自动地址设置

一个具有 DHCP 协议的服务器可以拥有一套 IP 地址池,某个主机向该服务器申请 IP 地址并获得有关的配置信息,即可自动设置本机 IP 地址成功。

(2)无状态自动配置(Stateless Autoconfiguration)

需要配置 IP 地址的主机首先将地址前缀"1111111010"附加在自己网卡 MAC 地址之前,形成一个链接本地的单点广播地址,原有 48 位 MAC 地址可以先转换为 64 位 MAC 地址。该机向该地址发出一个连接请求,如果没有得到响应,表明前述设置的地址是惟一的;否则,该机就用一个随机产生的接口 ID 形成链接本机的单点广播地址。然后以此为源地址向所有与本地连接的路出器多点广播一个路由器请求(router solicitation)数据包,路由器响应该请求,给出一个包含可聚合全局单点广播址前缀及相关的配置信息,该主机以此作为全局地址前缀链接上自己的接口 ID,配置成全局地址。以此地址即可与 Internet 中的其他 IP 地址主机通信。

一个机构或企业在更换或新建联入 Internet 的 ISP 时,企业路由器应从新 ISP 处获取一个新的可聚合全局地址前缀,自己即可如上产生新的 IP 地址;然后企业路由器在周期性地向本地网所有主机多点广播路由器公告后,这些主机即从路由器公告中收到新的地址前缀,都会产生新的 IP 地址,自动取代原有 IP 地址。

7.1.2.3　IPV6 的安全机制[47]

IPV6 的 IP Security(IP Sec)协议含有两种安全机制:认证和加密。认证是指 IP 通信中数据接收方能确认数据发送方的真实身份;加密是指对数据进行重编码,使之不被人认识,以保证数据的机密性,即便被他人窃取也不至失密。

IP Sec 的认证包头(Authentication Header-AH)协议定义了认证方法,封装安全负载(Encapsulating Security Payload-ESP)协议则定义了加密和可选认证方法。

1. AH 协议及认证机制

(1)AH 协议

AH 协议即分组头认证协议,该协议既可以对 IP 数据包的有效数据进行认证,又可以对 IP 数据包的 IP 头部进行认证。

带 AH 头的 IPV6 数据包格式如下:

IPV6 报头	AH	ESP	内部 IP 包中由传输层来的数据

AH 被置于外 IP 包头之后,AH 后可放置 ESP 字段,最后是其他高层协议头。

AH 认证头格式如图 7.3 所示。

下一报头(8bit)	有效数据长度(8bit)	保留字段(16bit)
安全参数索引(32bit)		
序列号(32bit)		
身份认证数据(长度可变)		

图 7.3 AH 认证头格式

在隧道模式下 AH 头对外部 IP 包头、内部 IP 包头、ESP 字段、高层协议头都进行保护。

AH 认证头字段说明:

1)下一报头(Next Header)字段

用于指明 IP 帧中 AH 字段之后高层协议的类型或跟着的是 ESP 字段;"下一报头"类型已有 75 种(列于表 7.3 中)。

2)有效数据长度(Payload Length)字段

指明 AH 认证头的有效数据部分长度,以 32bit 为单位。计算方法是将整个认证头(AH)所含有 32bit 的倍数值减 2。

3)保留字段(Reserved)

保留在需要时定义使用,现在应该填全"0"。

4)安全参数索引(Security Parameters Index)字段

指明所使用的一组安全连接(SA)参数,如认证参数、密钥参数、该密钥的有效期等。

5)序号(Sequence Number)字段

为 IP 数据包编号,但专指使用特定安全参数索引(SPI)的数据包,每发送一个这种数据包,序号自动加 1。

6)身份认证数据(Authentication Data)字段

其功能类似于数字签名,该数据又被称为整体性检查值(Integrity Check Value,ICV)。当字段长度不足 4 字节(或其整数倍)时,应使用填充位补齐。

(2)认证机制

认证头 AH 中的数据是对 IP 数据包用 MD5(或 SHA-1)密码算法计算出 HMAC 值,即基于 Hash 的消息认证码值,来提供 IP 包的正确性和完整性检查。

认证处理流程如图 7.4 所示。

2. ESP 协议及加密机制[47]

(1)ESP 协议

ESP(封装安全有效净荷)协议采用 56 位的 DES(Data Encryption Standard)加密算法将 IP 数据和 IP 地址予以搅混,使窃取不到任何有用的信息,达到数据传输的安全保密。ESP 能支持任何形式的加密协议。

ESP 字段格式,如图 7.5 所示。

格式分段说明:

① 安全参数索引(SPI—Security Parameters Index)——指明收、发双方通信时使用的一组安全连接参数 SA。

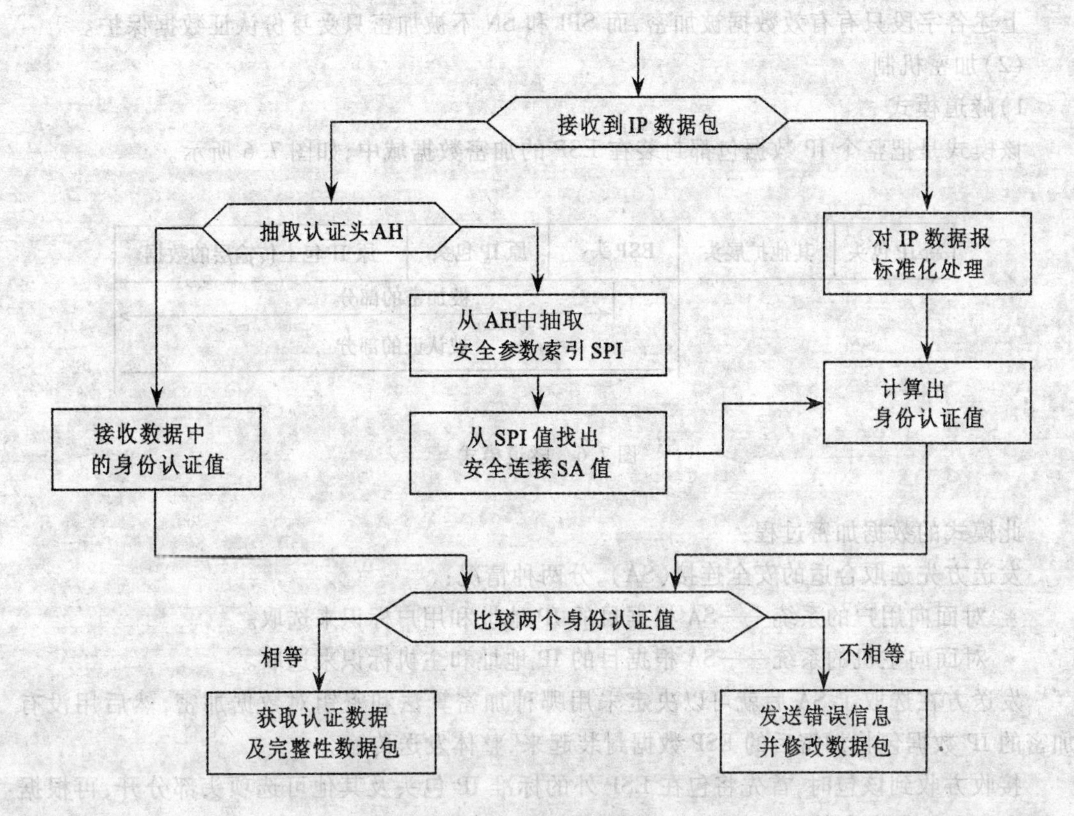

图 7.4　认证处理流程

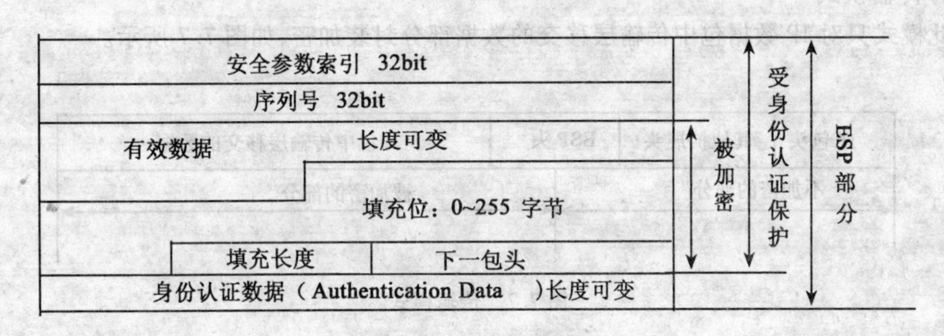

图 7.5　ESP 字段格式

② 序列号(SN—Sequence Number)——对使用指定的安全参数索引(SPI)的 IP 数据包进行编号,每发送 1 包,序号自动加 1。

③ 有效数据(PD—Payload Data)——加密后的有效数据。

④ 填充位(Padding)——使有效数据段长度达到一定字节的整数倍。

⑤ 填充长度(PL—Pad Length)——指明填充位的字节数量。

⑥ 下一包头(NH—Next Header)——指明有效数据的协议类型。

⑦ 身份认证数据(AD—Authentication Data)——功能同 AH。

上述各字段只有有效数据被加密，而 SPI 和 SN 不被加密只受身份认证数据保护。

(2)加密机制

1)隧道模式

该模式是把整个 IP 数据包都封装在 ESP 的加密数据域中，如图 7.6 所示。

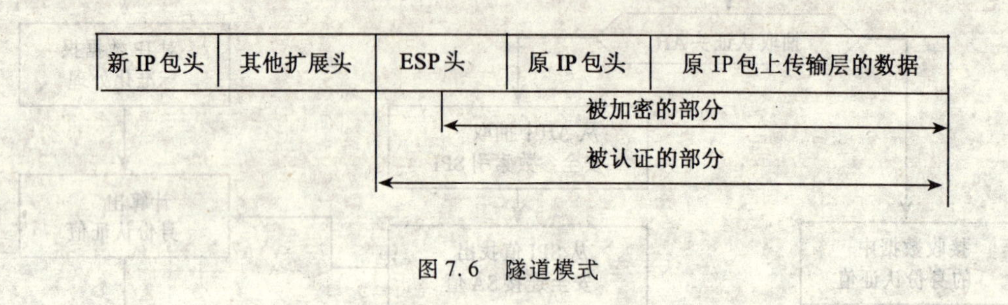

图 7.6 隧道模式

此模式的数据加密过程：

发送方先选取合适的安全连接(SA)，分两种情况：

* 对面向用户的系统——SA 根据目的 IP 地址和用户标识来选取。
* 对面向主机的系统——SA 根据目的 IP 地址和主机标识来选取。

发送方在选取了 SA 后就可以决定采用哪种加密算法和密钥对数据加密，然后用没有加密的 IP 数据包将加密后的 ESP 数据封装起来，整体发送传输。

接收方收到该包时，首先将包在 ESP 外的标准 IP 包头及其他可选项头部分开，再根据 ESP 头部中的安全参数索引(SPI)和目的 IP 地址值得到密钥，可对 ESP 解密并得到原始 IP 数据包。

2)传输模式

此模式只对 IP 数据包中传输层移交的数据部分封装加密，如图 7.7 所示。

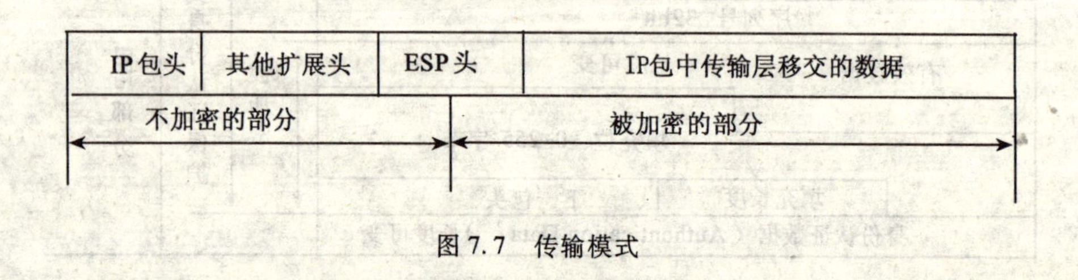

图 7.7 传输模式

传输模式下 ESP 数据加密过程与隧道模式相同。

(3)加密算法

分组密码体制(私钥)以 DES(Data Eneryption Standard)加密算法为代表，公钥密码体制(双钥)以 RSA(Rivest Shamir Adleman)加密算法为代表。

1)DES 加密算法

DES 的密钥长度为 64bit，其中使用 8bit 为奇偶校验，实际有效密钥长度为 56bit；DES 用 56bit 密钥对每个 64bit 明文进行置换、模二和、迭代等运算，产生 64bit 密码文，实现了数据加密。

2)RSA 加密算法

RSA 属于公钥密码体制，是基于分解因数的指数函数为单向暗门函数的加密算法，也可用做数字签名的认证等。

RSA 的具体内容包括：

* 公开密钥——n 和 e；

其中：$n=pq$（p 和 q 分别为两个需要保密的大质数）

$\Phi(n)=(p-1)(q-1)$，$\Phi(n)$ 也需要保密；

e 为任意整数，但 $1\leqslant e\leqslant\Phi(n)$，$e$ 和 $\Phi(n)$ 必须互质。

* 私有密钥——d；

d 为任意整数，d 需要保密，应满足 $d=1(\bmod\Phi(n))$，d 为 e 的逆元。

* 先进行明文的数字化过程，取出长度 m 小于 $\log_2^n$（bit）的明文块，对其进行加密（解密）运算。

* RSA 加密算法为：$C=E(m)=m^e(\bmod n)$；

RSA 解密算法为：$D(c)=c^d(\bmod n)$。

RSA 安全性讨论：

RSA 加密算法的安全性依赖于对 n 的因数分解，要使 RSA 系统安全，必须注意以下三方面问题：

* 注意 RSA 算法的参数选择。

第一个参数是公开密钥 n，$n\overset{分解}{=\!=}pq$，p 和 q 都是大质数，其值相差较大；$(p-1)$ 与 $(q-1)$ 的最大公因数必须较小，若它们的最大公因数不小，那么 p 和 q 就会是常规素数表中的质数，或者其值相差不大，就容易受穷举法求出参数 n 的值，进而求得 p 和 q。

第二个参数是 e 和 d，e 值不能太小，太小降低了破译的难度，一般取值为 16bit 以上的质数，且为模 $\Phi(n)$ 的最大值；d 的值足够大。

* 明文的长度应足够大，不动点处的信息也应着力隐藏。

* RSA 加密算法中参数 n 的取值应尽量不同，使参数 e 和 d 更不相同，因而降低共模攻击的可能性。

7.1.2.4　IPV6 的 QoS 机制[47]

IPV6 的 QoS 机制主要表现在“传输流类型”与“数据流标签”这两个字段的功能上。

（1）“传输流类型”功能对 QoS 的支持

传输流类型用于标识和区分不同数据报的类别及其优先级，以便信源节点和转发路由器可以实现区分服务。

对“流媒体”采用面向连接的传输，在通信前通过信令（结合 RSVP，Hop-by-Hop 协议等）建立一条由源到宿的路径；在建立路径过程中，沿路节点根据 QoS 要求进行资源预约（安排带宽、缓冲区），并建立流标签表；“流媒体”传输时，沿路节点按流标签表和预约的资源转发流媒体数据报；传输结束时，拆除连接，沿路收回分配的资源。

（2）“数据流标签”对 QoS 的支持

有了“数据流标签”，IPV6 既可以实现资源预留协议（RSVP），又可以实现 RTP/RTCP 协议，可以满足固定带宽、固定延迟的应用需求，适应视音频等的实时应用。

系统通过数据流标签指明同一数据流的各个数据报属于某种特定的 IP 信息流，使路由器节点很方便地对数据报文分类,不必再检查 IP 报文的程序端口、地址等信息,节省了确定数据报文 QoS 的时间;而数据报文 QoS 的具体形式,仍需 RSVP 或其他控制协议配合。

• 数据流标签由信源节点标注。

• 属于同一数据流的数据报文应是相同信源地址、信宿地址、数据流标签。

• 信源节点只有在该数据流结束后(不复存在),才能对其他数据流使用上述数据流标签。

7.1.3 TCP 协议控制方式[42][46]

7.1.3.1 TCP 概述

TCP/IP 协议体系结构支持 TCP 和 UDP 两种基本的传输协议,IP 工作在网络层、TCP 和 UDP 都是工作在传输层。

TCP 表示传输控制协议,支持在两个 TCP 端点之间面向连接的、可靠的传输服务。

UDP 表示用户数据报协议,支持在两个 UDP 端点之间无连接的、不可靠的传输服务。

TCP 工作在传输层,负责提供可靠性。

TCP 的功能特点主要是:

* 面向连接——在进行数据通信之前收与发端点之间相互建立一个连接。建立连接时,两端应用程序的一方,等待来自对方的连接请求或另一方请求向对方连接的。

* 可靠的数据传递——TCP 使用直接应答的方式并采用顺序号,当传送数据出错时,通过重传来保证正确。

* 流量控制——使限制发送数据的流量不超过接收者的接收处理能力。

收方向发方发送一个接收窗口值,告诉自己能处理多少数据,发方发送的数据量只能在此限值以内,除非接收者通知发送者可以继续传送更多的数据。

* 拥塞控制——使防止发送的数据流量超过网络的最大处理能力。

在收发连接建立后,TCP 发送者向网络发送限量的数据,收到接收者的应答后,逐步增加其向网络发送的数据,直到检测出在网上某点出现拥塞为止。

TCP 在确认对方没有收到上一次传递的数据时,采用重发的机制来保证对方接收,但如果重发太多,则对网络带来拥塞,利用 TCP 重发时间控制可达到拥塞控制的目的。

当发送数据丢失时,TCP 不能重发大量的数据,以免充满接收方的缓冲区。TCP 的控制做法是:开始时只发送一个数据帧,若确认收到,则发送数据可再加倍;数据增长一直到接收方通告的缓冲区大小的一半,此时可不增长发送或减少增长发送。TCP 也可控制减少发送,以避免网络拥塞发生。

传送的数据正确与否要用校验和进行检查,如果检查出数据错误则不发出确认应答,等待对方重发。

TCP 的流控制使用窗口控制方式,在接收端预先准备有一定容量的接收缓冲区,缓冲区容量大小用"窗口"表示,TCP 在确认应答时同时通知"窗口"大小,告诉对方自己可能接收的数据量,发送端按此数据量控制发送数据率。

* 点到点连接——TCP 只支持点到点的连接。由 TCP 提供的连接叫做虚连接,底层并没有提供硬件或软件支持,只是收、发两端机器上的 TCP 软件通过交换消息来实现连接。

TCP 仍使用 IP 携带消息,每一个 TCP 消息封装在一个 IP 数据报后在互联网上传输,当数据报到达目的主机,IP又将数据报内容传给TCP,即去掉IP帧头,从IP数据部分取出TCP。

TCP到达主机后,可以对同一主机内的几个应用程序提供通信路径(端口),在TCP的段模式中专用16bit的整数值作为端口号。在同一主机中TCP与UDP使用的端口号可能相同,但它们对应不同的管理,完全作为不同的内容区分使用。当一方请求对另一方建立连接时,按照对方端口号指定要求的服务内容对号进行。

在TCP和UDP中有关标准的服务应用协议对端口编号进行的分配如表7.2所示。

表7.2　周知的端口编号的一部分[24]

关键字	端口编号	含　义
	0/tcp	保留
	0/udp	保留
echo	7/tcp	回送
echo	7/udp	回送
discard	9/tcp	废弃
discard	9/udp	废弃
daytime	13/tcp	日时间
daytime	13/udp	日时间
chargen	19/tcp	字符产生器
chargen	19/udp	字符产生器
ftp-data	20/tcp	文件传送(缺省数据)系统
ftp-data	20/udp	文件传送(缺省数据)系统
ftp	21/tcp	文件传送(控制)系统
ftp	21/udp	文件传送(控制)系统
telnet	23/tcp	Telnet远程登录系统
telnet	23/udp	Telnet远程登录系统
smtp	25/tcp	简单邮件传送系统
smtp	25/udp	简单邮件传送系统
domain	53/tcp	域名服务器
domain	53/udp	域名服务器
bootps	67/tcp	引导协议服务器
bootps	67/udp	引导协议服务器
bootpc	68/tcp	引导协议客户机

续表

关键字	端口编号	含　义
bootpc	68/udp	引导协议客户机
tftp	69/tcp	普通文件传送系统
tftp	69/udp	普通文件传送系统
gopher	70/tcp	Gopher 网络检索系统
gopher	70/udp	Gopher 网络检索系统
finger	79/tcp	Finger 网络检索系统
finger	79/udp	Finger 网络检索系统
www	80/tcp	World Wide Web HTTP 网络检索系统
www	80/udp	World Wide Web HTTP 网络检索系统
kerberos	88/tcp	Kerborod 导向系统
kerberos	88/udp	Kerborod 导向系统
pop3	110/tcp	Post Office Protocol-Version3 邮政协议第三版
pop3	110/udp	Post Office Protocol-Version3 邮政协议第三版
sunrpc	111/tcp	Sun 远程过程调用系统
sunrpc	111/udp	Sun 远程过程调用系统
nntp	119/tcp	网络新闻传送协议
nntp	119/udp	网络新闻传送协议
ntp	123/tcp	网络时间协议
ntp	123/udp	网络时间协议
exec	512/tcp	远程进程执行协议
login	513/udp	用 Telnet 远程登录系统
cmd	514/tcp	远程进程执行协议
syslog	514/udp	Syslog 系统登录协议

7.1.3.2　TCP 的包丢失与重传机制[46]

TCP 的包丢失与重传机制，如图 7.8 所示。

从图中可看出，发送端发送数据后，接收端每收到一个消息都要向发送方返回一个确认(ACK——acknowledgement)消息；发送端在发出数据的同时启动一个定时器，在规定时间内回收到确认消息，则不重发；若在规定的时间内未收到确认消息，则认为原接收端未收到消息，即启动重新发送。如上图中发出消息 2 后，包丢失，定时器计满，即主动重发消息 2。

7.1.3.3　TCP 适应性重发

此处是指：前述重发定时器可以不是一个固定数值，而是适应情况改变定时大小，即 TCP 监视每一个连接中的当前延迟，并使重发定时器适应条件而变化。TCP 测量收到一个

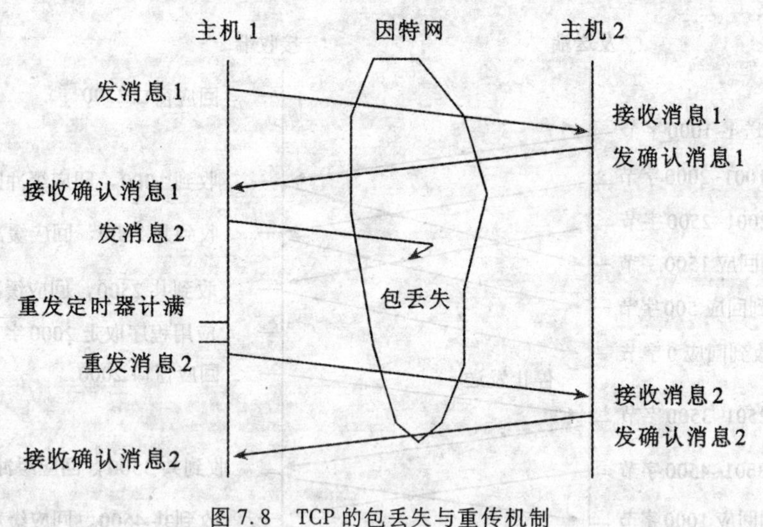

图7.8　TCP的包丢失与重传机制

应答所需的来回时间RTT(Round Trip Time)来确定每次活动连接必要的往返延迟。

当发送一个消息时,TCP记录下发送时间,收到应答时,从当前时间减去前记录的发送时间,产生出往返传输的时间估计。在多次发送接收后,TCP就产生了一系列的往返估计,并通过一个静态函数产生出关于延迟的加权平均值,并保留一个对延迟变化量的估计,利用加权平均值和对变化量估计的线性组合作为重发的延迟等待时间。

当网络因突发情况而使延迟增加时,上述变化量有助于TCP快速适应而调整延时;当网络延时又恢复到较低数值时,前述加权平均值又有利于TCP改变重发定时器。当延迟基本稳定时,TCP使重发定时比往返延迟的平均值稍有富余,当延迟开始增大时,TCP把重发定时调整成比前述平均值稍大的数值。这样,TCP的适应性即达到了系统延迟大时调大重发定时,系统延迟小时调小重发定时,既能为确定包的丢失等待足够长的时间,但又不会因延迟小而等待过长。

7.1.3.4　TCP的缓冲窗口机制[46]

TCP为了控制数据流又使用了一种时间性窗口机制。

当发送、接收之间建立一个连接时,接收、发送端都分配一个缓冲区来保持输入的数据,同时将缓冲区的大小告诉给对方。当接收端收到数据时,反馈确认ACK信息,其中包含接收端剩余的缓冲区尺寸,把这种剩余的缓冲区大小叫窗口。

如果接收端接收数据的速度与应用取走数据的速度能一致,则接收端缓冲区窗口总能是一个正数。如果收到数据快,取走数据慢,会使缓冲区出现0值,这个0值被回应到发送端,即必须停止发送,直到接收方又重新回应一个正的缓冲区大小时才可以再次发送。

如图7.9所示,接收端回应2500字节的缓冲区窗口后,发送端分三次共发送2500字节数据,收到回应0窗口,发送端停止发送;直到收到数据被应用取走,向发送端回应窗口2000后,发送端才得以继续发送;接收端再次回应0后,发送端又停止,待收到再次回应窗口1000,发送端才能再次发送。

7.1.3.5　TCP段格式

TCP段格式如图7.10所示。

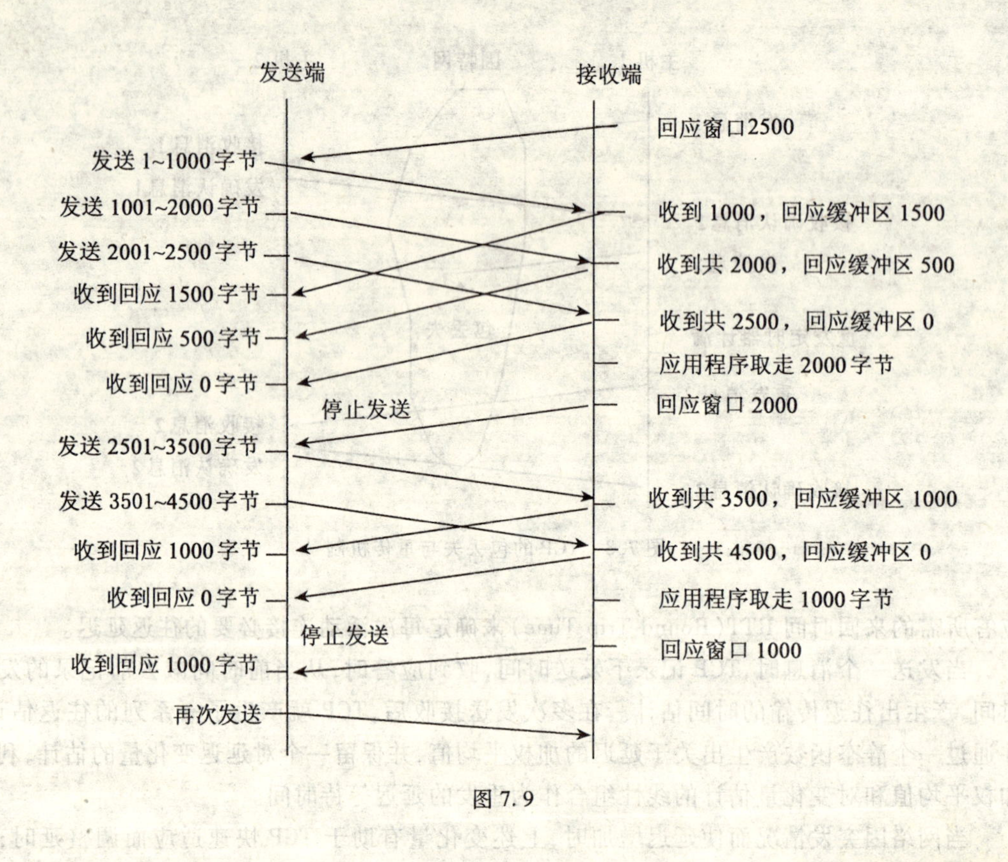

图 7.9

16bit			16bit
源端口			目的端口
序号			
应答确认号			
段头长度	保留	码位	窗口
校验和			紧急指针
可选项列表			奇偶校验
数据			

图 7.10 TCP 段格式

TCP 同时连接两个数据流——正向的发送数据和反向的确认数据，当主机发送一段数据时，也为反向输入确认数据作了准备，段中安排了确认号和窗口域，确认号指定了收到数据的序号，窗口域指出还剩多少缓冲区空间，序号是指发送数据的序号，接收方利用这一序号重排乱序到达的段，并利用一序号计算反向用确认号。目的端口域指出接收方计算机上哪一个应用程序负责接收数据，源端口域指明发送方发送数据的驱动程序，校验和是对 TCP 段头数据的校验位。

＊ 段头长度——占用4bit,指TCP帧头所占行数,每行为32bit,段头长度也反映了TCP帧中数据的开始位置。

＊ 保留区——占用6bit,保留为将来使用,初始都为0。

＊ 码位——占用6bit,是对TCP进行控制的数字区,6位从低到高分别表示的意义是:URG,ACK,PSH,RST,SYN,FIN。其中:

第1位URG表示为紧急信息;

第2位ACK表示在ACK字段设置ACK编号;

第3位PSH表示压栈功能;

第4位RST表示连接复位的请求;

第5位SYN表示设置连接请求和同步顺序编号;

第6位FIN表示发送结束。

＊ 窗口——占用16bit,表示接收方缓冲区中剩余的字节段,通过TCP应答确认帧告诉数据发送方;

＊ 紧急数据指针——占用16bit,用TCP帧中分段顺序编号为正的偏移值表示紧急数据指针,即对紧急数据最后的字节所做的顺序编号,此字段只有在URG控制位开启时才有意义。

紧急信息可以用在会话型应用系统的中断通知,或用在处理中的中断请求等场合。

在TCP协议中使用超常的数据顺序编号可向对方发送紧急信息。当发送端将URG置位后,紧急指针设置为对应于紧急信息最后字节的顺序编号,并发送出去;接收端收到URG置位的分段后即可进行紧急信息处理。

若紧急指针处于接收顺序编号RCU,NXT之后,则接收端变为紧急方式状态,把状态的变化通知用户进程。

在RCU,NXT编号追上代理指针时,状态返回到通常方式,同时把状态的变化通知到用户进程。

＊ 可选项列表(长度可变)——是若干个可选项的内容,放在TCP帧头的最后,可选项由1个或若干个字节构成。TCP帧实际装配时必须支持所应有的可选项内容。当前已定义可选项内容如下:

00000000	1个字节,表示可选项结束。

00000001	1个字节,表示NOP,可放在可选项部分任意位置。

00000010	00000100	表示最大分段的长度,规定最大字段长度为4字节。

最大分段长度在SYN控制位打开时连接初始请求分段才加以指定。

＊ 奇偶检验位——其长度与可选项列表共占32位,保障后面的数据从0位开始。

7.1.4　UDP协议及控制方式

UDP协议自身不具备差错控制能力,但在数据传输系统中它常与TCP,RTCP等协议配套使用。

(1)UDP概述

UDP(User Datagram Protocol)是Internet用的传输层协议,支持无连接IP数据报通信方式,定义了基于分组交换通信的数据报模式。

在 UDP 方式时,每次数据发送和接收只构成一次通信,为了识别主机内部的通信端点 UDP 采用与 TCP 同样的端口编号方式,编号同样是 16bit 整数值。

对每个来自用户请求发送的数据加上 UDP 报头后成为 UDP 数据帧,即可交付一定的协议进行通信。UDP 把接收的数据照原样和原顺序交给用户,对于数据的丢失或发送重复、颠倒顺序等一概不处理,而且只采用校验和方法纠错,所有这些的加强和弥补只有由应用程序来实现。

UDP 的处理极其简单,所以其通信效率高,但到达确认工作,要由应用程序来处理;同时,用 UDP 发送大量数据时,应用程序必须完成流控制机制。

(2) UDP 数据报

UDP 数据报格式如图 7.11 所示。

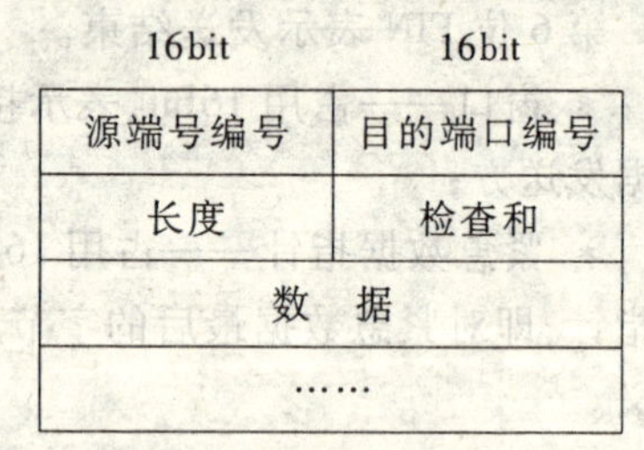

图 7.11 UDP 数据报格式

* 源端口编号——16bit,表示发送主机源端口编号,即发送进程所使用的套接字端口号,用于多路复用,当源端口不用时,其域设定为零。

* 目的端口编号——16bit,表示接收主机的数据端口编号,也用于多路复用。

* 长度——16bit,说明 UDP 数据帧报头和数据的总长度字节数,长度的最小值应为 8。

* 检查和——把 UDP 帧以及伪报头按 16 位内容取 1 的补码,再将其和数取 1 的补码即为此处的检查和。UDP 帧的长度为奇数个字节时,要在其最后补足一个 0 字节内容。

若校验和域取值为 0,说明发送者没有为该 UDP 数据报提供校验和,这种情况可满足检错或高层协议的特殊需要。

(3) 伪报头

检查和计算时要用到伪报头,伪报头共长 3×32bit,其格式如图 7.12 所示。

伪报头内容并不发送,但在计算检查和时,将其内容放在 UDP 报头之前计算。

伪报头中起点地址指发送数据主机的 IP 地址,终点地址是接收数据主机的 IP 地址。

PTCL 中放置 UDP 协议的编号是 17。

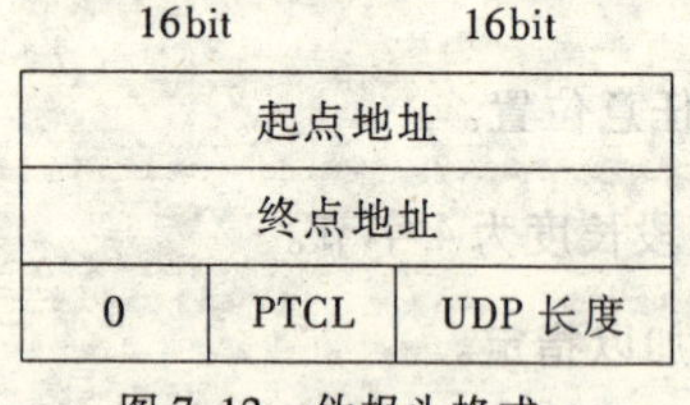

图 7.12 伪报头格式

UDP 长度即 UDP 报头长度加数据长度的字节数,其中不包括伪报头长度。

在检查和中加入伪报头计算使得防止由于 UDP 数据帧分发时失误,保护 UDP。

当计算的检查和字段为 0 时,应将其所有各位置换为 1,参与 UDP 帧发送。

(4) UDP 协议的实现

UDP 协议模块的初始化函数为 udp_init,它初始化 UDP 协议控制块的队首。

UDP 协议模块的输入函数 udp_input,处理用户数据报的输入过程:

① 对经 in_input 调用而收到的 UDP 帧进行长度与校验和等检查。

② 按照 UDP 帧伪报头中源、目的 IP 地址、UDP 帧中源、目的端口号,在 UDP 协议控制块队列中查找通配的协议控制块。

③ 如果 UDP 帧只是本地的一个广播帧,则释放 UDP 帧所占的缓冲区。

④ 若没有收到 UDP 帧,且它不是一个本地广播帧,则向源节点发送 Type = 3(目的不可达)、Code = 3(端口不可达)的 ICMP 报文。

⑤ 把该 UDP 帧和源 IP 地址一起添加到与本次连接的套接字接收队列中,然后唤醒该套接字的接收进程。

7.1.5 RTP、RTCP 协议及控制方式[18][48][49]

(1)简介

国际标准化组织 ITU-T 专门为语音、视频、仿真等实时数据传输制定了 RTP/RTCP 协议,使 LAN 和 Internet 具有多媒体实时数据传输的能力。

RTP(Realtime Transport Protocol)提供端到端网络传输功能,适于在端对端和多点传输网络上传送实时数据使用。运行时,常将 RTP 组块组帧在 UDP 上传送,而 UDP 为 IP 提供应用编程接口;RTP 在低层协议支持下也可以用多播方式同时向多个目的地传送。

RTP 本身不具备纠错或流量控制机制,不提供资源预留,不提供 QoS 保证,它是通过 RTCP 控制包为用户应用程序提供当前网络的动态信息,由此再对 RTP 数据的收发作相应调整使最大限度地利用网络资源,以提高网络服务质量。

(2)RTP 协议

RTP 帧头格式如图 7.13 所示。其中:

V——协议版本编号,长 2bit。

P——调整开关(on/off),如果置位为 1,则相应帧的尾部为被填补的字节,如果置为 0,则无填补。

CC——CSRC(特约信源)计数器(为帧内包含的 CSRC 域的数目)。

M——Marker bit 标志位,标识相关的配置位,对视频流表示一帧结束,对音频表示一次谈话开始。

PT——Payload Type,负载类型,(包内数据类型)长 8bit,用以说明多媒体信息采用的编码方式,例如 JPEG 视频或 GSM 音频。

序号——Sequence Number,标记长数据分组的序号,用于分组丢失检测和多个分组的重排序,根据序列号可以在接收端进行正确排序和定位,并可以统计包丢失率。

时间戳——长 32bit,描述此分组中第一个字节数据的产生时间,此数既可用于流内同步也可用于流间同步,时间戳大小与数据流类型有关。例如对数字视频常用频率为 65 536Hz 的时间戳,对音频流则按采样速率打上时间戳。

<table>
<tr><td>2bit</td><td>1bit</td><td>4bit</td><td>1bit</td><td>8bit</td><td>16bit</td></tr>
<tr><td>V</td><td>P</td><td>CC</td><td>M</td><td>PT</td><td>序号(Sequence Number)</td></tr>
<tr><td colspan="6">时间戳(32bit)</td></tr>
<tr><td colspan="6">同步源 SSRC 标识符</td></tr>
<tr><td colspan="6">特约信源 CSRC 标识符</td></tr>
</table>

图 7.13　RTP 帧头格式

若后续的多个 RTP 帧都属于数据流的同一个应用数据单元,则可以使用同一个时间戳，时间戳是接收方用以维持实时数据与其他多媒体数据流的同步。

同步源标识符(SSRC)是由发送方产生的随机数，并且为 RTP 生命周期独有。在每一个 RTP 会话(Session)中，每一个用户都可以提供多种媒体源，RTP 通过随机产生的 SSRC 来惟一标识一个媒体源。SSRC 允许接收方惟一地识别一个数据流。

RTP 在接收方和发送方之间引入名为混合点和转换点的两种中间节点，混合点混合来自多个源端的 RTP 组块，形成一个新的 RTP 帧继续转发，这种组合帧的数据流有一个新的 SSRC ID，成为特约信源($CSRC_S$)。来自不同特约发送方的帧块可以非同步到达，使混合点改变了原数据流的结构，例如，视频会议系统中常将多个声音混合再转发给接收者。转换点则只改变数据帧内容而不混合数据流，例如，视频码流转换以及防火墙的过滤转换等。

(3)RTCP(Realtime Transport Control Protocol)

RTCP 用于监测数据流性能和传输质量，并把监测情况发送到收发各方。

RTCP 分组分为 5 种类型：发送方报告 SR、接收方报告 RR、资源描述条目 SDES、结束参与显示包 BYE、特别应用功能 APP。

RTCP 的控制功能在于：

① QoS 监控和阻塞控制：RTCP 被组播，使多端了解传输情况，报告已发送分组和字节累计计数，视音频之间的同步信息，使接收端可以估计出实际数据速率，收到最大分组号、丢失数、往返延迟抖动、时间戳。

通过给所有参与者发送 SR，RR 报告提供了关于数据分配质量的反馈，这些反馈功能使系统对流量控制、拥塞控制、故障诊断有了依据。

② 媒体间同步——RTCP 发送外部时钟时间和对应的 RTP 时间戳，用于媒体间(视音频)的同步控制。

③ 标识——RTCP 消息包含 SDES(消息源描述)分组，描述收发者惟一标识符(CNAME)、用户名称(NAME)、Email 地址、电话号码等。当信源标识符 SSRC 在发现冲突或程序重启时可能发生改变，则由 CNAME 来区分多个媒体流中给定的应用成员。

④ 通信流量估计——系统可以通过 RTCP 观察参与者的数目，计算数据发送速率，并可动态调整该速率以合理利用网络资源。通信各方周期发送 RTCP 分组，但将 RTCP 流量控制在正常数据速率的 5% 左右。

⑤ 端到端应用控制机制——数据源用 RTP 发送数据，目标用 RTCP 反馈接收报告，视频源执行分析：

- 分析所有目标的接收报告，统计分组丢失规律、分组延迟抖动和往返时间；
- 网络阻塞状态估计，带宽分析；
- 带宽调整——在可调范围中调整，使源端降低帧率、减少数据率。

数据源为每个接收端建一条记录，包含接收报告、通信描述、分组丢失率、分组延迟抖动等。

系统所有参与者之间周期性地传输 RTCP 包来实现监测反馈功能，下层协议(UDP)提供数据和控制包的复用功能，UDP 中对它们分配不同的端口号，规定 RTP 数据端口为偶数，RTCP 控制端口为比相邻端口号高 1 的奇数端口号。

7.1.6　实时流协议 RTSP(Real Time Streaming Protocal)[9][18]

(实时流协议全文详见附录)

因特网上的流媒体应用已有许多协议提供支持,如 UDP 和 TCP 是数据报的低层传输协议,RTP 是支持连续媒体传输的传输协议,RTCP 是监视和控制 RTP 包的传输协议,IP 协议则对 UDP,TCP 数据包在因特网上网络层传输提供支持。对于流媒体应用的两头——流媒体源(或服务器)和应用终端,都应有流媒体描述、流媒体启动、流媒体通道建立和控制等一系列工作,支持这些工作的流媒体协议就是在本节要介绍的 RTSP。

RTSP 是因特网上流媒体通道控制协议,它的主要功能包括如下几个方面:

① 提供基于 RTP 的传输机制,可选择诸如 TCP,UDP,组播 UDP 等不同传输方式。

② 建立和控制在媒体服务器与应用终端之间视频、音频的连续媒体流,对这些流实现的操作有:

* 流媒体数据查询或连接操作——应用终端向流媒体源(或流媒体服务器)建立一个连接通路以传送所需要的流媒体数据。

* 连接流媒体服务器进入一个系统——如接入一个实时会议系统、一个在线网络教学系统,使播放系统可用的有关流媒体数据,或对系统中发生的流媒体数据接收并予以存储。

* 控制在已建立通道中加入流媒体数据——媒体服务器和应用终端之间已建立连接通道后,双方根据需要都可以互相告知在该通道上增加传送某些媒体数据。

③ RTSP 对媒体通道的控制既可以在单播情况下实现,也可以在组播情况下实现。

④ RTSP 对流媒体应用还提供具体的操作控制,如暂停、快进、快退、停止、重新开始等。

RTSP 中包含一个 RTSP URL(通用资源定位器),起到识别 RTSP 所控制或建立的媒体流的作用。RTSP 系统中 URL 对每个媒体流的所有性质合并定义形成一个描述文件,该文件的内容包括该媒体流的编码方式、所用的描述语言、目的地址、使用的端口、URL 识别得到的属性、其他参数等。用户加入 RTSP 系统时可以通过 HTTP 协议等方式获得该描述文件。

RTSP 为流媒体提供的服务与 HTTP(超文本传输协议)中为文本和图形图像提供的服务相同,与 HTTP 具有相似的语法操作,也因为此,使大多数 HTTP 的扩展机制都可用到 RTSP 中。

"下一个报头"类型、标识数值与相关说明如表 7.3 所示。

表 7.3　**"下一个报头"类型、标识数值与相关说明[47]**

十进制值	关 键 字	协 议 名 称
0		保留(Reserved)
1	ICMP	ICMP(IPV4)
2	IGMP	IGMP(IPV4)
3	GGP	网关到网关协议(Gateway-to-Gateway)
4	IP	IP in IP(IPV4 封装)

续表

十进制值	关 键 字	协 议 名 称
5	ST	流式(Stream)
6	TCP	TCP
7	UCL	UCL
8	EGP	外部网关协议(Exterior Gateway Protocol)
9	IGP	内部网关协议(Interior Gateway Protocol)
10	BBN-RCC-MON	BBN RCC Monitoring
11	NVP-II	Network Voice Protocol
12	PUP	PUP
13	ARGUS	ARGUS
14	EMCON	EMCON
15	XNET	Cross Net Debugger
16	CHAOS	CHAOS
17	UDP	UDP
18	MUX	Multiplexing
19	DCN-MEAS	DCN Measurement Subsystem
20	HMP	Host Monitoring
21	PRM	Packet Radio Measurement
22	XNS-IDP	XEROX NS IDP
23	TRUNK-1	TRUNK-1
24	TRUNK-2	TRUNK-2
25	LEAF-1	LEAF-1
26	LEAF-2	LEAF-2
27	RDP	Reliable Data Protocol
28	IRTP	Internet Reliable Transaction
29	ISO-TP4	ISO 传输协议 4(ISO Transport Protocol Class 4)
30	NETBLT	Bulk Data Transfer Protocol
31	MFE-NSP	MFE Network Services Protocol
32	MERIT-INP	MERIT Internodal Protocol
33	SEP	Sequential Exchange Protocol
34	3PC	Third Party Connect Protocol
35	IDPR	Inter-Domain Policy Routing Protocol

续表

十进制值	关 键 字	协 议 名 称
36	XTP	XTP
37	DDP	Datagram Delivery Protocol
38	IDPR-CMTP	IDPR Control Message Transport
39	TP + +	TP + + Transport Protocol
40	IL	IL Transport Protocol
41	SIP	简单互联网协议(Simple Internet Protocol)
42	SDRP	Source Demand Routing Protocol
43	SIP-SR	SIP Source Route
44	SIP-FRAG	SIP Fragment
45	IDRP	域间路由协议(Inter-Domain Routing Protocol)
46	RSVP	资源预留协议(ReServation reservation Protocol)
47	GRE	General Routing Encapsulation
48	MHRP	移动主机路由(Mobile Host Routing)
49	BNA	BNA
50	SIPP-ESP	封装安全载荷报头(SIPP Encap Security Payload)
51	SIPP-AH	认证报头(SIPP Authentication Header)
52	I-NLSP	Integrated Net Layer Security
53	SWIPE	IP with Encryption
54	NHRP	NBMA 下一路程解析协议(NBMA Next Hop Resolution Protocol)
55 ~ 60		Unassigned
61		Any host internal Protocol
62	CFTP	CFTP
63		Any local network
64	SAT-EXPAK	SATNET and Backroom EXPAK
65	KRYPTOLAN	Kryptolan
66	RVD	MIT Remote Virtual Disk Protocol
67	IPPC	Internet Pluribus Packet Core
68		Any distributed file system
69	SAT-MON	SATNET Monitoring
70	VISA	VISA Protocol
71	IPCV	Internet Packet Core Utility
72	CPNX	Computer Protocol Network Executive
73	CPHB	Computer Protocol Heart Beat
74	WSN	Wang Span Network
75	PVP	Packet Video Protocol

7.2　多媒体 IP 组播的实现[18]

IP 组播技术对多媒体传输有其独特的优越性:在组播网络中,即使用户数量成倍增长,主干带宽不需要随之增加。组播是一种允许一个或多个发送者(组播源)发送单一的数据包到多个接收者的网络技术。组播源把数据包发送到特定组播组,而只有属于该组播组的地址才能接收到数据包。对于一个组播组,无论其接收者有多少,在整个网络的任何一条链路上只需传送单一的数据包。这种传输方式对于需要大量带宽的多媒体流来说尤其重要。

组播是同一数据源在相同时刻发出同一数据到多个目的站点;这样即可实现一点对多点、多点对多点(多组播源)的数据传送,使在基于 IP 的网络上进行高效率的成组通信(见图 7.14)。

IP 组播通过定义一个高效的模型来实现,该模型包括:

- 定义一个组地址(Group Address);
- 发送者按组地址发送分组;
- 路由器节点自发送者向组员建立一棵分支传递树。

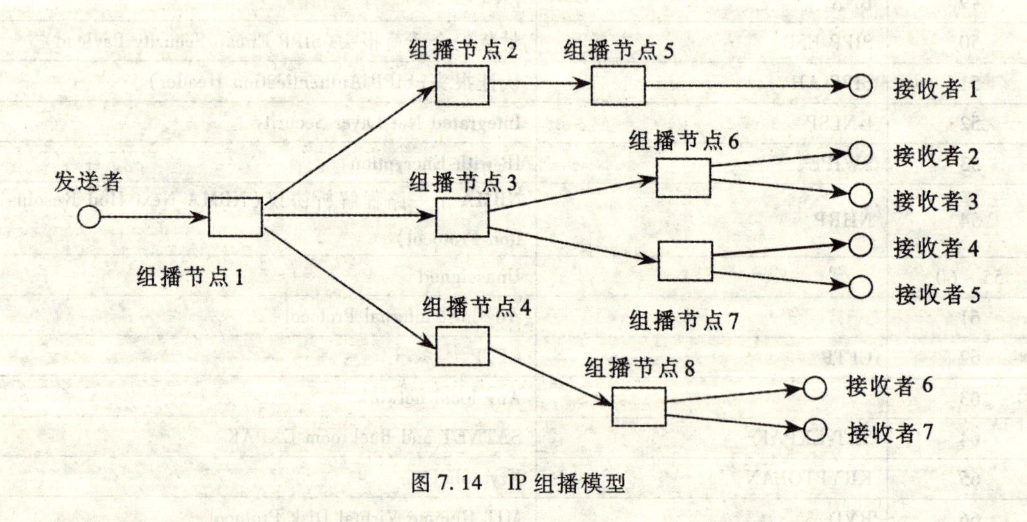

图 7.14　IP 组播模型

IP 组播组地址——D 类地址。

在 IP 地址空间的 32 位中,使用前 4 位固定为“1110”,剩下的 28 位作为自由给定的组播组地址,即 D 类地址;

前 4bit	剩下的 28bit
1110	组播组地址

因此,每个组播地址都是落在 224.0.0.0 ~ 239.255.255.255 的空间范围内。

7.2.1　组播分布树

组播分布树是组播路由的核心问题。在单播中，数据包在网络中沿着单一路径从源主机向目标主机传递；但在组播中，组播源所知道的组地址仅仅代表一个组播组，而不是一个确切的目的地址。为了能让所有接收者收到数据，一般采用组播分布树来描述 IP 组播在网络里经过的路径。

7.2.1.1　组播分布树的类型

组播分布树有以下几种类型：泛洪、有源树、共享树、Steiner 树。

（1）泛洪（Flooding）

泛洪是最简单的向前传送组播路由算法，并不构造所谓的分布树。其基本原理如下：当数据包到达后，将其转发到除输入接口外的所有输出接口。泛洪的关键是在转发节点上避免出现数据包的重复投递。在转发节点上需要维护一个最近通过的数据包列表，以确定数据包是否首次收到。若是首次收到，则转发到所有接口；若不是首次收到，则抛弃。

泛洪适合于对组播需求比较高的场合，并且能做到即使传输出现错误，只要还存在一条到接收者的链路，则所有接收者都能接收到组播数据包。然而，泛洪不适合用于 Internet，因为它不考虑链路状态，并产生大量的拷贝数据包。

（2）有源树（Source-based Tree）

有源树也称为最短路径树（Shortest Path Tree，SPT）。它以反向路径转发（Reverse Path Forwarding，RPF）为基础构造从所有接收者到组播源都最短的分布树。如果组中有多个组播源，则必须为每个组播源分别构造一棵组播树。由于不同组播源发出的数据包被分散到各自分离的组播树上，因此采用 SPT 有利于网络中数据流量的均衡。同时，因为从组播源到每个接收者的路径最短，所以端到端（end-to-end）的时延性能较好，有利于流量大、延时性能要求较高的实时媒体应用。SPT 的缺点是：要为同一个组的每个组播源构造各自的分布树，当组播源很多而数据流量不大时，构造 SPT 的开销相对较大。

（3）共享树（Center-based Tree）

共享树是指为每个组播组选定一个核心，以核心为根建立的组播树。同一组播组的组播源将所有数据发送到核心，再由核心向其他成员转发。同一组播组的所有组播源共享一棵分布树。

共享树在路由器中所需存储的状态信息数量和路由树的总代价两个方面具有较好的性能。当组的规模较大，而每个成员数据发送率较低时，使用共享树比较适合。但当通信量大时，使用共享树将导致流量集中到核心附近而形成瓶颈。

（4）Steiner 树

Steiner 树是总代价最小的分布树，它使连接特定图（graph）中的特定组成员所需的链路数最少。然而，Steiner 只是一种理论模型，它无法应用到实际网络中。主要原因是：

① Steiner 问题是 NP-complete。换句话说，Steiner 问题没有一般性且有效率的解法，解决此问题所需的时间随着节点数 n 的增加呈指数形式的增长。其复杂度为 n logn。

② 树的形状相当不稳定，随着组中成员关系的变化而变化。变化后，Steiner 树必须重新计算，这将耗费大量的 CPU 资源。

③ Steiner 树是无方向树，这意味着它仅适用于所有链路都是对称的网络，而对于很多

大中型网络，其链路速率通常都是不对称的，Steiner 树无法使用这样的网络。

7.2.1.2 组成员协议 IGMP(Internet Group Member Protocol)

IGMP 组成员协议是专门用于 IP 组播模型的，路由器节点用 IGMP 向直接相连的主机申请组成员资格，主机也用 IGMP 来通知与其相连的且支持组播的路由器，告诉其某个特定组播组接收地址。

IGMP 消息交换过程如下（如图 7.15 所示）：

路由器首先用地址 244.0.0.1（可寻址到所有主机）发送 1 条 IGMP 主机成员资格查寻（IGMP Host Membership Query）消息；若 1 台主机希望加入某组播组，就利用该组播的组地址回应 1 条 IGMP 主机成员资格报告消息。

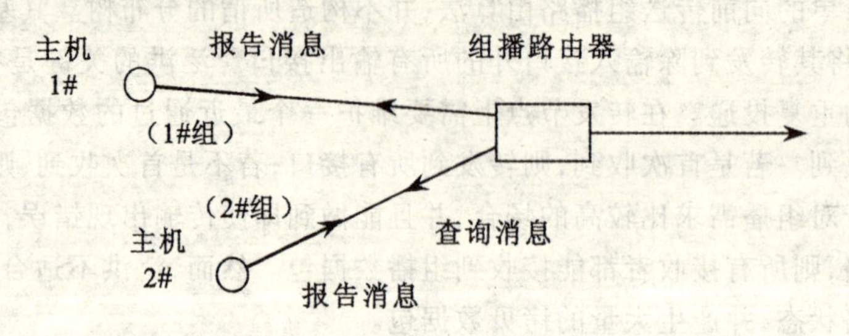

图 7.15 IGMP 消息交换过程

图 7.15 中路由器向 1#主机、2#主机都发出主机成员资格查询消息，1#主机利用主机成员资格报告消息回应了查询消息，并说明自己属于 1#组，2#主机以同样方式回应了查询，并说明自己属于 2#组。

实际上每个组播路由器在一段时间只接收一条主机成员资格报告，而抑制其他主机再发来的其他特定组主机成员资格报告，使用消息抑制算法并采用随机的延迟，抑制重复的成员资格报告。

另外还有“特定组询问”和“组脱离”两条消息，可以使组播查询者能够查询任何 1 台属于某特定组播组的主机，并且可使主机能够立即离开一个指定的组播组。

7.2.1.3 多媒体 IP 组播的问题

目前，绝大部分多媒体 IP 组播是使用 UDP 协议的。UDP 是一种无拥塞控制的面向无连接的协议。因此，在 best-effort 网络上的多媒体 IP 组播将会面对以下两个主要的问题：

① 由于网络的传输是“尽力而为”(best-effort)的、面向无连接的，所以多媒体数据的可靠性、传输的延时和抖动都得不到保证，自然也就无法保证多媒体流的 QoS。

② 利用无拥塞控制的 UDP 传输多媒体业务，将会导致带宽分配的严重不公平。若发送端不顾网络的拥塞，不断地重发这些数据，最终将导致网络的彻底瘫痪。

为了更好地支持多媒体 IP 组播，可以有两条不同的途径：

① 对现有的 IP 网络进行改造，最终实现 QoS 保证，满足多媒体业务的要求。

② 由于 TCP，UDP 协议不适合在 best-effort 的 IP 网络上传输多媒体业务，必须发展出新的协议，以便在没有 QoS 保证的 IP 网络上更好地承载多媒体业务。

7.2.2　MPLS 中的 IP 组播

排除成本的因素，在拥有 QoS 保证的网络上部署多媒体业务是理想的多媒体解决方案。MPLS(Multi Protocol Label Switching，多协议标签交换)正是这样的一种网络。由于 MPLS 具有网络复杂性低、兼容现有各种主流网络技术、降低网络成本、提供 QoS 确保和提供流量工程能力等诸多优点，使它成为最具竞争力的网络技术。而 MPLS 对于多媒体传输的主要价值在于能够保证多媒体流的 QoS。

MPLS 对 IP 单播的支持已经相当完善；但在部署 IP 组播后，将出现一些与单播完全不同的情况。下面就 MPLS 中组播路由和 QoS 的一些问题[1]进行讨论。

7.2.2.1　在 MPLS 中 IP 组播路由的若干问题

(1)有源树与共享树

一部分 IP 组播路由协议创建有源树，即每源一树；一部分则创建共享树，即每组一树。当标签交换时，共享树和有源树相比，其优点是使用更少的标签。然而，在第二层“端——端”地映射共享树，意味着建立“多点——多点”的标签路径交换 LSPs。这个问题最终归结为标签融合的问题。

值得注意的是，在实际中共享树通常只用于新组播源的发现，并且在一个非常低的速率下就切换为有源树。

(2)有源树和共享树的共存

一些协议既支持有源树，又支持共享树(如 PIM-SM)，并且，路由器能够为某组播维护共享树(＊,G)和有源树(S,G)状态。当共享树切换为有源树的情况下，某些节点将出现有源树和共享树的状态共存。状态共存将发生在这样的节点：共享树与有源树交迭的节点；信源的数据不再需要在共享树的某接口上转发的节点。状态共存又分为两种类型：

① 在状态共存发生的节点上，共享树(＊,G)和有源树(S,G)状态有不同的输入接口，但拥有一些相同的输出接口。这样就有可能出现源 S 的业务既到达(＊,G)的接口又到达(S,G)的接口。为了避免数据包的暂时重复转发，可以在这些节点使用 L3 转发。若不介意暂时的数据包重复，则可以使用 L2 转发。

② 在状态共存发生的节点上，共享树(＊,G)和有源树(S,G)状态拥有相同的输入接口。(S,G)的业务必须从(＊,G)流中提取出来。在 MPLS 中，这样的共存情况可以用以下的几种方法处理：

第一种方法：终止标签交换路径 LSP，并将该组的所有业务上升为 L_3 转发。然而，回归到 L_3 转发将降低转发效能。

第二种方法：为共享树的节点分配源指定标签。由于每个有效的源分配一个标签，一个(＊,G)路由项将对应多个标签。另外，只有当这些源的业务到达时，节点才能够知道哪些源是有效的。所以，LSP 不能被预先建立，这样，就需要一种快速的 LSP 建立机制。

第三种方法：仅仅对有源树进行标签交换，而共享树上的业务总是使用 L_3 转发。这种方法假设共享树的作用仅仅是让接收方利用共享树来发现谁是信源。通过配置一个低速率的转换门限，就能够让接收方迅速地切换到有源树。

第四种方法：一个标签交换路径路由器 LSR，若它拥有(S,G)RPT-bit 状态且状态的输出接口为非空，则向其上行 LSR 广播一个关于(S,G)的标签，并且该标签广播被一跳一跳地传播到源路径 RP。这样,从 RP 到拥有(S,G)RPT-bit 状态的 LSR 之间就建立了一条专门的标签交换路径 LSP。在(S,G)RPT-bit 状态的输出接口就在 LSR 中,(S,G)LSP 被融合到(*,G)LSP 上。这就保证了在共享树上传输的(S,G)包不会转发到发送了剪支消息(prune S)的任何 LSR 上。

(3) 泛洪与剪支

为了建立组播树,某些 IP 组播路由协议(如 DVMRP,PIM-DM)将组播数据泛洪到网络中。如果节点不想接收某组播组的数据,它可以发送剪支消息剪除该分支。这个过程周期性地重复。

泛洪与剪支组播路由协议的某些特性极大地不同于单播路由协议:

① 不稳定性。由于泛洪与剪支这种协议本身的特性,它将产生非常不稳定的树结构。这样,就必须动态地将 L_3 的"点——多点"树映射到 L_2 的"点——多点"LSP 上。不稳定的 L_2 LSP 将消耗大量的标签,这对于标签空间有限的网络来说是非常不利的。

② 业务驱动(Traffic-Driven)。使用泛洪与剪支路由协议,就意味着组播树的建立是使用业务驱动的模式。即只有当某组播组的数据到达时,路由器才为该组创建状态。同时,利用超时计数器,路由器必须独立地决定是否删除某组的状态。由于使用业务驱动,那么:

——LSP 就不能像单播一样被预先建立。为了最小化业务到达与 LSP 建立之间的时间差,需要一种快速 LSP 建立方法。

——由于每个节点 L_3 路由的建立和删除是由业务触发的,这就意味着与路由相关的 LSP 的建立和删除也是通过业务驱动的方式。

——如果一个 LSR 不支持 L_3 转发,那么业务驱动方式就要求上行 LSR 主动创建一条 LSP(上行无需请求(Upstream Unsolicited)或下行按需分配(Downstream on Demand)标签广播模式)。

7.2.2.2 在 MPLS 中 IP 组播的 QoS

(1) 区分业务(DiffServ)

区分业务能够应用于组播。它引入了更小的流粒度(使用额外的区分业务字段(DSCP)进行区分)。发送方能够使用不同的 DSCP 建立一棵或多棵树。

当使用业务允许触发时,这些(S,G,DSCP)或(*,G,DSCP)树能够非常容易地被映射到 LSP 上。在这种情况下,根据不同的 DSCP,可以创建不同属性的 LSP。但值得注意的是:只要树的建立机制本身不把 DSCP 作为一个输入项,那么,这些 LSP 将仍然使用相同的路由。

(2) 综合业务(IntServ)和资源预约(RSVP)

RSVP 能够用于建立带来 QoS 的组播树。但是,有一个重要的组播问题就是如何将"不同种类的接收者"(Heterogeneous Receivers)集合映射到 L_2 上(注意:其实这个问题在 IP 上也还没有得到解决)。一种实用主义的解决方法是"有限不同种类模型"(Limited Heterogeneity Model):它只允许一个 best effort 业务和一个 QoS 业务。另一种实用主义的解决方法是"同类的模型"(Homogeneous Model):它仅仅允许单独一个 QoS 业务。

第一种方法将会为每个业务级分别建立一棵全树。发送方必须在网络上将其业务发送两次(best-effort 树上发送一次、QoS 树上发送一次)。两棵树都能够使用标签交换。

第二种方法只建立一棵 QoS 树,best-effort 用户将被连接到这棵 QoS 树上。如果为 best-effort 用户创建的分支不使用标签交换(也就是在默认 LSP 上 hop-by-hop 地传输),那么,QoS 组播业务不得不融合到这些默认的 LSPs 上。在这种情况下,若不支持“混合 L_2/L_3 转发”,融合将导致 QoS LSP 回复到 L_3 上来处理。

7.2.3　组播 TCP(MTCP-Multicast TCP)

在 MPLS 网络中,由于 QoS 得到保证,多媒体流能够很好地传输。但是,由于成本、技术等诸多问题,目前已部署的 MPLS 网络还是占少数,大部分网络依然是传统的 best-effort 的 IP 网络,这些网络没有 QoS 保证。在 best-effort 的网络上传输多媒体流,UDP 和 TCP 协议都是不太合适的。

一个传输多媒体的可选方案是利用资源预留(RSVP)或区分服务(Differentiated Service)。但是,即使这些服务能够广泛地推广,仍然会有很大的一个用户群体,他们需要用比较低廉的价格来传输实时多媒体业务,价格最低廉的自然就是 best-effort 的服务了。即使在那些支持 RSVP 和 Diff-Serv 的网络上,在相同服务等级中,各个用户享用资源的权利是平等的,他们互相之间仍然属于 best-effort 的服务,只不过比过去意义的 best-effort 有了很大改进。

组播 TCP 是使用基于窗口机制实现拥塞控制的。MTCP 对众多数据接收端组织成逻辑树形结构,发送端作为树的根节点,树中同时存在多个父节点,每个父节点又有多个子节点;逻辑树中的父节点存储一个数据分组,向所有它的子节点发送,直到接收到所有子节点的确认信息才算完成,子节点向父节点传送应答信息时使用单播方式。

MTCP 控制拥塞时对每个父节点保留拥塞窗口大小和传输窗口大小两个数值。管理拥塞窗口大小时采用与 TCP 类似的方法,包括帧启动方法和拥塞避免方法;MTCP 与 TCP 的主要区别是:

- 只有接收到所有子节点的 ACK 响应,表明网络无拥塞时才增加窗口,继续数据发送。
- 若子节点没有接收到数据分组,给出 NACK 响应指示,父节点立即向子节点重传上述数据分组。

子节点连续三次反馈 NACK 信息时,父节点拥塞窗口尺寸减半;若子节点超时没有返回确认信息时,父节点将拥塞窗口设置为 1,传输窗口则保持没有被子节点确认的状态数据。

父节点每接收到 ACK 信息即向上一(自己的)父节点传送一个关于拥塞的摘要信息,其中包括它自己的拥塞窗口大小和它的子节点汇报的拥塞窗口大小;数据发送端(根节点)可以根据最小拥塞窗口和最大传输窗口之间的差额大小来发送数据。

MTCP 这种通过中间节点聚合的方法可以避免发生丢失路径多样性的问题,由于每个子节点的链路瓶颈信息都经过其父节点向上转发,使得数据发送端可以收到所有链路的瓶颈信息,还包括它们的分组丢失信息。

第八章　网络设备支持的 QoS 控制技术

本章先介绍 QoS 有关参数，然后着重讨论在网络核心设备路由器、交换机中采用并支持的有关 QoS 控制的模型，包括：Int-Serv 模型、RSVP 模型、Diff- Serv 模型、MPLS 模型。在基于 Internet 的传输通信中，任何数据包必然经历这些节点，必然受这些节点设备的管理和控制，它们的 QoS 控制技术在系统中起着主要的支持作用，所以应该详细了解它们的这些作用和机理，以便使我们的应用趋向尽善尽美。

8.1 QoS 的定义及相关参数

QoS(Quality of Servers)是指 IP 包在一个或多个网络中传输所表现的多种性能，是一个整体概念，包含着对多种性能参数的具体描述。QoS 机制是包括 QoS 参数定义、QoS 参数映射、QoS 管理和维护、QoS 协商、QoS 监控等一系列机制的综合。其中 QoS 参数定义是基础，它用定性或定量的方式描述应用对服务质量的要求，其余的 QoS 机制都是建立在明确定义的 QoS 参数之上的。对应于网络的分层，K. Nahrstedt 等人提出 QoS 分层模型，该模型分为三个层次：应用层、系统层、网络层，针对每一层有不同的 QoS 参数，其中网络层的 QoS 是其他各层的基础。下面主要针对网络层的 QoS，仅介绍网络层的 QoS 参数。

网络 QoS 通常以网络负载和网络性能的形式来描述。网络负载描述网络业务的特征，网络性能描述网络服务必须满足的要求，针对网络负载常用的 QoS 参数有：

① 最大传输单元(MTU)：数据流中最大可能的 IP 包长度，单位：字节；计算方法：最大传输单元 = 最大报文长度 + 包头开销。

② 令牌桶速率：以 IP 包为单元的流的平均长度，单位：字节/秒，计算方法：令牌桶速率 =(平均报文长度 + 包头开销)/报文间隔；(注：报文间隔应包括 IP 包长)。

③ 令牌桶的容量：表征流的突发特性，单位：字节；计算方法：令牌桶容量 = 最大传输单元(一个 IP 包就是一个突发数据块)。

④ 最大传输速率：突发业务(IP 包)进入网络的最大速率，单位：字节/秒；计算方法：最大传输速率 =(1/报文间隔) × 最大传输单元。

针对网络性能的常用 QoS 参数有：

① 最大网络端到端延迟：分为定性描述和定量描述，定性描述说明数据流(业务流)对延迟是否敏感，定量描述说明网络所能保证的延迟特性；单位：枚举(如：敏感，比较敏感，不敏感)或微秒。

计算方法:发起连接时,延迟 = 最大系统端到端延迟 - 端系统最大 CPU 延时;连接建立后,延迟 = 网络可保证的最大端到端延迟;网络延迟决定于网络实际预留的带宽资源。

② 最大网络端到端延迟抖动:沿同一路径传输的一个数据流中,不同分组传输时延的变化,单位:微秒;计算方法:延迟抖动 = 最大网络端到端延迟 - 最小网络端到端延迟。

③ 丢失敏感度(包丢失率):网络正常工作时,单位时间内允许因调度失败而丢失的 IP 包的数目,单位:枚举或分组数/秒。

④ 要求的带宽:由接收端根据需要的服务类型及服务质量计算得出。

8.2　尽力而为(Best Effort)模式[47][48][76]

传统 IP 网络的服务模型是“尽力而为”(Best-effort Service Model),它是一种单一的服务模型,基本思想是:应用程序可以在任何时候,发送任意数量的报文,而且不需要事先获得批准,也不需要通知网络。但它不管用户提交给网络的业务流是声音、图像或数据,只要这些流一进入网络,就以先来先服务的方式尽最大可能发送报文,它对于延时、可靠性、抖动等性能不能提供任何保证。此种服务模型是 Internet 从诞生以来所采用的缺省服务模型,它适用于绝大多数传统的网络应用,如 FTP,E-mail。随着网络规模的日益扩大,数据量的急剧增加,新业务的出现,造成网络性能下降。

这种模式的弱点为:

- 在发生瞬时拥塞时,路由器提供的时间响应是不可预测的;
- 对不同的业务流类型不能提供优先级的服务;
- 不能动态地请求端到端的服务质量;
- 只有有限的机制可以用来审计网络资源使用情况。

IP 网上存在的服务质量问题是由下列两方面的原因造成的:

- 用户数量的增加造成网络资源的不足,从而导致服务质量的下降;
- 现有的网络性能无法满足各种新型实时业务的多种具体服务质量的要求。

解决 QoS 问题主要从两个方面入手:一方面采用流量工程通过对资源的合理配置,对路由过程有效控制使得网络资源得到最优的利用,这是一种间接提高网络服务质量的方法;另一方面就是根据各项 QoS 指标在网络的各个节点上对各种业务流采用相应的措施,以保证这些指标的实现,达到改善服务质量的目的,这是一种直接提高网络服务质量的方法。

IETF 提出了很多的服务模型和处理机制来满足 QoS 的需要,其中最为著名的是集成服务模型(Int-Serv,Integrated Services)和区分服务模型(Diff-Serv,Differentiated Services)。

8.3　集成服务与资源预留模型[47][76]

该模型的原理是对于每一个需要进行 QoS 处理的数据流,通过一定的信令机制,在其经由的每一个路由器上进行资源预留,以便实现端到端的 QoS 业务。它的核心就是资源预留协议(RSVP),该协议是一种预留资源的信令协议,发送端给接收端发送一个 PATH 消息,以指定通信的特性;沿途的每个中间路由器把 PATH 消息转发给由路由协议决定的下一跳;当接收路由器收到一个 PATH 消息时,做出的反应是用一个 RESV 消息为该流请求资源,为每个业务流建立资源预留软状态;沿途的每个中间路由器依靠接纳控制(Admission Control)决定链路或网络节点是否有足够资源满足请求,从而决定是拒绝或接受 RESV 消息请求。如果请求被拒绝,路由器将发送一个出错消息给接收方,并且中断信令的处理过程。如果请求被接受,为该流分配链路带宽和缓冲区空间,并且把相关的流状态信息装入路由器中。建立过程如图 8.1 所示。Int-Serv 具有某种面向连接(类似动态虚电路连接)的特性,是基于流的、状态相关的体系结构。

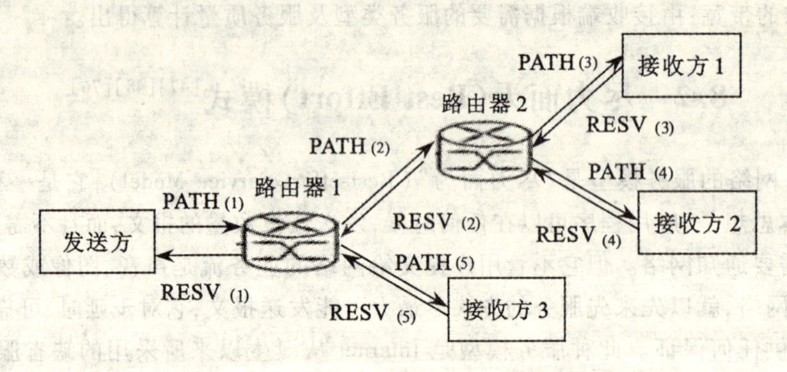

图 8.1 RSVP 的资源预留建立过程

综合业务模型定义了三种级别的服务类型:

① 保障型服务(Guaranteed Service),该服务将提供时延、带宽与丢包率等参数的保证,用于时延限制严格的应用。

② 控制负载型服务(Controlled Load Service),在负载较轻的网络中类似 Best-Effort 服务,能够提供类似下层传输媒体的基本包差错率,提供最小的传输时延,用于可能需要时延限制的应用。

③ 尽力而为型服务(Best-Effort Service)类似传统的 Internet 所提供的服务,不能提供任何的 QoS 保证。

实现保障型服务和控制负载型服务的定义分别在保障型服务 RFC2212 和控制负载型服务 RFC2211 中。这一模型的思想是“为了给特定的客户包流提供特殊的 QoS,要求路由器必须能够预留资源,反过来要求路由器中有特定流的状态信息”。

综合服务模型的优点是:

① 能够提供有保证的端到端 QoS。详细的设计使 RSVP 用户能够仔细地规定业务种类。因为 RSVP 运行在从源端到目的端的每个路由器上,因此可以监视每个流,以防止其消耗比它请求、预留和预先购买的要多的资源。

② RSVP 在源和目的地间可以使用现有的路由协议决定流的通路。RSVP 使用 IP 包承载,使用“软状态”的概念,通过周期性地重传 PATH 和 RESV 消息,协议能够对网络拓扑的变化做出反应。正如 PATH 和 RESV 刷新用来更改该预留的流的通路那样,在没有了这些消息时,RSVP 协议释放与之关联的资源。

③ 设计综合模型开始的目的之一就是使得 QoS 能够工作在从一个源到一个目的地(unicast)和从一个源到多个目的地(multicast)。RSVP 协议能够让 PATH 消息识别多播流的所有端点,并发送 PATH 消息给它们。它同样可以把自每个接收端的 REVP 消息合并到

一个网络请求点上，该点可以让一个多播流在分开的连接上发送同样的流。

综合服务模型的缺点是：

① 可扩展性能差。由于使用“软状态”的工作方式，随着流数目的增加，状态信息的数量成比例上升，占用了大量的路由器存储空间和处理开销，因此，在因特网核心中这种结构的伸缩性差。

② 对路由器的要求较高。由于需要进行端到端的资源预留，必须要求从发送者到接收者之间的所有路由器都支持所实施的信令协议。因此，所有路由器必须实现 RSVP、许可控制、MF(Multi-Field)分类和包调度。

③ 对保证型服务需要网络全部使用综合服务。如果中间有不支持的节点/网络存在，虽然信令可以透明通过，但实际上对于应用来说，已经无法实现真正意义上的资源预留，所希望达到的 QoS 保证也就打了折扣。

④ 该模型不适合于短生存期的流。因为为短生存期包预留资源的开销很可能大于处理流中所有包的开销，但因特网流量绝大多数是由短生存期的流构成的。在短生存期的流需要一定程度的 QoS 保证时，综合服务模型就显得得不偿失了。

⑤ 信令系统复杂，用户认证、优先级管理、计费等需要一套复杂的上层协议。

⑥ 从 Int-Serv 结构的本身来看，资源预留协议与 IP 网络的最大特点“无连接”相冲突，违背了实施简单、选路灵活的原则。

对照该模型的特点决定此种模型应当应用于网络规模较小、服务质量要求较高的边缘网络、企业网等。

8.4 区分服务模型(Diff-Serv)[76]

Diff-Serv(RFC2475)是 IETF 提出来的一种更具扩展性的实现 IP QoS 的方法。它完全体现了“简单核心、智能边缘”的原则，适用于运营在网络上。Diff-Serv 模型与 Int-Serv 模型最大的区别在于它不是针对每一个业务流进行网络资源的分配与 QoS 参数的配置，而是将具有相似要求的一组业务归为一类，随后对这一类业务采用一致的处理方式。

Diff-Serv 域内，路由器大致分为两类：边缘路由器和核心路由器。Diff-Serv 的基本机制是在网络的边缘路由器上根据某一业务的服务质量要求将该业务映射到一定的业务类别之中，然后利用 IP 分组中的 DS 字段惟一地标记这一业务的服务类别，网络中的各个核心路由器将仅仅根据该字段对各种业务类型采取预先设定好的服务策略，保证相应的延迟、传送速率、抖动等服务质量参数。这样对于一次会话中特定的数据流，在每次连接的过程中，将无需传递各种 QoS 信息，从而避免了 RSVP 中高昂的建立成本。同时，也使得这种技术具有较好的反映灵敏度，特别适合于 Internet 中大量存在的短时间的连接。

8.4.1 区分服务体系结构[47]

Diff-Serv 域结构如图 8.2 所示：

区分服务是一种基于分类的服务模型，它根据用户的需求将服务分为多种类型，并将 IP 包头中的 ToS 域(IPv4)重新定义为 DS 标识域(DSCP)。网络节点根据数据包的 DSCP 值选择相应的每一跳转发方式(PHB)对数据包进行处理。区分服务也是基于策略的网络管

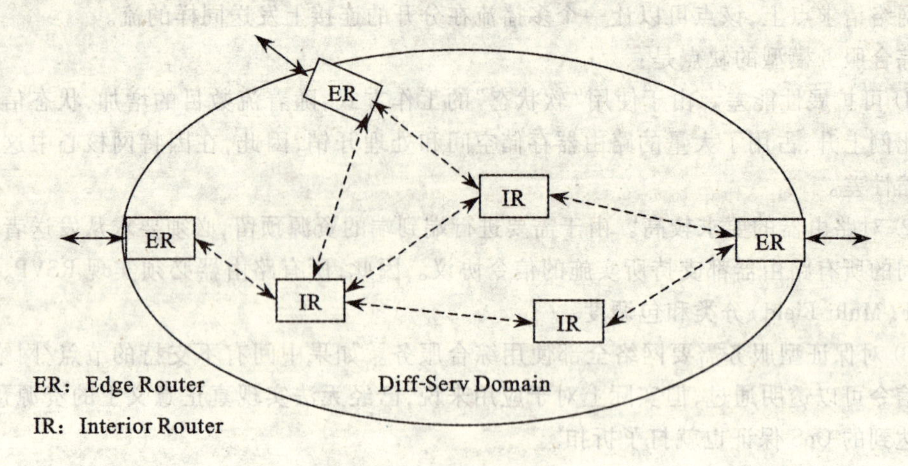

图 8.2　Diff-Serv 域结构

理模型，它根据网络支持的策略为路由器设定多种 PHB，也就是说，不同的 PHB 采用不同的排队策略、丢包策略、路由规则以及资源分配和预留策略。

Diff-Serv 的工作流程如下：

① 在域的边缘路由器中将包含业务量调整单元。边缘路由器将对来自于用户或者其他网络的非 Diff-Serv 的业务流进行分类，并为每一个 IP 分组填入新的 DSCP 字段，同时还建立起应用与每一业务相对应的服务等级协定(SLA)和相应的 PHB。对于来自其他网络的 Diff-Serv 业务流，则根据分组中的 DSCP 字段，为相应的业务选择特定的 PHB。

② 在整个 DS 域范围内对相应的业务进行资源分配，使 DS 区域中对某一业务的服务质量达到一致，这个过程就称为业务提供(Provision)。

③ 在转发过程中，边缘路由器的策略单元将根据网络之间或网络与用户之间的 SLA，对收到的业务流进行测量，监视用户是否遵守 SLA，并将测量结果输入业务流策略单元，对业务流进行整形、丢弃、标记(这里的标记指的是对编码点的改写，与后面的 MPLS 中的标记不同)等工作，这个过程称为业务量调整(Traffic Conditioning)。

④ 然后，边缘路由器将对经过上述处理后的业务流的分组进行 DSCP 字段的检查，并依据 DS 字段为业务流选择特定的 PHB，根据 PHB 所指定的排队策略将属于不同业务类别的业务导入不同的队列加以处理，并按照事先设定的带宽、缓冲处理输出队列，最后按照 PHB 所指定的丢失策略对分组实施必要的丢弃。

⑤ 中间路由器在一般的情况下，将只关心分组的 DS 字段，依据 DS 字段为业务流选择特定的 PHB，根据 PHB 所指定的排队策略将属于不同业务类别的业务量导入不同的队列加以处理，并按事先设定的带宽、缓冲处理输出队列，最后按照 PHB 所指定的丢弃策略对分组实施必要的丢弃。

区分服务体系结构主要包括四种功能模块：

① 数据包分类(Packet Classification)：数据包在进入网络前需要按照所需的服务质量分配服务种类。

② 数据包标识和重标识(Packet Marking or Re-marking)：DS 子网区域(DS domain)的边缘路由器根据服务种类设置或重新设置数据包头中 DS 标识域的 DSCP 值。

③ 数据包转发(Packet Forwarding):路由器根据数据包的 DSCP 值选择相应的 PHB,并采用这种方式转发数据包。

④ 流量调节(Traffic Conditioning):DS 子网区域的边缘路由器按照本区域对流量的要求对进入区域的应用流进行调整,它包括监控管理、流量计量、整形以及对 DSCP 重标识等操作。

8.4.2　边缘路由器中的业务量调整单元

边缘路由器功能的逻辑结构如图 8.3 所示。

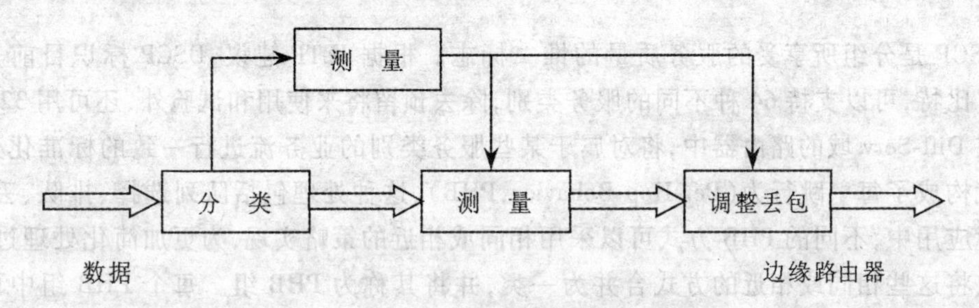

图 8.3　边缘路由器功能的逻辑结构

(1)分类部分包括分类单元和标记单元

① 分类单元:在边缘路由器上,分类单元的功能是检查分组的源 IP 地址、目的 IP 地址以及 TCP/UDP 的源/目的端口号等信息,依据这些对分组所属的数据流进行辨别。经过分类的业务流送到测量单元加以认证,看业务流是否遵守 SLA,同时还将业务流送至标记单元,以便对分组的标记进行必要的处理(标记改写等)。

② 标记单元:在分类单元对业务流进行分类的基础上,标记单元将对没有填写 DS 字段的 IP 分组进行 DS 字段的填写。另外,如果来自测量单元的信息表明某一业务流超出了 SLA,则将由标记单元对业务流中的 IP 分组的 DS 域进行必要的改写,以便对相应的业务流进行服务质量的降级处理。

(2)测量部分由测量单元与调整/丢弃单元组成

① 测量单元:对某一业务流进行分类后,还必须对其速率、突发长度等参数进行测量,以便确定该业务流的资源消耗在持续时间内是否超出 SLA 的规定;另外,测量单元对于业务量的统计与计费工作来说也不可缺少。在 Diff-Serv 网络中,由于对不同服务质量的业务流的收费是不同的,所以,路由器中必须有专门用于进行 Diff-Serv 的业务测量的功能。

② 调整/丢弃单元:调整是指当业务流中存在突发的业务流时,通过一定的机制使路由器输出的业务流变得较为平稳。对于突发业务流,主要有三种调整策略:一是如果突发的业务流在一定的限度之内,则不予理会,继续正常转发;二是通过一定的机制(常用的漏桶算法)对业务流的突发性进行削减;三是当业务流的突发超过一定的程度,丢弃业务流中的一部分分组以便达到调整的目的。当业务流的突发超过一定的程度(大于漏桶的容积)或者业务流不符合 SLA 的约定时,将通过调整/丢弃单元对业务流中的分组进行丢弃。丢弃的算法很多,常用的如 RED,WRED。

8.4.3 DSCP 和每一跳行为方式组

Diff-Serv 模型利用 IPv4 报头中的服务类型 TOS(Type Of Service)(或者 IPv6 报头中的业务流类型(Traffic Class)作为 DS 字段,DS 字段如下所示:

0 1 2 3 4 5	6 7
DSCP(Diff-Serv 编码点)	尚未使用

DSCP 是分组所享受的服务质量的惟一标志。根据 IETF 建议,DSCP 标识目前只使用了前 6 比特,可以支持 64 种不同的服务类别,除去预留将来使用和试验外,还可用 32 种。

在 Diff-Serv 域的路由器中,将对属于某些服务类别的业务流进行一致的标准化处理的组合就构成了每一跳行为(Per-Hop-Behavior,PHB),这种处理包括队列选择、排队、丢弃等。在实际应用中,不同的 PHB 方式可以采用相同或相近的策略实现,为更加简化处理过程,研究人员将这些相同或相近的方式合并为一类,并将其称为 PHB 组。每个 PHB 组中可以包含一个或多个 PHB 方式,它们共享数据包调度和资源管理等策略,只在这些策略具体实施中采用不同优先级来区别每个 PHB 方式。

目前定义了四种 PHB,分别为:尽力而为 PHB(DS PHB)、类别选择 PHB(Class Selector PHB)、加速转发 PHB(EF PHB)和可靠转发 PHB(AF PHB):

① 尽力而为 PHB(默认 PHB、DS PHB):Diff-Serv 模型必须支持尽力而为这种传统业务。当 DSCP 为全零或者无法识别(可能是该节点不支持 DS)时,都将使用尽力而为 PHB 对分组进行转发,并且不改变分组中的 DSCP 值。提供传统 Internet 网络支持的尽力而为的服务质量,保证尽可能快的转发和尽可能多的带宽资源。

② 类别选择 PHB(Class Selector PHB):传统 IP 优先级使用了 ToS 字段的前 3 个比特,也就是说它提供 8 种 IP 优先级,虽然 DS 域取代了以前的 ToS 域(IPv4),但仍保留相对应的 DSCP 值,只是将 DSCP 中的"* * *000"8 个编码点对应传统的 IP 优先级,称为类别选择编码点。这样在支持 ToS 方式的网络设备中仍可以通过 ToS 方式保证服务质量,保证 DS 模型具有向下兼容性。

③ 加速转发 PHB(EF PHB):EF PHB 所描述的是一组用于低丢包率、低延时、低抖动,具有带宽保证以及在 DS 域内具有端到端服务质量业务的服务测量。使用该 PHB 组的业务流将获得 Diff-Serv 网络中最高的服务质量,具有最高的优先级。EF PHB 所要达到的目的就是使某一业务转发速率始终大于或者等于一个指定的速率,这个速率是由网管来决定的。Diff-Serv 节点对于标识为 EF 的 IP 分组处理主要包括下面两个方面:一是使该业务的输出速率与网络上其他业务的状态尽可能独立,以便保证这种业务服务质量的稳定性;二是对该业务的输入速率进行调整,保证该业务的输入速率不高于输出速率。我们应该注意的是:由于使用 EF PHB 的业务具有最高的服务优先级,为了防止这种业务过度地占用网络资源,还应该通过网络管理为相应的业务设定一个速率上限,甚至对某一业务流的最大突发长度也要提供限制。EF PHB 主要用来满足视频等时延敏感型服务的需求。

④ 可靠转发 PHB(AF PHB):可靠转发 PHB 所要达到的目标实际上主要是要对相同业

务中不同分组的丢失优先级进行一定的分级。在业务开始转发之前,发送方与网络节点之间将对业务流的速率作出一定的约定,这个约定称为业务流的轮廓(profile)。网络节点允许业务流的速率大于这个轮廓,但是对于超出轮廓的业务流分组采用较大的丢弃优先级。AF PHB 组包括 4 个等级,网络节点将根据这些等级,为相应的业务流分配网络资源并进行相应的转发处理,同时每个等级对应 3 种不同的丢包优先级,优先级越高,分组丢弃的几率就越大。因此,AF 对应 12 种不同的编码点如表 8.1 所示。

表 8.1

	级别 1	级别 2	级别 3	级别 4
低丢包优先级	001010(AF11)	010010(AF21)	011010(AF31)	100010(AF41)
中丢包优先级	001100(AF12)	010100(AF22)	011100(AF32)	100100(AF42)
高丢包优先级	001110(AF13)	010110(AF23)	011110(AF33)	100110(AF43)

通过 3 种丢失优先级区别对待丢失敏感和不敏感的服务,以满足需要可靠而不是加速转发的服务需求。

一个分组所享受的转发质量将由以下因素决定:

- 分组所在的业务流享受的网络资源;
- 分组所在的业务流目前的传送带宽以及所在节点的网络拥塞情况;
- 分组所属的丢包优先级。

也就是说,当某一业务流的传输速率超过了约定速率,而网络节点又发生了拥塞时,超出业务流速率约定的分组将被赋予较高的丢弃优先级,它们具有较高的丢弃概率。

另外,具有相同 AF PHB 级别的业务流的顺序不允许发生改变。如某一业务流中的不同分组数据处于同一 AF 级别的不同丢包等级,此时,虽然不同的分组的丢包概率不同,但是它们之间的相互顺序不能改变。这种机制对于多媒体应用特别适合。在多媒体信号传输中,可以将传输文字信号的分组设置为低优先级,将传输音频信号的分组设置为中丢包优先级,将传输视频图像信号的分组设置为高丢包优先级。这样当网络发生拥塞时,首先发生分组丢弃的将是视频信号,而视频信号的少量丢弃对于直观效果来说最不明显,然后是音频信号,文字信号的丢失优先级最低,因为它对于分组的丢失最为敏感。在这个过程中,虽然 3 种信号的丢失几率不同,但是它们之间的相对顺序将不允许改变。

在基于 PHB 的 DS 体系结构中,不同的子网区域有各自的 PHB 方式,如何保持整个网络服务质量的一致性呢?这项工作将由服务类型协定(SLA)完成。SLA 在不同 DS 子网或网络设备间进行 PHB 的协商和映射,使同一个 DSCP 值在对应不同的 PHB 方式时仍能保证相同的服务质量。

8.4.4　PHB 与编码点的映射

在 Diff-Serv 中存在的另外一个问题就是 PHB 与编码点映射。是采用标准的还是采用各个网络自己配置的映射关系,标准化的好处是可以使终端用户直接使用编码点来标记其业务所需的服务等级,但是标准化也降低了 PHB 应用的灵活性。当由各个网络配置时,则各个网络可以对各种转发行为进行灵活的组合，从而可以充分地利用各种网络能力，但是这就要求在不同的网络运营商之间进行编码点的转换，带来了网络处理的复杂性，同时编码点的多次转换将不可避免地对发送者所需的服务质量造成损害。一种可行的解决方案就是定义一部分标准的映射关系，以便终端用户使用，从而实现真正的端到端一致的服务质量。

8.5 多协议标记交换(MPLS)[47][76]

8.5.1 MPLS 概述

MPLS(Multi-Protocol Label Switching)技术，即多协议标记交换技术。它不是一种应用或者业务，而是一种将标记转发和网络层路由技术集于一体的标准化的路由和交换技术平台。

MPLS 技术采用集成模型，是一种将第三层的 IP 和第二层的交换相结合的 IP 交换技术，使用一个定长的标记作为分组在 MPLS 网络中传输的惟一标志。其核心思想就是对分组进行分类，依据不同的类别为分组打上标记，随后，在 MPLS 网络中只依据标记将分组在预先建立起来的标记交换路径上传输。它为实现各种高层业务提供一个简洁而高效的多协议技术平台。这种技术兼具 IP 的灵活性、可扩展性和 ATM 等硬件交换技术的高速性能、QoS 性能、流量控制性能。这项技术不仅可解决现存网络的很多问题(路由器瓶颈、QoS 保证、组播、VPN 等)，还可以实现诸如流量工程、显式路由等新功能。

在传统的路由中路由器分析包含在每个 IP 分组头中，然后解析分组头、提取目的地址、查询路由表、决定下一跳地址、计算头校验、减 TTL，而 MPLS 只是根据标签进行转发。

下面主要讨论 MPLS 技术对流量工程的支持以及与区分服务(Diff-Serv)的结合问题。

8.5.1.1 MPLS 几个关键的概念

MPLS 中引入了非常多的新概念和术语，其中比较关键的有：

• FEC(Forwarding Equivalent Class，转发等价类)：它是 MPLS 技术的基础，是指具有相同转发处理方式(目的相同、使用的转发路径相同，具有相同的服务等级等)IP 分组归为一类，属于相同转发等价类的分组在 MPLS 网络中获得相同的处理(从代价角度来看，不是从路径的角度来看)。

• 多协议：是指 MPLS 位于传统的第二层与第三层协议之间，支持 IPv4、IPv6 和 IPX、AppleTalk 等，下层可以是 ATM，FR，PPP 链路等。

• Label(标记)：用于表示 FEC 的固定长度的标识符，仅具有局部意义，含义基于在 LSR 之间标记分发过程中的约定，(如 LSR A 可以通知 LSR B：当收到具有标记值 L 的分组时，LSR A 将采取某种转发措施)它用来惟一地表示一个分组所属的转发等价类(FEC)，决定标记分组的转发方式。需要特别注意的是：对应一个 FEC 可以有多个标记，而一个标记只能代表一个 FEC，也就是说具有相同标记值的标记分组不可能获得不同的处理。

• Label Stack(标记栈)：一组有序的标记，不同位置的标记代表着不同的层次，实际就是一组标记的级联。

• LSR(标记交换路由器)：支持 MPLS 协议的路由器，是 MPLS 网络中的基本元素。

• LSP(标记交换路径)：使用 MPLS 协议建立起来的分组转发路径，实际上是由路径上各个节点上标记转发表中的相关条目构成的。

• LDP(标记分发协议):是 MPLS 的控制协议,负责 FEC 的分类,标记的分配,分配结果的传输及 LSP 的建立和维护。

• TLV(Type Length Value):MPLS 消息中的子结构,类似其他协议中各种消息内的对象。

8.5.1.2 MPLS 网络工作过程

图 8.4 是 MPLS 网络示意图。

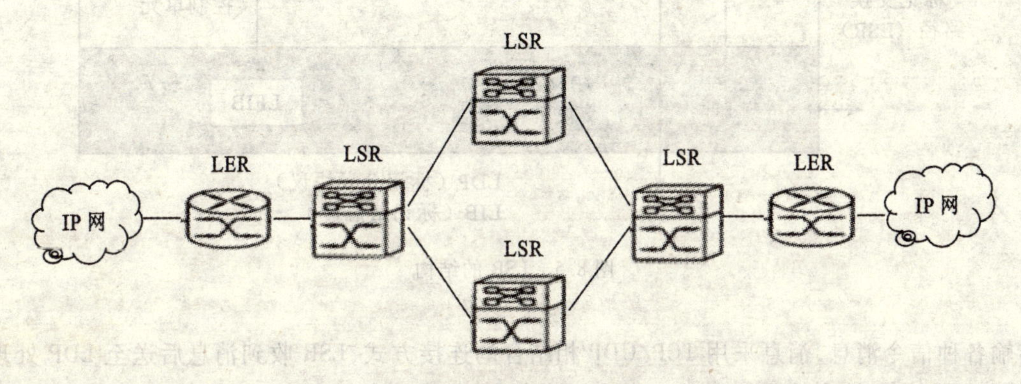

图 8.4 MPLS 网络示意图

MPLS 网络的基本组成单元是 MPLS 标记交换路由器(LSR),由 MPLS LSR 构成的网络区域称为 MPLS 域,位于 MPLS 域边缘与其他网络或用户相连的 LSR 称为边缘 LSR(LER),而位于 MPLS 域内部的 LSR 则称为核心 LSR,域内部 LSR 之间使用 MPLS 协议进行通信,而在 MPLS 域的边缘由 MPLS 边缘路由器进行与传统 IP 技术的适配。

标记交换的工作过程可概括为以下 4 个步骤:

① 由 LDP(标记分布协议)和传统路由协议(OSPF 等)一起,在各个 LSR 中为有业务需求的转发等价类(FEC)建立路由表和标记映射表。

② 入口边缘路由器 LER 接收 IP 包,完成第三层功能,判定分组所属的转发等价类,并给 IP 包加上标记形成 MPLS 标记分组。

③ 在 MPLS 域内,LSR 对分组不再进行任何第三层处理,只是依据分组上的标记以及标记转发表通过交换单元对其进行转发。

④ 在 MPLS 出口的 LER 上,将分组中的标记去掉后继续进行转发。

由以上对分组转发过程可以看出,MPLS 网络内部将不关心网络层地址,从标记也无法直接获得网络层地址,因此 MPLS 实际上是一种隧道技术,因此,也就决定了 MPLS 技术在安全性方面独特的价值。

MPLS 标记交换路由器(LSR)的基本结构如图 8.5 所示。

从逻辑功能上分,它有两部分构成:控制单元和转发单元。控制单元将负责标记的分配、路径的选择、标记信息库(LIB)的建立、标记交换路径(LSP)的建立、拆除等工作。转发单元则只负责依据标记信息库建立标记转发表和对收到的标记分组进行转发操作。

图 8.5 明显地显示了各部分的关系,LSR 包含了路由协议单元,使用现在的路由协议(常用 OSPF,BGP 等),功能是产生传统的路由表。在 LSR 之间将通过一条信令专用的 LSP

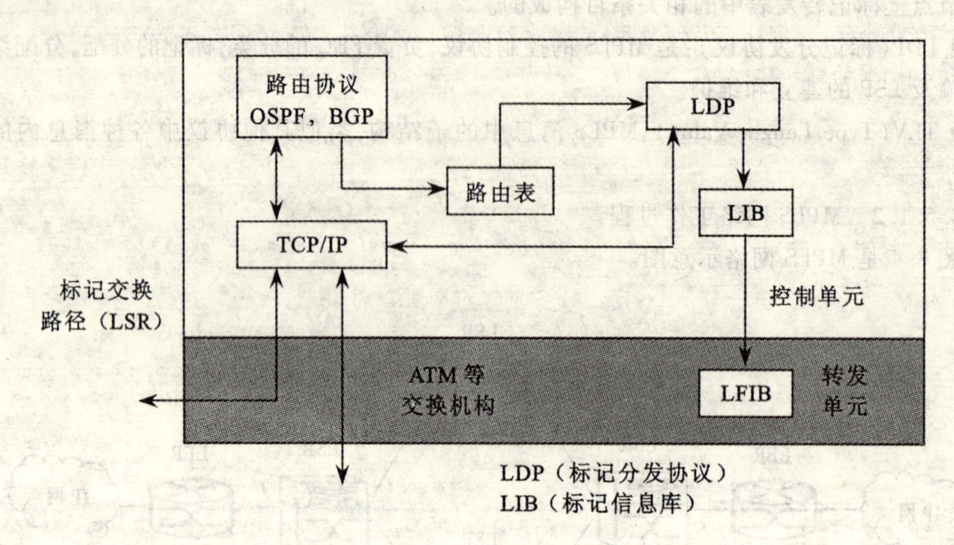

图 8.5 LSR 的结构

传输各种信令消息，消息采用 TCP/UDP 相结合的连接方式，LSR 收到消息后送至 LDP 处理单元，LDP 单元结合路由协议单元生成的路由表，生成标记信息库（LIB）。下层交换单元依据标记信息库生成标记转发信息库（LFIB）。标记转发信息库是 MPLS 转发的关键，LFIB 使用标记来进行索引它相当于 IP 网络中的路由表，LFIB 每一行的结构如图 8.6 所示。

入标记	转发等价类	出标记	出接口	出封装方式

图 8.6 LFIB 的行结构

在传统的网络中，每个路由器通过分析数据报的报头来独立地选择下一跳；而分组头中含有比需要用来判断下一跳多得多的信息。在路由器接到一个数据报时，每个路由器对同一个 FEC（是指一个业务流）的每个分组都要重新进行分类和选择下一跳；而在 MPLS 中，对于一个分组，只是在它进入网络时进行 FEC 分类，并分配一个相应的标记；网络中的 LSR 则不再需要对网络层头进行分析，直接根据标记进行处理。MPLS 可以支持任何网络层协议，但实际上主要考虑 IP 协议。

8.5.2 MPLS 工作原理[47]

8.5.2.1 标记封装

对于标记的含义前面已经说明过了，关于标记还有一个重要的概念就是标记的颗粒度，也就是转发等价类划分的细致程度，分三种颗粒度：

① 最佳颗粒度：路由表中的每一个目的地址前缀都属于一个等级，这种划分过于细致，如果采用此种划分，将不能发挥 MPLS 分类转发的优点。

② 中等颗粒度：把网络中每一个外部接口归为一个等级，将所有通过这一接口离开 MPLS 网络的分组归于一类，使用相同的标记。

③ 粗颗粒度:把网络的每一个节点归为一个等级,将所有通过这一节点离开 MPLS 网络的分组归为一类,使用相同的标记。

标记 MPLS 封装层次示意图 8.7 如下:

第三层封装(IP、IPX)	IP PACKET			
MPLS 封装	SHIM LABEL			
第二层封装(链路层)	VCI/CPI ATM	DLCI FR	PPP	Ethernet

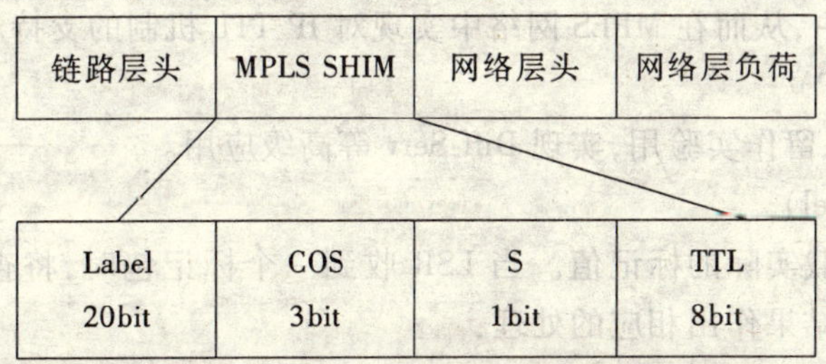

图 8.7　MPLS 多层次封装格式

标记栈条目根据下层不同的传输标记分组的设备类型采用不同的编码,ATM 技术将使用 VCI/VPI 作为标记,FR 技术将使用 DLCI 作为标记,PPP 和 Ethernet 技术将使用 MPLS 通用封装——SHIM 标记。此处所讨论的主要是 MPLS 通用封装标记 SHIM,而对于其他的封装方式牵涉到 MPLS 与下层传输技术相结合的问题,也是 MPLS 研究的热点方向,在此就不予讨论。

MPLS 每个标记栈条目通用封装 SHIM 编码方式如图 8.8 所示。

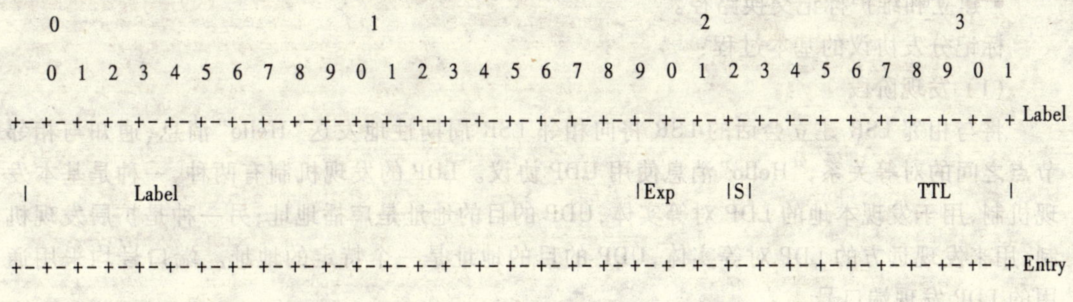

其中:Label: 标记值,20 位

Exp: 实验用,3 位

S: 标记栈底部标志,1 位

TTL: 存活时间,8 位

图 8.8　MPLS 每个标记栈条目通用封装 SHIM 编码方式

标记栈条目出现在数据链路层头的后面,但在任何网络层头的前面。标记栈的顶部最先在数据包中出现,而底部在其最后出现。网络层数据包紧跟着S位置1的标记栈条目。

(1)标记栈的底部(S)

某个标记栈条目的S位被置1,则表示它是标记栈的最后一个条目,即标记栈的底部,而在标记栈的其他条目中S位都为0。当S位为1时,则表明该标记已经为栈底标记,如果到达网络边缘节点,则需要对其进行出栈操作并进行网络层封装处理。

(2)存活时间(TTL)

TTL为生存期字段,长度为8bit,该字段的含义同传统的IP网络中的TTL字段一样,当IP包进入MPLS网络时,入口节点简单地将IP包中的TTL字段拷贝到标记封装中,在MPLS网络内部,每经过一个节点,该TTL值就减1,到达出口节点时,出口节点再将标记封装中的TTL值拷贝回IP包中,从而在MPLS网络中实现对IP TTL机制的支持。

(3)实验用(EXP)

这个3位域被保留作实验用,实现Diff-Serv等高级应用。

(4)标记值(Label)

这个20位域搭载实际的标记值。当LSR收到一个标记包时,将查看标记栈顶部的标记值,再根据获得的结果作出相应的处理:

① 这个数据包将被转发到下一跳。

② 在转发此数据包之前对标记栈顶部的操作:可以是用另一条标记代替标记栈顶部的标记,或是将标记栈顶部的标记弹出,或是压入一条或多条另外的条目到此标记栈中以取代当前这条条目。

8.5.2.2 标记分发协议(LDP)

标记分发协议是MPLS的控制与信令协议,是MPLS的核心。主要功能有:

- MPLS的信令与控制协议;
- 发布 <label,FEC>映射;
- 传递路由信息;
- 建立和维护标记交换路径。

标记分发协议的基本过程:

(1) 发现阶段

将与相邻LSR建立会话的LSR将向相邻LSR周期性地发送“Hello”消息,通知与相邻节点之间的对等关系,“Hello”消息使用UDP协议。LDP的发现机制有两种,一种是基本发现机制,用于发现本地的LDP对等实体,UDP的目的地址是广播地址;另一种是扩展发现机制,用来发现远方的LDP对等实体,UDP的目的地址是一个特定的地址。端口号均采用通用的LDP发现端口号。

(2) 会话建立与维护

对等关系建立后,LSR分两步建立会话,首先是建立传输层连接,就是在LSR之间建立TCP连接,然后是对LSR之间的会话进行初始化,也就是对会话中涉及的各种参数(如LDP协议的版本、标记分发方式、定时器值、标记空间等)进行协商。

(3) 标记交换路径建立与维护

当会话建立以后,LSR之间就可以为各种有待传输的FEC进行标记分配以及建立LSP,

其过程如图 8.9 所示。

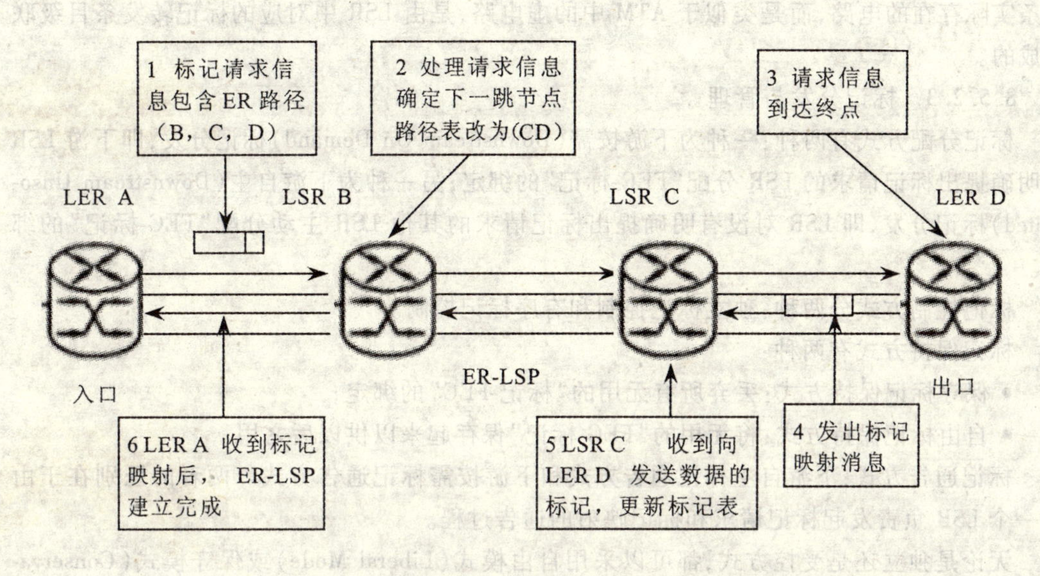

图 8.9　FEC 标记分配

① 当网络路由发生改变时，如果有一个边缘节点发现自己路由表中出现了新的目的地址，而这一地址又不属于任何现有的 FEC，则该边缘节点需要为这一目的地址建立一个新的 FEC，边缘 LSR 决定该 FEC 将要使用的路由，向其下游 LSR 发出标记请求消息，标记请求消息中将包含 FEC TLV，指明是要为那一个 FEC 分配标记。

② 收到标记请求消息的下游 LSR 记录下这一请求消息，依据本地的路由表找出对应该 FEC 的下一跳，继续向下游 LSR 发出标记请求消息。

③ 当标记请求消息到达目的节点或者是 MPLS 网络的出口节点时，标记请求消息终止 LER D。

④ 如果边缘节点尚有可供分配的标记而且判定所接收到的标记请求消息合法，则该节点将为相应的 FEC 分配标记并向上游发送标记映射消息。

⑤ 收到标记映射消息的 LSR 检查本地存储的标记请求消息状态。对于某一 FEC 的标记映射消息，当数据库中记录了相应的标记请求消息时，该 LSR 也将为该 FEC 进行标记分配，并且在其标记转发表中增加相应的条目，向上游 LSR 发送标记映射消息。

⑥ 当入口 LSR 收到标记映射消息时，该 LSR 也将在标记转发表中增加相应的条目。至此，LSP 建立完成，以后就可以对该 FEC 对应的数据分组进行标记转发了。

(4) 会话的撤销

LDP 通过对会话连接上传输的 LDP PDU 进行检测来判断会话的完整性。LSR 将为每个会话建立一个"生存状态"定时器，LSR 每次收到一个 LDP PDU 将对该定时器加以刷新。若在收到新的 LDP PDU 之前定时器超时，则 LSR 将判定会话中断，对等失效，相对应的传输层连接关闭，终止会话进程。

总之，LSR 将网络层的路由信息通过 LDP 直接映射到数据链路层的交换路径上来，进而建立起网络层上的标记交换路径 LSP，使用 LDP 建立的每一条 LSP 都与特定的转发等价类 FEC 对应,而 FEC 将表明特定的分组应该被映射到哪一条 LSP 上。实际上,LSP 并不是一条实际存在的电路,而是类似于 ATM 中的虚电路,是由 LSR 中对应的标记转发条目级联而成的。

8.5.2.3 标记分发与管理

标记分配方式有两种:一种为下游按需(Downstream On Demand)标记分发,即下游 LSR 为明确提出标记请求的 LSR 分配"FEC-标记"的绑定;另一种为下游自主(Downstream Unsolicited)标记分发,即 LSR 对没有明确提出标记请求的其他 LSR 主动分配"FEC-标记"的绑定。

标记控制方式分两种:独立标记控制和有序标记控制。

标记保持方式有两种:

- 保守标记保持方式:丢弃所有无用的"标记-FEC"的绑定;
- 自由标记保持方式:将无用的"FEC-标记"保存起来以供以后之用。

标记通告方式:下游自主标记通告方式和下游按需标记通告方式。两者的区别在于由哪一个 LSR 负责发起标记请求和标记映射的通告过程。

无论是独立还是受控方式,都可以采用自由模式(Liberal Mode)或保守模式(Conservative Mode)分发标记。在自由模式中,向所有邻近的 LSR 分发一个 FEC 的标记,而不管自己是不是这些节点在此 FEC 上的下一跳。这样做的优点是当路由发生变化时,可以立即使用预先分发好的标记,但这将消耗更多的标记。保守模式只分发给下一跳是自己的那些节点,这样可以节省标记空间。

8.5.3 MPLS 流量工程[47]

8.5.3.1 流量工程概述

流量工程是一种间接实现 QoS 的技术,它通过对资源的合理配置,对路由过程的有效控制使得网络资源能够得到最优的利用,使得路径能绕开网络故障、网络拥塞和网络瓶颈。当网络资源得到了充分的利用时,网络的各项 QoS 指标也将随之大大改善。

网络资源的高昂成本以及 Internet 领域中激烈的竞争,使得各个网络运营商对网络运行效率的最优化提出了越来越高的要求。引入流量工程对于许多大型的 AS 已经是必不可少的功能。Internet 流量工程的一个主要目的就是在保证网络的高效、可靠运行的同时对网络资源的利用与流量的性能加以优化。

需要指出的是,此处讨论主要是基于 Internet 骨干网的,同时适用于企业网上的流量工程。一般来说,这些功能可以被用在应用同一技术的任何标记交换网络上,在这样的网络里,任何节点间至少有两条路径。

近期的一些文献研究了基于 MPLS 的流量工程和流量管理,其中较著名的有 Li 和 Rekhter 的工作,提出了一种利用 MPLS 和 RSVP 在因特网上提供可扩展的区分服务及流量工程的框架。下面重点讨论 MPLS 流量工程。

(1)流量工程性能指标

流量工程的主要性能指标分为两种:

- 面向业务的性能指标;
- 面向资源的性能指标。

面向业务的性能指标包括了增强业务 QoS 功能的各个方面。在单一 QoS 等级,尽力而为的 Internet 流量模型中,面向业务的性能指标包括:对分组丢失的最小化、对时延的最小化、对吞吐量的最大化以及对服务等级协定的增强等。在这一流量模型中,使分组丢失最小化是最重要的性能指标。而在未来的区分服务的因特网中,一些与统计数据有关的面向业务的性能指标(如时延峰值变化、丢失率等)也将会越来越重要。

面向资源的性能指标包括了优化资源利用的各个方面。高效的网络管理是达到面向资源性能指标的重要途径。通常我们都希望能够确保在其他可选路径上还有可用资源时,一条路径上的网络资源不会被过度地使用。带宽是当前网络上的一种非常重要的资源,因此,流量工程的一项中心任务就是对带宽资源进行有效的管理。基于量度的流量控制,如图 8.10 所示。

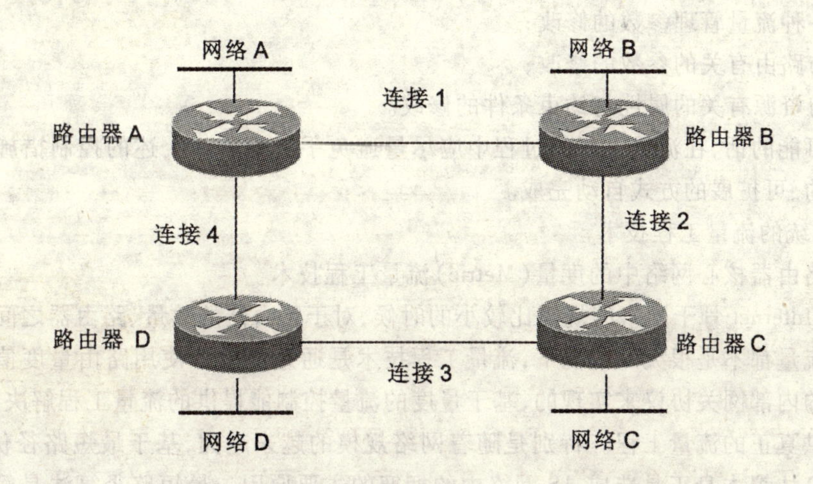

图 8.10　基于量度的流量控制

无论是面向资源的还是面向流量的流量工程,它们首要的性能指标都是拥塞的最小化。需要说明的是:这里所关心的拥塞主要是长时间的拥塞,而不是由突发的流量所造成的短时间拥塞。发生拥塞的情况主要有以下两种:

- 当网络资源不足以满足负载的要求时所发生的拥塞。
- 当业务流量与可用资源之间的映射效率不高时,导致一部分网络资源被过度使用,而另一部分资源却未被充分利用时所造成的拥塞。

第一种类型的拥塞可以用以下方式解决:1°对网络进行扩容;2°应用经典的拥塞控制技术。经典的拥塞控制技术是试图对业务请求进行控制,从而保证业务能够和可使用的资源相匹配。用于拥塞控制的经典技术包括:速率控制、窗口控制、路由器队列管理、流程控制等。

第二种类型的拥塞,即由于资源的不合理分配而引起的拥塞,通常可以用流量工程来解决。

一般来说,不合理的资源分配所造成的拥塞都可以通过负载均衡来缓解。这类策略是通过有效的资源分配,减轻拥塞或者是减少资源的使用,使得拥塞最小化或资源利用率最大化。当拥塞最小化时,将减少分组丢失,也将缩短传输时延,同时吞吐量将增大。这样终端用户所感觉到的服务质量将会有显著提升，而负载均衡正是流量工程所要解决的重要问题。

(2)流量与资源控制

网络的性能优化本质上是一个控制问题。在流量工程中，由一位流量工程师或一台控制设备来充当一个自适应控制系统的控制者。该系统包括一系列相互连接的网络元素，一个网络性能监测系统以及一整套网络配置与管理工具。流量工程师制定出一整套控制策略，利用网络性能监测系统对网络的状态进行观察，然后对业务流量进行描述，最后通过控制措施使网络达到与控制策略相符的、理想的状态。这一过程可以针对网络的现有状态实时进行，或者借助预报技术对网络状态的发展加以预测并采取相应的措施来提前进行，而后一种技术可以提前避免网络产生不良状况。

理想情况下，上述控制措施应包括：

• 对各种流量管理参数的修改；

• 对与路由有关的参数的修改；

• 对与资源有关的属性与约束条件的修改。

如果可能的话，在流量工程的过程中应尽量避免手工参与。上述的控制措施可以以一种分布式的、可扩展的方式自动完成。

(3)传统的流量工程技术

基于路由器核心网络中的度量(Metric)流量工程技术

① 在 Internet 骨干网络的规模比较小的时候，对于路由器的数量、路由器之间的链路数以及业务流量都不是很大的情况下，流量工程技术是通过简单地使用路由量度值基于最短路径算法的内部网关协议来实现的，基于量度的流量控制能提供的流量工程解决方案，实际上没有提供真正的流量工程。特别是随着网络规模的越来越大，基于最短路径优先(SPF)算法的 IGP 协议本身正是造成 AS 网络中的拥塞的主要原因。最短路径算法是简单的基于附加值的优化算法。这些协议都是拓扑驱动的，因此，它们都不考虑网络可用的带宽和流量的特征。当出现以下情况时，就会发生拥塞：

• 根据 SPF 算法得出的多个业务流的最短路径汇聚到一条特定的链路或者路由器接口上时；

• 根据 SPF 算法，某一业务流的最短路径将通过某条带宽不足以支持该业务的链路或接口时。

在这两种情况下，即使存在着拥有充足带宽的其他路径，拥塞仍然会发生。这种拥塞问题正是流量工程所要避免的。对于第二种原因造成的拥塞，可以用“等开销路径负载分摊”技术来解决，但是对于由第一种原因造成的拥塞，特别是对于拥有复杂拓扑结构的大型网络，这种技术就没什么帮助。

同时，由于传统路由器的汇集带宽和包处理能力有一定的局限性，因此，传统的、基于软件的路由器在高负荷的情况下可能成为潜在的瓶颈；另外，基于量度处理的流量工程不具有可扩展性。当 IP 网络变得具有更多的链接时，这种情况下很难保证对网络某个部分量度的调整而不致在网络的其他部分引起问题。

② 重叠模型技术。解决 IGP 协议簇的上述缺陷的传统方式是使用重叠模型技术，例如，IP over ATM，IP over FR 等。重叠模型在网络的物理拓扑结构上提供了一个自由的虚拟拓扑结构，从而扩展了网络设计的空间。这种虚拟拓扑结构由虚电路构成，在 IGP 路由协议

看来,这些虚电路就相当于过去的物理链路。重叠模型还提供了许多其他重要的业务来支持流量与资源控制,它们包括:VC 级的约束路由、可由网络管理人员进行配置的显式路由、路径压缩、呼叫允许控制功能、流量整形和流量策略功能以及 VC 的生存功能。依靠这些功能可以实现许多流量工程策略。例如,可以很容易的将过度使用的网络资源上的业务流量转移到较为空闲的网络资源上。其缺点为:需要对两个不同的网络进行管理;每个 ATM 信元中需要增加额外的打包开销;需要为所有节点建立 PVC 连接,会产生“N^2”问题。

针对以前技术的缺陷,引入了 MPLS 来实现流量工程。MPLS 技术可通过特定的 QoS 路由算法,采用离线方式计算出网络内对应不同业务流的所有可行的标签交换路径,即将要求特定 QoS 的业务流直接映射到网络对应的物理拓扑上,并通过标签分配信令在输入边缘节点和输出边缘节点之间建立相应的 LSP,也就是显式路由。由于网络内部节点直接参与了特定 LSP 的计算与选取,因而大大缓解了网络管理人员的负担,并且使用 MPLS 技术能够及时发现网络故障节点,加快创建 LSP 备份路径以及恢复原有路径的速度。因此,业界人士一致认为 MPLS 技术是当前能够实施网络流量工程的最佳方案。

8.5.3.2　MPLS 流量工程的工作原理

在 MPLS 网络中,流量工程的基本构件就是标记交换路径(LSP),网络管理者可直接对它进行操作和管理,通过控制 LSP 经过的路径或建立特定的 LSP 来调节网络的流量。特定 LSP 路径的建立方式有两种:一种是数据驱动(也称逐跳 LSP),另一种是显式路由(ER-LSP)。建立逐跳 LSP 时,每个 LSP 根据第三层路由信息,确定其下一跳,并向下一跳发标记请求消息。建立 ER-LSP 时,其路由是由“SETUP”消息规定好的,该路由信息要随“SETUP”消息穿过路径上的所有节点,ER-LSP 上的所有节点会根据该路由消息的规定选择下一跳 LSR,并向它发标记请求消息。ER-LSP 可以由网络管理者或网络管理系统根据不同的资源分配策略,为网络流量选择不同于一般逐跳路由的传送路径。所以,ER-LSP 是实现流量工程的理想方法。

(1) 显式路由

约束路由是指借助对应于各种 QoS 要求的限制参数来进行选路,支持流量工程的路由技术。显式路由方式不同于传统的逐跳路由方式,它将在 LSP 建立过程中使用依据流量工程的需要或者网络管理的配置来明确地制定 LSP 所使用的路由。其特点是由 LSP 的入节点或出节点决定路由,不受动态路由算法的影响,可以实现许多灵活的功能,在路由的计算中将可以引入各种约束条件,由于路由只由少数几个节点完成,运营商可以方便地制定统一的路由策略和进行整体的业务量规划。需要指出的是显式路由只在建立 LSP 的过程上与逐跳路由方式有所不同,当 LSP 建立成功后,在对分组的转发处理操作上,两者没有任何的区别,在标记转发表中,也无法识别哪些条目是使用逐跳路由方式建立起来的,哪些条目是使用显式路由建立起来的。逐跳路由与显式路由的比较如表 8.2 所示。

表 8.2

逐 跳 路 由	显 式 路 由
对于控制业务流使用的是离散式路由	对于控制业务使用的是源路由,从源到目的地建立路径
分段建立路由树或者有序地向前或向后建立路径	需要进行手工配置或者依靠下层提供自动路由功能

续表

逐跳路由	显式路由
对于故障路径的重新路由性能依赖于路由协议的汇聚时间	可以给不同的LSP赋予不同的服务等级,对某些发生故障的LSP进行快速的重新路由或者预先为其准备好备份LSP
现有的路由协议都是基于目的地址前缀的	为路由选择提供了很大的灵活性,可以按照本地的转发单元策略,也可以按照QoS要求路由
很难实现流量工程或者基于QoS的路由	十分适合于流量工程功能

(2) 流量中继

流量中继指的是具有同一业务等级、有同一标记交换路径传送的一组业务流。本质上讲,流量中继是具有某些特征的业务流的抽象表示,可以把流量中继看成是可以寻路(即它穿过的路径是可以改变的)的对象,一定意义上,它类似于ATM中的VC。

具有共同出口、在网络内部共享相同路径的流量中继,可以汇聚形成一个汇集树。通过该方法,可以减少网络内流量中继的数目。流量中继可以终止在网络的任何节点上,将汇聚的业务流分开。为了提高流量中继的可靠性,网络内还可以为重要的流量中继设置备份中继。

流量中继具有以下特性:

- 是同类别流的会聚,在某种情况下可以是多类别流的会聚;
- 当只有一类业务时,流量中继可能汇聚了某一入口LSR到某一出口LSR的所有业务量;
- 流量中继是可以寻路的对象(类似于ATM VC);
- 流量中继不同于它所穿过的LSP,在操作上,流量中继可以从一个路径转移到另一个路径上;
- 流量中继是单向的。

8.5.3.3 MPLS的流量工程结构

MPLS的流量工程结构包括4个基本组成部分:包转发单元、信息发布单元、路径选择单元和信令单元。

1. 包转发单元

MPLS网络流量工程结构中的包转发单元就是多协议标记交换。多协议标记交换负责引导IP包流按一条预先确定的路径通过网络。这条路径也就是前面提到的标记交换路径(LSP)。LSP本质上与ATM PVC是很相似的,即业务从起始路由器按一定方向流向终止路由器。双工业务需要两条LSP,每条LSP用于承载一个方向上的业务。LSP的建立是通过串联一个或多个标记交换跳转点来完成的,允许数据包从一个标记交换路由器(LSR)转发到另一个LSR,从而穿过MPLS域。

当边缘LSR(LER)收到一个IP包后,它为此包加上一个MPLS报头,然后将其转发到LSP上的下一个LSR。被标记的包被每个LSR沿LSP转发,直至到达LSP的终止处,在那一点上,MPLS报头被去除,包基于第3层的信息进行转发(如基于IP目的地址)。这个过程中的关键之处在于,LSP的物理路径并不为通过IGP选择的到达目的IP地址的最短路径所制约,如图 8.11 所示。

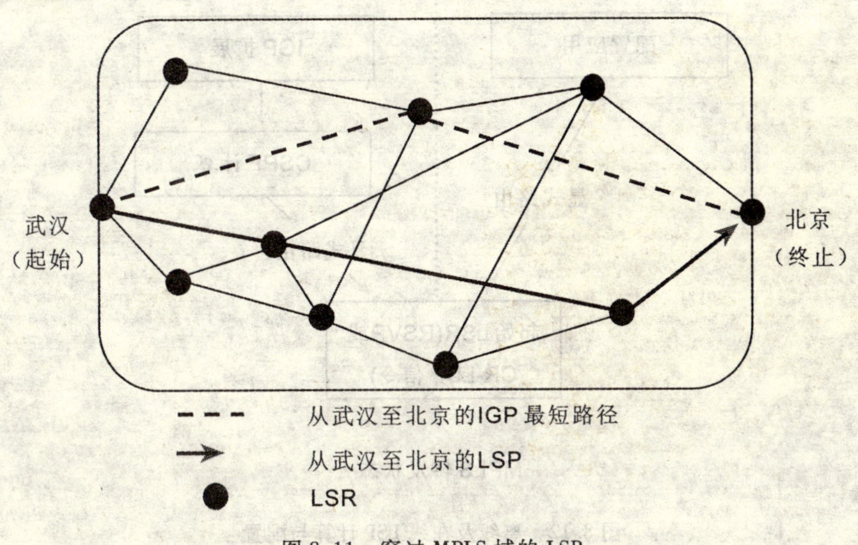

图 8.11 穿过 MPLS 域的 LSP

在刚开始的时候一般都认为 MPLS 的一个优势是可明显地增强 LSR 的转发性能,主要是由于精确查找,例如,由 MPLS 和 ATM 交换机所提供的固定长度查找,要比由 IP 路由器提供的最长匹配查找快。但是,最近芯片技术的进步使基于 ASIC 的路由查询引擎与 MPLS 或 ATM 的 VPI/VCI 查找引擎运行速度相同。

其实,MPLS 技术的真正优势在于它提供了路由(控制)和转发(转移数据)间的完全分离。这种分离允许只使用单一的转发算法(MPLS)便可对多种服务和业务类型进行配置。

2. 信息发布单元

MPLS 流量工程的计算需要有关网络拓扑和网络负荷的动态信息的细节。目前这部分是简单地通过定义相关的 IGP 扩展(如 IS-IS,OSPF 的扩展特性)来实现的,换句话说,链接特性可包含在每个路由器的链接状态广播中。IGP 所使用的标准扩散算法可以保证链接特性被发布至 IP 网络路由域中的所有路由器。

每个 LSR 通过一个特殊的流量工程数据库(TED)对网络链接特性和拓扑信息进行管理。TED 专门用于计算 LSP 通过物理拓扑时的外在路径。这是一个分离的数据库,以使得并发的流量工程计算与 IGP 和 IGP 链接状态数据库相独立。同时,IGP 继续无改变的运行,基于路由器 IGP 链接状态数据库所包含的信息进行传统的最短路径计算(如图 8.12 所示)。

一些需要加到 IGP 链接状态广播中去的流量工程扩展包括:最大链接带宽、最小预留带宽、当前带宽预定、当前带宽使用和链接属性等。

3. 路径选择单元

流量工程的本质是将业务流映射到物理拓扑上去。这意味着通过 MPLS 提供流量工程的核心是为每条 LSP 决定物理路径。

在网络链接特性和拓扑信息通过 IGP 进行扩散并存储到 TED 中之后,每个起始 LSR 可

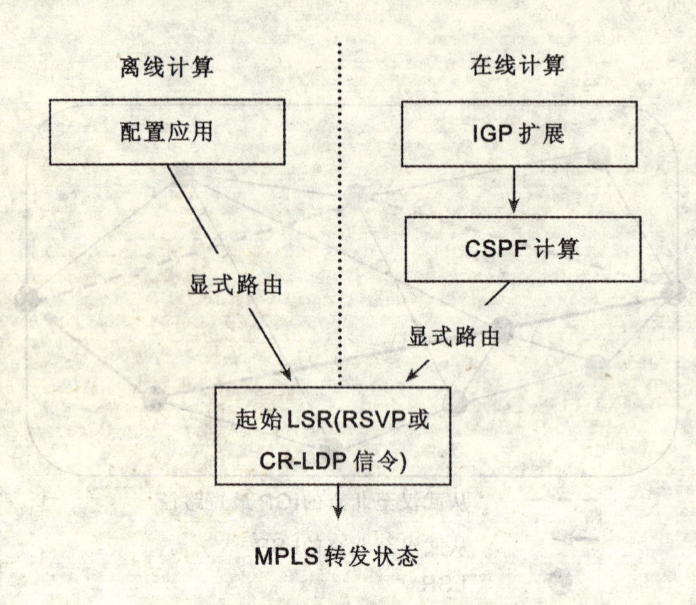

图 8.12　离线及在线 LSP 计算与配置

以基于 TED 计算出属于它的穿过路由域的一组 LSP 路径。每个 LSP 的路径可表示成精确的或疏松的外在路由。一个外在路由是通过作为 LSP 物理路径一部分的一系列 LSR 作预先设置而成的。如果输入 LSR 确定了 LSP 中所有的 LSR,则 LSP 被认为是通过精确外在路由确定的。如果起始 LSR 只规定了 LSP 中的几个 LSR,则 LSP 是通过疏松的外在路由描述的。同时支持精确和疏松外在路由允许路由选择处理既可以在可能的情况下给予最大的自由度,又可以在需要的情况下给予约束。

起始 LSR 通过对 TED 中的信息使用约束最短路径优先(CSPF)算法来决定每条 LSP 的物理路径。CSPF 是一种改进的最短路径优先算法,它是一种在计算通过网络的最短路径时,将特定的约束(如带宽需求、最大跳转数和管理策略需求等)也考虑进去的算法。

当 CSPF 考虑一条新的 LSP 的每个备选节点和链接时,它可基于资源的可用性或所选部分是否违反用户策略约束而对特定的路径组成部分接受或拒绝。CSPF 计算的输出是一个外在路由,该外在路由包含了一组通过网络的最短路径并满足约束的 LSR 地址。这个外在路由随即传递给信令部分,信令部分在 LSP 中的 LSR 建立转发状态。

尽管在线路径计算减少了管理工作,但为了优化全局流量工程,还是需要离线的计划和分析工具。在线计算将资源约束考虑进去,每次计算一条 LSP。这种实现的问题是 LSP 计算的次序在决定 LSP 穿过网络的物理路径时将成为一个重要的因素。先计算出的 LSP 比后计算出的 LSP 具有更多的有效资源,因为先计算的 LSP 消耗了网络资源,如果 LSP 计算的次序改变,则 LSP 的物理路径结构也会随之改变。

离线的计划和分析工具则可以同时检验每条链路对于资源约束以及每条输入/输出 LSP 的需求。离线实施可能需要花费几个小时来完成,它提供全局计算,比较每个计算的结果,然后为网络选出一个全局性的最佳方案。离线计算的输出是一系列优化了网络资源使用的 LSP。在离线计算完成后,LSP 可以以任何次序建立,因为 LSP 的所有安装都是遵循着全局优化方案的规则进行的。LSR 组成框图如图 8.13 所示。

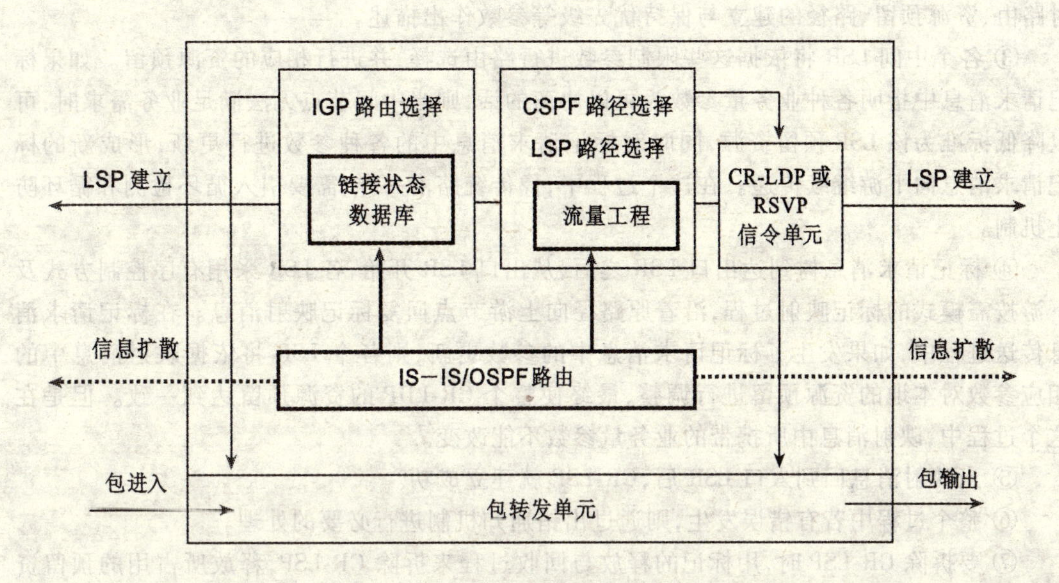

（包括包转发单元、信息发布单元、路径选择单元和信令单元）

图 8.13　LSR 组成框图

4. 信令单元

因为驻留在起始 LSR 的 TED 内关于网络状态的信息在任何时候都是过期的，所以 CSPF 计算出的路径被认为是可以接受的。只有在 LSP 被信令部分真正建立之后，才能知道这条路径是否真正可以工作。

负责建立 LSP 状态和标记分配的信令部分依赖于资源预留协议（RSVP）的一些扩展或 CR-LDP。依靠扩展 RSVP 就有较好的继承性，扩展 RSVP 消息使用的是基本的 IP 传输，由于没有可靠的传输层连接，所以在可靠性、故障处理速度、响应时间方面具有缺陷，但是技术方面较为成熟。下面将讨论 CR-LDP，这是一种较为新型的信令系统，是一种连接型的技术，运行在可靠的 TCP 连接上，具有很好的可靠性、故障反应和恢复时间有保证，同时它也具有良好的扩展性。

8.5.3.4　MPLS 流量工程的控制协议 CR-LDP

CR-LDP 信令的基础是 LDP 协议，它能够通过具有资源预留能力的显式路由等机制建立 CR-LSP，实现对流量工程的支持。标记分发过程使用的还是 LDP 机制，相邻节点的发现过程使用的是 UDP 机制，而会话、广播、通知以及 LDP 的各种消息的传输使用的都是 TCP 机制。故障恢复过程使用可靠的 TCP 连接实现，保证反应的速度。CR-LSP 的端到端建立机制是由入口 LSR 发起的。

1. CR-LDP 的基本工作流程

CR-LDP 与前面介绍的 LDP 相似，其基本的工作流程可参考图 8.8。

① 发现相邻节点，并建立会话与 TCP 连接。

② 从入口 LSR 开始，采用有序控制方式及下游按需模式向下游发送标记请求消息，直

至出口 LSR。与 LDP 协议不同的是,在 CR-LDP 中,标记请求消息中将包含各种约束 TLV,对路由、资源预留、路径的建立与保持优先级等参数作出描述。

③ 各个中间 LSR 将依据这些限制参数进行路由选择,并进行相应的资源预留。如果标记请求消息中指明各种业务量参数为可以协商的话,则当中间节点无法满足业务需求时,可以降低标准为该 LSP 预留资源,同时对标记请求消息中的各种参数进行更新,形成新的标记请求消息向下游继续传递。在这个过程中,像传统路由一样,需要引入循环检测和循环防止机制。

④ 标记请求消息树到达出口 LSR 之后,从出口 LSR 开始,各 LSR 采用有序控制方式及下游按需模式的标记映射过程,沿着原路径向上游节点回复标记映射消息。在标记请求消息传送过程中,如果发生了标记请求消息中的参数更新,则各个 LSR 将依据映射消息中的相应参数对本地的资源预留进行调整,最终使整个 CR-LDP 的资源预留达到一致。但是在这个过程中,映射消息中所携带的业务量参数不能改变。

⑤ 当映射消息回到入口 LSR 后,CR-LSP 就建立成功。

⑥ 整个过程中若有错误发生,则通过出错通知机制进行必要的处理。

⑦ 要拆除 CR-LSP 时,用标记的释放与回收过程来拆除 CR-LSP,释放所占用的预留资源。

2. CR-LDP 基本的约束参数

在 CR-LDP 中,基本的约束参数有:

(1) 严格或松散的显式路由

严格的显式路由是指指定了 LSP 所必须经由的全部节点或者抽象节点,该路径是不可改变的。松散的显式路由是指仅仅对 LSP 所经由的一部分节点或抽象节点作出要求,在松散节点之间将可以插入其他节点。

显式路由由入口节点依据路由信息与业务所要求的 QoS 性能或其他条件进行计算。在实现中显式路由表示为一个节点标记的列表,LSR 将遵守该列表选择下一跳要使用的 LSR。

显式路由参数将包含在显式路由 TLV(ER-TLV)中。

(2) 业务量参数

业务量参数将包含在业务量参数 TLV 消息中,主要有峰值速率 PDR、承诺速率 CDR 以及业务的颗粒度等。

(3) 路径替代参数

CR-LDP 采用两种优先级,一是建立优先级,它定义了 LSP 建立过程中利用资源的优先级,值为 0 ~ 7,0 为最高优先级。依据抢先原则,具有较高优先级的 LSP 可以抢占保持优先级较低的 LSP 的资源,也就是说,某一 LSP 将可以使用其建立优先级可以使用的全部资源以及保持优先级低于该建立优先级的 LSP 的全部资源。二是保持优先级,它定义了 LSP 建立过程中保持其资源的优先级,值为 0 ~ 7,0 为最高优先级,它与建立优先级结合在一起,将可以实现 LSP 资源的抢占与快速重新路由机制。同时应该考虑的是:为了避免相同会话中不同业务量互相抢占资源,LSP 的建立优先级与保持优先级的关系为:建立优先级 < = 保持优先级。

(4) 路径锁定参数

在路径建立的过程中，如果某一节点的下一跳是一个松散节点或者是一个抽象节点，则可以通过路径锁定参数来要求选定的路径不再改变，即便以后有更好的路由出现。

(5) 资源等级参数

通过资源等级参数，网络的操作者可以将全网的资源划分为若干等级，不同的 CR-LDP 将依据其资源等级参数来选择能够使用的资源。

3. CR-LDP 对 LDP 消息与 TLV 扩展

流量工程的实现是通过对 LDP 消息和 TLV 的扩展来完成的。

CR-LDP 的标记请求消息的编码如图 8.14 所示。

0	1 2	3
	Label Request(0x0401)	Message Length
Message ID		
FEC TLV		
LSP-ID TLV		(可选)
ER-TLV		(可选)
Traffic TLV		(可选)
Pinning TLV		(可选)
Resource Class TLV		(可选)
Pre-emption TLV		(可选)

图 8.14　CR-LDP 的标记请求消息的编码

其中各种可选的 TLV 包含了对 LSP 的各种约束参数。

(1) LSP-ID TLV

LSP-ID 是 MPLS 网络中一条 CR-LSP 的惟一标记，它是由入口节点的 IP 地址和在该节点上惟一的 LSP-ID 值组成。

LSP-ID 的编码如图 8.15 所示。

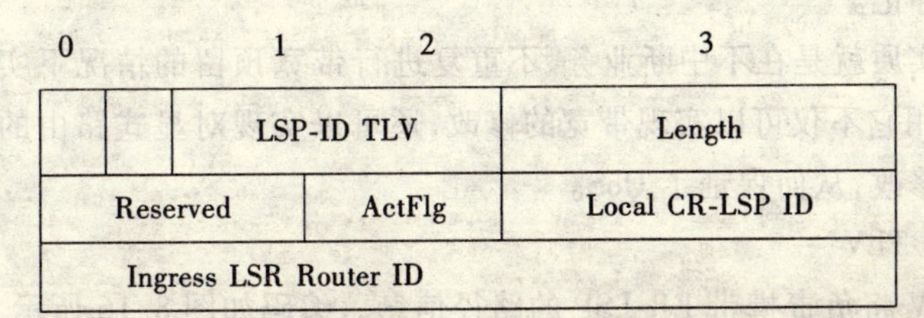

图 8.15　LSP-ID 的编码

其中,ActFlg 字段表明当接收到含有本地 LSR 上已经存在的 LSP-ID 时的处理方法,目前定义了以下两种情况:

- 0000:表示该 LSP 为初始 LSP。
- 0001:表示该 LSP 为修改 LSP。

通过它们提供了一种对路由进行重新修改的机制。原理如下:

假如有一条已经建立并正在使用的 CR-LSP,其 LSP-ID 为 lsp-id1,在入口节点 R1 上,标记映射表中相应的条目为“FEC1->LABEL A”。由于种种原因,可能需要重新建立一条 CR-LSP 进行新的资源预留。R1 将发起一个新的标记请求消息,该消息中携带相应的各种新的数值,但是 LSP-ID 将使用原来的值 lsp-id1,不同的是 ActFlg 标记的值改为“0001”,表明这是一条正在修改过程中的 CR-LSP,在新的 LSP 建立过程中,将使用这些新的参数对路径进行修改,入口节点 R1 将等待下游节点为这一请求分配新的标记,以便建立新的标记映射表条目。下游节点收到新的标记请求消息后,其处理方式与一般的标记请求的处理方式基本一样。不同之处在于,各个下游节点将对标记请求消息中的 LSP-ID 进行检查,如果消息中的 LSP-ID 与本地节点中的所有 LSP-ID 不同,则按常规处理。如果有相同的 LSP-ID,LSR 将对 LSP-ID 中的 ActFlg 进行检查,如果该标记的值为“0000”时,则表明是一个重复的标记请求消息,转入出错处理;如果该标记的值为“0001”时,则表明这是一条路径修改消息,转入路径修改处理过程。

路径修改处理过程:LSR 对新的标记请求消息中的各种流量参数进行计算,取得新的路径与新的资源预留参数,在这个计算过程中,为了防止对资源的重复预留而导致的预留失败与资源浪费,所预留的带宽实际上是新计算出来的带宽与为相同 LSP-ID 预留带宽的差值,如果差值为负则保持原来的资源预留不变,也就是说新老 LSP 将共享预留的带宽。在出口节点上,出口 LSR 将为修改过程中的 LSP 分配新的标记,并向上游节点发送节点映射消息,处理过程与常规的标记映射过程相同。

当标记映射过程完成时,对于相同的 LSP-ID 路径上会同时存在两套标记,在 R1 对于同一个 FEC 有两个标记,分别为 A 和 B,R1 将为 lsp-id1 建立新的标记转发条目“FEC->LABEL B”,R1 将使用 B 作为对原来的流量中继进行转发的出口节点,整个 LSP 也就全部切换到了新的路径上。同时 R1 还将使用 LABEL RELEASE 消息,释放原来的 LSP 所使用的各种资源,如标记资源、带宽资源等。释放的带宽是原 LSP 预留带宽与新的 LSP 预留带宽的差值,也就是原来预留带宽大于新 LSP 预留的部分。标记释放消息中将包含 LSP-ID 与所要释放的标记(LABEL TLV),收到这个消息的 LSR 发现对于该 LSP-ID 有两组标记存在,该 LSR 将释放老的标记。

此种机制的实质就是在不中断业务、不重复进行带宽预留的情况下实现了快速而高效的 LSP 切换。利用它不仅可以实现带宽的修改,还可以实现对显式路由的修改以及对保持与建立优先级的修改,从而保证了 QoS。

(2)显式路由 TLV

显式路由 TLV 将负责携带 ER-LSP 的路径信息。编码如图 8.16 所示。

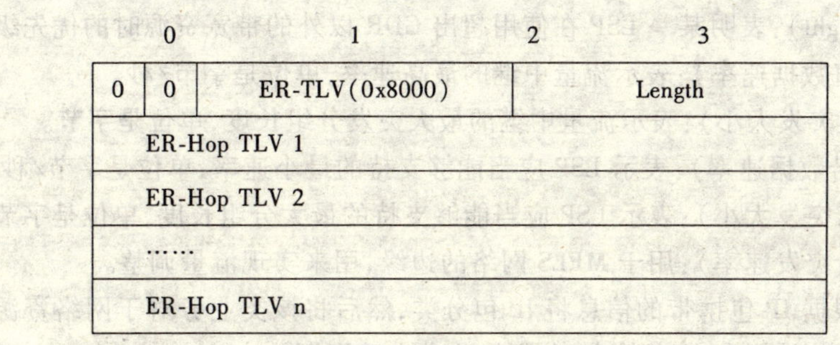

0	0	ER-TLV(0x8000)	Length
ER-Hop TLV 1			
ER-Hop TLV 2			
……			
ER-Hop TLV n			

图 8.16　显式路由信息格式

其中,显式路由节点 TLV(ER-Hop TLV)携带 ER-LSP 上某一跳的信息,编码如图 8.17 所示。

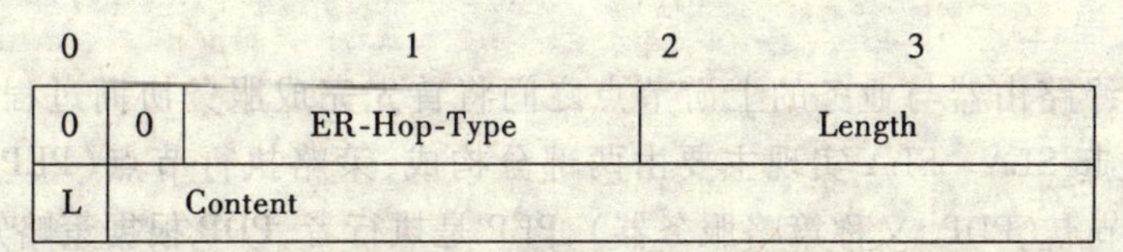

0	0	ER-Hop-Type	Length
L	Content		

图 8.17　一跳 ER-LSP 信息格式

其中"L"位的作用是表明该跳是松散节点还是严格节点。若为严格节点,则该节点与前一节点之间不允许有其他节点存在;若为松散节点,则该节点与前一节点之间可以插入其他节点。

(3) 业务量参数 TLV

业务量参数 TLV 负责携带 ER-LSP 上的各种业务量参数值,规定了所要建立的 CR-LSP 所需的流量工程特征。编码如图 8.18 所示。

U	F	Traf. Param. TLV	Message Length
Flags	Frequency	Reserved	Weight
Peak Data Rate(PDR)			
Peak Burst Size(PBS)			
Committed Data Rate(CDR)			
Committed Burst Size(CBS)			
Excess Burst Size(EBS)			

图 8.18

其中,最主要的是一个 8 位的标记域 Traf. Param. TLV,每一位代表某一业务参数是否可以协商,若某一标记位为"0",则表示该位所表示的参数不可协商;若为"1"则表示该位所表示的参数可以协商。TLV 中包含的业务量参数有以下 7 种:

- 频率(Frequency):时延参数,体现 IP 业务对于时延的要求。

- 权重(Weight):表明某一 LSP 在使用超出 CDR 以外的带宽资源时的优先级。
- PDR(峰值数据速率):表示流量中继的最高速率,单位是字节/秒。
- PBS(峰值突发大小):表示流量中继的最大突发分组长度,单位是字节。
- CDR(承诺数据速率):表示 LSP 应当能够支持的最小速率,单位是字节/秒。
- CBS(承诺突发大小):表示 LSP 应当能够支持的最大分组长度,单位是字节。
- EBS(过量突发速率):用于 MPLS 网络的边缘,用来实现流量调整。

入口 LER 根据 IP 包携带的信息将 IP 包分类,然后将该类业务对于网络资源的要求映射到 Traffic Parameter TVL 的参数中,向网络节点申请资源。

8.5.4 MPLS Diff-Serv 解决方案

8.5.4.1 基本 MPLS Diff-Serv 原理

当 MPLS Diff-Serv 网络的边缘 LSR LER 收到一业务请求时,它将开始对于 Diff-Serv 业务请求的处理过程。

① 首先,边缘路由器与业务的上游节点之间将首先完成服务协商过程,就该业务在收发双方之间建立起 SLA。SLA 实现主要由两部分构成:策略执行节点(PEP,又称策略客户机)和策略决定节点(PDP,又称策略服务器),PEP 是执行者,PDP 根据策略知识库和认证服务器中的策略作出决定。

② LER 将按照 MPLS 的 LDP 规范,根据收到的 IP 分组头标内的 IP 地址,获取该业务流分组的 FEC。

③ LER 根据业务所请求的服务质量对该业务进行分类,并为该业务流的分组指定将要使用的 DSCP 值与 PHB,以后这一 DSCP 将用于该业务所有的分组中。

④ 将 PHB 的服务质量要求转化为 MPLS Diff-Serv 中所使用的各种服务质量参数。

⑤ 按照 MPLS CR-LDP 规程,向下游发起标记请求消息。在该消息中,将包含一些新的 TLV。它们将标明该标记请求消息是一个 Diff-Serv 标记请求消息,同时也将指示出该业务所要求的 PHB。此外,标记请求消息中还将包含上述的各种服务质量参数。

⑥ 此时,在 LSP 的入口 LSR LER 上建立标记转发表。

⑦ 随后网络将利用这些消息在 MPLS 标记分配过程的同时,为该业务分配各种网络资源,使得整个网络为该业务提供的服务质量达到一致。

⑧ 标记请求消息到达 MPLS 的出口边缘路由器 LER,LER 一方面为该业务流分配标记并向上游返回标记映射消息,另一方面,它还把业务请求继续向下游网络或主机传递。这一过程结束之后,在出口 LER 上也建立起了标记转发表。

⑨ 在标记映射消息的上溯过程中,中间 LSR 也将建立起标记转发表。当标记请求消息到达入口 LER 时,整个业务请求过程完成。

此后即可以开始业务分组的转发过程。

① 当 LER 收到标有非零 DS 字段的分组时,将根据 DSCP 的值与 IP 包中的 IP 地址从转发表中获得对该业务分组的转发过程。

② 此后边缘路由器上的各个业务量调整单元将根据网络之间或网络与用户之间的 SLA,对收到的业务流进行测量,监视用户是否遵守业务等级协定(SLA),并将测量结果输入业务流策略单元,对业务流进行整形、丢弃、标记等工作。

③ 从 LER 开始，各个 LSR 在对分组执行根据 PHB 所指定的排队策略，将属于不同业务类别的业务量导入不同的队列，使用各种排队算法加以处理，并按事先设定的带宽、缓存处理输出队列，最后按照 PHB 所指定的丢弃策略对分组实施必要的丢弃。

8.5.4.2　基本 MPLS Diff-Serv 分析

基本 MPLS Diff-Serv 解决方案的优势：

MPLS Diff-Serv 将依赖于对标记的识别来实现，标记将不仅是对分组进行路由的根据，同时，它还将是为分组选择服务等级的依据。它对于分组的处理仍将完全基于标记来完成，这一点与 MPLS 设计的初衷也是一致的。同时，通过使用 MPLS 的 CR-LDP，MPLS 的 Diff-Serv 技术具有了强大的流量工程能力。另外，MPLS 是一种连接型的业务，而且这种连接型业务通过使用了 VC-merge 以及标记的层次化技术获得了很好的可扩展性，使用这种技术将使得各种服务质量获得更为可靠的保证。

MPLS Diff-Serv 解决方案遇到的问题：

虽然上述的解决方案非常简单，但是当要支持 AF PHB 组时，却会出现严重的问题。一方面，对于相同的数据流中具有不同 PHB 要求的分组，网络中的 LSR 将为它们分别建立大量的 LSP，从而消耗掉大量的标记资源，同时需要生成大量的信令信息，这将严重影响 MPLS 网络的可扩展性；另一方面，对于不同 LSP 中分组相互顺序的保持也将是一个复杂的过程。针对这一问题，业界提出了多路径方法。它的基本思想是：通过为每一个 AF 业务同时建立三条具有不同丢弃优先级的 LSP 得到改善。也就是说，当需要改变某一 AF 分组的丢弃优先级时，只需使用该优先级所对应的 LSP 就可以了。

上述两种方法都仅仅使用标记来标记 PHB，无法同时满足 AF PHB 的要求与网络的可扩展性。AF PHB 的主要要求是相同数据流分组之间的顺序不能改变，网络节点要能够改变分组的丢弃优先级。

8.5.5　改进 MPLS Diff-Serv 解决方案

针对上述问题，解决的途径是使用标记以外的分组字段来标志分组的丢弃优先级，而由标记来标志 PHB 的其他部分要求。因为如果能够对丢弃优先级信息从优先级中独立出来，就可以在不改变标记的前提下对丢弃优先级加以改变了。基于这种想法，IETF 提出了 PSC 的概念。PSC 是 PHB Scheduling Class 的缩写，它实际是将具有相同队列处理要求的 PHB 归为一类而成的。在改进的 MPLS Diff-Serv 解决方案中将使用标记来标志各种 PSC，而使用标记头标封装中的其他部分（如 SHIM 封装中的 EXP 字段）来标志分组的丢弃优先级，由此提出了两种改进的 MPLS Diff-Serv 解决方案：

* L-LSP（Label-Infered-LSP）
* E-LSP（EXP-Infered-LSP）

8.5.5.1　L-LSP

L-LSP 方案的基本原理是使用标记以外的分组字段来标记分组的丢弃优先级，而由标记来标志 PHB 的其他部分要求。在 L-LSP 方案中将使用标记来标志各种 PSC，而使用标记分组头封装中的其他部分（如 SHIM 封装中的 EXP 字段）来标志分组的丢弃优先级。这样，当需要对分组的丢弃优先级加以改变时，只需要改变标记封装中的 EXP。使用 L-LSP 将可以使用同一条 LSP 支持相同 PSC 中丢弃优先级要求不同的各种分组。

但是,这种方法在路径的建立过程中需要消耗远远大于标准 MPLS 网络的 LSP 数量与标记数量,它仍然不能解决为各种 PHB 分别建立 LSP 所带来的可扩展性问题。而且,由于标记携带了 PHB 信息的一部分,使得 L-LSP 方案中对标记分组的 VC-merge 受到限制,只有两个目的地相同而又在某一点上会聚在一起的标记分组并且属于同一 PSC 的标记分组才能进行 VC-merge,否则将会因为 VC-merge 而丢失一部分 PHB 信息。

8.5.5.2 E-LSP

其基本原理是:标记仅执行标准的 MPLS 功能,由标记封装中的其他部分来标志各种 PSC 和丢弃优先级的组合。最常见的情况是,当使用 SHIM 标记时,将使用 EXP 的 3 个比特来标记各种 PSC 和丢弃优先级的组合,故这种技术称为 EXP-infered-LSP。

较之 L-LSP,E-LSP 技术有以下优点:

① 由于使用了 EXP 来标志各种 PSC 与丢弃优先级的组合,使得分组的 PHB 信息完全与标记独立,从而大大地降低了标记的消耗量与 LSP 的建立数量。在最理想的情况下,如当网络所需支持的 PHB 数量不超过 8 个时,网络所需建立的 LSP 数量以及所需的标记总量将与标准 MPLS 网络完全一样。

② 由于 LSP 建立数量的减少,所需的各种信令的传输量也随之降低,这也有利于提高网络的可扩展性。

③ 这种方法中,对于标记分组的处理方式将完全依赖于 SHIM 封装中的 EXP 字段与各种本地 PHB 的映射,这与标准 MPLS 网络的处理方式是一致的。这种一致性,一方面有利于标准 Diff-Serv 与 MPLS Diff-Serv 网络的互通;另一方面也将有利于 Diff-Serv 向 MPLS Diff-Serv 网络的演进。

④ 另外,由于标记与 PHB 信息的完全分离,使得 E-LSP 方案中的 VC-merge 不再受到限制,任何两个目的地相同而又在某一点上会聚在一起的标记分组都可以实现 VC-merge,而不必担心丢失任何 PHB 信息。

但是,E-LSP 也存在许多限制:

① EXP 字段仅能支持 8 种 PHB,而目前定义的 PHB 数量就达到了 22 个。

② 对于可以使用 SHIM 封装的链路层技术,如 PPP,MPLS Diff-Serv 网络可支持 8 种 PHB,但对于 ATM,由于无 SHIM,只能对 CLP 位编码,仅能支持 2 种 PHB。

8.5.5.3 扩展 E-LSP 及实现

扩展 E-LSP 的基本构想是:使用 EXP 字段来标志某一分组为 Diff-Serv 分组,同时对标记范围进行分配,每一 PHB 都将获得一定数量的标记。最后使用标记值字段的最后 3 个比特与 EXP 字段相结合,与标准 PHB 的 6 位 DSCP 编码一一对应。同时使用 Diff-Serv 专用的标记转发表对 Diff-Serv 分组进行转发。

将"111"定义为 DF 字段的缺省值的目的是不影响 Diff-Serv 操作与 MPLS Diff-Serv 的互通。实际上,MPLS 网络内部是以消耗 8 个本地编码点的代价使支持 PHB 的数量从 8 个增加到 56 个。

扩展 E-LSP 方案的标记封装示意图,如图 8.19 所示。

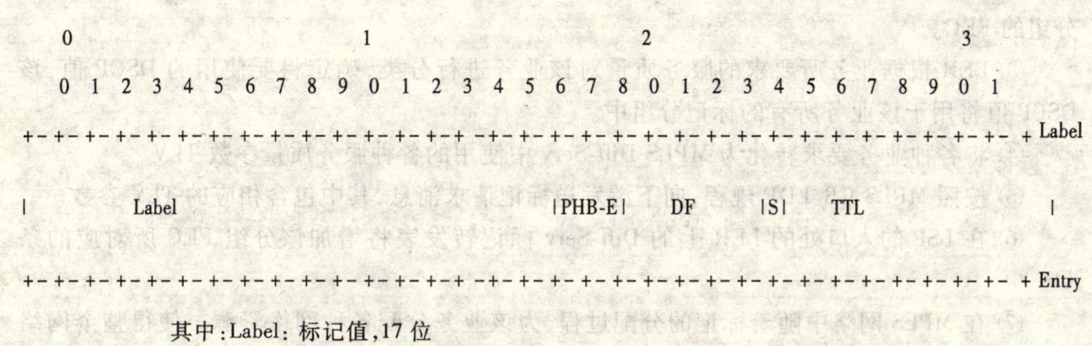

其中:Label: 标记值,17 位

PHB-E: PHB 扩展字段 3 比特

DF: Diff-Serv 标记字段,3 位

S: 标记栈底部标志,1 位

TTL: 存活时间,8 位

图 8.19　扩展 E-LSP 的标记封装图

扩展 E-LSP 的优势:

它解决了 E-LSP 只能支持 8 种 PHB 的限制,它将能够支持所有标准的 PHB 以及整个标准 DSCP 编码点空间。

无需使用上述方案中定义的 PSC 新概念,保持了 MPLS Diff-Serv 网络与标准 Diff-Serv 网络在概念与体系结构上的一致性。利于 MPLS Diff-Serv 网络与标准 Diff-Serv 网络的互通。

利用了 E-LSP 的标记与 PHB 信息相分离的概念,使网络的可扩展性大大增强。在使用扩展 E-LSP 方案的网络中,所有具有相同源目的节点的 Diff-Serv 业务都将可以由一条 LSP 实现。

由于标记与 PHB 信息的完全分离,使得扩展 E-LSP 方案中的 VC-merge 不再受到限制,任何两个目的地相同而又在某一点上会聚在一起的 Diff-Serv 标记分组都可以实现 VC-merge,而不必担心丢失任何 PHB 信息。

因只是改变了对于标记封装的定义,所以流量工程完全可以与这一方案结合在一起。

受到的限制:

扩展 E-LSP 方案需要对许多相关的信令和信息进行扩展,将对协议的复杂性造成一定的影响。同时,扩展 E-LSP 方案将使用一整套新的标记交换进程以及一套独立的标记转发表,这将加重 LSR 的负担。

Diff-Serv 标记分组与标准标记分组之间不能互通,也无法实现 VC-merge,因为它们使用的标记空间实际是重合的,对于它们的处理应按照两套 MPLS 进程来解决。

扩展 EXP-LSP 的基本操作过程分为两步:LSP 的建立过程和分组的转发过程。

LSP 建立过程:

① 当 MPLS Diff-Serv 网络的边缘标记交换路由器(LER)收到一个 Diff-Serv 业务请求时,首先 LER 将与业务的上游节点之间完成服务协商过程,采用的措施与前面介绍的一样是 SLA。

② LER 将按照 MPLS 的 LDP 规范,根据收到的 IP 分组头标中的 IP 地址,获得该业务流分组的 FEC。

③ LER 根据业务所要求的服务质量对该业务进行分类,确定将要使用的 DSCP 值,该 DSCP 值将用于该业务所有的标记分组中。

④ 将各种业务要求转化为 MPLS Diff-Serv 中使用的各种服务质量参数 TLV。

⑤ 按照 MPLS CR-LDP 规程,向下游发送标记请求消息,其中包含相应的 TLV 参数。

⑥ 在 LSP 的入口处的 LER 上的 Diff-Serv 标记转发表将增加该分组 FEC 所对应的条目。

⑦ 在 MPLS 网络中随着标记的分配过程,为该业务分配各种网络资源。使得整个网络为该业务提供的服务质量达到一致。

⑧ 当标记请求消息到达 MPLS 的出口 LER 时,一方面 LER 将为该业务流分配标记并向上游返回标记映射消息,同时在本地的 Diff-Serv 标记转发表将增加该分组 FEC 所对应的条目;另一方面将把业务请求继续向下游网络或主机传递。

⑨ 在标记映射消息的上溯过程中,中间 LSR 上将在本地的 Diff-Serv 标记转发表中增加该分组 FEC 所对应的条目,直到标记映射消息顺利地到达入口 LER 时,整个 LSP 才建立成功。

分组的转发过程:

① 当入口 LER 收到标有非零 DS 字段的 IP 分组时,将依据这些分组中的 DSCP 值与目的地址从本地 Diff-Serv 转发表中获得对该分组进行处理的各种信息。

② 入口 LER 上的各个业务量调整单元将根据网络之间或网络与用户之间的 SLA,对收到的业务量进行测量、整形、丢弃和标记。

③ 入口 LER 根据输出 PHB 所指定的排队策略将属于不同业务类别的分组导入不同的队列,按照 PHB 所指定的丢弃策略对分组进行必要的处理。

④ 入口 LER 将从标记转发表中获得的输出标记值与输出 PHB 值按照 EXP-LSP 指定的封装方式进行标记封装,构成标记分组,经指定的出口向下游转发。

⑤ 在中间 LSR 上,当收到 DF 字段非全"1"的标记分组时,即判定该分组为 Diff-Serv 分组,进而对该分组使用 Diff-Serv 处理过程和 Diff-Serv 标记转发表。从标记封装中提出 PHB-E 字段与 DF 字段,组成 MPLS 网络中的 DSCP 字段,并映射到对应的 PHB,然后重复在③、④步中的处理过程。

⑥ 在出口节点上,出口 LER 执行⑤步后将标记分组还原为原来的格式,并将标记转发表中获得的输出 PHB 值填入输出分组中,继续向下游节点转发。

由以上各种方案可看到,扩展 E-LSP 对于 Diff-Serv 的支持能力最强,还具备了良好的可扩展性以及流量工程的支持能力,因此最适用于大规模的 Diff-Serv 骨干网,只是不能适用于 ATM 交换机,只能适用于 Shim 封装的 MPLS 下层技术,在未来的研究中将是大有潜力的。

第九章 应用层 QoS 控制技术

在 Internet 环境下进行视频通信,丢包和出错总是不可避免的,这时只有在应用层采用多种 QoS 控制技术来弥补,以提高视频质量。应用层 QoS 控制技术是在信源和信宿终端上实现的,不考虑网络节点的 QoS 措施支持,也不由网络通信协议的 QoS 措施予以支持。

应用层 QoS 控制技术主要包括拥塞控制和差错控制。本章就所有这些方面的技术归结为三个方面:基于 TCP 友好方式的控制技术、基于终端(源、宿)的拥塞控制技术、网络高层差错控制技术。

9.1 基于 TCP 友好方式的控制技术[18][24]

TCP-Friendly 实际上不是一个固定的协议,是引入一个"友好"的概念,泛指具有与 TCP 友好特性的一类协议。

9.1.1 TCP-Friendly 协议[18]

9.1.1.1 TCP 友好概述

所谓 TCP 友好是指:如果一个非 TCP 流与 TCP 流并行传送,但对该 TCP 流长期吞吐量的影响不大于一个正规 TCP 流与上述 TCP 流并行工作时对其吞吐量产生的影响,则称这个非 TCP 流是 TCP 友好的。

由于 TCP 数据包在网上传送时使用了拥塞控制机制,当探测到网络拥塞时,则自动降低自己的吞吐量;而如果网上同时存在其他非 TCP 的流量,它们不根据拥塞情况降低吞吐量,则导致网上非 TCP 流量增大,TCP 流量减少,所以对于 TCP 来说很不友好,也很不公平。

传统的 IP 网络是一种"尽力而为"机制,没有 QoS 保证,对于传输多媒体流,即便使用 UDP 和 TCP 协议也不是理想的。

TCP 的拥塞退避机制是 Internet 成功的关键原因之一。正是因为在拥塞时 TCP 的退避,才使得大量的 TCP 连接能够公平地分享拥塞的瓶颈链路。然而,分析 TCP 的机制会发现,把 TCP 应用于传输多媒体数据流的主要障碍是:TCP 为每个报文分组都提供反馈 ACK 包的机制,引起发送端要么增加数据帧,要么减少数据帧,导致数据发送速率突变(不平滑)。

UDP 不考虑网络拥塞状态而发送 best-effort 业务,因前述不公平性将导致 UDP 大量侵占 TCP 带宽,最终导致 TCP 传输速率大幅下降。更坏的情况是:这些永远也到达不了目的地的数据包占有大量的带宽,而发送端又不顾网络的拥塞,不断地重发这些数据,最终将导致网络的彻底瘫痪。因此,没有拥塞控制的 UDP 也不适合进行多媒体流的传输。

而 TCP-Friendly 协议的优势在于:所传输的多媒体实时流能与同等条件下 TCP 流的吞吐量近似相等,但使其作为性能良好的多媒体流传输协议,还要考虑到多媒体流本身的特点。所以要求 TCP-Friendly 传输协议应满足:

公平性:与类似 TCP 的一些流竞争带宽时,表现出与对手(如 TCP 流)的公平性。

平滑性:在稳定的网络条件下,流的发送速率在比较长的一段时间内变化不大。

响应性:当有一个阶跃性的网络拥塞发生时,协议的发送率能够快速降低。

积极性:当可用带宽出现一个阶跃性的增加时,协议发送速率能够快速增加以提高网络的利用率。

目前已经提出的 TCP-Friendly 协议主要可以分为两类:一类是基于数学模型的,而另一类是基于 AIMD(加性增加和乘性减少)的。

9.1.1.2　TCP 友好模型与方法[18]

(1) 基于模型的方法

基于模型的方法就是在基于 TCP 流量模型的基础上对 TCP-Friendly 协议进行设计。TCP 流量模型为:

$$Q = \frac{1.22 \times \mathrm{MTU}}{t_{\mathrm{RTT}} \times \sqrt{p}} \tag{9-1}$$

式中 Q 是吞吐量,MTU(传输单元——最大传输数据帧)是该连接所用数据包的大小,RTT 是连接过程所花费的往返时间,p 为丢包率。在网络参数 MTU,t_{RTT},p 等探测明确以后,Q 是由该模型确定的发送视频流码率。

这种方案最大的缺点就是,它是发送端驱动的,而且在发送端的计算量比较大,特别不利于将来扩展到组播和在非对称的网络中使用。另外,由于数学模型本身的弱点,在丢失率很高时,协议的性能有很大的降低。

对于上述 TCP 吞吐量模型增加进一步描述时,可以引进对数据量增加和减少的参数,设 a 为每个 RTT 时间周期中增加的数据分组数量,b 为数据分组丢失时降低的量,即数据速率会降低为以前的$(1-b)$,则 TCP 吞吐量的方程式相应修改为:

$$Q = \frac{\sqrt{2-b} \cdot \sqrt{a} \cdot S_{\mathrm{MTU}}}{t_{\mathrm{RTT}} \cdot \sqrt{2bp}} \tag{9-2}$$

此方程对于 TCP 吞吐量的描述更为精确。

基于 AIMD 的 TCP-Friendly 协议又分为两种:一种在发送端实现(如 RAP 协议),另一种在接收端实现(如 TEAR 协议)。在接收端实现,不会因为组播组成员的增加而严重影响发送端的负荷,更适合于在组播和不对称网络上传输实时多媒体。

以下给出一个更为复杂的 TCP 吞吐量模型方程:

$$Q(t_{\mathrm{RTT}}, S, P) = \min\left\{\frac{W_m \cdot S_{\mathrm{MTU}}}{t_{\mathrm{RTT}}}, \frac{S_{\mathrm{MTU}}}{t_{\mathrm{RTT}}\sqrt{\frac{2np}{3}} + t_{\mathrm{out}}\min\left[1, 3\sqrt{\frac{3np}{8}}p(1+32p^2)\right]}\right\} \tag{9-3}$$

式中:n——接收 ACK 应答的数据分组数量;

W_m——拥塞窗口的最大值;

p——网络传输中数据丢失率；

S_{MTU}——传输中数据分组的大小；

t_{RTT}——数据发送到接收响应的往返时间（round-trip time）；

t_{out}——数据重传超时时间。

此处复杂方程式与前一模型的主要不同在于，其中考虑了 TCP 超时（t_{out}）对数据速率减少的影响。

（2）基于 AIMD 的方法（加性增加、乘性减少）

TCP 拥塞避免算法的最主要特点就是：AIMD 窗口调节机制，其数学式表示为：

$$I: w_{t+R} \leftarrow w_t + a; a > 0 \qquad D: w_{t+\delta t} \leftarrow (1-b) w_t; 0 < b < 1$$

其中 I 表示因为在 RTT 内接收到 ACK 包而引起的窗口增加，式中 α 为增加分量，D 表示遇到拥塞后窗口减少，w_t 是 t 时刻窗口的大小，bw_t 是带宽减少的部分。R 是 RTT，α，b 是常数。这种类型的 TCP-Friendly 就是要模拟 TCP 的拥塞控制特点，以求与 TCP 公平分配带宽，同时要符合多媒体流的传输要求。

9.1.1.3　系统 QoS 参数的获取

下面介绍如何获得 P_{loss}，RTT，TO 等参数。

（1）包丢失率 P_{loss} 的估算

数据包在网络上传输丢失与否可以通过成功与失败两个状态的 Markov 链（Markov Chain）来描述，此即 Gilbert 模型，如图 9.1 所示。

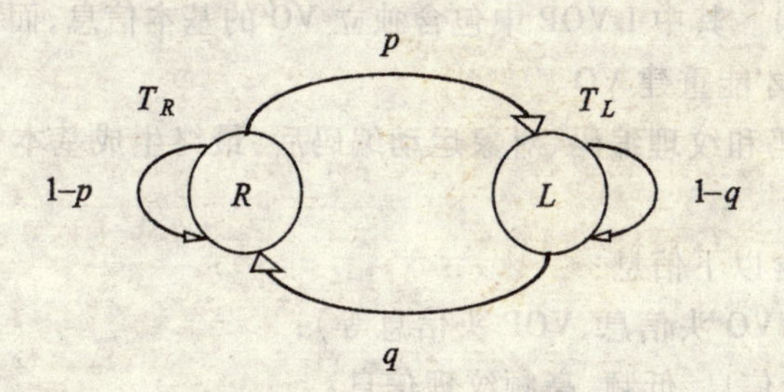

图 9.1　Gilbert 模型

Markov 链中存在两个状态，其中状态 R，L 分别表示数据包传输成功（状态 R）、传输失败（状态 L）；p，q 为 R 状态与 L 状态之间相互转换的概率。

设系统处于状态 R，L 的时间分别为 T_R，T_L，则由该 Markov 链，可以求出系统处于状态 L（即包丢失）的概率为：

$$p_l = \frac{T_L}{T_L + T_R} = \frac{q}{p+q}$$

参数 p，q 由 QoS 监测器通过对视频数据包中的时序信息和数据包之间传输情况的依赖性进行分析求出。

（2）往返传输时间 t_{RTT} 与传输超时 t_{TO} 的估算

源端根据接收端的反馈信息，按照以下公式估算出下一时刻的 t_{RTT}：

$$t_{RTT} = a * 't'_{RTT'} + (1-a) * (\text{now} - ST_1 - \Delta PT)$$

$t_{RTT'}$ 为当前的往返传输时间，a 为常数，通常取为 0.75。t_{TO} 采用与 TCP 协议同样的算法来计算。

式中:now 指当前时间,st_1 指发送端发出数据包的时间,ΔPT 指接收方应答的时间间隔。一般接收方 ACK 包中包括:接收方花费的时间 ΔPT,发送方数据包的时间戳 st_1,估计的包丢失率,接收方数据速率。

(3) 有效带宽的估计

当源端获得 P_{loss},t_{RTT} 等参数后,将依照 MSTFP 模型使用以下公式来估算网络有效带宽:

$$\text{sndrate} = \frac{Q_{\text{Packet Size}}}{t_{\text{RTT}} * \sqrt{2p/3} + 3 * \text{TO} * \text{PL} * \sqrt{3p/8} * \sqrt{1 + 32p * p}}$$

9.1.1.4 基于内容编码的视频数据率调整

传统的速率调整是通过帧丢弃(Frame Skip)的方法达到控制输出速率的目的,这种方法由于帧的动态丢弃而给观众以明显视频不连贯的感觉。在基于内容的视频编码与传输中可以将丢弃信息的粒度由整个帧降低到丢弃单个视频数据包,并且可以基于数据优先级调整丢弃,从而能够在接收端获得帧率数恒定的视频流;同时,由于丢弃的数据相对的重要性小,所以较大程度地降低了包丢失对视频质量的影响。

对于输入的视频序列,基于内容的编码器首先将其分割为 n 个 VO,对同一 VO 编码形成 VOP(Video Object Plane)数据流。

VOP 有 3 种编码模式:帧内编码模式(I-VOP)、帧间预测编码模式(P-VOP)和帧间双向预测编码模式(B-VOP)。其中 I-VOP 中包含独立 VO 的基本信息,而 P-VOP,B-VOP 需要结合其他 VOP 中的信息才能重建 VO。

VOP 经过形状编码和纹理编码、对象运动编码后,最终生成基本视频流 EVS(Elementary Video Stream)。

基本视频流中包含以下信息:

- 控制信息(例如 VO 头信息、VOP 头信息等);
- I-VOP 中的形状信息、低频、高频纹理信息;
- P-VOP 中的运动信息、纹理信息;
- B-VOP 中的形状信息、运动信息、纹理信息。

这些信息对于在接收端重建视频具有不同的重要性。其中控制信息和 I-VOP 中形状、纹理信息是重建视频的基础,而其他信息则按 I,P,B 顺序,其重要性相对较低。

基于以上分析,可对不同类型视频数据包赋予不同优先级的包封装策略。视频传输时,如果网络发生了拥塞,则可以按照预先定义的速率调整机制丢弃优先级较低的数据包,从而达到调整目标数据率的目的。

(1) 包封装策略

对基本视频流中的信息定义以下优先级:

优先级 0——控制信息、I-VOP 中的轮廓信息、DCT 纹理信息;

优先级 1——P-VOP 中的运动信息、轮廓信息;

优先级 2——P-VOP 中的纹理信息;

优先级 3——B-VOP 中的运动信息、轮廓信息、纹理信息。

EVS 中的信息将根据以上定义的优先级,按下面图示格式进行打包。

视频信息	LEN	PC	PN	OID	SP

OID:对象标记符,指明包所属的 VO;

PN:所属部分标示符;

PC:包优先级,取值介于 0~3 之间;

SP:视频信息的起始位置;

LEN:视频信息长度。

(2) 速率调整策略

基本优先级视频流按照图示格式打包,对于任一数据包 $P_i(P_i \in S)$ 具有优先级 $P_i(P_i = 0,1,2,3)$,由它们组成视频数据包序列 S。优先级为 P_i 数据包的原始传输速率为 $r_i(i=0,1,2,3)$,则 EVS 的原始传输速率为 $R = \sum_{i=0}^{3} r_i$。

设在 t 时刻,速率控制模块输出目标传输速率为 R',则速率调整模块可找到参数 $k(0<k \leqslant 3)$,满足: $\sum_{i=0}^{k-1} r_i \leqslant R \leqslant \sum_{i=0}^{k} r_i$。

部分或所有优先级 $P_i \geqslant k$ 的数据包将被丢弃,从而获得实际的输出速率为 $R'' = \sum_{i=0}^{k-1} r_i$。

9.1.2 基于模型的 TCP 友好速率控制协议 TFRCP

TFRCP(Model Based TCP——Friendly Rate Control Protocol)遵循第 9.1.1.2 节中复杂 TCP 模型方程式(9-3)来调整发送数据速率的。

系统针对每次发送的时间轮回重新计算模型中针对网络传输的参数,当该轮回中没有数据分组丢失时,则使在下一个轮回中数据发送速率加倍;若有数据丢失,则将数据速率设定为 TCP 模型给定的速率。

系统接收端必须对每个数据分组进行确认应答。

TFRCP 依据数据发送循回周期来计算参数调整速率,所以该循回周期的时间长度是很重要的,对每个周期长度都重新计算。

这种模型的控制方式会导致数据速率的增减振荡,因为数据没有丢失时,数据速率得到加倍,加倍后又会引起丢失,速率又降低为方程所控制的速率,导致数据丢失停止,又再引起新的数据速率增加,从而造成重复增减振荡。

TFRC(TCP——Friendly Rate Control Protocol)对 TFRCP 协议有所发展,但它同时基于复杂的 TCP 模型方程实现速率调整,只是使用更精密的方法收集方程中必要的参数。

系统对数据丢失率根据丢失间隔来测度,丢失间隔即连续丢失数据事件之间经历的数据分组数量,丢失率则是计算平均丢失间隔的倒数。

对 RTT 轮回周期时间的计算则是依据发送数据分组中的时间戳。

TFRC 类似于 TCP 也有一个帧启动阶段,直到第一个数据丢失事件为止;在每个 RTT 中 TFRC 都计算更新方程参数,数据发送端根据这些参数计算新的公平数据率,并因此调整发送速率。通过调整连续数据分组之间的时间间隔实现基于延迟的拥塞控制。

9.2　基于终端的拥塞控制技术

实时视频数据传输中数据突发丢失以及超时间滞后等问题，影响信宿正确接收数据，破坏视频图像播放质量。其原因主要是网络通信拥塞，可以在视频通信的发送编码端和接收解码端采取一些措施进行弥补。本节介绍这些措施的两个方面：码率控制和码率整形。

其中，码率控制技术是在视频编码时即起作用，控制视频流的码率与可用的网络带宽相匹配，力求减少网络拥塞，努力使丢包的数目减到最少；而码率整形则是通过码率整形器（又称滤波器）实现对视频流的码率控制。

9.2.1　码率控制技术[11][22]

码率控制是首先探测网络的可用带宽，在此基础上确定发送视频的码率，这样的码率控制方案可以分为三种：基于信源的、基于信宿的和源宿结合的。

9.2.1.1　基于信源的码率控制

基于信源的码率控制是在视频发送端控制视频数据发送速率，而传输视频的网络可用带宽信息则通过网络反馈获取。

在视频单播传送和视频组播传送两种情况下具体使用的控制方法有所不同，单播时主要使用基于探测器的方法和基于模型的方法；组播时只能使用基于探测器的方法进行码率控制。

（1）基于探测器的方法

探测器是指对网络带宽进行探测实验。信源改变发送的视频码率来探测网络的可用带宽，码率逐步增高，数据丢失率（或丢帧率）相应增高，为保证视频质量，可以确定一个丢帧率阈值，探测出此时合适的视频发送码率，然后控制发送视频码率使丢帧率小于该阈值。

控制发送码率的做法可以参考两种：加法提高、乘法降低方法[81]和乘法提高、乘法降低方法[74]。

（2）速率自适应协议 RAP（Rate Adaption Protocol）

本协议属于单播流中 AIMD 机制。

通信接收端收到数据分组后，发回 ACK 确认；发送端通过 ACK 信息探测到数据丢失情况，并可由此推断出 RTT 时间参数。

当 RAP 协议发现拥塞时，使数据发送率减少一半；当发现没有拥塞时又以每个 RTT 时间内增加一个分组的速率增加数据率。这种方式的速率增加或减少使速率变化抖动较大，为了实现细粒度变化的控制，可以使用短期 RTT 时间平均值和长期 RTT 时间平均值的比率参数来修正数据分组之间的分组间隙。

在没有超时的环境中，RAP 方法获得的数据率相当于 TCP 方法，但 RAP 的弱点是没有考虑到超时的影响。

（3）多速率组播拥塞控制

网络中单播传输只能是工作在单速率，使所有接收端都要按 TCP 友好速率工作。典型的多速率拥塞控制方式是分层组播；在发送端即将数据划分成若干层次，并使用不同的组播组予以传输，接收端可以选择加入不同速率的组播组，也可以同时选择参加几个组而接收几个层次的数据,使接收的视频或图像质量提高。

典型的多速率组播协议是基于树的可靠组播协议 TRAM(Tree-base Reliable Multicast Protocol)按一个动态树结构构成一对多组播传输。TRAM 可使发送数据率在预定的最小和最大速率之间平滑变化,树的顶点(repair head)和树的内点(inner node)根据其数据缓存占有情况(如超过了某个界限)都可向发送端反馈拥塞信息,接收端由 ACK 信息反馈数据分组丢失情况,这些 ACK 信息可以在树的修补顶点处聚集,然后执行 TCP 拥塞控制策略。

(4) 细粒度分层组播 FGLM(Fine-Grained Layered Multicast)

FGLM 在分层组播时各层之间的数据没有积累关系,各层之间数据率的分配采用遵循 Fibonacci 数列关系的策略,即 $B_0=1, B_1=2, B_2=B_1+B_0+1=4, B_i=B_{i-1}+B_{i-2}+1, i\geqslant 2$;当需要按[1,R]取值区间大小传输数据率时,FGLM 需要的组播层数可以确定为 $L=\log_r R$,其中 $r=(1+\sqrt{5})/2$。

由上述算法可以得出,在无数据丢失时,数据率增加 1 个分组,即可选择当前传输中还没有使用的最小层 i;由于各层之间数据不存在积累关系,当新选择第 i 层时可以取消使用第 $i-1$ 层和 $i-2$ 层,这样按照上述 Fibonacci 数列关系可知,选择第 i 层后实际增加的数据率只是 1 个分组。

上述算法也决定了 FGLM 最高层所消耗的带宽近似为总带宽的 1/2,当取消使用最高层时,即近似于实现数据率的乘法减少,达到了 TCP 友好性。

FGLM 更一般化的分层数据率策略为:$B_i = \left(\sum_{z=i-k}^{i-1} B_j\right) + 1$。

9.2.1.2 基于信宿的码率控制[11][22]

在基于接收端的码率控制方式下,发送端发出视频码流但不参加码率控制,接收端通过选择增加或减少层次通道来调节视频流码率。这种方式主要用在分层的组播系统中,对于单播视频不方便应用。

基于接收端的码率控制方法主要有两种:基于探测器的方法和基于模型的方法。

(1)基于探测器的码率控制方法

接收端不停地探测通信网络的拥塞状况,当在现有接收码率下没有检测到拥塞时,接收端提出增加一层视频流,以继续探测系统可进一步利用的带宽,同时接收端也提高了接收码率。

若增加一层视频码流后,没有检测到拥塞,则增加成功,如果有必要的话,可以再进行增加探测。

若前述增加一层后,检测到通信网络拥塞,则接收端提出去掉一层视频码流,改变拥塞状态,同时接收的视频码率降低。

(2) 接收端 TCP 仿真协议 TEAR(TCP Emulation at Receivers)

TEAR 综合使用基于窗口和基于速率的拥塞控制方法。在接收端 TEAR 计算一个合理的接收速率,返送到发送端,由发送端据以调整数据发送速率。接收端在仿真时建立一个拥塞窗口,通过接收到的数据分组来决定发送端何时增加或者减少拥塞窗口尺寸,仿真时常采用加法增加和多重确认的方法,对超时予以大概的估计。

为了降低速率调整时发生的数据速率锯齿形波动变化,TEAR 常计算一段时间的平均码率和多个平均码率的加权平均得到最终的平滑码率,再将这个值返回到发送端。

为了适应组播情况下的拥塞控制,发送端必须由所有 TEAR 接收端汇报的速率中选择最小速率来实现组播。

(3)接收端驱动的分层拥塞控制 RLC(Receiver-Driven Layered Congestion Control)

RLC 讨论组播情况下拥塞控制问题。

源端发送的数据是可以分层的,每层携带的数据量又是可以不同的,RLC 建议从底层(0 层)开始每增加 1 层所携带的数据呈指数增加,即层 1 携带 2 倍于层 0 的数据,层 2 携带 2 倍于层 1 的数据;同时允许接收端接收新增层次的数据时等待时间随层数呈指数增加。若发现数据分组丢失,表明网络拥塞,则首先丢弃最高层数据,这实际上丢弃了接收数据的一半,使对拥塞的改善响应成倍地兑现。

网络上数据的传输一般是要同步的,此处分层数据传输也是要同步的,由于前述不同层数据传输所用时间并不一致,所以对不同层自然形成不同同步点(Synchronization Points, SP),加入新层时也只能在同步点上进行。由于接收数据等待时间是随层数呈指数增加的,则不同层数的同步点数呈指数减少,由此可得出不同层数据同步点的分布,如图 9.2 所示。

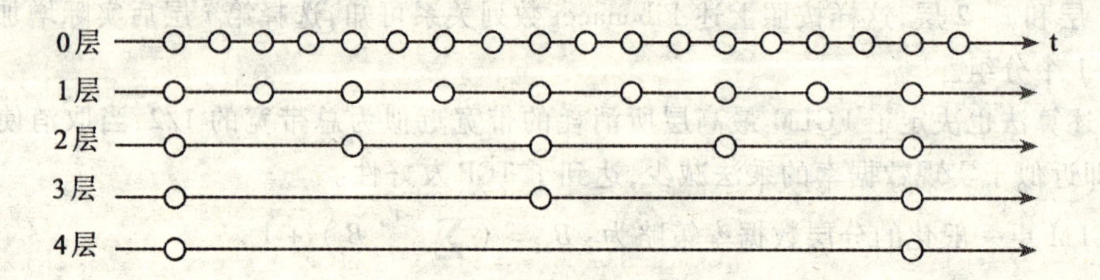

图 9.2 不同层数据同步点的分布

9.2.1.3 源宿结合的码率控制

在信源、信宿都对码率控制的方式下,接收端通过增减视频码流层次通道来调节接收的码率,同时反馈有关网络拥塞的信息到发送端。视频发送端接收到反馈拥塞信息,可以采用多种机制调节发送码率。

这种源、宿结合的码率控制方式,可以使控制细腻、控制更及时。

(1)基于丢失延迟的自适应算法 LDA+(Less-delay based adaption algorithm)

LDA+主要利用实时传输控制协议 RTCP 提供的反馈信息来调整 AIMD 增加或减少因子。加性增加时用 3 个独立的增加因子的最小值来决定,使其达到以下几项性能:

- 在数据率较低时其增加比数据率较高时来得快;
- 数据率的上限不超过所估计的瓶颈带宽;
- 数据率的增加速度不超过 TCP 连接时的速度,保持 TCP 友好。

在接收端反馈数据丢失信息后,发送速率调整是乘以一个$(1-b)$的因子来降低速率,其中降低因子 b 常取值为$\sqrt{l}$,l 是网络数据丢失率。

LDA+是为单播工作设计的,组播时使用类似的 MLDA 来实现。

(2)基于丢失——延迟的组播自适应算法 MLDA(Multicast Loss-Delay Based Adaption Algorithm)

MLDA 是用在分层组播情况下的拥塞控制协议,它是源、宿结合的拥塞控制方式,其基于 LDA + 协议,MLDA 与 LDA + 使用同样的数据增、减控制方法,不同的是在接收端进行数据速率计算,也使用 RTCP 方式反馈接收端的信息。接收端将计算得到的数据率反馈到发送端,使用一种指数分布定时器(exponentially distribution timer)来限制反馈量。

发送端不同层次不是使用固定的带宽,而是不断调整数据层之间的数据率分配,以适应接收端计算所要求的数据率,接收端为了达到适当的接收速率可自行调整自己接收数据的分层级别。

MLDA 在接收端测量 RTT 时间长度,以便计算数据速率。

发送端若在数据分组中携带时间戳,接收端就比较方便计算出 RTT,并且还可根据发——收之间的延迟来修正 RTT 测量值。

(3) 时间槽窗口拥塞控制方式

系统中设置一种含有多时间槽的窗口,数据流发送方和接收方都可以使用这种窗口方式,以此来操作时间槽。

发送方每发送一个分组即占用一个时间槽,每完成一个发送(含收到接收应答确认信息)则释放一个时间槽。仅在窗口中有空余时间槽时,发送端才可发送数据分组,当探测到网络没有拥塞时即增加窗口中时间槽数量,探测到网络拥塞时,即减少窗口中的时间槽数。

9.2.2　码率整形技术

码率整形技术的工作过程可以划分为对码率粗控制和细控制两个层次,或者说分成预控制和目标控制两个步骤来实现。预控制可以在视频压缩时进行,而目标控制就是对预控制的码率整形,此处码率整形技术着重于按目标码率的修正控制。

码率整形可以在压缩后与交与传送之前进行,也可以在前一阶段传送与后一阶段传送之间进行,这种工程过程类似于接口或滤波,它起到了使视频流与网络传输可用带宽的匹配作用。

码率整形器(或滤波器)可以划分为以下几种类型:

(1) 弃帧整形

视频压缩编码时常由帧间编码技术把视频帧编成 *I* 帧、*P* 帧、*B* 帧,这些帧的重要程度是不等的,丢弃后对视频质量的影响也不同,弃帧即是根据控制码率的需要丢掉某些帧,丢掉的顺序首先是 *B* 帧,其次是 *P* 帧。

(2) 弃层整形

视频编码时常将码流分成基本层、扩展层、精细扩展层等,而扩展的方式有时间扩展、空间扩展等。这些不同的层次在编码形成以后,在网络传输时根据拥塞状况可以多用、可以少用,或者说可以少弃一些、可以多弃一些。弃层整形即根据各该层所占用的码率和对视频质量的影响程度来丢弃合适的层次。

(3) 带宽整形

码率带宽整形又称频率滤波。

视频编码时对图像帧进行 DCT 变换后,即事实上成为了频域数据,处于 DCT 系数子块不同位置的数字即代表了不同频率分量的取值,将某位置点值置 0,即相当于弃掉了该频率分量。这样的做法即频率滤波机制,可以实现低通滤波、褪色滤波、单色滤波等。

低通滤波即丢掉某种频率以上的 DCT 系数,使其降低了码率,但带来降低图像清晰度的影响。

褪色是指对 Y,U,V 中颜色分量减少所表示的比特数。

单色滤波是只取 Y 分量的灰度图像或某种颜色分量的图像。

9.3 高层差错控制技术

此处高层泛指网络层以上(不包括网络层)的逻辑层次,包括传输层、会话层、应用层及编解码等,它们都在终端上实现。

9.3.1 传输层差错控制[11]

(1)前向纠错 FEC[22]

TCP 控制方式可以简单地概括为:检错反馈重发以及自动检错重发,没有纠错功能,是针对整块数据分组进行恢复的措施。

FEC 是要达到发现错误后即时纠正错误的目的,FEC 的实现过程是:在发送端按一定编码规则对拟发送的信号码元附加上冗余码元,构成纠错码,接收端将附加的冗余码元按编制好的译码规则进行解码,以检测收到的数据,考核其有无错码,如发现有错码能自动确定错码所在位置,并对其予以纠正。按照目前的技术水平,FEC 一次只能纠正数量不多的位元错误,它可以发现整块分组是否出现错误,但无法纠正较大块的错误。它可以用于对数据分组中的关键数据位予以特殊保护,例如,对视频帧中的头部数据、运动矢量数据等予以专门编码,然后重点地检错纠错,以提高数据的容错能力,保障系统 QoS 质量。

FEC 方式实现简单,无需反馈信道,也不花费等待反馈时间,适用于实时传输通信,但 FEC 码与信道的统计特性紧密相关,所以使用 FEC 方式必须对信道差错的统计特性有充分的了解。使用 FEC 方式的代价是增加了冗余数据,降低了系统的传输效率,这种冗余码元在纠错能力较高时可能达到总数据量的 20%~50%。

差错控制编码按照不同功能分类有检错码、纠错码、纠删码。其中检错码用于发现错误,仅能检测误码;纠错码可以纠正错误数据;纠删码在检错和纠错的同时,对发现无法纠正的错误给出错误指示或直接对发生错误的数据予以删除。

按照数据码元与附加监督码元之间的生成关系和检验关系分类有线性码和非线性码。若数据码元与监督码元之间为线性关系,即满足线性方程组的形式,称为线性码;不存在线性关系的称为非线性码。

按照信息码元和监督码元之间约束方式不同分类有分组码和卷积码。在分组码中,编码后的码元序列每 n 位为一组,其中有 k 个数据码元,r 个附加监督码元,$n=k+r$。监督码元只与本码组数据码元有关。卷积码的编码码组中,其监督码元不仅与本组数据码元有关,而且与前面码组的数据码元也有约束关系。

按照数据码元在编码后的形成变化分类有系统码和非系统码。系统码编码后数据码元保持原样不变,而非系统码编码后原数据码元面目全非。

常用的奇偶校验码属检错码,只有检测作用,无纠错能力;它的冗余位是由数据位线性组合生成的,所以它又属于线性分组码。

在 MPEG-X 序列及 H.26X 序列的视频编码标准中,都使用了 CRC(循环冗余检验)码。

循环码是线性码的一个重要子类,是目前研究得非常成熟的一类码,循环码便于用电路实现,所以运行速度快、应用普遍。

数据在信道中传输出现 bit 位错误时,可使用前向纠错方法。

BCH 码是典型的前向纠错码,BCH 码是循环码中的一个重要子类。

例如,BCH(511,493)码,是在长 493 位的数据码上附加 18 位纠错码而形成的,其中 18 位纠错码是根据 493 个数据位计算生成的。BCH 码的生成多项 $g(D)$ 与最小码距之间有密切的关系,可以根据所要的纠错能力 t 来构造 BCH 码。

在用于 ISDN 网络通信的 H.261 视频会议系统中即使用了此 BCH 码。

(2)隔离错误打包技术

为使出错隔离在一个小区域内(较短数据帧),可灵活按该种区域长度数据打包。例如,对于 H.263 编码的视频帧,可对单个或多个 GoB(块组)数据打包,而不是对整帧图像数据打包,这时出错的影响只局限于该几个 GoB,而不影响整帧。

为了防止由于单个包的丢失造成邻近数据块丢失,还可采用交织打包技术,使相邻块或行的数据放到不同的包中,出错的块被未出错的数据块包围,使解码时方便进行错误隐藏。

影响视频通信差错的另一个因素是视频数据如何与音频、控制数据的复用、打包,以及如何保护包头。包头数据的错误使其影响更大。为防止这类事件发生,常常对每个包用一个长同步标志引导,用 FEC 对包头重点纠错保护。

协议 H.223 就是在 H.324 系统下为低比特率多媒体通信而设计的。H.223 提供一个分层的多级复用结构,在出错率小的环境下,在包头上用短同步标志,在出错率较高环境下使用较长的同步标志和较强的包头保护。

(3)限制延迟重传技术

FEC 属于低层差错控制机制,上层传输协议差错控制一般采用 ARQ 形式,对检测出的丢失或过度延迟的数据包请求重传。重传会引入延迟,对于实时视频是要慎重的。在远程视频会议系统中规范延迟时间应限制在 150ms 以内,则使重传的延迟时间在 70ms 以内才可以被接受。

对于实时视频系统,重传是必须加以限制的,使引入的延迟可以被人接受。不能简单地像 LTCP 那样不确定地尝试重传以使恢复丢失的包,尝试重传的次数应理智地决定于允许的延迟。

9.3.2 基于编码的差错恢复技术[10][11][18]

(1) 最佳模式选择(率失真函数法)

此处“模式”指编码时采用的模式,常分为两种:帧内编码和帧间编码,此处选择即指帧内/帧间模式选择。帧间编码的压缩效率很高,但所编码帧的关联性很强,很多帧是由关联预测生成的,所以传输中一个帧的丢失可能导致许多帧显示的视频质量退化,直到接收一个关键帧(完全帧内编码帧)为止,此帧内编码帧不再与前面的视频帧相关联。从而该帧内编码帧有效地阻止了误差累积,但帧内编码压缩数据的效率不高,码率较少降低,所以,为了压缩数据效率高应多选帧间编码,少用帧内编码。但为了提高图像质量,减少丢包的影响,又拟增加帧内编码,这就提出了帧内/帧间编码模式的最佳选择机制问题。

在帧间编码中,帧内宏块自身的方差 σ^2_{intra} 和运动补偿引起的帧间宏块的残差 σ^2_{inter} 可以决定该宏块是用帧内模式还是帧间模式编码。

当 $\sigma_{intra}^2 \leqslant [\sigma_{inter}^2 + c]$ 时，即选择帧内模式。

这是因为在给定的失真下一个块编码的比特数与块的方差成正比，其中正常数 C 是计入帧间模式下运动矢量编码的比特数。

这里的问题可以用"率失真最优化"予以概括。

采用不同方式编码得到的数据比特数与所产生的失真，是经信源实际编码而确定的，得到的码率大小不同引起的失真自然也不同。一般编码传输系统中，对码率的大小是有约束的，自然应在约束的码率下使失真最小，此即形成码率约束的失真最小化问题。

通常码率用 R 表示，失真用 D 表示，借助拉格朗日乘数法来寻求其解。

设对一帧图像编码的约束比特数是 R_d，计及帧中每个宏块编码的失真，由 $D_n(m_n)$ 表示第 n 个宏块采用模式 m_n 时的失真，则整帧所有宏块的失真记为：$\sum_n D_n(m_n)$。

用 $R_n(m_k, \forall_k)$ 表示编码的比特数，则问题可表述为：

满足条件 $\sum_n R_n(m_k, \forall_k) \leqslant R_d$ 的情况下，使最小化 $\sum_n D_n(m_n)$。

由拉格朗日乘数法，可列出：

$$\text{Min}[J(m_n, \forall_n)] = \sum_n D_n(m_n) + \lambda \sum_n R_n(m_k, \forall_k)$$

若忽略编码过程中宏块相互之间的影响，可以假设 $R_n(m_k, \forall_k) = R_n(m_n)$，则可简化成由下式确定每个宏块的编码模式：

$$J(m_n) = D_n(m_n) + \lambda R_n(m_n)$$

为进一步理解问题起见，设定 m_n 是连续变量，R_n 也随之为连续变量，则上述最小化 J_n 的求解可令 $\partial J_n / \partial R_n = 0$ 而解之，这时得到 $\partial D_n / \partial R_n = -\lambda$，是个常数，意味着使 RD 斜率 $\partial D_n / \partial R_n$ 相同的模式是每个宏块的最佳编码模式。由于编码模式只有几种，RD 曲线成为分段线性，不同模式对应不同斜率的分段，每个分段相应确定了码率与失真的范围。

如何对给定的码率确定 λ？比较实际的做法是计算研究不同参数时不同宏块的 RD 数据，然后使用拉格朗日乘数法求得最佳分配，由此寻求比较确定的规律，形成实际应用时选择的原则。

(2) 多描述编码[22]

对同一个源数据生成几种比特流，并放在多个不同信道上传输，此即所谓多描述编码 MDC。每个信道都可能遭受到突发误码或通信中断，在接收端需要判断哪一路是被正确地接收，并启动相应的解码方案。MDC 被设计成经任一路传输解码重建的流其质量都是可以接受的，并且增加使用附加描述还可起到改善质量的作用。

多描述编、解码如图 9.3 所示。

图 9.3 中解码器被设计成在任意一个时刻只有一个在工作，它对应的是传输不出错的信号。图 9.3 中使用的不同信道可以是不同的物理信道，也可以是复用的多个虚拟信道，还可以是在同一信道中被组织成交替出现的数据帧。

每个信道中被编码的描述流都应提供可接受的质量，那么它们必然共享信源的某些基本信息，这就使得多描述实际是相关的，解码器可以由接收到的正确描述弥补或估计出丢失的描述。相关解码技术中常用到多种分解方法，如重叠量化、相关预测、相关线性变换、相关重叠正交变换、相关滤波器组、交织的空间——时间采样。

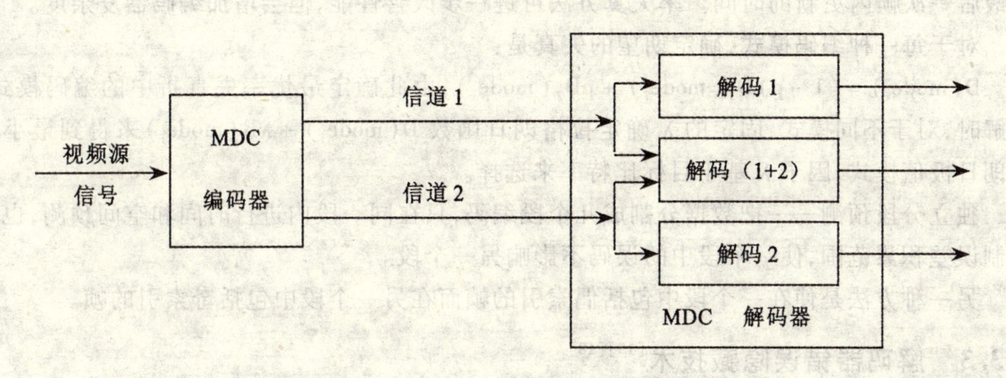

图 9.3　多描述编、解码

(3) 错误隔离

视频编码中常引入 VLC 码来表示各种符号,这就使得压缩视频流对错误敏感,因为码字中的任何比特错误或比特丢失都使得该码字不可解码,同时使后续码字解码出错。错误隔离技术是把出错的影响隔离在一个有限的区域内,主要有"重同步标记"方法和"数据分割"技术。

插入重同步标记——在编码流中同期性地插入重同步标记。使这些标记容易与所有其他码字和即便受到轻微扰动的码字得以区别,重同步信息后紧接着放置一些头信息(如关于空间和时间位置的信息),使解码器在检测到重同步标记后可以重新开始正确的解码,盲目使用重同步标记的弊病是会中断视频中的预测机制,如运动矢量的预测和 DC 系数的预测。

数据分割——在码流出错的位置与后面第一个同步标记之间的数据如果没有其他纠错办法就不得不被丢弃,为了较好地隔离错误,可进一步将两个同步点之间的数据划分成更小的逻辑单元,在它们之间使用二级同步标记,使出错位置前的逻辑单元仍可被解码。二级标记拟比一级标记更短。例如,H.263 视频流中把数据片或块组(GOB)中所有宏块的宏块头、运动矢量以及 DCT 系数放在分隔的逻辑单元中,即使出错仍可解码。

(4) 改进的变长编码

修改码流中数据的二进制编码,使得到的码流对传输错误更具有健壮性。

可逆变长编码(RVLC)——使用 RVLC 之后,解码器不仅能解码重同步码字之后的比特,还能从逆向解码下一个重同步码字之前的比特,所以,使用 RVLC 进一步缩小了传输错误所产生影响的区域,也有助于解码器检测出用 VLC 检测不到的错误。

(5) 错误恢复预测

错误恢复预测是限制预测环,从而使误差积累限制在一个短的时间间隔内。

插入帧内块或帧——周期地插入编码图像块是一种阻止时域误差积累的方法,但必须明确此类宏块的数目和它们所在的空间位置。插入帧内编码宏块的数目取决于信道质量和传输层所用的差错控制机制,研究表明解码器总失真对编码器的帧内编码宏块比率、信道编码速率、信道误码参数等都是有关系的。基于这种关系,对于给定的信道误码特性,可获得最佳帧内编码宏块比率和信道编码效率。帧内编码宏块的空间放置方法有启发式最优与率失真最优两种。启发式方法包括随机放置和高活动区放置;混合方案中还考虑对于给定宏块最后一次帧内更新的时间。率失真方法可进一步改善性能,但会增加编码器复杂度。

对于每一种编码模式,确定期望的失真是:

$D(mode_i) = (1 - p)D_1(mode_i) + pD_2(mode_i)$,由此确定最优率失真折中的编码模式;求解时,对于不同模式、固定的 λ 确定拉格朗日函数 $D(mode_i) + \lambda R(mode_i)$ 来得到最小拉格朗日极值模式,因子 λ 基于目标比特率来选择。

独立分段预测——把数据分割成几个段编码,只在同一段内进行时间和空间预测,也可限制误差积累范围,使一个段中的误码不影响另一个段。

另一种方法是使在一个段中包括偶索引的帧而在另一个段中包括奇索引的帧。

9.3.3 解码器错误隐藏技术[15][18]

本节讨论在接收端解码时将传输过程产生的读码错误隐藏起来的方法,使其尽量减少误码的影响,使恢复出的视频图像质量尽量得到提高。

一方面人类视觉系统可以容忍一定程度的信号失真,使有些信息可以近似代替;另一方面信源编码器在编码时可结合使用差错复原机制,添加必要的冗余位,使解码时可据以恢复出丢失的或出错的数据位,这样使得错误不出现或少出现,达到了隐藏错误的目的,或者说使得有些错误不产生影响,达到提高图像质量的目的。

假设在源图像编码和发送时,在一幅图像内必要的地方周期性地插入了同步码字,并且编码时使用的预测环路被周期性地复位,使得任何一个比特的差错或丢包只在一幅图像的有限区域内造成损坏,不波及到更多的地方。这样,图像受影响的区域范围与同步码字出现的区域大小有关,与传输数据帧的长度有关,也与数据传输速率有关。这时一个受影响的数据块其周围会是多个未受影响的数据块,所以可以用空间内插法来恢复受影响的数据块。而当数据帧相对大时,丢失或损坏的数据会影响整帧图像或一帧图像的较大部分,此时必须依靠前后视频帧的数据来关联地恢复出受损的帧。前述利用同一帧中相邻数据块进行内插恢复时,也可以如此利用前后帧的关联块进行恢复。

在常规基于块的混合编码方式下,一个受影响的宏块恢复会涉及三种数据:纹理数据、块的运动情况数据、块的编码模式(I 模式、P 模式、B 模式),这些不同数据其恢复技术是不同的。简单地说,纹理数据可以内插获得,运动矢量也可以内插,编码模式则主要采用试探法。

(1) 纹理错误隐藏

① 时间内插与运动补偿结合的方法——时间内插即简单地将前一帧中对应块复制到当前受损块处;前后两帧中的对应块在受运动影响时,就不能简单复制,而要考虑运动矢量(MV)的指向,复制 MV 所指向的前一帧中的数据块;若 MV 被丢失,拟首先估计出 MV。这就是内插与 MV 补偿结合的方法。

② 空间内插法——由同一帧中相邻块的数据经内插而恢复受损的数据。

在编码时若按相同行的宏块数据打包,则其中一块数据丢失或出错,会影响同行其他块的数据,此时用来内插的块数据只能是该行上面块和下面块的数据,主要利用的是这些块边界数据;采用块的平均值数据进行恢复有时也是可行的。

(2)运动矢量的恢复

通常用以下几种简单的方法来估计丢失的运动矢量 MV:

- 假设丢失的 MV 为零,则对于运动幅度不大的视频序列是比较有效的;
- 直接使用前一帧中对应宏块的运动矢量 MV;
- 由同一帧中空间上相邻宏块的 MV 经平均计算而获得;
- 由空间相邻各宏块的 MV 求得中值而获得;
- 完全重新估计计算运动矢量 MV。

一般来说,宏块信息受损时,其水平方向相邻宏块的信息也会受损,所以平均 MV 计算主要是从上面和下面邻接宏块的 MV 来进行。

直接采用受损宏块上方邻近宏块的 MV 则是一个更简单的方法。

9.3.4 编、解码结合的差错控制方法[15][22]

使发送端和接收端在差错控制中协同工作,交流和反馈必要的信息,达到控制差错。编码器可以由解码器反馈的信息修改编码参数,当然此反馈信息至少要在下一帧编码之前反馈完成。

(1) 探测信道特性自适应调整编码参数

许多信道其带宽大小可以选用,其差错特性可以控制,这就为自适应编码创造了条件,人们就可以适时宜地调整编码使数据率与信道带宽相匹配,使在编码数据流中适应信道的差错特性嵌入适当的差错复原代码,增强差错复原性能,这时不可避免地会减少一些表示信源信息的代码,而代之以差错控制代码。

此时的系统必须具备三种机制:接收端解码器能解出差错所在及差错性质并及时反馈该信息到发送端的编码器;编码端的传输控制器能依据该信息周期地估计网络当前的带宽、延迟、丢失率等 QoS 参数,并反馈到信源编码器;编码器能适当地调整当前编码中的关键性参数,如关键帧数量与确定原则、帧中纹理编码块比率、帧中同步标记出现的数量、预测编码的预测范围等。

(2) 基于反馈信息选择参考编码帧

信源编码时需要由关键帧(I 帧)预测获得预测帧(P 帧),还可以由前面的 P 帧或同时使用前面的和后面的 P 帧来预测新的 P 帧,这些被用于预测的 I,P 帧即为参考帧。在编码时选择这些参考帧一般是按顺序进行,解码时也按顺序使用,但若传输出错,解码器按原有参考帧无法恢复图像,则可考虑改换编码参考帧。接收端只需将帧图像受损情况反馈到编码端,编码器可以选择决定编码下一个 P 帧时不用当前参考帧,而用解码器中原已建立的某个参考帧。值得注意的是重新选择的参考帧距离当前参考帧不宜太远,越远越影响系统的编码效率,也会增加感觉到图像的延迟。

所以,编码器一般按正常顺序使用参考帧编码,当接收到反馈错误信息时,主要选择受损帧前面的一个帧作为参考帧。

关于延迟和出错的讨论:设第 n 帧损坏的信息在编码 $n+x$ 帧时才接收到,意味着第($n+1$)帧至第($n+x-1$)帧之间的解码恢复都会出错(如果这期间没有 I 帧),因为它们连续恢复的参考帧都不可能正常。编码端在编码($n+x$)帧时只有返回选择($n-1$)帧作为参考。如果帧率比较低(例如 FPS≤15),则帧间隔较大,解码和反馈信息时间小于此间隔的一半,不耽误编码器编码第($n+1$)帧的时间,则出错仅在第 n 帧,($n+1$)帧即能正常恢复。

应该说,如果能控制系统的反馈信息较快到达(使 $x=1\sim2$),则本方法不失为一个较好的策略。

(3) 基于差错反馈校正错误编码

若解码恢复图像时能发现和跟踪出错块,并将出错信息反馈到编码端,则编码器可以不用较早的未受损的帧来代替当前参考帧,而采用一些方法跟踪错误帧中的出错块,然后:

① 直接对由出错块预测的当前编码帧中对应的块用帧内模式编码,终止前述错误的继续影响;当然,如出错块比较多,帧内编码数据量也就大,要注意相应地控制数据率。

② 在当前帧编码时不使用上述出错块参与预测。

③ 为使编码端的参考帧与解码端使用的参考帧能匹配,可以在编码端对相应出错帧使用相同类型的错误隐藏情况,当然这就要复制解码器相关帧出错信息,相应错误隐藏的工作量也比较大。

(4)边重传边纠错解码策略

接收端解码器在发现数据出错后,常要求发送端重传出错部分的原数据,但由于视频信息使用的实时性,不允许花时间等待重传数据到达后再继续正常工作,这就要求解码器在等待重传丢失的信息的同时,尽量采用合适的错误隐藏方法隐藏出错的视频,维持系统实时工作,等待重传数据到达后,再替换对应的错误数据,使系统恢复正常。

例如,发现第 n 帧视频数据受损后,立即发出对第 n 帧错误块重传的请求,同时进行具有错误隐藏的解码,解码过程中记录下受到影响的数据块及相关的编码关键信息(如编码模式、运动矢量)的跟踪情况;收到重传数据后,纠正受损的数据块及关键信息,再生出正确参考帧,走上正常解码轨道。

第十章　基于因特网的视频内容传输[19][17]

10.1　视频内容基于因特网传输概述

由于 Internet 在全世界取得巨大成功，几乎已遍及任何有人的角落，所以借助 Internet 实现视频通信已成为必然的趋势。

由视频应用的特殊性决定了在 Intcrnet 传输视频数据必须延时短、出错率低、数据丢失率低，但由于 Internet 跨接地域广、连接节点多、不同网段和不同终端的异构性、不同介质的不同带宽以及众多数据的杂乱纷呈等许多原因，使得在 Internet 上竞争与冲突常在，出错和延时不可避免，这样，设计一套适应性能好的视频传输系统，是大家翘首以待并积极为之努力的事情。

系统中数据出错和包的丢失对视频质量的影响程度可以归结为三个方面的性能或适应能力：视频源端使用的编码方式、网络拥塞状态反映的传输模型、视频接收端对错误的隐藏能力。针对这三个方面的要求，可以将系统构造确定为三大环节：信源行为环节、通路行为环节、接收行为环节。

10.1.1　视频内容基于因特网传输体系

因特网视频传输端-端结构如图 10.1 所示。

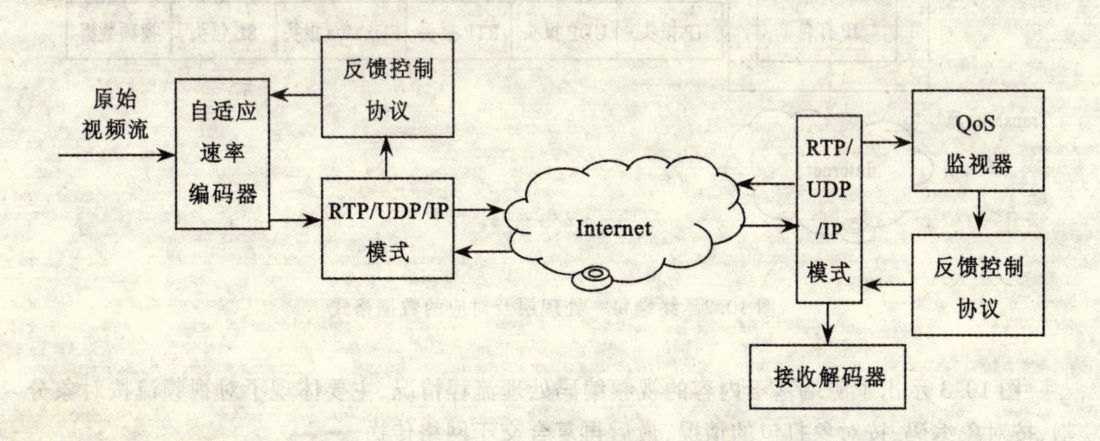

图 10.1　基于因特网的视频端-端传输结构图

图 10.1 示出在发送端，自适应速率编码器对原始视频流压缩编码，经 RTP/UDP/IP 模

式打包后送上 Internet 传输。源端编码器在自适应速率编码中受反馈控制协议控制,可调整编码数据率。

在接收端,从 Internet 接收的数据经 RTP/UDP/IP 模式处理后可直接解码恢复;QoS 监视器根据接收的 RTP 包分析网络包丢失率 Pe,形成反馈控制数据包返回发送端。

图 10.2 示出在终端系统上各个处理层及其数据格式的变化关系。图中左半部分以发送端为例示出处理过程,右半部分示出对应处理层的数据格式。在源端,压缩层对视频数据压缩处理后形成基本流(Elementary Streams);在交互同步层 SL 被打成 SL 包,加入了时间信息、同步信息、分段信息和相应的随机访问信息;SL 包送到传送层 TransMux 与 FlexMux 流混合,然后通过 RTP,UDP,IP 的传输协议逐层变化再送上 Internet 传送。

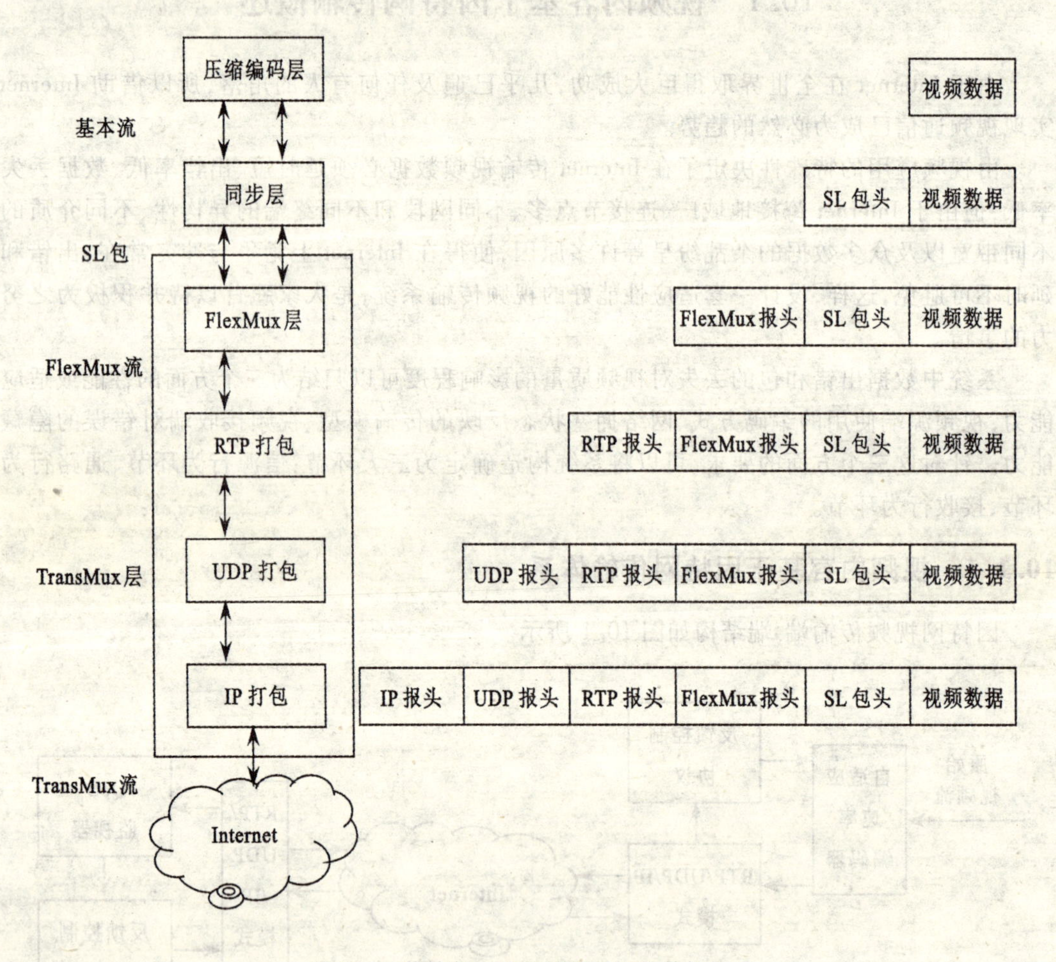

图 10.2 终端每一处理层及对应的数据格式

图 10.3 示出了源端基于内容的视频编码处理流程情况,主要体现了对视频流按对象分割、按对象编码、按对象打包的情况,最后再复合交于网络传送。

图 10.4 则示出接收端基于内容的视频解码恢复处理情况,图中体现了对存储在缓冲区中的 VOP 数据包检测情况,一旦发现有 VOP 数据包丢失,错误隐藏处理会复制合适的 VOP 来代替,使最后显示的图像尽量不失真。

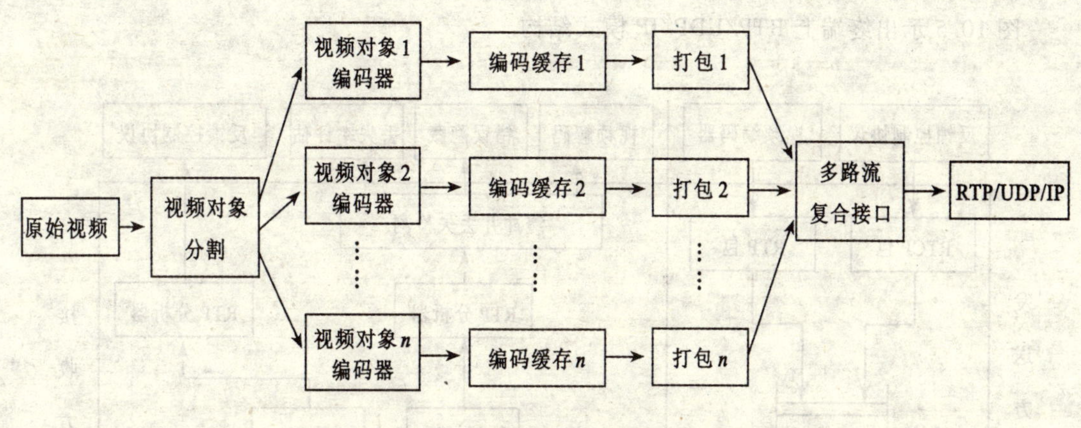

图 10.3　基于内容的视频编码流程

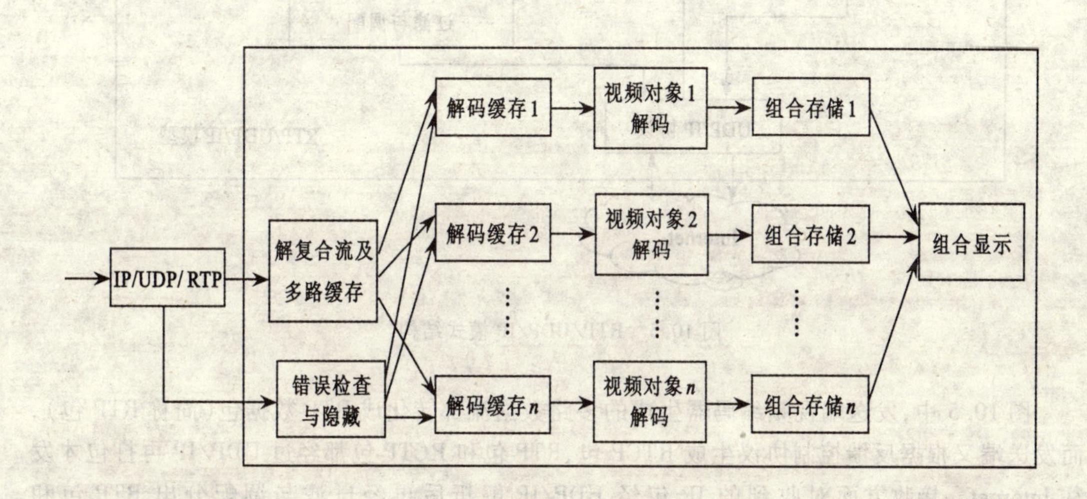

图 10.4　基于内容的视频解码恢复处理

10.1.2　传输协议

常规 TCP 协议是基于重传纠错的协议，所以不能满足实时视频应用的需要，在本系统中使用 UDP 协议使其达到连续及时传送，但需依靠网络上层的措施（结合 RTP/RTCP）来保障传输的可靠性。

其中 RTP 主传送任务，RTCP 主反馈信息的传送并控制。RTP 的主要特点是可以对数据包赋予序列号，则接收端可以凭借序列号检查是否有数据包丢失，并能发现是哪些数据包丢失。

RTCP 凭借发送端的 SR（Sender Reports）和接收端的 RR（Receiver Reports）传送关于网络 QoS 的反馈信息。系统可以保证 RTCP 控制包只占总会话带宽的 5%，而在这些控制包中来自发送端的数量约占 25%，来自接收端的数量约占 75%，说明系统主要依靠反馈信息实现控制。为了防止控制数据包不至于没有，所以系统要求接收端或者发送端至少每 5 秒钟要发送 1 个控制包。

图 10.5 示出终端上 RTP/UDP/IP 模式结构。

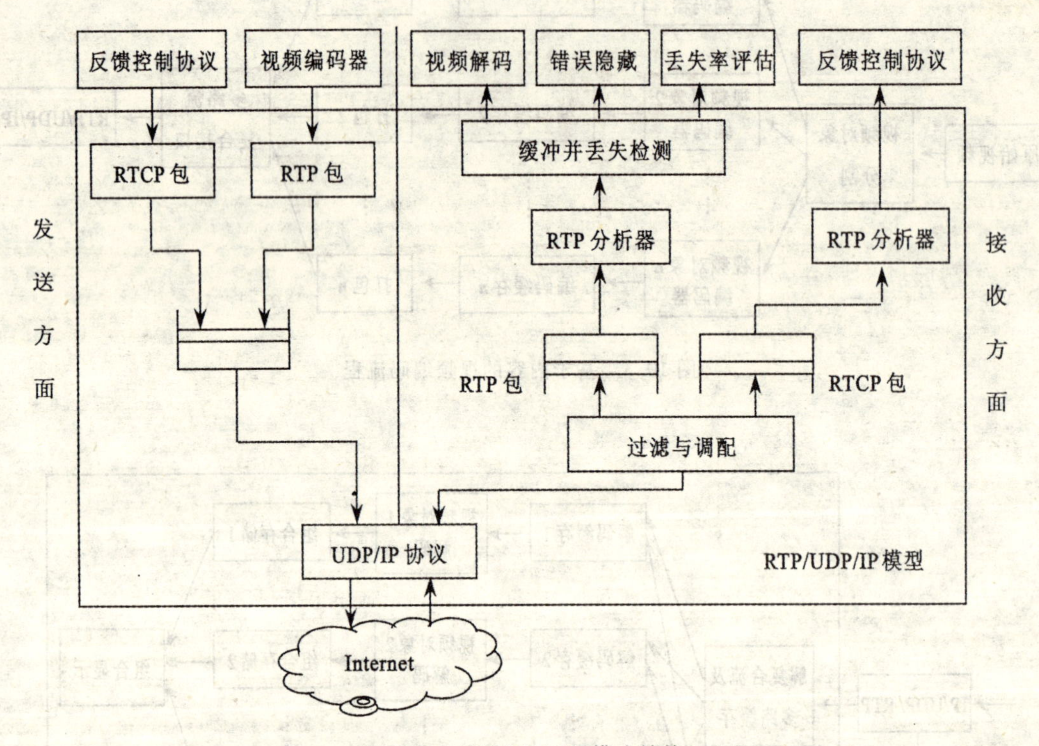

图 10.5 RTP/UDP/IP 模式结构

图 10.5 中,发送端视频编码器生成的多路数据流都转化成 RTP 数据包(简称 RTP 包),而发送端又根据反馈控制协议生成 RTCP 包,RTP 包和 RCTP 包都经过 UDP/IP 再打包才发往 Internet。接收方面对收到的 IP 包经 UDP/IP 解析后再经过滤与调配分出 RTP 包和 RTCP 包,分别送往它们对应的分析器;其中 RTP 包被用于解码和必要的错误隐藏,包丢失率评估也是依赖于 RTP 包;RTCP 包经解析后得到反馈控制信息送到反馈控制协议实现相应的处理。

10.1.3 系统的反馈控制

应该说系统的反馈控制包括拥塞控制、数据率控制、差错控制等。

(1)拥塞控制

网络视频应用对数据丢失和延时都很敏感,所以控制要求较高,数据发送端应有敏锐的察觉机制才能以合适的数据率对视频编码,这种察觉机制就是收、发终端上使用的反馈控制算法。在这种机制下,视频源发送时慢慢增加数据量以监测网络的可用带宽,当发送数据达到或超过网络带宽,使系统出现拥塞,网上数据包有丢失,接收端发现丢包后,发送反馈 RTCP 包给发送端,告知包丢失率 Pe,发端察觉后则采取比较快的速率降低发送速率。

(2)视频编码数据率的控制

减少拥塞的办法主要就是减少发送数据量,但又要适度保证图像质量,这又对数据率控制算法提出了目标。自适应性编码数据率控制主要通过改变量化参数和改变视频帧率来达到，在基于内容的编码中还可在所分割的不同视频对象 VOP 中进行动态位率调整。

(3)数据差错控制

通常的差错控制机制主要有两类：前向纠错(FEC)和重传机制，其中，FEC 只适于少量差错以及小规模用户情况，重传机制则一方面难以保证延时指标，另一方面重传机制还会导致网络拥塞进一步恶化，所以它们都不太适合现今 Internet 和基于内容应用的系统。由此推荐一种简单差错控制模式：

接收端检查 RTP 包序列号，由 QoS 监测器检测出数据包丢失情况，若一个数据包在其后第 4 包数据到达接收端后，其自己仍没到达，则认为该包丢失。系统控制最大延时指标，选择第 4 包到达作为延时阈值。

接收端对认为丢失的包实行错误隐藏，发送端则循回 intra-VOP 编码，使其抑制错误传播。

10.2　视频发送端的编码结构

视频发送编码器总体组成结构如图 10.6 所示。

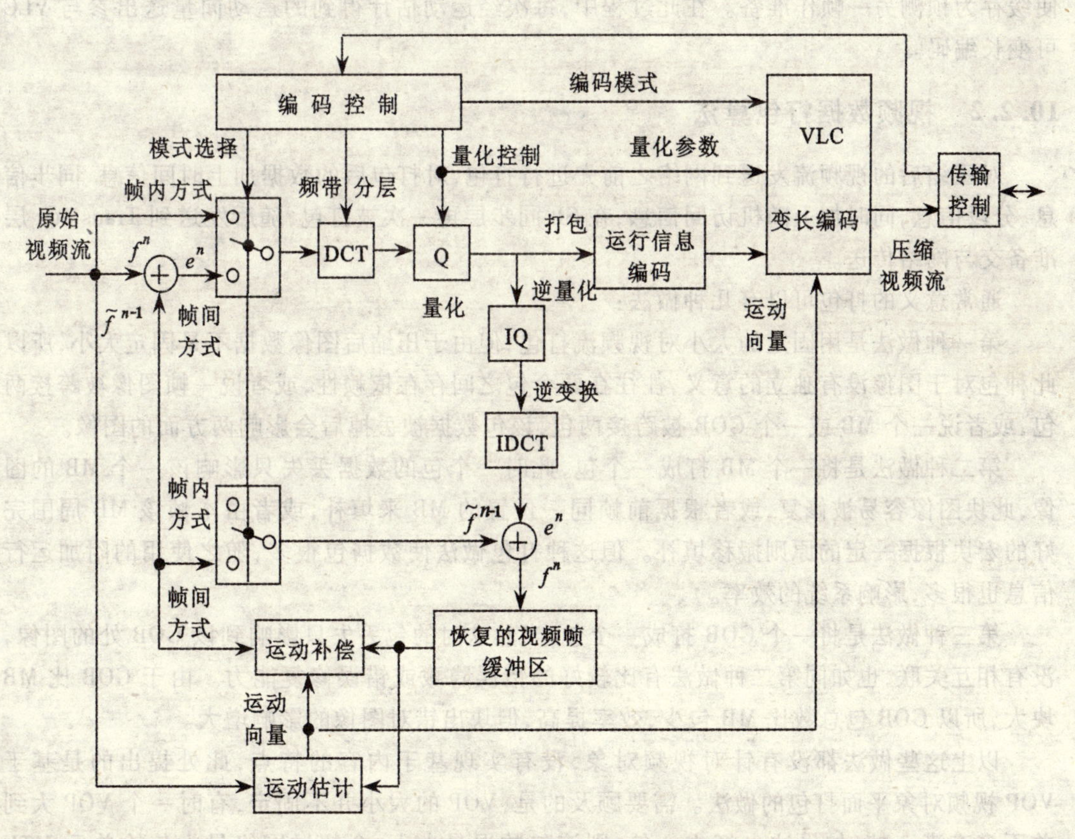

图 10.6　视频发送编码器总体组成结构图

图中示出三种主要的编码控制环节：编码模式选择、量化控制、对 DCT 系数的频带分层选择、数据打包方式控制。其中，编码模式选择与打包方式两者对全局的失真影响比较大，是重点讨论的环节，频带分层控制与量化控制二者对于控制数据流量大小起关键作用。

10.2.1 编码模式选择

图 10.6 中模式选择控制开关使系统或者选择帧内编码模式（Intra-Code）或者选择帧间编码模式（Inter-Code），帧间模式即双向内插编码模式。

在帧内编码模式下，原始视频数据 f^n（第 n 视频帧）经过 DCT 变换、量化、可变长编码（VLC）形成压缩视频数据。帧内模式适合于关键帧（I 帧）、视频分段第 1 帧等情况的使用。同时量化后的结果经逆量化、逆 DCT 变换得到编码端的重建结果，用估计值 $\tilde{f}^n$ 表示，以便用于对下一帧的编码。编码过程中用到的编码模式、频带分层参数、量化参数、打包编码参数和量化数据一起都经历 VLC 可变长编码，最后经传输控制编码送出上网。

在双向内插编码模式下，当前帧原始视频数据 f^n 与由前一帧重建的视频图像经运动估计和运动补偿预测得到的 $\tilde{f}^{n-1}$ 产生预测误差 e^n，系统对 e^n 进行 DCT 和量化处理，一方面编码送出，另一方面又经逆量化和逆变换先重建出 $\tilde{e}^n$，再与原预测值 $\tilde{f}^{n-1}$ 叠加重建成 $\tilde{f}^n$，使缓存为预测另一帧作准备。在此过程中，每次经运动估计得到的运动向量送出参与 VLC 可变长编码。

10.2.2 视频数据打包算法

对压缩后的视频流发送到网络之前先进行打包，对打包后的数据加上时间信息、同步信息、分段信息，同时加上随机访问信息，在 SL 同步层再一次被打包，随后发送到 TransMux 层准备交与网络传送。

通常意义的打包可以有几种做法：

第一种做法是用固定的大小对视频流打包，但由于压缩后图像数据不是固定大小，所以此种包对于图像没有独立的意义，往往在两个包之间存在依赖性，或者说一帧图像被跨接两包，或者说一个 MB 或一个 GOB 被跨接两包，该包数据被丢掉后会影响两方面的图像。

第二种做法是将一个 MB 打成一个包，此时一个包的数据丢失只影响该一个 MB 的图像，此块图像容易被修复，或者根据前帧同一位置的 MB 来填补，或者由本帧该 MB 周围完好的宏块根据一定的原则搬移填补。但这种打包做法使数据包很多，随之使用的附加运行信息也很多，影响系统的效率。

第三种做法是将一个 GOB 打成一个包，当然这时的包丢失只影响到该 GOB 处的图像，没有相互关联，也如同第二种做法有比较好的错误隐藏或错误修复能力。由于 GOB 比 MB 块大，所以 GOB 包总数比 MB 包少，效率提高，但块出错对图像的影响增大。

以上这些做法都没有针对视频对象，没有实现基于内容的特点，此处提出的是基于 VOP 视频对象平面打包的做法。需要顾及的是，VOP 的大小并不固定，有时一个 VOP 大到差不多充满一帧，如果这也打成一包，则该包数据量太大，会超过网络最大传输单元 MTU（Max Transmit Unit）的限制，可能导致 IP 崩溃，MTU 的缺省值是 576Byte，如果当前 VOP 数据大小超过此值则拟分包，超过多倍则拟分成多包，所以此时选择包尺寸的原则应是当前

VOP 大小和 MTU 大小二者中的最小值。注意一个 VOP 被分包以后,如果剩余部分比较少,也不拟再与另一小的 VOP 组成一包,这就是不跨 VOP 打包的原则,保持按 VOP 打包的高效鲁棒性。

一个较大 VOP 的数据被分包以后,VOP 的头信息应拷贝到每一包数据中,使消除包之间的依赖关系,增强错误恢复机能。由于一个 VOP 至少占用一个 MB,所以最小 VOP 包都至少包括一个 MB,而 MB 总是小于 MTU 的。

视频编码端打包算法处理流程如图 10.7 所示。

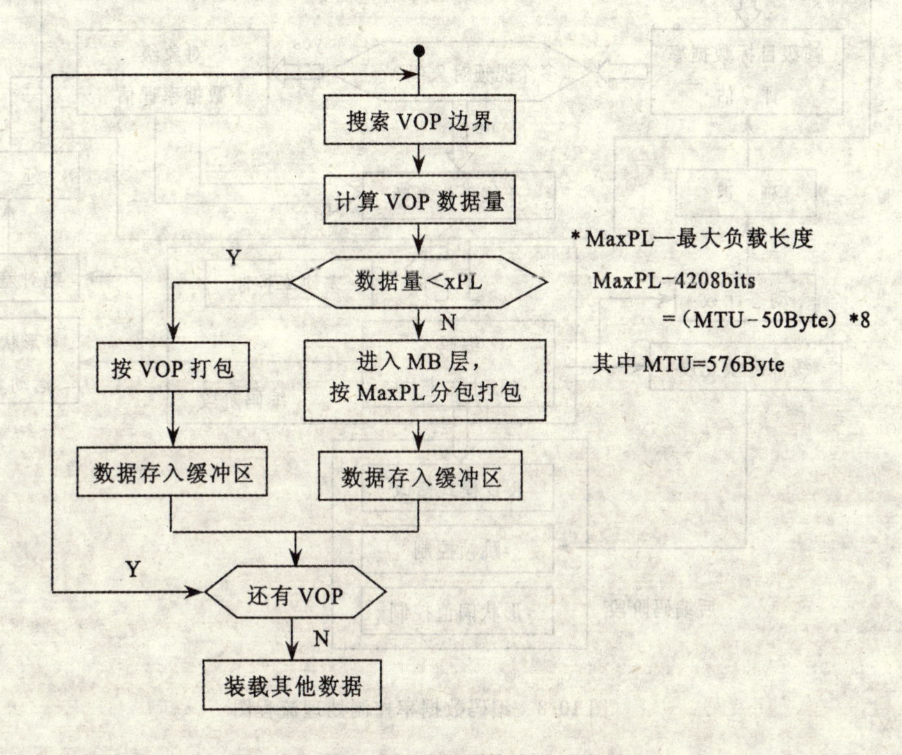

图 10.7 视频编码端打包算法处理流程

10.3 自适应数据率控制编码

自适应数据率控制常称为 ARC(Adaptive Rate Control),其中 Rate 在此处实际为数据率,编码数据率控制图如图 10.8 所示。

如图 10.8 所示 ARC 模式处理流程具有以下不同的特点:

- 采用更加精确的两次 R-D 率失真模式,用于估计位流数据率;
- 在不同编码复杂度的视频对象之间动态分配位率数据;
- 使用滑动窗口技术消除场景变化带来的影响;
- 数据点自适应选择标准;
- 能实现形状阈值自适应控制;
- 新型跳帧控制机制。

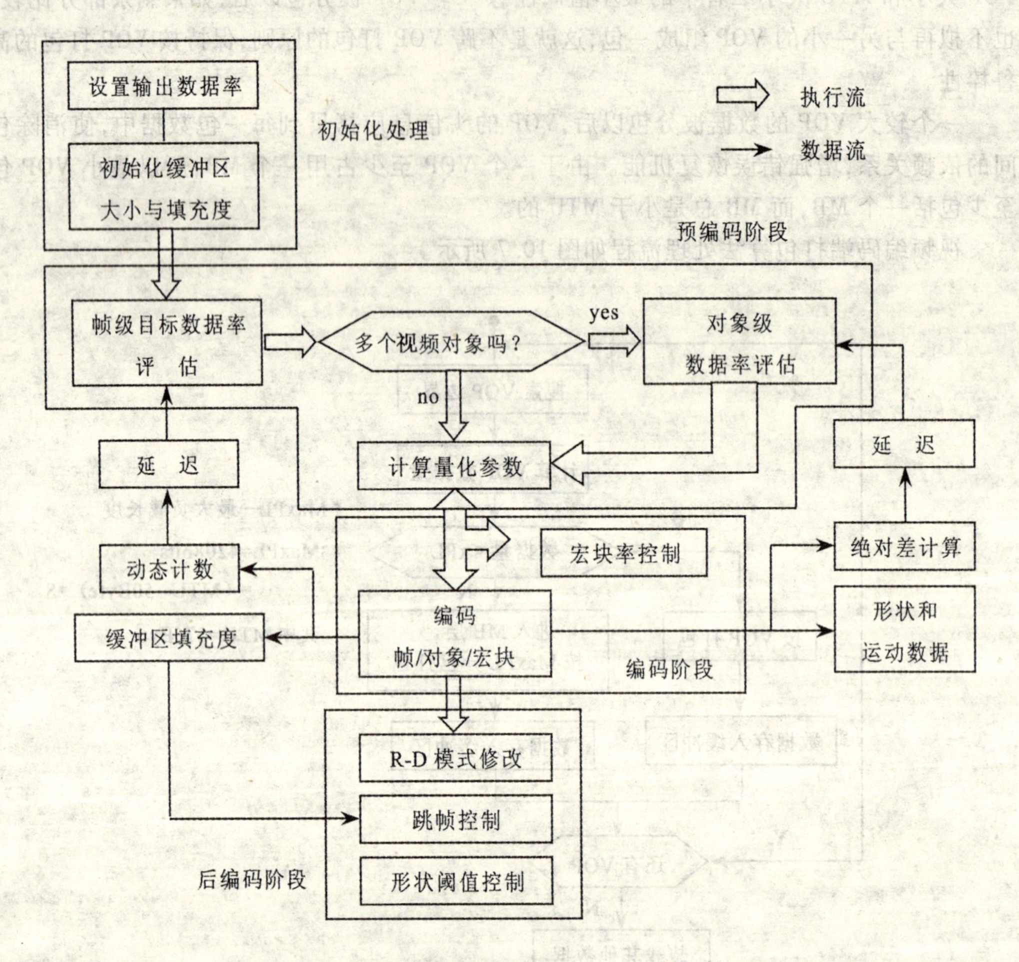

图 10.8　编码数据率控制处理流程图

图 10.8 中示出编码阶段使用三种不同编码粒度：按帧编码、按对象编码、按宏块编码。在 ARC 自适应速率控制模式下提出了比较完整的解决方案。与一次 R-D 率失真模式相比较，在限制延迟时间和缓冲区大小的情况下，ARC 模式能更加精确地分配位速率。ARC 模式除了控制帧层的数据速率外，也能控制宏块层的速率。

10.3.1　ARC 的二次 R-D 模式

在常规模式下，计算目标数据位率的公式为：

$$B_i = a_1 \times Q_i^{-1} + a_2 \times Q_i^{-2}$$

其中：B_i——当前帧编码所用到的数据位数；

Q_i——当前帧的量化因子；

a_1, a_2——分别为一次项系数和二次项系数。

此种模式存在两个缺陷，其一是对于视频内容其数据速率不方便调节，其二是编码中总少不了编码相关开销的数据，例如，视频帧语法类数据、运动矢量数据、成帧信息等。

相比较而言，二次 R-D 模式引进了两个新的参数，使得计算式成为：

$$\frac{B_i - H_i}{M_i} = a_1 \times Q_i^{-1} + a_2 \times Q_i^{-2}$$

其中：H_i 是帧头、运动矢量、成帧信息所用到的数据位数；

M_i 是绝对差（MAD）数值。

由于式中使用了视频编码复杂度的索引值 M_i（与 MAD 有关），并且与成帧开销位（H_i）有关，所以说此模式相对于视频内容是可伸缩的，并且比以前的模式更加精确。

在 a_1，a_2 已知的情况下，B_i 和 Q_i 即可以计算出来。

基于线性回归技术，a_1，a_2 的计算公式为：

$$a_1 = \left[\sum_{i=1}^{n} \frac{Q_i \times (B_i - H_i)}{M_i} - a_2 \times Q_i^{-1} \right] \times \frac{1}{n}$$

$$a_2 = \frac{n \sum_{i=1}^{n} \frac{B_i - H_i}{M_i} - \left(\sum_{i=1}^{n} Q_i^{-1} \right) \left(\sum_{i=1}^{n} \frac{Q_i \times (B_i - H_i)}{M_i} \right)}{n \sum_{i=1}^{n} Q_i^{-2} - \left(\sum_{i=1}^{n} Q_i^{-1} \right)^2}$$

式中：n 是被选中的历史帧数目。

Q_i 使用实际平均量化级别。

B_i 使用过去的实际数据 bit 数。

10.3.2　初始化阶段的工作

在初始化阶段，首先做如下的准备工作：

- 从控制数据率的总位数中减去第一个 I 帧的数据位数；
- 初始化缓冲区的尺寸；
- 初始化中间层中缓冲区的内容。

因为在一般情况下视频序列第一帧为 I 帧，接着是一个个的 P 帧，按此顺序进行编码，对第一个 I 帧编码时，用最初的量化参数，所以第一个 I 帧的数据量可以估算，对第一个 P 帧编码的数据量可由下式计算：

$$\beta_t = T \times r - I$$

式中：T——指常规帧间隔，即一个视频帧的持续时间；

r——指序列的数据位率；

I——指第一个 I 帧编码所使用的数据位数；

β_t——即在编码时间 t 处，用来对第一个 P 帧编码的数据量。

由此，通道的输出速率为 β_0 / N_0，N_0 指序列中 P 帧的数目。

用户可以根据编程需要来设置缓冲区的大小，缓冲区缺省值为 $r * 0.5$；缓冲区的内容在中间层中可进一步初始化。

10.3.3　预编码阶段的工作

预编码阶段主要需做的工作是：

- 估计对象的数据位数；
- 在缓冲区状态的基础上，对每个 VO 视频对象的数据位数量进行必要的调整；
- 计算量化参数。

对象数据位数估计步骤为：

- 估计帧层的数据率；
- 根据需要估计对象层的数据位率；
- 根据需要估计宏块层的数据位率。

在帧层，一个 P 帧在 $(t+1)$ 时刻的数据位按如下公式计算：

$$R_{t+1}=\frac{\beta_t}{N_t}\times(1-s)+A_t\times S$$

式中：N_t——指在 t 时刻 P 帧未用完的数据位数量；

A_t——指在 t 时刻 P 帧实际用到的数据量；

S——一般是常量，缺省值为 0.05，也可以改变。

为了估计出精确的数据率，需要考虑缓冲区饱和时的情况，这时数据率可按以下公式进一步调整：

$$R_t=\frac{F_t+2\times(r-F_t)}{2\times F_t+(r-F_t)}\times R_t$$

式中：F_t——指在 t 时刻缓冲区的饱和情况；

r——指缓冲区的容量。

该式是使中间层缓冲区保持饱和，以减少缓冲区上溢或下溢。为保证视频图像连续，编码器应保证一个数据率的最小值 r/r_f，其中 r 指数据位率，r_f 指发送视频帧率。

$$R_t=\max\{r/r_f,R_t\}$$

为了防止缓冲区上溢或下溢，最好选取一个安全系数 m，使得：

如果 $(R_t+F_t)>(1-m)\times r$，为防止缓冲区上溢，可将位率减小到

$$R_t=(1-m)r-F_t$$

如果 $(R_t+F_t-C)<m\times r$，为防止缓冲区下溢，可将位速率增大到

$$R_t=C-F_t+m\times r$$

其中，$C=\beta_0/N_0$ 指通道输出数据率。

在多个视频对象 VO 的情况下，还可以使用以下的方法估计数据位率，即在多个视频对象 VOs 间动态分配位速率。

简单的为 VO 分配位速率的方法是，为每个 VO 分配一个固定的值，这种方法存在的弊端是：后台 VO 会占用很多空间不用，前台 VO 则空间不够。

解决方案可以是：设预算数据分布与 VO 的 MAD 平方成比例，若给定帧层的预算数据率为 R_t，则 t 时刻第 i 个 VO 的预算为：

$$V_t^i=K_t^i\times R_t,\text{其中：}K_t^i=\frac{\text{MAD}_t^i\times\text{MAD}_t^i}{\sum_{k=1}^{n}\text{MAD}_t^k\times\text{MAD}_i^k}$$

式中 n，指在 t 时刻正在编码帧中 VO 的个数。

为了在多个 VO 间分配预算位数据，必须考虑到多个视频对象的不一致性，每个 VO 的编码复杂度可以不同；为获得高的编码效率可以对不同 VO 使用不同帧率，但带来 VO 边界明显扭曲的弊端，所以对不同 VO 仍应用固定帧率编码。

10.3.4 编码阶段

此阶段主要应做的工作是：

- 对视频帧编码，并记录实际的数据位率；
- 在必要时激活宏块层实现数据速率控制。

如果视频帧/对象层的速率控制都没有被激活，则在预编码阶段编码器使用 Qp 压缩每一个视频帧或者是视频对象。但在要求低延时场合，应有严格的缓冲区规则，并要求小的累积延时和基于感觉的量化模式，所以，尽管在宏块层的速率控制是必需的，但开销太大。

例如，在基于宏块编码时，为指明不同的量化参数需要占用 3 个 bit，在同样的预测模式下为了改变量化因子 Qp，需要另外占用 5 个 bit。

若编码 QCIF 分辨率的视频图像，使用帧率为 7.5fps，编码数据率是 10Kbps，此时由于 QCIF(176×144) 占用 11×9 个宏块(16×16)，所以 I 帧编码的附加开销达到 $7.5\times99\times5=3.7$Kbps，占去总码率(10Kbps)的 37%。如果一帧 99 个 MB 中只有 33 个 MB 被编码(如 P 帧中的残差块)，则上述附加开销降为 $7.5\times33\times5=1.2$Kbps，也占掉总码率的 12%，这就是使压缩效率降低的消耗所在。

10.3.5　编码后的处理工作

编码完成后，编码器还需完成以下工作：

- 更新对应的二次 R-D 率失真模式；
- 控制形状信息阈值，使形状信息和纹理信息用到的数据量基本平衡；
- 控制跳帧，防止缓冲区向上或向下溢出。

(1)关于 R-D 率失真模式的更新

在编码完一帧或一个 VO 后，编码器针对下一个 VO 应更新其对应的 R-D 模式，设对于第 i 个 VO，使用的更新计算公式为：

$$\frac{V_t^i - H_t^i}{M_t^i} = \frac{a_1^i}{Q_t^i} + \frac{a_2^i}{(Q_t^i)^2}$$

式中：V_t^i——是在 t 时刻第 i 个 VO 实际用到的数据位数；

H_t^i——指在 t 时刻，针对第 i 个 VO 编码使用的形状、运动等开销位数；

M_t^i——指在 t 时刻，针对第 i 个 VO 的 MAD 数据量。

在这个过程中，在控制所有宏块编码数据率时，取所有 MB 数据率的平均值作为量化参数。

实际 R-D 率失真模式的更新过程分成如下三步进行：

1)选择数据点

要更新 R-D 模式，首先要选择数据点。模式的精确与否依赖于所选点的数量和质量，故选择基于数据选择机制的滑动窗口方法。编码器使用滑动窗口机制能达到智能地选择数据点，数据点选择是依据当前帧(对象)与其前一帧(对象)的变化比，可以用 MAD 值或 SAD 值或它们的组合对场景变化的数目进行量化，同时考虑进加权值。在本模式中为降低计算的复杂度选用 MAD。

设有一段视频，其场景变化很大时，历史性数据点应少选，更新数据点应多选；如果该段视频的场景变化很少，则应多选择历史数据点，使记忆多，降低编码数据量。

在该算法中，如果 $\text{MAD}_{t-1} > \text{MAD}_t$，则滑动窗口大小为 $\frac{\text{MAD}_t}{\text{MAD}_{t-1}}\times$最大滑动窗口；

如果 $MAD_{t-1} > MAD_t$，则滑动窗口大小为$\frac{MAD_{t-1}}{MAD_t}$×最大滑动窗口。

其中，t 是指编码时刻，“最大滑动窗口”是一个常量。

2）计算模型参数

a_1, a_2 的计算已于前节所述。

在 a_1, a_2 计算出后，用上述滑动窗口方法可以计算出每个数据点的数据位率。对于选择到的数据点，编码器可以收集量化级别，统计实际的数据位率。

3）删除数据集中的错误数据

在计算出 a_1, a_2 后，编码器可以删除一些错误的数据点，这些数据点实际的数据预算与目标数据之间的差别大于 K；使用上述2）中新的模型参数 Q_i 和 B_i 可重新计算，如此即得到模型参数。

（2）形状数据的阈值控制

在基于对象的视频编码中，为了对形状和纹理信息编码，应寻求一种有效途径来分配这些有限的预算数据值。

可以使用两种方法控制形状信息占用的数据 bit：处理尺寸转换和设置形状数据的阈值，尺寸转换可以减少形状信息数量，形状阈值可以取常量，也可以取变量，是可控制的参数。

本文选择使用形状阈值来控制形状信息用到的 bit 数。

对于一个 VO，如果非纹理信息用到的实际 bit 数超过了预算，编码器可提高阈值，同时减少编码非纹理信息的位数。对于第 i 个 VO，初始阈值设为0，当 H_i 大于或等于预算时，阈值加 astep，否则，阈值减 astep。

形状阈值控制机制如下：

如果第 i 个对象编码的（运动数据＋形状数据＋句法数据）$\geq V_i$

则使 a_i 取 a_{max} 与（a_i＋astep）中的较大者；

否则，使 a_i 取0与（a_i－astep）中的较小者。

（3）控制跳帧

跳帧的目的是减少数据量，防止缓冲区溢出。当编码器预测到对下一帧图像编码可能会引起缓冲区溢出时，编码器可跳过下一帧，不对该帧编码。跳帧会影响图像质量，尤其连续跳帧更是如此。此处推荐一种帧跳动机制：

对下一帧编码前，编码器先检查缓冲区，然后决定下一帧的数据量，如果当前缓冲区已占用的空间加上下一帧的预测空间大于预先设定的安全系数，则跳过下一帧，不对其编码。

在此控制方式下，对最后一帧使用实际位数。如果当前缓冲区已用空间和最后一帧所占位数减通道输出数超过缓冲区安全系数，就跳过当前帧的下一帧，使缓冲区内容减少。

10.4 基于 RTCP 的端-端反馈控制

在目前，Internet 没有能力对用户提供网络可用带宽的信息，用户只能根据自己接收数据过程中包的丢失情况和延时情况来分析判断该网的可用带宽。这里存在根据延时情况分析和根据包丢失情况分析两种做法：若根据延时情况分析，显然会影响网络数据吞吐量；基于数据丢失情况的分析反馈机制其较少影响所建立连接的网络吞吐量，所以选择在接收端分析数据包的丢失率作为对网络可用带宽的分析，并反馈到数据发送端。

在系统中，使数据源端每隔 N 个 RTP 数据包发送一个 RTCP 控制包，接收端可以每收到 N 个数据包就回送一个反馈控制包，也可以每收到一个 RTCP 控制包就回送一个 RTCP 反馈控制包，或者每隔若干秒（如 5 秒）就发送一个 RTCP 反馈控制包给发送端。在返回的 RTCP 包中载着数据包丢失率 P_l，则源端编码器即可根据此 P_l 数据来控制所发送的数据率。

设发送端初始化数据速率为 IR，最小速率为 MR、最大速率为 PR；设 AIR 为发送加性递增速率、α 为速率倍减因子、P_{th} 为数据包丢失率 P_l 的限制阈值，则发送端和接收端协同实现反馈控制的策略如下：

数据发送端控制策略

发送开始时，以发送速率 $r=\mathrm{IR}$ 发送数据；

$r \geq \mathrm{MR}$，每个 RTP 数据包中都记载着该包的序列号；

每发送 N 个 RTP 包，就发送一个前向 RTCP 数据包；

当收到接收端发回的 P_l 后，发送端调整发送数据率。

调整规则是：（速率以加的方式增加，以乘的方式降低）。

接收端反馈策略

接收端每收到 RTP 包，都读取和保持其中的包序列号；

每计数收到 N 个包，就反馈发送一个 RTCP 包给发送端，反馈的 RTCP 包中记载着这 N 个包期间通过网络的数据包丢失率 P_l，（接收端或者每隔 5 秒钟返向发送端发一个含有 P_l 的 RTCP 包）。

10.5　接收端解码

10.5.1　视频解码整体功能结构

图 10.9 示出接收端视频解码器功能结构。

图中示出 S_1, S_2, S_3 三个开关，构成解码过程中三类选择作用，其中：

S_1——使选择两个不同的解码恢复模式，即帧内解码模式和双向内插解码模式。

S_2——使针对有否丢包而经历不同的解码路径，其中丢包是指包含第 n 帧中第 i 位置宏块的包是否被正确接收。

S_3——使根据运动矢量情况选择路径，主要考察被损坏的第 n 帧中第 i 位置宏块的运动矢量，或者为 0，或者使从周围宏块拷贝。

解码过程中，压缩视频流首先经多路输出选择器选择输出，再经可变长解码器解码得到多方面参数，其中解码模式信息送至开关 S_1，使正确选择当前宏块解码模式，量化因子 Q_p 被告知逆量化处理模块，运动矢量数据被送至运动补偿模块执行处理，包含 DCT 系数的纹理信息直接送经 RLD（Run Length Decoder）解码，然后经逆量化和逆 DCT 变换，或者得出关于帧内块的纹理数据 $\tilde{f}^n$，或者得出关于残差的数据 $\tilde{en}$，送往 S_1 按照合适路径正确处理。

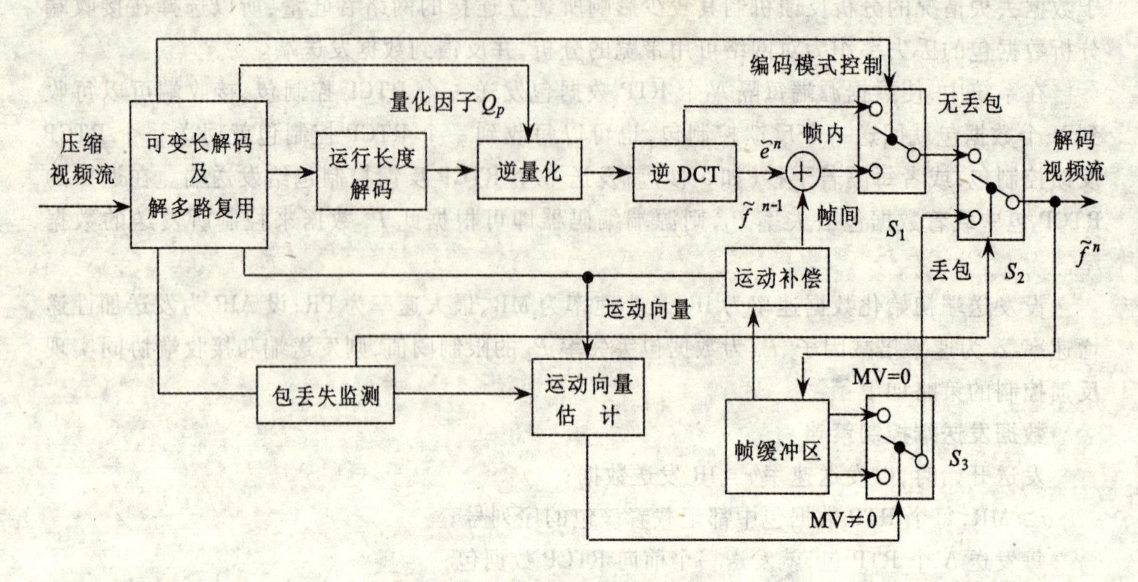

图 10.9 视频解码器功能结构图

图 10.9 中包丢失监测模块从接收数据包序号中检测有无丢失,以控制开关 S_2 的工作状态。运动向量估计模块给出有无运动向量使决定开关 S_3 的工作状态。帧缓冲区是存储最近被解码恢复出的视频帧数据,可供有关帧和块的补偿、重建、错误隐藏使用。

10.5.2 解码错误隐藏

解码错误隐藏主要是指以下三种行为:

- 用前一幅已解码恢复的帧图像取代当前无法恢复的帧图像;
- 用前一已恢复图像帧中同一位置的宏块 MB 取代当前被损坏的该 MB;
- 用运动矢量所指向的前一帧的 MB 取代当前被损坏的对应 MB。

在第三种情况下重建像素又有三种可能:

第一种:包含第 n 帧第 i 位置宏块的包 F_i^n 被正确接收,这时,如果 F_i^n 是帧内编码,那么直接将解码恢复的宏块像素拷贝作为结果输出;如果 F_i^n 是双向内插编码模式,则使解码出的残差数据 $\tilde{e}^n$ 与帧缓冲区中暂存的前一帧结果经运动补偿以后得到的 $\tilde{f}^{n-1}$ 叠加计算,作为当前帧恢复结果,$\tilde{f}^n = \tilde{f}^{n-1} + \tilde{e}^n$。

第二种:包含第 n 帧中第 i 个宏块 F_i^n 的包丢失,而包含运动矢量及宏块 MB 的包被正确接收,则使前一帧恢复图像经补偿恢复作为当前帧结果输出。

第三种:含有对应宏块的包与含有运动矢量的包都丢失,则使前一帧解码输出直接拷贝作为本帧解码输出。

10.6 传输信道模型探测

一个典型信道的错误模型可以分为 Bernouli 模式和 Gilbert 模式。

在 Bernouli 模式下，Internet 上的包丢失被模式化按一个参数的 Bernouli 处理，包丢失的概率记为 P_l，$P_l = \dfrac{N_l}{N_l + N_r}$，式中，$N_l$ 为丢失包数，N_r 为正确接收包数。

Gilbert 模式即二状态马尔可夫链。包被正确接收时，马尔可夫链为 R 状态，包因网络拥塞或超过最大延迟范围而丢失，则马尔可夫链处于 L 状态。设在状态 L 下正确传输的可能性为 p，在状态 R 下出错传输的可能性为 q，且状态 L 的持续时间为 T_L，状态 R 的持续时间为 T_R，则 $T_L = \dfrac{1}{p}$，$T_R = \dfrac{1}{q}$。

状态 L 的可能性为，
$$p_L = \frac{T_L}{T_L + T_R} = \frac{q}{p+q}。$$

二状态马尔可夫链的传输矩阵 A 为：$A = \begin{bmatrix} 1-p, & p \\ q, & 1-q \end{bmatrix}$。

在 Internet 上端到端传输结构下，传输的可能性 p 和 q 为：
$$p = \frac{N_1}{N_1 + N_2}, q = \frac{N_3}{N_3 + N_4}。$$

式中，N_1 为前一包丢失时成功接收的包数，N_2 为前一包丢失时丢失包的数目，N_3 为前一包被正确接收时丢失的包数，N_4 为前一包正确接收时成功接收的包数。所有 N_1，N_2，N_3，N_4 都在接收端被测取。

二状态的状态转移图如图 10.10 所示。

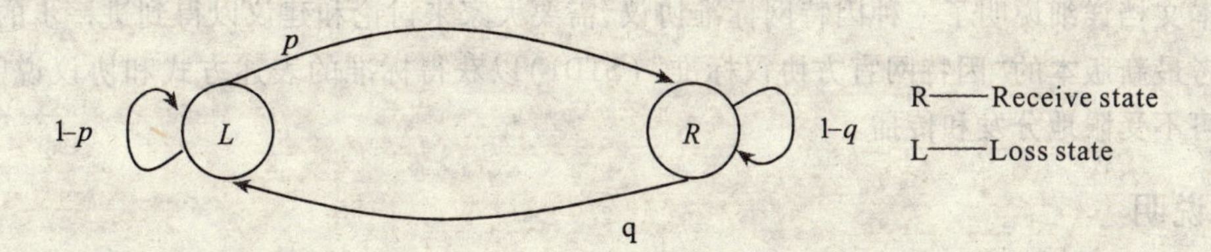

图 10.10　二状态的状态转移图

当 $p + q = 1$ 时，二状态马尔可夫链退化为 Bernouli 处理。

附　　录

实时流协议[9]

(Real Time Streaming Protocol)

RFC 2326(1998 年 4 月)

网络工作组　　　　哥伦比亚大学 H. Schulzrinne
RFC:2326　　　　Netscape 公司 A. Rao
类别:规范标准　　　　RealNetworks 公司 R. Lanphier
1998 年 4 月

实时流协议(RTSP)

声明

本文档详细说明了一种因特网标准协议,需要大家来讨论和建议以得到进一步的完善。请参考最新版本的"因特网官方协议标准"(STD1)以获得标准的表述方式和协议说明。本文档可不受限地分发和传播。

版权说明

摘要

实时流协议(RTSP)是一个应用层协议,用来控制具有实时特性的数据的传送。它提供了一种可扩展框架,使得可控的、点播的实时数据(例如声音和影像数据)的传送成为可能。数据源可以是直播数据或者存储的媒体片断。此协议被设计用来控制多个传送会话,可实现传送通道的选择,如 UDP,TCP 或多播 UDP,也可以使用基于 RTP 的传送机制。

1　简　　介

1.1　目的

RTSP 建立并控制一个或几个时间同步的连续流媒体,如音频或视频流。尽管连续媒体流与控制流是可以交叉的,但是通常它本身并不发送连续流。也就是说它通常是充当媒体服务器的网络远程控制的角色。

流媒体通过表示描述(Presentation Description)来标识和说明。但本文档没有定义演示描述的标准格式。服务器通过维持一个用会话标志符标识的会话来保持 RTSP 连接。但 RTSP 的会话没有绑定到传输层连接上,如 TCP 等。在 RTSP 连接期间,RTSP 客户可以打开或关闭多个对服务器的可靠传输连接,用来发送 RTSP 请求。此外,它也能使用无连接的传输协议,如用 UDP 来实现传输。

RTSP 控制的数据流可以使用 RTP[1],但是 RTSP 的操作并不依赖于这种传送连续媒体的机制。此协议在语法和操作上与 HTTP/1.1[2]类似,所以很多 HTTP 的扩展机制通常都可以被加到 RTSP 上。当然 RTSP 在很多重要的方面也与 HTTP 存在差异:

★ RTSP 引入了许多新的方法,并有不同的协议标识符。

★ RTSP 服务器与 HTTP 无状态的特性相反,需要在任何情况下维持缺省状态。

★ RTSP 服务器和客户能相互发出请求。

★ 数据由另一个不同的协议实施传输。

★ RTSP 使用 ISO 10646(UTF-8)定义,而不使用 ISO 8859-1 定义,保持与当前的 HTM 一致[3]。

★ 请求 URI(Request-URI)总是包括绝对 URI 地址。而 HTTP1.1 由于要向后兼容的缘故,必须包含绝对路径并且要将主机名放在一个单独的头域中。

这样,只有一个 IP 地址的单个主机服务几个文档树时,“虚拟主机”才变得更容易。

RTSP 协议支持如下操作:

★ 从媒体服务器回取数据:客户机可以通过 HTTP 或其他方法请求一个表示描述(Presentation Description)。如果是表示多点广播(Multicast)的,则表示描述包含用于该连续媒体流的多点广播地址和端口(Port)。如果表示是点对点(Unicast)的,客户机将由于安全原因提供目的地址。

★ 邀请媒体服务器加入会议(Conference):一个媒体服务器可以被邀请加人一个已存在的会议,或者在表示中回放媒体,或者在表示中录制全部媒体的一个子集。这种模式对于分布式教学非常适合。参加会议的几方可以轮流“按下远程控制按钮”。

★ 在一个已存在的表示中加入新的媒体流:特别对于直播表示(live presentation)而言。如果服务器可以通知客户机新加入可利用媒体流,这一点将是非常有用的。RTSP 请求与 HTTP1.1 类似也可以由代理服务、隧道协议等来处理。

1.2 说明

本文档中关键词“必须”(“must”),“不必”(“must not”),“必需的”(“required”),“将”(“shall”),“将不会”(“shall not”),“应该”(“should”),“不应该”(“should not”),“推荐”(“recommended”),“可能”(“may”),“可选择”(“optional”)的准确含义请参考 RFC 2114 。

1.3 术语

有部分术语直接来源于 HTTP1.1[2]。其他在 HTTP1.1 中没有定义的术语在下面进行了详细说明。

- 集中控制(Aggregate control)

可用取自服务器的单个时间线(timeline)来控制多媒体流。对音频/视频流,客户机可只发出一个播放或暂停的消息就能同时对音频和视频流进行控制。

• 会议(Conference)

多参与者、多媒体的表示和呈现。这里“多”指大于1个。

• 客户端(Client)

客户端从媒体服务器请求连续的媒体数据。

• 连接(Connection)

为了实现两个程序之间通信而在两个程序之间建立的传输层虚电路。

• 容器文件(Container file)

包含多媒体流的一类文件,这些多媒体流在播放时通常可组合成一个呈现。虽然RTSP协议中没有包含容器文件的概念,但RTSP服务器能对这些容器文件提供集中的控制。

• 连续媒体(Continuous media)

在发送端和接收端间传输的数据存在严格的时间顺序关系,或者说,接收端必须按照发送端原来的时间顺序重组接收到的数据。最典型的连续媒体的例子是音频流或视频流。连续媒体可以是实时的(交互式的),此时在发送端和接收端间存在严格意义上的时间关系,也可以是流化的(媒体的回放),此时的时间关系不是那么严格。

• 实体(Entity)

请求和应答中传输的有效载荷。一个实体由在实体头域中定义的元信息和实体内容域中定义的内容组成,详细说明请参看本附录第8节。

• 媒体初始化(Media initialization)

数据类型或编码的初始化,包括如时钟频率、颜色表等的初始化。任何客户端需要回放媒体流的请求信息都发生在流建立的媒体初始化阶段。

• 媒体参数(Media parameter)

媒体参数指在媒体流回放前或回放时可能改变的媒体属性。

• 媒体服务器(Media server)

媒体服务器能实现一个或多个媒体流的回放和记录。在一个表示(Presentation)中的不同媒体流可来源于不同的媒体服务器。值得注意的是,媒体服务器既可以和被调用的表示所在Web服务器是同一个主机,也可以不是同一个主机。

• 间接媒体服务(Media server indirection)

重定向一个客户端到另一个媒体服务器。

• (媒体)流(media stream)

一个单一媒体实例,如一个音频流或一个视频流。当用RTP传输流时,流由在发送端在RTP会话中创建的所有RTP包和RTCP包组成。媒体流的定义类似于DSS-CC中流的定义[5]。

• 消息(Message)

RTSP通信的基本单元,由一列按一定语法规则的字节构成。语法规则在本附录第15节给出了详细的定义。消息既可通过有连接协议也可通过无连接的协议进行传输。

• 参与者(Participant)

指一个会议(Conference)的所有参与者。参与者可以是一台机器,如一台媒体记录或回放服务器。

• 表示(Presentation)

用下面将要介绍的表示描述(Presentation description),单个或多个流在客户端呈现一个完整的媒体表现。在绝大多数情况下,表示往往意味着对多个流可进行集中操作,但也有例外。

• 表示描述(Presentation description)

一个表示描述包含关于组成一个表示的一个或多个媒体流的多方面的信息。例如,编码格式、网络地址以及关于媒体内容的描述信息等。其他的 IETF 协议如 SDP(RFC 2327)使用术语"会话"(Session)说明活动的表示。

表示描述有几种不同的格式,包括但不限于 SDP 中"会议描述"(Session description)的格式。

• 应答(Response)

RTSP 的响应,如果有 HTTP 响应,必须明确地说明。

• 请求(Request)

RTSP 的请求,如果有 HTTP 请求,必须明确地说明。

• RTSP 会话(RTSP session)

一个完全的 RTSP"事务处理"(Transaction),如观看一部影片。会话一般首先由请求一段连续媒体流的客户端建立传输机制(Setup),通过"Play"或"Record"开始传输流,最后通过拆线(Teardown)来关闭会话。

• 传输初始化(Transport initialization)

在客户端和服务器端进行传输信息的协商,如端口号、传输协议等。

1.4 协议的特点

RTSP 具有如下的特点:

• 可扩展性

新方法和参数能方便地加入 RTSP。

• 易分析性

RTSP 能用标准的 HTTP 或 MIME 分析器分析。

• 安全性

RTSP 使用了 Web 的安全机制。它直接应用了所有的 HTTP 认证机制,例如,基本(basic)认证(RFC 2068)和摘要(digest)认证(RFC 2069)。另外,RTSP 也使用了传输层和网络层的安全机制。

• 传输的独立性

RTSP 既可使用不可靠的报文传输协议 UDP(RFC 768),可靠的报文传输协议 RDP(RFC 1151,该协议没有得到广泛的应用)也可使用可靠的 TCP 协议(RFC 793)来实现应用层的可靠性。

• 多媒体服务器性能

在一个表示中的多个媒体流可驻留在不同的服务器上。客户端能自动地同时分别建立与这几个不同服务器的会话。媒体同步则在传输层实现。

• 记录设备的控制

RTSP 协议对记录设备和回放设备都能进行控制,并能在这两种模式中切换(类似"VCR")。

• 分级控制的流和会议初始化

对流的控制与邀请一个媒体服务器加入一个会议是分开的。实现这一点仅仅需要会议初始化协议既能提供又能产生一个独一无二的会议标准符(Conference Identifier)。另外,STP 或 H.323 也可用于邀请一个服务器加入会议。

• 适合专业应用

RTSP 通过 SMPTE 时间戳能提供远程的数字编辑从而支持框架层次的精确性。

• 表示描述的不固定性

RTSP 协议没有给出一个特定的表示描述的格式,也没有定义元文件格式。在实际应用中它通知对方所使用的表示描述的格式。但要注意,表示描述最少必须包含一个 RTSP URL。

• 友好的代理和防火墙

RTSP 协议能友好地与应用层和传输层(SOCKS)的防火墙协调工作,防火墙可能需要允许用 SETUP 方式打开一个"孔道"用于 UDP 流的传输。

• 友好的 HTTP

RTSP 重用了 HTTP 的概念,这样 HTTP 的基础结构也能被 RTSP 使用。这些基础结构包括 PICS(因特网内容选择平台)。但是出于控制连续媒体流经常需要了解服务器的状态的考虑,RTSP 不止是在 HTTP 中加入了新的方法,它还作了别的改变,因为在大多数的情况下,控制连续媒体流需要了解服务器的状态。

• 适当的服务控制

如果客户端能开启一个流,它也必须能停止一个流。服务器不能给客户端开启一个流,而又不允许客户端停止这个流。

• 传输协商

在需要传输连续流时,客户端能事先与服务器协商传输方式。

• 协商能力

如果一些基本条件不具备,必须有一套预防机制来通知客户端哪些方式或功能不能使用。客户端能使用一个合适的用户界面,例如,如果不能进行搜索,用户界面必须使视频滑动条变为不可用。

早期的对 RTSP 的需求强调多客户能力,后来决定更好的方法是保证该协议对多客户的易扩展性。多个控制流可使用一个流标志符,这样使远程控制成为可能。本协议没有定义多个客户端协商的端口,这些留给"社会协议"和其他的底层控制机制来解决。

1.5 RTSP 的扩展

不是所有的媒体服务器都拥有相同的功能,不同的媒体服务器支持和响应不同的请求。如:

★ 如果服务器仅能回放,它将不会支持要求记录的请求。

★ 如果服务器仅能支持直播,则它不能进行搜索(绝对位置搜索)。

★ 有些服务器不支持设置流参数,因此,它不支持 GET_PARAMETER 和 SET_PARAMETER。

媒体服务器应能实现所有在其头域中表述的功能。头域在本附录第 12 节给出了详细的说明。

表示描述的创建者负责不去请求不可能的服务。这一点类似于 HTTP/1.1[2]。在 HTTP/1.1 中,一个服务器也不可能支持[H19.6]表述的所有方法。

RTSP 协议在如下三个方面具有扩展性:

★ 用新的参数扩展已经存在的方法,只要接收者能安全忽略这些参数(这一点类似于在 HTML 中加入新的标记)。当某种扩展方法不被支持时,如果客户端拒绝,则在其请求域中相应地要加入某种标记。

★ 附加新的方法。如果消息的接收者不承认请求,它用错误代码 501(不执行)回答,并且发送者不能尝试再使用这种方法。客户端可以用 OPTIONS 方法查询服务器支持的所有方法。服务器应该在其公用响应报头(Public response header)中列出它所支持的所有方法。

★ 能定义协议的新版本,几乎允许所有的版本(除协议版本号的位置外)的变化。

1.6 操作

在 RTSP 中,每个表示以及对应的媒体流都由一个 RTSP URL 表示。整个表示及媒体特性都在一个表示描述文件(presentation description file)中定义。表示描述文件的格式在本协议中不作讨论。客户端可以通过 HTTP 方式、EMAIL 方式等获得表示描述文件,因此表示描述文件并不需要存储在媒体服务器上。

一个表示描述可说明一个或多个表示,这些表示(对应的媒体流)都拥有公共的时间尺度。不失一般性,为了表述简洁,我们假定一个表示描述只说明一个表示。当然,一个表示可对应几个媒体流。

表示描述文件包括对该表示所对应的媒体流的描述,包括媒体的编码方式、语言和其他一些参数。这些信息能让客户端选择最合适的方式组合媒体。在表示描述中,每个可控的媒体流都分别被一个 RTSP URL 标识。RTSP,URL 命名了存储在服务器上的媒体。几个媒体流(一个表示)可以分别放在不同的服务器上。例如,为了分担负载,音频流和视频流可以分开放在不同的服务器上。另外,表示描述也列出了服务器能提供的传输方式。

除了媒体参数,网络地址和端口也需要指明。下面几种传输方式要区别开来:

★ 点对点:媒体通过客户端选择的端口传送到发出请求的客户端。媒体的传输使用像 RTSP 一样的可靠的流传输。

★ 多点广播,服务器选择地址。媒体服务器选择广播地址和端口,典型的例子是直播或按需发送(near-media-on-demand)传输。

★ 多点广播,客户端选择地址。如果服务器被邀请加入一个已经存在的多点广播会议,会议描述负责给出广播地址、端口和密钥。这一过程如何建立则超出了本协议讨论的范围。

1.7 RTSP 状态

RTSP 控制的流可经由不同的协议、独立的控制通道传输。例如,RTSP 控制流通过 TCP 传输,而数据流经由 UDP 传输。因此,在媒体服务器没有收到 RTSP 请求的情况下,数据仍然可继续传输。同理,在数据传输的过程中,单媒体流可以被经由不同的 TCP 连接发送的 RTSP 请求控制。有鉴于此,服务器需要维护一个“会话状态”来关联 RTSP 请求和流。状态的改变在附录 A 中进行了详细的说明。

RTSP 中的许多方法并不会改变状态。但下面列出的几个操作在定义服务器流资源的分配和使用方面扮演了核心的角色。

★ SETUP:促使服务器为流分配资源并开始一个 RTSP 会话。

★ PLAY 和 RECORD:开始 SETUP 分配的流的传输。

★ PAUSE:暂停一个流的活动,并且不释放占用的服务器资源。

★ TEARDOWN:释放占用的与流关联的资源,RTSP 会话终止。

以上这些方法通过会话头域(见本附录 12.37 节)来识别 RTSP 会话。服务器能生成会话标志符以响应 SETUP 产生的请求(见本附录第 10.4 节)。

1.8 与其他协议的关系

RTSP 在功能上与 HTTP 有很多相似的地方。它也可以与 HTTP 进行交互,与流目录(Streaming Content)的初始联系一般就是通过 Web 页面实现的。当前的协议允许在 Web 服务器和媒体服务器间建立不同的交互点用来实现 RTSP。例如,表示描述可经由 HTTP 或 RTSP 取得,这样简化了繁琐的基于 Web 浏览器模式的方案。协议也允许只有单独的 RTSP 服务器和不依赖 HTTP 的客户端。

然而,RTSP 在数据的分发和传输上与 HTTP 有根本的差异。HTTP 是一个不对称的协议,客户端发出请求,而由服务器来响应,而在 RTSP 中,客户端和服务器都能发出请求。RTSP 的请求是有状态的,在请求被响应后,RTSP 请求还可以设置参数并能持续地控制一个媒体流。

RTSP 重用了 HTTP 的相关功能,至少在两方面,即安全和代理上,有突出的优势。需求的相似性,决定了 RTSP 采用 HTTP 的缓存、代理、认证等机制。

虽然大多数实时媒体是使用 RTP 作为传输协议的,RTSP 并没有规定只能使用 RTP。

RTSP 假定存在一种表示描述格式,既能表述表示所对应的媒体流的静态属性也能表述其暂态属性。

2 符号约定

由于很多定义和语法与 HTTP/1.1 相同,本规范仅指出它们在 HTTP/1.1 中的章节位置。为了简便起见,[HX.Y]表示参考当前版本的 HTTP/1.1 规范(RFC 2068)中的第 X.Y 部分。

本文档中所有规定的机制(mechanism)都使用了文字表述和类似于[H2.1]的扩展的 BNF(Backus-Naur form)表述。扩展的 **BNF** 的详细表述参看 RFC 2234。

本文档中我们使用缩进的小段落来给出背景资料和说明,这些背景资料和说明试图帮助读者理解 RTSP。

3 协议相关参数(Protocol Parameters)

3.1 RTSP 版本

同[H3.1],将 HTTP 用 RTSP 替代。

3.2 RTSP_URL

"RTSP"和"RTSPU"用于指出通过 RTSP 协议传输的网络资源。下面从语法和语义上定义了 RTSP URLs 的配置

说明。

RTSP_URL = ("RTSP:" | "RTSPU:") "//" host [":" port] [abs_path]

host = <合法的因特网主机域名和 IP 地址,定义在 RFC 1123 的 2.1 节>

port = 数字

abs_path 在[H3.2.1]有严格的定义

注意本规范没有对碎片(fragment)和查询标志符进行严格的定义,解释和说明留给 RTSP 服务器来完成。

配置 RTSP 需要命令经由可靠的连接协议如 TCP 来发送,而配置 RTSPU 则需要用无连接的传输协议,如 UDP 等。

如果端口是空的或没有给出时,默认端口是 554。语义是 RTSP 能控制被标识的资源,通过侦听 TCP(配置"RTSP")连接或主机端口上的 UDP(配置"RTSPU")包,并且请求 URI(Request-URI)资源是 RTSP URL。

使用 IP 地址注意的事项参看 RFC 1924 [19]。

用文本流标识符标识一个表示或一个流,使用字符集并避开 URLs 中保留的字符。URLs 可以定义一个流或流的集合,即一个表示。因此,请求描述(详见第 10 章)能应用于整个表示或在表示中的个别流。注意,某些请求方法仅能应用于对流的请求,而不能应用于对表示的请求。

例如,RTSP URL: rtsp://media.example.com:554/twister/audiotrack

在表示"twister"中识别音频流,它能通过 RTSP 请求控制发布 TCP 连接到主机 media.example.com 的端口 554 上的消息。

另外,RTSP URL: rtsp://media.example.com:554/twister

识别和定位表示"twister",它可以是由音频流和视频流组成。

需要指明的是,上述方式并不是标准的引用媒体的方法。表示描述定义了表示中的层次关系,指定了单个流的 URL。一个表示描述可将一个流命名为"a.mov",而将整个表示命名为"b.mov"。

RTSP URL 的路径对客户端是不公开的,但这并不意味着服务器采用特殊的文件结构。

表示描述也可以用于其他的非 RTSP 的媒体协议,一般只需要对 URL 进行简单的修改。

3.3 会议标识符

会议标识符对 RTSP 是不公开的,并且使用标准的 URL 编码方法编码(也就是用% 表示流出率 LWS)。它们能包含任何 8 位字节的值。会议标识必须(MUST)是完全惟一的。对于 H.323,使用会议 ID 值。

conference-id = 1 * xchar

使用会议标识符允许 RTSP 会话从媒体服务器正在参与的多媒体会议中获得参数。这些会议可以使用其他的协议例如 H.323[13]或 SIP[12]来建立。例如,如果 RTSP 客户没有明确提供的传输信息,它可以要求媒体服务器使用会议描述的相关值来代替。

3.4 会话标识符

会话标识符是不公开的任意长度的字符串,线性空格是 URL 出口,应该(MUST)随机选择一个会话标识符,并且必须至少是 8 个 8 位字节长,使人们难以推测(见 H16)。

Session-id = 1 * (ALPHA | DIGIT | safe)

3.5 SMPTE 相对时间戳

SMPTE 相对时间戳表示片段开始的时间关系。用帧级精度的时间戳(SMPTE)编码表示相对时间戳。时间编码格式可以是 h:m:s:帧,子帧,而时间的原点在片段开始处。缺省的 SMPTE 格式是"SMPTE 30 drop"格式,帧频是每秒 29. 97 帧。通过使用"时间戳可选择性的用法,也可以支持其他的 SMPTE 编码。除每个第 10 分钟以外,"帧"域的时间值可设置为 0 到 29,用丢弃每分钟最初的两个帧索引(值为 00 和 01)的方法处理每秒 30 和 29. 97 帧之间的差值。如果帧值是零,可以忽略它。使用一帧的百分之一测量子帧。

smpte-range = smpte – type "=" smpte- time "-" [smpte – time]

smpte-type = "smpte" | "smpte – 30 – drop" | "smpte – 25 "

smpte-time = 1 * 2DIGIT":" 1 * 2DIGIT ":" 1 * 2DIGIT [":" 1 * 2DIGIT] ["." 1 * 2DIGIT]

例如:

smpte = 10:12:33:20 -

smpte = 10:07:33-

smpte = 10:07:00-10:07:33:05.01

smpte -25 = 10:07:00-10:07:33:05.01

3.6 正常播放时间

正常播放时间(NPT)指出了以表示开始播放时为原点的流的绝对位置。时间戳带有小数位,小数点左边可以是秒或小时、分钟、秒;小数点右边的是检测到的不足 1 秒的部分。

一个表示开始于 0.0 秒,没有定义时间的负值。某些特定的常数用于直播事件,并且只能用于直播事件。

DSM-CC 中定义的 NPT 如下:"显然,NPT 是表示的观看者与程序间的时钟。它在 VCR 中一般以数字的形式显示出来。在正常的模式(模式 1)下工作时,NPT 正常地计时;快速前进(高速率)时,NPT 也加快;回退时,NPT 也相应地变慢。要注意在暂停模式下才能回退。NPT 逻辑上类似于 SMPTE 时间编码。"

```
npt-range  = (npt-time "-" [npt-time] ) | ( "-" npt-time)
npt-time   = "now " | npt-sec | npt-hhmmss
npt-sec    = 1 * DIGIT [ "." * DIGIT]
npt-hhmmss = npt-hh ":" npt-mm ":" npt-ss [ "." * DIGIT]
npt-hh     = 1 * DIGIT          ;任意正数
npt-mm     = 1 * 2DIGIT         ;0-59
npt-ss     = 1 * 2DIGIT         ;0-59
```

例如

npt = 123.45-125

npt = 12:05:35.3-

npt = now-

以上语法遵循 ISO 8601 标准。npt-sec 是自动产生的,npt-hhmmss 则是为了方便人们理解而使用的。常数"now"能允许客户端请求接收直播流。这种情况既需要知道绝对时间也需要知道从 0 开始的相对时间。

3.7 绝对时间(Absolute Time)

绝对时间在 ISO 8601 中称为时间戳,使用 UTC(GMT 格林威治时间)。不足 1 秒的部分也要表示出来。

```
utc-range = "clock" "=" utc-time "-" [utc-time]
utc-time  = utc-date "T" utc-time "Z"
utc-date  = 8DIGIT                          ; <yyyymmdd>
utc-time  = 6DIGIT [ '.' fraction ]         ; <HHMMSS.fraction>
```

例如,格林威治时间 1996 年 11 月 8 日 14 时 37 分 20.25 秒 表示为:

19961108T143720.25Z

3.8 选择标签(Option Tags)

选择标签是 RTSP 中惟一可指定新的选项的标志符。选择标签用在请求(详见本附录 12.32 节)和代理请求(详见本附录第 12.27 节)的头域中。

语法:

option-tag = 1 * xchar

新的 RTSP 选项的创建者或者在原选项前加逆序的域名(如"com.foo.mynewfeature"就是一个合适的命名,能方便地使人在"foo.com"找到其创建者)或者直接到 IANA(Internet Assigned Number Authority)注册新的选项。

在 IANA 注册选件

要注册新的选件,需要提供以下信息:

* 选件的名称和描述。名称可以是不包含空格、RTSP 保留字或循环的小于等于 20

个字符的任意长字符串。

* 指明改变选件控制者。例如,IETF,ISO,ITU-T,其他国际组织,协会,公司或集团。

* 进一步描述的文献。如果可能的话,最好是 RFC 文档、出版论文、专利文献、技术报告、源代码文档、计算机手册等。

* 选件所有者的联系方式(通讯地址和 Email)。

4 RTSP 消息(RTSP Message)

RTSP 是一个基于文本的协议,它使用 UTF-8 编码(RFC 2279[2])和 ISO 10646 字符序列。每个语句行由 CRLF 结束。但接收者也应该准备解释和理解语句行末端的 CR(回车)和 LF(换行)。

基于文本的协议便于以自描述的方式加入任选的参数。由于参数少和命令的使用频率低,所以并不需要过于担心执行效率。基于文本的协议,如果做的足够好,也能很容易地用如 Tcl,Visual Basic 或 Perl 脚本语言来描述和实现研究原型。

10646 字符序列消除了棘手的字符转换。当然,只要使用 US-ASCII,这些对应用程序来说都是不可见的。该字符序列也用于 RTSP 的编码。ISO 8859-1 只需将高 8 位置 0 就可直接转换为 Unicode 字符。ISO 8859-1 字符最显著的特点是形如 1100001x 10xxxxxx。(详见 RFC2279 [21])

RTSP 消息能用任意的底层的传输协议进行传输。

请求包含方法、方法操作的对象,以及进一步描述方法的参数。除非另外说明,方法一般都是等幂的。方法也能设计成需要很少的或不需要取得媒体服务器状态。

4.1 消息类型(Message Type)

见[H4.1]

4.2 消息头

见[H4.2]

4.3 消息体

见[H4.3]

4.4 消息长度

当一个消息体被封装在一条消息里时,其长度由以下几点决定(按优先级排序):

① 任何不应包含消息体的应答消息(例如,1xx,204,304 消息),总是在头域后的第一个空行终止,而不论消息中的实体域如何。

② 如果 Content-Length 域存在,则其值就是以字节计的消息体的长度。如果 Content-Length 域不存在,默认的值就是 0。

③ 直到服务器关闭连接。(关闭连接并不能表明请求的结束,因为服务器将不能返回

应答信息)。

注意:目前 RTSP 不支持 HTTP/1.1 的"组块"译码"chunked"transfer coding)(参见[H3.6]),并且必须要有 Content-Length 域。

服务器应能确定给定的中等长度的表示描述的具体长度,尽管其可能动态变化,产生了多余的组块转移码。如果存在实体域,尽管必须要有 Content-Length 域,即使长度没有明确的给出,相关规则仍能确保正确性。

5　一般头字段(General Header Fields)

参阅[H4.5],没有定义 Pragma,Transfer-Encoding 和 Upgrade 头字段。

```
General-header = Cache-Control      ;见 12.8
               | Connection         ;见 12.10
               | Data               ;见 12.18
               | Via                ;见 12.43
```

6　请求(Request)

请求消息是从客户端到服务器或者反过来,在该消息的第一行内,应用资源的标志符以及协议版本号使方法作用到资源上。

```
Request  =   Request-Line         ;见 6.1
         *(  general-header       ;见 5
         |   request-header       ;见 6.2
         |   entity-header)       ;见 8.1
             CRLF
             [message-body]       ;见 4.3
```

6.1　请求行(Request Line)

```
Request - Line  =  Method SP Request - URL SP RTSP-Version CRLF
Method       =      "DESCRIBE"         ;见 10.2
             |      "ANNOUNCE"         ;见 10.3
             |      "GET_ PARAMETER"   ;见 10.8
             |      "OPTIONS"          ;见 10.1
             |      "PAUSE"            ;见 10.6
             |      "PLAY"             ;见 10.5
             |      "RECORD"           ;见 10.11
             |      "REDIRECT"         ;见 10.10
             |      "SETUP"            ;见 10.4
             |      "SET_ PARAMETER"   ;见 10.9
```

```
                    |        "TEARDOWN"          ;见 10.7
                    |        extension-method
extension-method         =   token
Request-URL              =   " * " | absolute_URL
RTSP-Version             =   "RTSP" "/" 1 * DIGIT "." 1 * DIGIT
```

6.2 请求头域(Request Header Fields)

```
request-header  =   Accept                ;见 12.1
                |   Accept-Encoding       ;见 12.2
                |   Accept-Language       ;见 12.3
                |   Authorization         ;见 12.5
                |   From                  ;见 12.20
                |   If-Modified-Since     ;见 12.23
                |   Range                 ;见 12.29
                |   Referer               ;见 12.30
                |   User-Agent            ;见 12.41
```

注意相比 HTTP/1.1[2]而言,RTSP 请求总是需要包含绝对 URL(即包含配置、主机和端口)而不是绝对路径。

HTTP/1.1 需要服务器能处理绝对 URL,而客户端被假定使用主机的请求头。这完全是为了保持对 HTTP/1.0 服务器的向下兼容。显然,RTSP 不需要考虑向下兼容问题。

星号"*"在 Request-URL 中表示请求没有申请特殊的资源,当对服务器本身而言,仅当使用的方法不需要应用到资源上时,才能使用。例如:

OPTIONS * RTSP/1.0

7 应 答

将 HTTP-Version 替换成 RTSP-Version 后可直接引用[H6]。另外 RTSP 定义了一些其他的状态码,而没有定义某些 HTTP 码。

```
Response     =     Status-Line          ;见 7.1
                 *( general-header       ;见 5
                  | response-header      ;见 7.1.2
                  | entity-header)       ;见 8.1
                    CRLF
[message-body]                          ;见 4.3
```

7.1 状态行(Status - Line)

应答消息的第一行是状态行。状态行的构成是:协议版本号,紧跟着是数字表示状态码,最后是对状态的简单说明,各元素用 SP 保留字隔开。注意,除了最后结束行的 CRLF,

中间不允许出现 CR 或 LF。

Status-Line = RTSP-Version SP Status-Code SP Reason-Phrase CRLF

7.1.1 状态码(Status Code)和状态说明(Reason Phrase)

状态码由 3 位整数组成,用来响应请求。状态码的详细定义和说明在本附录第 11 节。状态说明是对状态的简短文字说明。可以认为状态码是给机器使用的,而状态说明是给人使用的。显然,客户端并不需要检查或显示状态说明。

状态码的第 1 位定义了应答的级别,而后两位没有特别的含义。第 1 位有 5 个值,如下所示:

- 1xx:报告——请求收到,继续。
- 2xx:成功——成功地接收、理解、接受。
- 3xx:重定向——为了实现请求,需要给出进一步的行动。
- 4xx:客户端出错——请求有语法错误或不能实现。
- 5xx:服务器出错——服务器实现合法请求失败。

在 RTSP/1.0 中,每个状态码都有其各自的含义,下面列出了状态说明对应状态码的例子。这里所列出的这些状态说明仅仅只是推荐的说明——它们可被替换而不会影响协议。注意,RTSP 采用了很多 HTTP/1.1[2]的状态码;也增加了一些形如 x50 的 RSTP 特定的状态码,这样做是为了避免与新定义的 HTTP 状态码产生冲突。

```
Status-Code =   "100"      ; 继续 (Continue)
            |   "200"      ;OK
            |   "201"      ;创建(Created)
            |   "250"      ;存储空间低(Low on Storage Space)
            |   "300"      ;多选择(Multiple Choices)
            |   "301"      ;永久转移(Moved Permanently)
            |   "302"      ;暂时转移(Moved Temporarily)
            |   "303"      ;See Other
            |   "304"      ;没有修改(Not Modified)
            |   "305"      ;使用代理(Use Proxy)
            |   "400"      ;错误请求(Bad Request)
            |   "401"      ;未授权(Unauthorized)
            |   "402"      ;Payment Required
            |   "403"      ;禁止(Forbidden)
            |   "404"      ;未发现(Not Found)
            |   "405"      ;方法不允许(Method Not Allowed)
            |   "406"      ;不接受(Not Acceptable)
            |   "407"      ;需要代理认证(Proxy Authentication Required)
            |   "408"      ;请求超时(Request Time-out)
            |   "410"      ;Gone
```

```
      |    "411"     ;需要长度值(Length Required)
      |    "412"     ;预处理失败(Precondition Failed)
      |    "413"     ;请求实体过大(Request Entity Too Large)
      |    "414"     ;Request-URL 过大(Request-URL Too Large)
      |    "415"     ;媒体类型不支持(Unsupported Media Type)
      |    "451"     ;参数不支持(Parameter Not Understood)
      |    "452"     ;会议没有找到(Conference Not Found)
      |    "453"     ;没有足够的带宽(Not Enough Bandwidth)
      |    "454"     ;会话没有找到(Session Not Found)
      |    "455"     ;此状态下方法不合法(Method Not Valid in This State)
      |    "456"     ;资源头域不合法(Header Field Not Valid for Re-
                     source)
      |    "457"     ; 非法区段(Invalid Range)
      |    "458"     ;参数只读(Parameter Is Read-Only)
      |    "459"     ;不允许集合操作(Aggregate operation not allowed)
      |    "460"     ;仅允许集合操作(Only aggregate operation allowed)
      |    "461"     ;不支持的传输(Unsupported transport)
      |    "462"     ;不能到达目的地(Destination unreachable)
      |    "500"     ;内部服务出错(Internal Server Error)
      |    "501"     ;不能执行(Not Implemented)
      |    "502"     ; Bad Gateway
      |    "503"     ;服务不可用(Service Unavailable)
      |    "504"     ;Gateway Time-out
      |    "505"     ;不支持的 RTSP 版本(RTSP Version not supported)
      |    "551"     ;选项不支持(Option not supported)
      |    extension-code
extension-code = 3DIGIT
Reason-Phrase = * <TEXT, excluding CR,LF>
```

RTSP 状态码是可扩展的。尽管理解状态码对应用程序来说,显然是具有某种好处的,但 RTSP 应用程序并不需要理解所有已经注册的状态码。然而,应用程序必须理解由状态码的第 1 位标识的状态码的等级,并且能自动地把不认识的状态码对应到该状态码第 1 位所标示的状态码等级上,那些不必被缓存的应答除外。例如,如果客户端接收到一个不认识的状态码 413,它将认为是某些请求出现了错误,并将按 400 的状态码处理它。在这种情况下,用户代理应该显示随同应答传输过来的实体,因为该实体可能包含了可读的解释这种错误状态的信息。状态码和对应的方法,如表 1 所示。

表 1　　状态码和对应的方法列表

Code	reason	
100	Continue	all
200	OK	all
201	Created	RECORD
250	Low on Storage Space	RECORD
300	Mu1tiple Choices	all
301	Mowed Permanent1 y	all
302	Mowed Temporarily	all
303	See 0ther	all
305	Use Proxy	all
400	Bad Request	all
401	Unauthorized	all
402	Payment Required	all
403	Forbidden	all
404	Not Found	all
405	Method Not Allowed	all
406	Not Acceptable	all
407	Proxy Authentication Required	all
408	Request Time out	all
410	Gone	all
411	Length Required	all
412	Precondition Failed	DESCRIBE, SETUP
413	Request Entity Too Large	all
414	Request-URI Too Long	all
415	Unsupported Media Type	all
451	Invalid parameter	SETUP
452	Illegal Conference Identifier	SETUP
453	Not Enough Bandwidth	SETUP
454	Session Not Found	all
455	Method Not Valid In This State	all
456	Header Field Not Valid	all

续表

Code	reason	
457	Invalid Range	PLAY
458	Parameter Is Read-Only	SET_ PARAMETER
459	Aggregate Operation Not Allowed	all
460	Only Aggregate Operation Allowed	all
461	Unsupported Transport	all
462	Destination Unreachable	all
500	Internal Server Error	all
501	Not Implemented	all
502	Bad Gateway	all
503	Service Unavailable	all
504	Gateway Timeout	all
505	RTSP Version Not Supported	all
551	Option not support	all

7.1.2　应答头域(Response Header Fields)

应答头域可以使请求接收者将不能放在状态行中的其他信息放置在其中。应答头域给出了关于服务器的信息以及用 RTSP-URL 标识的资源的进一步的访问信息。

```
response-header  =    Location               ;见 12 . 25
                 |    Proxy-Authenticate     ;见 12 . 26
                 |    Public                 ;见 12 . 28
                 |    Retry-After            ;见 12 . 31
                 |    Server                 ;见 12 . 36
                 |    Vary                   ;见 12. 42
                 |    WWW-Authenticate       ;见 12. 44
```

只有随着协议版本的变化,头域名才可以得到可靠的扩展。但是,新的或试验性的头域可以被加入到应答头域中,条件是参加通讯的各方都能将其辨识为应答头域。一般不被认识的头域会被当做实体头域对待。

8　实体(Entity)

如果没有相关请求方法或应答状态码的限制,请求和应答消息都可以传输实体。实体由实体头域(entity-header fields)和实体本体(entity-body)组成,但可以仅有实体头域。

在这一部分中,发送者和接收者都可以是客户端或者服务器,具体要看是谁在接收实体,谁在发送实体而判断哪一方是接收者哪一方是发送者。

8.1 实体头域

实体头域定义了关于实体本体(entity-body)的可选的元信息;如果没有实体本体,则是关于被请求的资源的元信息。

```
entity-header    =  Allow               ;见 12.4
                 |  Content-Base        ;见 12.11
                 |  Content-Encoding    ;见 12.12
                 |  Content-Language    ;见 12.13
                 |  Content-Length      ;见 12.14
                 |  Content-Location    ;见 12.15
                 |  Content-Type        ;见 12.16
                 |  Expires             ;见 12.19
                 |  Last-Modified       ;见 12.24
                 |  extension-header
extension-header =  message-header
```

扩展头域机制允许附加另外的实体头域,而不改变协议。但在这种情况下,我们并不能假定接收方能识别附加的实体头域。不被识别的头域应该被接收方忽略,或是转给代理方来处理。

8.2 实体本体(Entity Body)

详见[H7.2]。

9 连接(Connections)

RTSP 请求能通过下面几种不同的方式传送:

- 用于几个请求—应答事务的持续(persistent)的传输连接。
- 每个请求—应答事务一个连接。
- 无连接。

传输连接的类型在 RTSP URL(见本附录 3.2 节)中进行了定义。对"RTSP"方式而言,总是假定存在持续(persistent)的连接,而对于"RTSPU"方式而言,则认为是建立在无连接方式上。

RTSP 不同于 HTTP,它可以允许媒体服务器给媒体客户端发送请求。但这种情况仅当使用持续连接时才被支持,这也是惟一的可能使从服务器到客户端的请求穿过防火墙的方式。

9.1 流水线传输(Pipelining)

支持持续连接或无连接的客户端可以流水线式地成批提交它的请求(即不等待各自的应答消息,而连续发送多个请求)。服务器则必须按照收到请求的顺序给客户端发送应答。

9.2 可靠性和确认(Reliability and Acknowledgements)

除非请求是发送到多点广播组,请求一般在接收端进行确认。如果请求没有被确认,在1个传输往返时间(Round-Trip Time,RTT)的延时后发送端可进行重传。传输往返时间在TCP方式下初始估计值是500ms。某些设备可存储最后的RTT值作为下一次连接的初值。

如果RTSP使用一些可靠的传输协议,请求不必重发;RTSP应用程序必须依赖于底层的协议提供可靠性。

如果既使用可靠的底层传输协议如TCP,又使用RTSP的重传,有可能造成丢失一个包而发出两个重传。这样接收端将不能例行地使用应用层的重传机制,因为传输栈在第一个重传到达接收端之前是不会执行应用层的重传的。另一方面,如果是由于网络拥塞造成包的丢失,不同层产生的多次重传将会加剧网络的拥塞。

如果RTSP用于传输往返时间较短的局域网,某些标准进程将会优化和调整初始的TCP传输往返时间估计值类似于T/TCP(RFC 1644)中的做法,这一点将是非常有益的。

时间戳的头(见本附录12.38节)用于解决重传的盲目性问题,并且避免了使用Karn算法。

每个请求在Cseq域中都要填入一个顺序号(sequence number)。顺序号则在每个不同的请求传输后进行递增。如果一个请求因为缺少确认被重传,该请求必须使用与原来相同的顺序号(即该顺序号没有递增)。

运行RTSP的系统必须支持用TCP传输RTSP,也可以支持使用UDP。RTSP服务器默认的TCP和UDP端口都是554。

大量的发往同一个控制点的RTSP包可被压缩成1个PDU或封装成TCP流。RTSP数据可由RTP和RTCP包传输。不同于HTTP,不管RTSP消息是否包含有效载荷,它都必须包含Content-Length头域。另外,RTSP将在最后一条消息的消息头后的空行立即终止。

10 方法(Method)定义

方法标识表明施行在用Request-URL标明的资源上的方法。方法是对实例敏感的(case-sensitive)。以后可能会定义新的方法。方法名不能以字符"$"开头,必须是一个合法的标识。RTSP的方法、执行的方法和作用对象如表2所示。

表2 RTSP的方法、执行的方向和作用对象(P:表示,S:媒体流)

方 法	方 向	对 象	必 要 性
DESCRIBE	C->S	P,S	推荐(recommended)
ANNOUNCE	C->S, S->C	P,S	可选(optional)
GET_PARAMETER	C->S, S->C	P,S	可选(optional)

续表

方法	方向	对象	必要性
OPTIONS （S->C：可选）	C->S，S->C	P,S	必须(required)
PAUSE	C->S	P,S	推荐(recommended)
PLAY	C->S	P,S	必须(required)
RECORD	C->S	P,S	可选(optional)
REDIRECT	S->C	P,S	可选(optional)
SETUP	C->S	S	必须(required)
SET_PARAMETER	C->S，S->C	P,S	可选(optional)
TEARDOWN	C->S	P,S	必须(required)

注意:PASUE是被推荐使用的,但并不需要一个拥有充分功能的服务器必须支持这项操作,如进行直播传输时,就不需要这项操作。如果某一服务器不支持某个特定的方法,它必须返回“501 Not Implement”,而客户端也不应再对该服务器请求同样的操作。

10.1 OPTIONS

OPTIONS方法类似于[H9.2]中的表述,一个选择请求可在任何时间发布。例如,当一个客户端将要尝试一个非标准的请求时,该方法不会影响服务器状态。

例如:

```
C->S:    OPTIONS * RTSP/1.0
         CSeq:1
         Require: implicit-play
         Proxy-Require: gzipped-messages
S->C:    RTSP/1.0  200  OK
         CSeq:1
         Public: DESCRIBE,SETUP,TEARDOWN, PLAY, PAUSE
```

注意:这里进行了一些必要的虚构和编造(用户可能希望不要遗漏了某些真正实用的特性,所以在这一部分列举了一个内涵丰富的例子)。

10.2 DESCRIBE

DESCRIBE方法从服务器上取回用URL表示或媒体对象的描述。它可以使用Accept头域指定的描述的格式,该格式能够被客户端理解。服务器给出所请求资源的描述作为应答,DESCRIBE方法的一对请求-应答(reply-response)构成了RTSP的媒体初始化阶段。

例:

```
C->S:    DESCRIBE rtsp:// server. example. com / fizzle / foo RTSP / 1.0
         Cseq : 312
```

```
            Accept: application/ sdp, application/rtsl, application / mheg
S->C:       RTSP/1 .0   200   OK
            CSeq: 312
            Date: 23 Jan 1997 15:35:06 GMT
            Content-Type: application / sdp
            Content-Length: 376
            v=0
            o=mhandley 2890844526 2890842807 IN IP4 126. 16. 64. 4
            s=SDP Seminar
            i=A Seminar on the session description protocol
            u=http:// www. cs. ucl. ac. uk / staff / M. Handley / sdp. 03. ps
            e=m j h@ isi. edu ( Mark Handley)
            c=IN IP4 224. 2. 17. 12/127
            t=2873397496 2873404696
            a=recvonly
m=audio 3456 RTP / AVP 0
m=video 2232 RTP / AVP 31
m=whiteboard 32416 UDP WB
a=orient: portrait
```

DESCRIBE 的应答必须包括媒体所有的初始化信息。如果客户端从另一个不同于使用 DESCRIBE 方法的来源获得了表示的描述,并且该描述完整地包含媒体的所有初始化参数,则此时客户端应该使用这个描述提供的参数,而不使用通过 RTSP 请求取得的对同一媒体的描述。

另外,服务器不能用 DESCRIBE 作为对间接媒体的应答。

应该建立清楚的有条理的基本规则,使客户端有明确的方法去获知:何时应该使用 DESCRIBE 请求媒体的初始化信息,何时不使用该方法获取。通过强制 DESCRIBE 方法返回包含所有流的媒体初始化信息和阻止对间接媒体使用 DESCRIBE,我们可规避避免使用其他的方法造成的复杂问题。

媒体初始化是所有基于 RTSP 的系统所必须的。但在本文档中并没有规定客户端必须经 DESCTRIBE 方法取得媒体初始化信息。RTSP 客户端有以下三种方法取得媒体初始化信息。

- 经由 DESCRIBE 方法取得;
- 经由一些其他的协议取得(HTTP ,EMAIL 方式等);
- 经由命令行或标准输入(就像浏览器助手程序一样作用于在 SDP 文件或其他的媒体初始化格式)取得。

为了提高实际互用性,强烈推荐服务器最少要支持 DESCRIBE 方法,强烈推荐客户端最好支持使用应用程序助手(helper appliation),该助手程序能从标准输入、命令行和/或通过其他合适的方式获得媒体初始化文件。

10.3 ANNOUNCE

使用 ANNOUNCE 方法有两个目的:

当从客户端发送到服务器时,ANNOUNCE 将被请求的 URL 表示或媒体的描述上传服务器;当从服务器发送到客户端时,ANNOUNCE 将实时地更新会话的描述。

如果有新的媒体流加入一个表示中(例如,直播时),则这整个表示描述应该被重新发送,而不是只发送附加的部分。

例:

```
C->S:   ANNOUNCE rtsp://server.example.com/fizzle/foo RTSP/1.0
        CSeq: 312
        Date: 23 Jan 1997 15:35:06 GMT
        Session: 47112344
        Content-Type :application/sdp
        Content-Length: 332
        v=0
        o=mhandley 2890844526 2890845468 IN IP4 126.16.64.4
        s=SDP Seminar
        i=A Seminar on the session description protocol
        u=http://www.cs.ucl.ac.uk/staff/M.Handley/sdp.03.ps
        e=mjh@isi.edu (Mark Handley)
        c=IN IP4 224.2.17.12/127
        t=2873397496 2873404696
        a= recvonly
        m=audio 3456 RTP/AVP 0
        m=video 2232 RTP/AVP 31
S->C:   RTSP/1.0 200 OK
        CSeq: 312
```

10.4 SETUP

SETUP 方法请求服务器指明用于媒体流的传输的传输机制。客户端可以为一个正在播放的流发送一个 SETUP 请求以改变传输参数,这种改变可能被服务器允许。当服务器不允许这种改变时,服务器必须应答一个错误信息"455 非法方法"。为了方便穿过防火墙,即使客户端对传输参数没有任何影响,客户端也必须指明该传输参数。例如,服务器在一个固定多播地址上作广告时。

因为 SETUP 包括了所有的传输初始化信息,防火墙和其他网络中间设备(它们需要这些信息)可以更方便地分析 DESCRIBE 的应答。

传输头域列出了客户端可接收的数据传输的传输参数,在应答中将包含被服务器所选择的传输参数。

```
C->S:   SETUP rtsp://example.com/foo/bar/baz.rm RTSP/1.0
```

CSeq：302

Transport：RTP / AVP；unicast；client_port = 4588-4589

S- > C：　RTSP/1 .0　200 OK

CSeq：302

Date：23 Jan 1997 15：35：06 GMT

Session：47112344

Transport：RTP / AVP；unicast；

client_port = 4588-4589；server_port = 6256-6257

服务器在应答 SETUP 请求时产生会话标志符号。如果一个 SETUP 请求包含一个会话标志符，则服务器必须将该 SETUP 请求捆绑在已经存在的会话中，或者返回一条错误信息“459 集合操作不允许(Aggregate Operation Not Allowed)”(见本附录 11. 3. 10 节)。

10. 5　PLAY

PLAY 方法通知服务器经由 SETUP 指定的传输机制开始传输数据，直到 SETUP 请求已经被成功地确认，客户端才能发送 PLAY 请求。

PLAY 请求占据从指定区段开始的正常播放时间(NPT—normal play time)并且持续地传输流数据直至到达结束区段。PLAY 请求可以被流水线式地(be pipelined)传送(排队)，服务器必须按照排队的顺序执行 PLAY 请求。也就是说，一个 PLAY 请求到达后，当先前的 PLAY 请求仍然是活动的时，它将被延迟处理，直到先前的 PLAY 完成。

这样的机制保证了能进行精确的编辑。

如下例，不管两个 PLAY 请求到达的间隔如何近，服务器仍将首先播放第 10 秒到第 15 秒的内容，接着立即播放第 20 秒到第 25 秒的内容，最后是播放第 30 秒的内容直到结束。

C- > S：　PLAY　rtsp：// audio. example. com / audio RTSP / 1. 0

CSeq：　835

Session：　12345678

Range：　npt = 10-15

C- > S：　PLAY rtsp：// audio. example. com / audio RTSP / 1. 0

CSeq：　836

Session：　12345678

Range：　npt = 20-25

C- > S：　PLAY rtsp：// audio. example. com / audio RTSP / 1. 0

CSeq：　837

Session：　12345678

Range：　npt = 30-35

例子的其余部分参看关于 PAUSE 请求的描述。

没有 Range 头域的 PLAY 请求是合法的，它将从开头开始一直播放流，除非流被暂停。如果流经由 PASUE 方法暂停，流将在暂停点重新开始传输。如果一个流正在播放，则对应的 PLAY 请求不会有进一步的动作，可被客户端用来检测服务器是否活动。

Range 头域也可以包含时间参数。该参数用 UTC 格式指定了一个时间，回放将会从这个时刻开始。如果消息在这个时刻以后收到,回放将立刻开始,时间参数还可以用来帮助从不同源获得的流实现同步。

对点播流(on_demand stream)而言,服务器用实际的将要被回放的区段响应。这可能不同于被请求的区段,因为媒体源要求将被请求的区段调整到有效的帧的边界上。如果在请求中没有指定区段,则当前的位置将被作为应答。应答中的区段的单位与请求所使用的单位相同。

播放完要求的区段后,表示将自动暂停,就好像发送了一个 PAUSE 请求。

下面的例子播放了从 SMPTE 时间(相对时间)0:10:20 开始直到片段结束的全部表示。回放时间 1997 年 1 月 23 日 15 时 36 分。

```
C->S:      PLAY rtsp :// audio. example. com / twister. en RTSP / 1.0
CSeq:      833
Session:   12345678
Range: smpte = 0:10:20- ; time = 19970123T153600Z
S->C:      RTSP/1.0  200  OK
CSeq:      833
Date:      23 Jan 1997 15:35:06 GMT
Range: smpte = 0:10:22- ; time = 19970123T153600Z
```

为了回放直播的录像,可以使用 clock 单元

```
C->S:      PLAY rtsp :// audio. example. com / twister. en RTSP / 1.0
CSeq:      833
Session:   12345678
Range:     smpte = 0:10:20- ; time = 19970123T153600Z
S->C:      RTSP/1.0  200  OK
CSeq:      833
Date:      23 Jan 1997 15:35:06 GMT
Range:     mpte = 0:10:22- ; time = 19970123T153600Z
```

一个仅支持回放的媒体服务器必须支持 NTP 格式,可以选择性地支持 clock 和 smpte 格式。

10.6 PAUSE

PAUSE 请求引起流传输的暂时中断(停止)。如果请求 URL 标明的是一个流,则仅是流的回放和录制停止。比如对一个音频流,相当于是静音。如果请求 URL 标明的是一个表示或流组(group of streams),则所有在这个表示或流组中的当前活动的流都将被停止传送。重新开始回放和录制后,同步轨道(synchronization of the tracks)必须被维护。虽然暂停持续到在 SETUP 消息的 Session 头域中指定的超时(timeout)时间后,服务器可能关闭会话和释放资源,但服务器仍然保持着资源。

例:

```
C->S:      PAUSE rtsp: // example. com / fizzle / foo RTSP / 1.0
CSeq:      834
```

Session:　　12345678
S- > C:　　RTSP / 1.0　200　OK
CSeq:　　834
Date:　　23 Jan 1997 15:35:06 GMT

PAUSE 请求可包含一个 Range 域指定流或表示将要停止的时刻,把这样的时刻称为“暂停点”(pause piont)。这个域必须是一个精确的值而不是一个时间段。流的正常播放时间被设置到暂停点。在服务器遇到第一个任意当前未决的 PLAY 请求所标明的时间点时,PAUSE 请求变为有效。如果 Range 域标明的时刻在任意当前未决的 PLAY 请求之外,将返回一个错误“457 非法区段(Invalid Range)”。如果一个媒体单元(如一个音频或视频帧)正好开始在一个暂停点,它将不会播放或录制。如果某条 PAUSE 请求消息的 Range 域丢失了,流传输将在接收到这条消息后立即中断,并且暂停点被设置为当前的正常播放时间点。

PAUSE 请求会丢弃所有的 PLAY 请求队列,但是媒体流的暂停点还必须保留。随后的不含 Range 域的 PLAY 请求会从这个暂停点重新开始。

例如,如果服务器有一个播放请求从 10 到 15 和一个未定播放从 20 到 29,在 NPT 21 时接收到暂停请求,它将开始播放第二个区段并停止在 NPT 21。如果暂停请求在 NPT 12 并且服务器在 NPT 13 时服务第一个播放请求,服务器将立即停止播放。如果暂停请求在 NPT 16 ,服务器将在完成第一个播放后丢弃第二个播放请求。

另一个例子是,如果服务器已经接收到播放请求从 10 到 15 接着是从 13 到 20(存在重叠区段),假定暂停请求在服务器开始第二个播放之前的重叠区段内,如在 NPT 14 暂停的 PAUSE 请求,它将在服务器播放第一个区段时有效,此时第二个有效的播放请求被忽略。这种情况下,不管暂停请求什么时刻到达,服务器都将设置 NPT = 14。

如果超过了定义在 Range 域中的时刻后服务器还在发送数据,一个 PLAY 仍然会及时地在暂停点重新开始,就像它假定客户端已经丢弃了暂停点后的数据。这一点确保了连续的暂停/播放循环没有间隔。

10.7　TEARDOWN

TEARDOWN 请求停止来源于给定的 URL 的流传输,释放相关的资源。如果 URL 是表示的 URL,任何 RTSP 会话标识符相关的会话都不合法。除非所有的传输参数都在会话描述中定义,否则必须发送 SETUP 请求才能再开始一个会话。

例:

C- > S:　　TEARDOWN　rtsp: // example. com /fizzle /foo RTSP / 1.0
CSeq:　　892
Session:　　12345678
S- > C:　　RTSP/1.0　200　OK
CSeq:　　892

10.8　GET_PARAMETER

GET_PARAMETER 请求可取回 URL 的表示或流的参数值。应答和响应将传回所需要的内容。没有实体本体(entity body)的 GET_PARAMETER 可用于检测客户端或服务器的活动性。

例：

```
S->C:               GET_PARAMETER   rtsp://example.com/fizzle/foo RTSP/1.0
CSeq:               431
Content-Type:       text/parameters
Session:            12345678
Content-Length:     15
packets_received
jitter
C->S:               RTSP/1.0   200   OK
CSeq:               431
Content-Length:     46
Content-Type:       text/parameters
packets_received:   10
jitter: 0.3838
```

"text/parameters"仅是一个示例用的参数。该方法有意地进行了宽松的定义,目的是经过进一步的试验后再定义应答内容。

10.9 SET_PARAMETER

SET_PARAMETER 设置被 URL 标识的或媒体的参数值。

一个 SET_PARAMETER 请求应该只包含一个参数使客户端能确定特定的请求为什么失败。如果请求包含几个参数,则仅当所有的参数进行了成功的设置,服务器才能处理请求。服务器必须允许参数被重复地设定为同一个值,但它可不允许改变参数的值。

注意,媒体流传输参数仅能通过 SETUP 方法设置。

限制只能在 SETUP 中设置传输参数有利于防火墙的工作。

参数分成合适的大小用来更好地指示错误信息。但是,如果自动设置的参数是合理的话,也允许同时设置几个参数。

例：

```
C->S:               SET_PARAMETER rtsp://example.com/fizzle/foo RTSP/1.0
CSeq:               421
Content-length:     20
Content-type:       text/parameters
barparam:           barstuff
S->C:               RTSP/1.0 451   Invalid   Parameter
CSeq:               421
Content-length:     10
Content-type:       text/parameters
Barparam
```

"text/parameters"仅是一个示例用的参数。该方法有意地进行了宽松的定义,目的是经过进一步的试验后再定义应答内容。

10.10 REDIRECT

REDIRECT 请求通知客户端必须连接到另一个服务器。REDIRECT 请求包含强制定位头域,该域指明了客户端应该发送请求的目的 URL。REDIRECT 请求也可以包含 Range 参数,Range 参数指出何时重定向变为有效。如果客户端要求继续发送或接收媒体流,它必须为当前的会话发送一个拆线请求,并且给指定的服务器发送 SETUP 请求以建立新的会话。

下面的例子要求在给出的时间段重定向到一个新的服务器:

```
S->C:       REDIRECT rtsp://example.com/fizzle/foo RTSP/1.0
CSeq:       732
Location:   rtsp://bigserver.com:8001
Range: clock = 19960213T143205Z-
```

10.11 RECORD

RECORD 方法启动录制一段媒体数据。时间戳反映开始和结束的时间(UTC)。如果没有给出时间段,用在表示描述中给出的开始或结束时间。另外如果会话已经开始,则立即开始录制。

服务器决定是否存储在 Request-URL 或其他的 URL 上录制数据。如果服务器不使用 Requrst-URL,应答应是 201(创建)并要包含指明请求状态的实体以及指定新的资源和一个 Location 域。

支持录制直播的媒体服务器必须支持 Clock 时间格式,SMPTE 格式的时间是无意义的。下面的例子中,媒体服务器事先已经被要求加入了指定的会议。

```
C->S:        RECORD rtsp://example.com/meeting/audio.en RTSP/1.0
CSeq:        954
Session:     12345678
Conference:  128.16.64.19/32492374
```

10.12 混和传输(Embedded)二进制数据

出于某些防火墙的设计要求或在其他一些特定条件下,服务器可能被迫地将 RTSP 方法和流数据混合在一起进行传输。除非必须这样做,一般要避免混合传输数据,因为混合传输数据使客户端和服务器的处理变得复杂,并且增加了额外的开销。交叉传输数据只应该在用 TCP 传输 RTSP 时使用。

流数据如 RTP 包以 $ 符号开头(ASCⅡ码)接着是一字节长的传输通道标识符,后面是以字节长度计算的被封装的二进制数据的长度,一般是二字节长的整数。最后是流数据,没有 CRLF,但包含上层的协议头。每个 $ 块正好包含一个上层协议数据单元,例如 RTP 包。

传输通道定义在 Transport 域的交叉参数(interleaved parameter)中。(见本附录 12.39 节)

当选择传输 RTP 时,RTCP 消息也可以被服务器交叉在 TCP 连接中传输。默认的情况下,RTCP 包在第一个可用的通道中发送的几率要远高于通过 RTP 通道发送的几率。客户端可以明确地请求 RTCP 包通过另一个通道传输。这可以通过给 Transport 域中的交叉参数(interleaved parameter)指定两个通道来实现。(见本附录 12.39 节)

当两个或更多个流以这种方式传输时,RTCP 需要进行同步。另外,也可以使用一个简便的方法传输 RTP/RTCP 包,即当网络配置需要时通过 TCP 控制连接,也可以通过 UDP 传输。

```
C->S:        SETUP  rtsp://foo.com/bar.file RTSP/1.0
CSeq:        2
Transport:   RTP/AVP/TCP; interleaved=0-1
S->C:        RTSP/1.0  200  OK
CSeq:        2
Date:        05 Jun 1997 18:57:18 GMT
Transport:   RTP/AVP/TCP; interleaved=0-1
Session:     12345678
C->S:        PLAY  rtsp://foo.com/bar.file RTSP/1.0
CSeq:        3
Session:     12345678
S->C:        RTSP/1.0  200  OK
CSeq:        3
Session:     12345678
Date:        05 Jun 1997 18:59:15 GMT
RTP-Info:    url=rtsp://foo.com/bar.file;
seq=232433;  rtptime=972948234
S->C: $ \000{2 byte length}{"length" bytes data, w/RTP header}
S->C: $ \000{2 byte length}{"length" bytes data, w/RTP header}
S->C: $ \001{2 byte length}{"length" bytes RTCP packet}
```

11　状态码(Status Code)的定义

在可适用的地方,重用了 HTTP 的状态码。与 HTTP 相同的状态码这里不再重复。表 1 列出了状态码可能是由执行了哪些请求返回的。

11.1　成功(Success)

11.1.1　250 存储空间不足(Low on Storage Space)

接收到 RECORD 请求后,由于没有足够的存储空间,录制数据可能不能被全部执行,服务器会返回这条警告信息。可能的话,服务器会在 Range 域指明服务器还能录制的区段。由于同时服务器上的其他程序也可能会消耗存储空间,客户端应仅将这条信息视为一个估计。

11.2　重定向(Redirection)3xx

在 RTSP 中,重定向可能用于平衡网络负荷或将请求的流重定向到拓扑上与客户端更近的服务器上。判断拓扑接近的机制则超出了本文档的范围。

11.3　客户端错误 4xx

11.3.1　405 方法不允许(Method Not Allowed)

请求 URL 标识的资源不允许请求中定义的方法。应答必须包含一个 Allow 域列出被请求的资源所允许的方法。如果请求尝试使用在 SETUP 阶段没有指明的方法,也会返回该状态码。例如,在 Transport 域中仅指明了 PLAY,而提交 RECORD 请求时,会返回该状态码。

11.3.2　451 参数不被支持(Parameter Not Understood)

请求的接收者不支持请求中的一个或多个参数。

11.3.3　452 会议找不到(Conference Not Found)

媒体服务器找不到 Conference 域指定的会议。

11.3.4　453 没有足够的带宽(Not Enough Bandwidth)

因为没有足够的带宽,请求被拒绝。例如,可能是资源预留失败的结果。

11.3.5　454 会话找不到(Session Not Found)

在 Session 域标识 RTSP 会话丢失、非法或超时。

11.3.6　455 状态下方法非法(Method Not Valid in This State)

客户端或服务器在当前状态下不能执行该请求。应答应包含一个 Allow 域使错误易于修正。

11.3.7　456 头域不合法(Header Field Not Valid for Resource)

服务器执行了请求的头域。例如,如果 PLAY 包含一个 Range 域,而流不允许搜索。

11.3.8　457 非法区段(Invalid Range)

给定的区段值超出了边界。例如,超出了表示的结束点。

11.3.9　458 参数只读(Parameter Is Read-Only)

用 SET_PARAMETER 设置的参数可读但不能修改。

11.3.10　459 集合操作不允许(Aggregate Operation Not Allowed)

请求的方法不能应用到 URL,因为该 URL 是集合 URL(aggregate URL)。该方法可能用于流 URL。

11.3.11　460 仅允许集合操作(Only Aggregate Operation Allowed)

请求的方法不能应用到 URL,因为该 URL 不是集合 URL(aggregate URL)。该方法可能用于表示(presentation)URL。

11.3.12　461 不支持的传输(Unsupported Transport)

Transport 域不包含被支持的传输。

11.3.13　462 不能到达目的(Destination Unreachable)

数据的传输通道不能建立,因为客户端的地址不可到达。这个错误最有可能是由于客户端在 Transport 域设置了非法的 Destination 参数。

11.3.14　551 选项不被支持(Option Not Support)

一个在 Require 域或 Proxy-Require 域中给定的选项不被支持。不被支持的头域应该返回说明哪个选项不被支持。

12　头域的定义

HTTP/1.1 [2] 中的或者其他一些非标准的头域没有在此列出，因为目前对此并没有很好的定义，在接收端这些头域也将会被忽略掉。

表 3 将在 RTSP 中用到的头域作了汇总。类型"g"表明在请求和应答中都能被找到的通用的头部，类型"R"表明是请求的头部，类型"r"表明是应答的头部，类型"e"表明是实体的头域。如果某域在支持一列中标上了"req."，则接收端必须通过某种特定的方法来执行该域，而如果标上了"opt."，则表明不是必须执行的，是可任选的。注意并不是所有的标上了"req."的域都将在每个这种类型的请求中被发送。"req."只是表明客户端（针对应答头部）和服务器端（针对请求头部）必须执行这个域。在最后一列列举了这个头域对哪些方法是有意义的；"entity"是指所有返回一个消息体的方法。在这个规约中，DESCRIBE 和 SET_PARAMETER 都属于此类。

表 3　**RTSP 头域一览表**

头　域	类型	支持	方　法
Accept	R	opt.	entity
Accept-Encoding	R	opt.	entity
Accept-Language	R	opt.	all
Allow	r	opt.	all
Authorization	R	opt.	all
Bandwidth	R	opt.	all
Blocksize	R	opt.	all but OPTIONS, TEARDOWN
Cache-Control	g	opt.	SETUP
Conference	R	opt.	SETUP
Connection	g	req.	all
Content-Base	e	opt.	entity
Content-Encoding	e	req.	SET_PARAMETER
Content-Encoding	e	req.	DESCRIBE, ANNOUNCE
Content-Language	e	req.	DESCRIBE, ANNOUNCE
Content-Length	e	req.	SET_PARAMETER, ANNOUNCE
Content-Length	e	req.	entity
Content-Location	e	opt.	entity
Content-Type	e	req.	SET_PARAMETER, ANNOUNCE
Content-Type	r	req.	entity

续表

头　　域	类型	支持	方　　法
CSeq	g	req.	all
Date	g	opt.	all
Expires	e	opt.	DESCRIBE, ANNOUNCE
From	R	opt.	all
If-Modified-Since	R	opt.	DESCRIBE, SETUP
Last-Modified	e	opt.	entity
Proxy-Authenticate			
Proxy-Require	R	req.	all
Public	r	opt.	all
Range	R	opt.	PLAY, PAUSE, RECORD
Range	r	opt.	PLAY, PAUSE, RECORD
Referer	R	opt.	all
Require	R	req.	all
Retry-After	r	opt.	all
RTP-Info	r	req.	PLAY
Scale	Rr	opt.	PLAY, RECORD
Session	Rr	req.	all but SETUP, OPTIONS
Server	r	opt.	all
Speed	Rr	opt.	PLAY
Transport	Rr	req.	SETUP
Unsupported	r	req.	all
User-Agent	R	opt.	all
Via	g	opt.	all
WWW-Authenticate	r	opt.	all

12.1 Accept

Accept 请求头域可以被用来规定能够被应答方所接受的某些显示描述内容的类型。

在显示描述中出现的“level”参数完全是为了作为 MIME 协议类型注册的一部分而定义的,而不是在这里。

语法参见[H14.1]。

例:

Accept:application/rtsl,application/sdp;level = 2

12.2 Accept-Encoding

参见[H14.3]。

12.3 Accept-Language

参见[H14.4]。注意此规定术语只适用于显示描述和所有的推理短语,而不适用于媒体内容。

12.4 Allow

Allow 应答头域的目的是为了严格传达接收器端与资源相关的有效的方法。一个 Allow 头域必须在一个 405(方法不给)应答中给出。

例:

Allow: SETUP, PLAY, RECORD, SET_PARAMETER

12.5 Authorization

参见[H14.8]。

12.6 Bandwidth

Bandwidth 请求头域描述了客户端可以得到的大概的带宽,以正整数表示,用每秒多少位来度量。在 RTSP 会话过程中客户端可用的带宽可能会发生变化,例如,由于调制解调器的重新调整而使得带宽改变。

Bandwidth = "Bandwidth" ":" 1 * DIGIT

例如:

Bandwidth: 4000

12.7 Blocksize

此请求头域是由客户端发送到媒体服务器端,用来向服务器询问详细的媒体包长度。包的长度不包括较低层次的头部,例如 IP,UDP 或 RTP。服务器端可以采用比被请求的块大小要小的块,这是不受限制的。并且服务器端还可以截断媒体包的长度,使之成为最接近的若干极小的媒体指定的块大小,如果需要的话,也可以用媒体指定的大小来覆盖媒体包的实际长度。块大小必须是正的十进制数,用八位字节来量度。如果其值在句法上是无效的话,那么服务器端将只返回一个错误消息(416)。

12.8 Cache-Control

Cache-Control 通用头域用来指明在一连串的请求/问答执行过程中必须被所有缓存机制所执行的指令。

缓存指令必须通过代理或网关操作来传递,而不用管这些操作的意义,因为此指令在一连串的请求/问答执行过程中可能对所有的接收端都是可用的。对某一具体的缓存器指定一条缓存指令是不可能的。

Cache-Control 应该仅仅被指定用在 SETUP 请求以及它的应答中。注意:Cache-Control 控制的缓存并不与 HTTP 的各种应答相关,而是与经过 SETUP 请求认证过的流相关。针对 RTSP 请求的应答是不能被缓存的,除非是针对 DESCRIBE 的应答。

```
Cache-Control              = "Cache-Control" ":" 1#cache-directive
cache-directive            = cache-request-directive
| cache-response-directive
cache-request-directive    = "no-cache"
| "max-stale"
| "min-fresh"
| "only-if-cached"
| cache-extension
cache-response-directive   = "public"
| "private"
| "no-cache"
| "no-transform"
| "must-revalidate"
| "proxy-revalidate"
| "max-age" "=" delta-seconds
| cache-extension
cache-extension            = token [ "=" ( token | quoted-string ) ]
```

no-cache:

表示媒体流一定不要在任何地方被缓存。这样可以使得数据源服务器可以防止缓存的发生,即使某个缓存器已经被配置成为对客户端的请求作出过时的应答,这种情况也不会发生。

public:

表示此媒体流可以被任何缓存所存储。

private:

表示此媒体流被规定为给某个惟一的用户使用,并且一定不可被任何共享的缓存器所存储。专用的(非共享的)缓存器可以存储此媒体流。

no-transform:

具有中间过渡作用的缓存器(代理)在转换某种特定流的媒体类型时是非常有用的。例如,代理可以转换视频格式以节省缓存空间,也可以为某个慢连接削减数据流量。然而,当这些对流的转换已经开始实施,并打算将流交给某个特定的应用程序使用时,操作上的严重问题可能会发生。诸如医学成像、科学数据分析和那些利用首尾相连的文电鉴别这样的应用程序都依赖于所接收到的流,并且这条流的每一比特位都与源实体相同。然而,如果某条应答包含 no-transform 指令,中间缓存或代理将一定不会改变这条流的编码。与 HTTP 不同,在这一点上 RTSP 并不提供部分变换的功能,如 RTSP 允许翻译成不同的语言。

only-if-cached:

在某些情况下,如在网络连接极端不良的情况下,某客户端可能希望缓存器仅仅返还当前被存储进去的那些媒体流,而不希望从源服务器端接收这些流。为了做到这一点,客户端可能要在请求中包含 only-if-cached 指令。缓存器如果收到这条指令,那么它将或者用与此请求的其他约束条件相一致的已作了缓存的媒体流应答,或者应答 504(Gateway Timeout)状态。然而,如果一组缓存器在拥有优良内部连接的条件下被作为一个联合的系统来运作,那样的请求将会在缓存组中被转发。

max-stale:

表示此客户端希望接收某条已超过截止期的媒体流。如果 max-stale 是赋了值的,那么此客户端只是希望收到一条超过截止期规定的秒数的应答。如果没有赋值给 max-stale,则客户端希望收到一条任意时间的过期应答。

min-fresh:

表示此客户端希望接收到一条新近生存期不超过它目前已存在的时间长度加上规定的秒数。更确切地说,客户希望一条至少仍然在规定秒数内的最新应答。

must-revalidate:

当某个缓存接收到一条 SETUP 应答中的 must-revalidate 指令时,如果对于随后的请求而言此缓存作出应答已经过期,那么它将一定不会使用其入口,除非它再次被源服务器端激活使其重新生效。换句话说,只是基于源服务器端的 Expires,如果缓存的应答已过期,则每次它都必须被循环往复的激活使其重新生效。

12.9 Conference

此请求头域在将要建立的某个会议和某一 RTSP 流之间建立一个逻辑连接。在同一 RTSP 会话中此会议标志是不能被改变的。

12.10 Connection

参见[H14.10]。

12.11 Content-Base

参见[H14.11]。

12.12 Content-Encoding

参见[H14.12]。

12.13 Content-Language

参见[H14.13]。

12.14 Content-Length

这个域包含了方法的内容的长度(例如,在成对的 CRLF 后跟着最后的头部)。与HTTP 不同,它必须被包含到所有的携带着除消息头部以外的内容的所有信息中。如果它被丢失了则默认值 0 将会被采用。其解释请依照[H14.14]。

12.15 Content-Location

参见［H14.15］。

12.16 Content-Type

参见［H14.18］。注意适合 RTSP 的内容类型很可能实际上在输出描述和参数值类型中受到限制。

12.17 CSeq

CSeq 域表示一个请求—应答对的序号。此域必须在所有的请求和应答中被给出，因为每一个 RTSP 请求都包含了给定的序号，所以与之相应的应答也拥有同样的序号。任何转发的请求都必须包含与开始时相同的序号。例如，在转发相同的请求时，其序号并不增加。

12.18 Date

参见［H14.19］。

12.19 Expires

Expires 实体头域给出了一个时间和日期，超过这一时间和日期的描述或媒体流将被认为是失效的。其解释用以下方法：

DESCRIBE 应答：

Expires 头部指明了一个时间和日期，超过这一时间和日期的描述将被认为是失效的。

一个失效的缓存入口是不能被缓存自身所返回的（无论是代理缓存还是用户代理缓存）除非它首次被源服务器端（或者是被某一拥有最新的实体复本的中间缓存）激活使其生效。参见本附录第 13 节对过期失效模式的进一步探讨。

Expires 域的存在并不是暗示着最初的资源在那个时间点或者之前之后改变或终止了其存在。

其格式就像在 HTTP-date 中所定义的那样是一种绝对的日期和时间，它必须符合 RFC1123-date 格式：

Expires = "Expires" ":" HTTP-date

其用法的一个例子是：

Expires: Thu, 01 Dec 1994 16:00:00 GMT

RTSP/1.0 客户端和缓存必定有其他非法数据格式，尤其包括“0”值问题，就像前面已经出现过的那样（例如，“already expired”）。

为了标明某个应答为“already expired”，源服务器端应该使用一个与 Date 头值相等的 Expires 日期。要标明应答为“never expires”，源服务器端应该使用一个从此应答发出之时起大约一年后的日期作为 Expires 日期。RTSP/1.0 服务器端不应该发送超过往后算一年以上的 Expires 日期。

在媒体流上存在的 Expires 头域拥有将来某个时间的日期值，此流如果不是默认不能被缓存的话，就表示其能够被缓存，除非在 Cache-Control 头域中另有说明（本附录 12.8 节）。

12.20　From

参见[H14.22]。

12.21　Host

这是 HTTP 请求头域,在 RTSP 中并不需要。如果发送的话就将被忽略掉。

12.22　If-Match

参见[H14.25]。

此域在保证输出描述的完整性方面非常有用,不论是在经由外部手段取得给 RTSP(如 HTTP)的场合下,还是由服务器来保证在 DESCRIBE 消息和 SETUP 消息时间之间其描述的完整性。

其标识符对外是不透明的,因此并不特指任何特殊会话描述语言。

12.23　If-Modified-Since

If-Modified-Since 请求头域被方法 DESCRIBE 和 SETUP 使用是有条件的。如果被请求的变量自从被指定在这个域中起一直没有被修改过,则一条描述将从服务器端返回(DESCRIBE)或者一条流将被建立起来(SETUP)。或者一条 304(not modified)应答将被返回,但不包含任何消息体。

If-Modified-Since = "If-Modified-Since" ":" HTTP-date

关于这个域的例子:

If-Modified-Since: Sat, 29 Oct 1994 19:43:31 GMT

12.24　Last-Modified

Last-Modified 实体头域表明了源服务器所能够确信的输出描述或媒体流最终被修改的日期和时间。参见[H14.29]。对于方法 DESCRIBE 或 ANNOUNCE,此头域指的是描述最终被修改的日期和时间,对于 SETUP 而言指的是媒体流。

12.25　Location

参见[H14.30]。

12.26　Proxy-Authenticate

参见[H14.33]。

12.27　Proxy-Require

Proxy-Require 头部用来表明对代理比较敏感的特征,而这些特征必须被代理服务器所支持。如果代理服务器不支持,则任何不被代理服务器所支持的 Proxy-Require 头部的特征将不会为代理服务器和客户端所承认。服务器端将会把此域与 Require 域视为是等同的。

关于此消息的更多细节和用法参见本附录 12.32 节。

12.28 Public

参见[H14.35]。

12.29 Range

此请求和应答头域指定了一个时间范围。这个范围可以被指定为许多的单元。此项描述详细定义了smpte(本附录3.5节),npt(本附录3.6节)。以及clock(本附录3.7节)中的范围单元。包括RTSP在内,字节[H14.36.1]是没有意义的,而且也不会被用到。此头部也可以在UTC中包含一个时间参数,指明操作的有效时间。支持Range头部的服务器端必须能够理解NPT的范围格式,也应该能够理解SMPTE的Range格式。Range应答头部指明了在多大的时间范围内实际被播放和录制了。如果Range头部被指定为无法理解的时间格式,则接收端将返回"501 Not Implemented"。

Range是半开放的时间区间,有低端而没有较高的一端。换句话说,一个从a到b的范围正好在时间a开始,但不一定正好在b之前停止。诸如音频和视频帧这样的媒体单元的开始时间才是有实际意义的。例如,假定视频帧每40毫秒生成1次。则一个10.0~10.1的范围将包括一个在10.0或更晚时间开始的视频帧,还将包括一个在10.08开始的视频帧,即使这后一个帧可能持续到此时间区间以外也会生成。另一方面,10.0~10.08的范围将不包括在10.08生成的帧。

Range = "Range" ":" 1\#ranges-specifier

[";" "time" "=" utc-time]

ranges-specifier = npt-range | utc-range | smpte-range

例如:

Range: clock = 19960213T143205Z-;time = 19970123T143720Z

这种表示方法与HTTP/1.1 [2]中的byte-range头部很相似。它允许客户端从媒体对象里选取一个剪辑,然后就可以像从当前位置播放到指定位置那样从指定点一直播放到结束。尽管服务器端可能拒绝在延长的空闲周期内继续保留服务器资源,回放的开始点仍然可以被安排在将来的某个时间。

12.30 Referer

参见[H14.37]。此URL参考了输出描述的Referer,特别是通过HTTP来检索。

12.31 Retry-After

参见[H14.38]。

12.32 Require

Require头部被客户端用来询问服务器端其选项是否可以被支持。如果不支持,服务器端必须给出一个使用了Unsupported头部的应答给Require头部,以此来否认这些选项。

当所有的选项都可被服务器端和客户端双方所理解时,以上做法就保证了客户机一服务器交互就能够无延迟地进行下去,仅当有些选项不可被理解时(在上文提到的那种情况下）速度才会慢下来。对于一个配合得很好的客户机—服务器对而言，交互会进行得很快，从而节约了在会议机制中所必需的不断巡回往复的来往所花的时间。另外，当服务器端无法理解客户端所请求的某些特征时，它也能够消除状态的模糊之处。

Require = "Require" ":" 1#option-tag

例：

C->S：SETUP rtsp://server.com/foo/bar/baz.rm RTSP/1.0

CSeq：302

Require：funky-feature

Funky-Parameter：funkystuff

S->C：RTSP/1.0 551 Option not supported

CSeq：302

Unsupported：funky-feature

C->S：SETUP rtsp://server.com/foo/bar/baz.rm RTSP/1.0

CSeq：303

S->C：RTSP/1.0 200 OK

CSeq：303

在此例中，"funky-feature"是特征标识，它向客户端表明那个虚构的 Funky-Parameter 域是必需的。在"funky-feature"和 Funky-Parameter 之间的联系并不是通过 RTSP 交换机来传递消息而达成的，因为此联系是"funky-feature"的一个不可改变的特征并且不能被任何交换机所传递。

代理和其他中间设备应该忽略在此域中不能被理解的那些特征。如果某个特殊的分机需要中间设备来支持它，则此分机将会被在 Proxy-Require 域中作标识以作更换。（参见本附录 12.27 节）

12.33　RTP-Info

此域用来在 PLAY 应答中设定 RTP 指定参数。

url：

表明流的 URL 与随后的 RTP 参数相一致。

seq：

指明了流的第一个包的序号。这允许客户端在寻找的时候仅适度地处理包。客户端可以使用这个值区分在搜索前和搜索后产生的包。

rtptime：

在 Range 应答头部中指明了与时间值相应的 RTP 时间戳。（注意：对于聚合控制而言，某一特殊的流可能实际上并不生成包给 Range 时间值返回或暗含。所以，并不能保证某个被 seq 指明含有序号的包必然含有由 rtptime 指明的时间戳。）客户端用这个值来计算由 RTP 时间到 NTP 的映射。

从 RTP 时间戳到 NTP 时间戳（wall clock）的映射可以通过 RTCP 探测到。然而，得到的信息还不足以生成由 RTP 时间戳到 NTP 的映射。而且，为了保证此消息能够在必要的时间内获得（在刚刚启动或搜索完毕时），并且能够可靠地被送达，这种映射将被安置在 RTSP 控制信道内。

为了校正较长的不间断的输出中产生的偏差,RTSP 客户端要进行从 NTP 到 RTP 的映射,此映射用到了初始 RTCP 发送端的报表,而且在随后的对映射偏差的检验中还要用到这些报表。

语法:

RTP-Info = "RTP-Info" ":" 1#stream-url 1 * parameter

stream-url = "url" "=" url

parameter = ";" "seq" "=" 1 * DIGIT

| ";" "rtptime" "=" 1 * DIGIT

例:

RTP-Info: url = rtsp://foo. com/bar. avi/streamid = 0; seq = 45102,

url = rtsp://foo. com/bar. avi/streamid = 1; seq = 30211

12.34 Scale

比率值 1 表示以正常的前进表示速率进行一般的播放或者录制。如果不是 1,则此值与正常的表示速率相关。例如,比率 2 表示以 2 倍正常速率(fast forward),同样比率 0.5 表示以一半的正常速率。换言之,比率 2 将把正常播放的时间增加到以 2 倍的 wallclock 速率播放。每经过 1 秒钟,2 秒钟的内容将被送达。负值表示反方向。

除非另有 Speed 参数发出请求,此数据传输率将不会被改变。必须依靠服务器和媒体类型才能实施对比率的改变。例如对于视频,服务器可以发送关键帧或者经过选择的帧。对于音频,如果要保留音调,服务器将依时间比率发送音频,如果不希望得到好的效果,则发送音频片段。

服务器应尝试接近表示率,但这样有可能限制了其所支持的比率值的范围。应答必须包含由服务器所选定的实际比率值。

如果请求包含了一个 Range 参数,则新的比率值将会立即生效。

Scale = "Scale" ":" ["-"] 1 * DIGIT ["." * DIGIT]

以正常速度 3.5 倍的速度反向播放的例子:

Scale: -3.5

12.35 Speed

此请求头域参数请求服务器端以某个特定的速度向客户端传送数据,视服务器的性能和希望媒体流以此给定的速度传送而定。服务器的执行是可选的,默认值是流的比特率。

此参数值以十进制比率来表示,例如,值 2.0 表示数据以正常速度的 2 倍来传送,0 值是非法的。如果请求包含了一个 Range 参数,则新的速度值将立即生效。

Speed = "Speed" ":" 1 * DIGIT ["." * DIGIT]

例如:

Speed: 2.5

此域可用来改变数据传输的带宽。在某特定的情况下其使用是有一定意义的,这个特定情况是指对输出以某个较高或较低的速率的预览是很有必要的。设备应该明白此会话的带宽可能被事先确定过了(不是通过 RTSP 方法),并且因此再次会议是必要的。当数据在 UDP 上传输的时候,强烈建议使用像 RTCP 这样的方法跟踪包的丢失率。

12.36　Server

参见[H14.39]。

12.37　Session

此需求和应答头域可标识一个 RTSP 会话,此会话由媒体服务器在 SETUP 应答中启动,由输出 URL 用 TEARDOWN 来终止。此会话标识符由媒体服务器选择(参见本附录 3.4 节)一旦某个客户端收到了一个会话标识符,则它必须对任何与此对话相关的请求返回其标识符。如果服务器有其他的方法标识会话,如动态生成 URLs,则它不一定非要建立会话标识符。

Session = "Session" ":" session-id [";" "timeout" "=" delta-seconds]

超时参数只允许在应答头中出现。在由于缺乏活动性(see Section A)而关闭会话之前,服务器用它来向客户端指明服务器在 RTSP 命令之间准备等待多长时间,超时用秒来度量,默认值是 60 秒(1 分钟)。

注意:会话标识符通过会话传送器或连接方式标识 RTSP 会话。超过一个的 RTSP URL 的控制消息可能在一个 RTSP 会话中传送。因此,客户端可能用一个控制着许多流的会话构成一个输出,只要所有的流来自同一个服务器(参见本附录 14 节中的例子)。然而,来自同一个客户端针对同一个 URL 的多个"用户"会话必须使用不同的会话标识符。

为了区别来自同一个客户端针对同一个 URL 的发送请求,此会话标识符是必需的。

如果会话标识符是非法的,则应答 454(Session Not Found)被返回。

12.38　Timestamp

时间戳通用头部描述了在何时客户端向服务器发送了请求。时间戳的值仅对客户端有意义,并且可以用任何时间比率。服务器必须回送准确的相同的值,并且如果服务器对此拥有精确的信息,则可以加进一个浮点数表明收到请求后又过了多少秒。用户端可用时间戳来计算与服务器之间的往返时间,这样就可为重传调整超时值。

Timestamp = "Timestamp" ":" *(DIGIT) ["." *(DIGIT)] [delay]
delay = *(DIGIT) ["." *(DIGIT)]

12.39　Transport

此请求头部指明了那个传送协议被使用了,并且还要配置此协议的参数,如目的地址、压缩、组播有效时间和单个流的目的端口。它设置那些没有被输出规范所决定了的值。

传送用逗号隔开,按优先顺序列出。

参数可以被加到各个传送上,用分号隔开。

Transport 头部也可以被用来改变某个传送参数。服务器可以拒绝对某个已存在的流的参数进行修改。

服务器可以在应答中返回一个 Transport 应答头部,用于实际被选择的值。

Transport 请求头域可能包含一个能被客户端所接受的传送选项列表。在此情况下,服务器必须返回一个实际被选择的选项。

传送分类符的语法是:

transport/profile/lower-transport.

"lower-transport"参数的默认值对其来说是特有的。对于 RTP/AVP,其默认值是 UDP。

以下是与传送有关的配置参数:

通用参数:

unicast | multicast:

相互独占指出了不管是单播还是组播都要尝试发送。默认值是组播。单播和组播传送都能够处理的客户端必须指出通过包括两个完整的拥有单独参数的传送规格而获得的能力。

destination:

流将要被发送到的地址。客户端可以指定带目的地参数的组播地址。为了避免成为无意地进行远程控制拒绝服务攻击的罪犯,在允许客户端指引媒体流到一个并不是被服务器所选定的地址的时候,服务器应该对客户端进行认证并将这种尝试记入日志。如果 RTSP 命令通过 UDP 发布,则以上所做的工作尤其显得重要,但是其实现不能依赖 TCP 作为可靠手段,因为 TCP 客户端由其自身来提供身份标识。服务器不应该允许客户端引导媒体流到一个与地址命令发送来的源地址不同的地址中去。

source:

如果流的来源地址与由 RTSP 终端地址所导出的地址不同(服务器在回放或者客户端在录制),则源地址应该被指出。

此消息也可通过 SDP 得到。然而,因为相比媒体初始化而言其更像传送的特征,所以应该用 SETUP 来应答此消息的可靠来源端。

layers:

此媒体流所用到的媒体层的数量。这些层被发送到与目的地址连续相邻的地址中去了。

mode:

此参数指定了对话所支持的方法,合法的值是 PLAY 和 RECORD,如果没有给出,则默认为 PLAY。

append:

如果 mode 参数包括 RECORD,则此追加参数指明媒体数据应被追加到已存在的资源中去而不是覆盖它。如果追加是被请求的,而且服务器并不支持它,则服务器必须拒绝此请求而不是去覆盖这些标识为 URI 的资源。如果 mode 参数不包含 RECORD,则追加参数是无效的。

interleaved:

此参数是将媒体流与控制流进行混频而不论控制流采用的是什么协议,其使用机制在本附录 10.12 节有定义。此参数提供了可在 $ 语句中用到的信道号码。此参数可以被指定为某个范围,例如 interleaved = 4-5,这样以防万一媒体流有需要的地方,就可以进行选择。

类似地,还可以用处理 UDP 的方法来处理 RTP/RTCP,例如,一个信道给 RTP,而另外一个给 RTCP。

Multicast 的具体描述：

ttl：

组播有效时间。

RTP 的具体描述：

port：

此参数为组播对话提供了一对 RTP/RTCP 端口。参数应指定为一个范围，例如，port = 3456-3457。

client_port：

此参数给单播提供了一对由客户端选择的 RTP/RTCP 端口，客户端通过此端口接收媒体数据和控制消息。参数应指定为一个范围，例如，client_port = 3456-3457。

server_port：

此参数给单播提供了一对由服务器端选择的 RTP/RTCP 端口，服务器端通过此端口接收媒体数据和控制消息。参数应指定为一个范围，例如，server_port = 3456-3457。

ssrc：

此参数指定了 RTP SSRC［本附录 3.24 节］值，此值应该被媒体服务器用在请求（request）或者应答（response）中。此参数只在单播传输中有效。它用来标识与媒体流有关的同步源。

Transport = "Transport" ":"

1\#transport-spec

transport-spec = transport-protocol/profile[/lower-transport]

* parameter

transport-protocol = "RTP"

profile = "AVP"

lower-transport = "TCP" | "UDP"

parameter = ("unicast" | "multicast")

| ";" "destination" ["=" address]

| ";" "interleaved" "=" channel ["-" channel]

| ";" "append"

| ";" "ttl" "=" ttl

| ";" "layers" "=" 1 * DIGIT

| ";" "port" "=" port ["-" port]

| ";" "client_port" "=" port ["-" port]

| ";" "server_port" "=" port ["-" port]

| ";" "ssrc" "=" ssrc

| ";" "mode" = <"> 1\#mode <">

ttl = 1 * 3(DIGIT)

port = 1 * 5(DIGIT)

ssrc = 8 * 8(HEX)

```
channel        = 1 * 3(DIGIT)
address        = host
mode           = <" > * Method <" > | Method
```

例:

Transport: RTP/AVP;multicast;ttl = 127;mode = "PLAY",

RTP/AVP;unicast;client_port = 3456-3457;mode = "PLAY"

Transport 头部被限定用来描述单个 RTP 流(RTSP 也能把多个看做单个实体来控制),使其成为 RTSP 的一部分而不是依赖于会话描述格式,这将极大地简化防火墙的设计。

12.40 Unsupported

此应答头部服务器所不支持的那些特征。在这些特征通过需要代理的域(本附录 12.32 节)来指定的地方,如果在服务器和客户端的路径之间存在代理服务器,则代理服务器必须插入一个带有错误信息“551 Option Not Supported”的回复。

参见本附录 12.32 节用法的例子。

12.41 User-Agent

参见[H14.42]。

12.42 Vary

参见[H14.43]。

12.43 Via

参见[H14.44]。

12.44 WWW-Authentica

参见[H14.46]。

13 Caching

在 HTTP 中,请求—应答对都是被缓存了的。RTSP 在此方面有显著的不同。应答是不能被缓存的,除了由 DESCRIBE 返回的或包含在 ANNOUNCE 内的输出规格。因为除了对 DESCRIBE 和 GET_PARAMETER 的应答外,其余应答都决不会返回任何数据,所以所有对这些请求的缓存并不是一个很大的问题。但仍然还是希望对连续的媒体数据进行缓存,就像对待会话规格一样,比较典型的是 RTSP 对媒体数据在频带之外的传送。

当收到 SETUP 或 PLAY 请求的时候,代理服务器就要确认它是否拥有某个连续媒体数据及其规格的最新的拷贝。代理服务器可以通过发布 SETUP 或 DESCRIBE 请求和将得到的拷贝和被缓存的拷贝的 Last-Modified 头部进行比较来确定此份拷贝是不是最新的。如果此拷贝不是最新的,则代理服务器就将 SETUP 的传送参数修改为合适的值,并给源服务器发送此请求。随后的控制命令,如 PLAY 或 PAUSE,则不作修改而直接传递给代理服务器。

当代理服务器可以生成本地拷贝以留后用的时候,就给客户端传送连续的媒体数据。缓存器的确切行为是由缓存应答指令给出的。此缓存应答指令在本附录12.8节作了阐述。如果缓存器正在给请求方发送流,则它必须响应任何DESCRIBE请求,同时有可能流的规格的底层细节在源服务器上已经改变了。

注意:RTSP缓存与HTTP缓存不同,它具有"穿刺"(cut-through)的变化。它并不是从源服务器上检索整个资源,而只是当此流数据正在被传送到客户端时简单地拷贝流数据,所以它并不引入额外的等待时间的概念。

对客户端而言,RTSP代理服务器缓存似乎就像正规的媒体服务器,对媒体源服务器而言,它又像客户端。正像HTTP缓存器必须存储其所存储的对象的内容类型、内容术语等那样,媒体缓存器也必须存储输出规范。但是媒体缓存器从输出规范中除去了所有的传送基准(即组播信息),因为它们独立于从缓存到客户端传送的数据。编码上的信息保留原样。如果此缓存器能够对缓存的媒体数据进行译码,则它将建立新的带有其所能够提供的所有可能的编码信息的输出规范。

14　例　子

下面的例子涉及到非标准的流的规范格式,如RTSP。这些例子并不是用来给这些非标准的格式作为参考的。

14.1　即时响应的媒体(单播)

客户端C请求一个来自媒体服务器A(audio.example.com)和V(video.example.com)的电影。此媒体的描述存放在Web服务器W上。此媒体描述包含输出和它所有的流的描述,包括可用的编解码器、动态RTP有效载荷类型、协议栈,还有内容信息,如术语和版权限制。它有可能也给出了关于此电影时间限制的指示。

在此例中,客户只对此电影的末尾部分感兴趣。

```
C->W: GET /twister.sdp HTTP/1.1
Host: www.example.com
Accept: application/sdp
W->C: HTTP/1.0 200 OK
Content-Type: application/sdp
v=0
o=-2890844526 2890842807 IN IP4 192.16.24.202
s=RTSP Session
m=audio 0 RTP/AVP 0
a=control:rtsp://audio.example.com/twister/audio.en
m=video 0 RTP/AVP 31
a=control:rtsp://video.example.com/twister/video
C->A: SETUP rtsp://audio.example.com/twister/audio.en RTSP/1.0
CSeq: 1
```

Transport: RTP/AVP/UDP;unicast;client_port=3056-3057
A->C: RTSP/1.0 200 OK
CSeq: 1
Session: 12345678
Transport: RTP/AVP/UDP;unicast;client_port=3056-3057;
server_port=5000-5001
C->V: SETUP rtsp://video.example.com/twister/video RTSP/1.0
CSeq: 1
Transport: RTP/AVP/UDP;unicast;client_port=3058-3059
V->C: RTSP/1.0 200 OK
CSeq: 1
Session: 23456789
Transport: RTP/AVP/UDP;unicast;client_port=3058-3059;
server_port=5002-5003
C->V: PLAY rtsp://video.example.com/twister/video RTSP/1.0
CSeq: 2
Session: 23456789
Range: smpte=0:10:00-
V->C: RTSP/1.0 200 OK
CSeq: 2
Session: 23456789
Range: smpte=0:10:00-0:20:00
RTP-Info: url=rtsp://video.example.com/twister/video;
seq=12312232;rtptime=78712811
C->A: PLAY rtsp://audio.example.com/twister/audio.en RTSP/1.0
CSeq: 2
Session: 12345678
Range: smpte=0:10:00-
A->C: RTSP/1.0 200 OK
CSeq: 2
Session: 12345678
Range: smpte=0:10:00-0:20:00
RTP-Info: url=rtsp://audio.example.com/twister/audio.en;
seq=876655;rtptime=1032181
C->A: TEARDOWN rtsp://audio.example.com/twister/audio.en RTSP/1.0
CSeq: 3
Session: 12345678
A->C: RTSP/1.0 200 OK
CSeq: 3

C->V：TEARDOWN rtsp://video. example. com/twister/video RTSP/1. 0

CSeq：3

Session：23456789

V->C：RTSP/1. 0 200 OK

CSeq：3

即使音频和视频流分别在两个不同的服务器上，而且可能开始的时间稍微有点不同并且相互之间存在偏差，此客户端也能够用标准的 RTP 方法使二者同步，特别是包含在 RTCP 发送报表中。

14. 2　壳文件流

本例的目的是，壳文件是存储实体，在此实体中与同一终端用户输出相关的若干连续媒体类型被给出。实际上，壳文件代表了 RTSP 输出，其组成部分是 RTSP 流。壳文件是储存此类输出的被广泛使用的方法。当其组成部分被当做独立的流传送的时候，在服务器终端为这些流维持一个公用的环境是值得做的。

这样做就使服务器能够保持一个存储空间，打开的时候就很容易了。假如所有流的优选都是由服务器来做的话，这样做也能够使服务器平等地处理所有的流。

有可能此输出的作者希望防止客户端有选择性地对流进行检索，以保存组合媒体流的艺术效果。同样地，在这样的紧紧被限制住的输出中，仍然希望 URL 通过某单个使用某个聚合 URL 的控制消息能够控制所有的流。

下面的例子只用到一个 RTSP 会话来控制多个流，同时也描述了聚合 URLs 的用法。

客户 C 请求了一个来自媒体服务器 M 的输出，此电影存储在一个流文件中，此客户已经获得了一个到壳文件的 RTSP URL。

C->M：DESCRIBE rtsp://foo/twister RTSP/1. 0

CSeq：1

M->C：RTSP/1. 0 200 OK

CSeq：1

Content-Type：application/sdp

Content-Length：164

v=0

o=- 2890844256 2890842807 IN IP4 172. 16. 2. 93

s=RTSP Session

i=An Example of RTSP Session Usage

a=control:rtsp://foo/twister

t=0 0

m=audio 0 RTP/AVP 0

a=control:rtsp://foo/twister/audio

m=video 0 RTP/AVP 26

a=control:rtsp://foo/twister/video

C->M：SETUP rtsp://foo/twister/audio RTSP/1. 0

```
CSeq: 2
Transport: RTP/AVP;unicast;client_port=8000-8001;
M->C: RTSP/1.0 200 OK
CSeq: 2
Transport: RTP/AVP;unicast;client_port=8000-8001;
server_port=9000-9001
Session: 12345678
C->M: SETUP rtsp://foo/twister/video RTSP/1.0
CSeq: 3
Transport: RTP/AVP;unicast;client_port=8002-8003
Session: 12345678
M->C: RTSP/1.0 200 OK
CSeq: 3
Transport: RTP/AVP;unicast;client_port=8002-8003;
server_port=9004-9005
Session: 12345678
C->M: PLAY rtsp://foo/twister RTSP/1.0
CSeq: 4
Range: npt=0-
Session: 12345678
M->C: RTSP/1.0 200 OK
CSeq: 4
Session: 12345678
RTP-Info: url=rtsp://foo/twister/video;
seq=9810092;rtptime=3450012
C->M: PAUSE rtsp://foo/twister/video RTSP/1.0
CSeq: 5
Session: 12345678
M->C: RTSP/1.0 460 Only aggregate operation allowed
CSeq: 5
C->M: PAUSE rtsp://foo/twister RTSP/1.0
CSeq: 6
Session: 12345678
M->C: RTSP/1.0 200 OK
CSeq: 6
Session: 12345678
C->M: SETUP rtsp://foo/twister RTSP/1.0
CSeq: 7
Transport: RTP/AVP;unicast;client_port=10000;
```

M->C: RTSP/1.0 459 Aggregate operation not allowed

CSeq: 7

在第一个失败的例子中,客户试图暂停一个输出流(此情况下的视频),对此输出而言这是服务器所不允许的。在第二个例子中,聚合 URL 不能为 SETUP 所用到,并且每个流都需要有一个控制消息来建立传输参数。

这样就保持了 Transport 头部语法的简单,并且允许防火墙容易地分析传送消息。

14.3 单个流的壳文件

某些 RTSP 服务器可以将所有的文件看做"壳文件"来处理,然而其他一些服务器可能不支持这样的概念。正因为如此,客户应该用在针对请求 URLs 的会话描述中提出的规则,而不是假定某稳定的 URL 可能一直在被使用。下面的例子,描述了多流服务器可能是怎样地认为某个单流文件被发送了:

Accept: application/x-rtsp-mh, application/sdp

CSeq: 1

S->C RTSP/1.0 200 OK

CSeq: 1

Content-base: rtsp://foo.com/test.wav/

Content-type: application/sdp

Content-length: 48

v=0

o= -872653257 872653257 IN IP4 172.16.2.187

s=mu-law wave file

i=audio test

t=0 0

m=audio 0 RTP/AVP 0

a=control:streamid=0

C->S SETUP rtsp://foo.com/test.wav/streamid=0 RTSP/1.0

Transport: RTP/AVP/UDP;unicast;

client_port=6970-6971;mode=play

CSeq: 2

S->C RTSP/1.0 200 OK

Transport: RTP/AVP/UDP;unicast;client_port=6970-6971;

server_port=6970-6971;mode=play

CSeq: 2

Session: 2034820394

C->S PLAY rtsp://foo.com/test.wav RTSP/1.0

CSeq: 3

Session: 2034820394

S->C RTSP/1.0 200 OK

CSeq: 3

Session: 2034820394

RTP-Info: url = rtsp://foo. com/test. wav/streamid = 0;

seq = 981888; rtptime = 3781123

注意:在 SETUP 命令中不同的 URL,它们随后在 PLAY 命令中转回到了聚合 URL。当存在聚合控制的多流的时候是有完全意义的,但是决不直观,特别是在只有一个流的地方。

在这个特殊的例子中,建议服务器不要实施其发送的指令:

C- > S PLAY rtsp://foo. com/test. wav/streamid = 0 RTSP/1. 0

CSeq: 3

在最坏的情况下,服务器应该回送:

S- > C RTSP/1. 0 460 Only aggregate operation allowed

CSeq: 3

同样也希望服务器不要实施以下部分:

C- > S SETUP rtsp://foo. com/test. wav RTSP/1. 0

Transport: rtp/avp/udp; client_port = 6970-6971; mode = play

CSeq: 2

因为在此文件中只有一个流,所以其意义很明确。

14.4 用组播进行实况媒体传输

此媒体服务器 M 选定了这个组播地址和端口。这里我们假定这里的 Web 服务器只包含一个指向完整描述的指针,而此媒体服务器 M 保留着此完整描述。

C- > W: GET /concert. sdp HTTP/1. 1

Host: www. example. com

W- > C: HTTP/1. 1 200 OK

Content-Type: application/x-rtsl

< session >

< track src = " rtsp://live. example. com/concert/audio" >

< /session >

C- > M: DESCRIBE rtsp://live. example. com/concert/audio RTSP/1. 0

CSeq: 1

M- > C: RTSP/1. 0 200 OK

CSeq: 1

Content-Type: application/sdp

Content-Length: 44

v = 0

o = - 2890844526 2890842807 IN IP4 192. 16. 24. 202

s = RTSP Session

m = audio 3456 RTP/AVP 0

a = control: rtsp://live. example. com/concert/audio

c = IN IP4 224. 2. 0. 1/16

C- > M：SETUP rtsp://live. example. com/concert/audio RTSP/1. 0

CSeq：2

Transport：RTP/AVP;multicast

M- > C：RTSP/1. 0 200 OK

CSeq：2

Transport：RTP/AVP;multicast;destination = 224. 2. 0. 1;

port = 3456-3457;ttl = 16

Session：0456804596

C- > M：PLAY rtsp://live. example. com/concert/audio RTSP/1. 0

CSeq：3

Session：0456804596

M- > C：RTSP/1. 0 200 OK

CSeq：3

Session：0456804596

14.5　在一个已存在的会话中播放媒体

某会议的参与者 C 希望媒体服务器 M 在一个已存在的会议中播放一段演示录音。C 向媒体服务器表明网址和密钥已经由会议给予了,所以它们不必再由服务器挑选。此例子省略了简单的 ACK 响应。

C- > M：DESCRIBE rtsp://server. example. com/demo/548/sound RTSP/1. 0

CSeq：1

Accept：application/sdp

M- > C：RTSP/1. 0 200 1 OK

Content-type：application/sdp

Content-Length：44

v = 0

o = - 2890844526 2890842807 IN IP4 192. 16. 24. 202

s = RTSP Session

i = See above

t = 0 0

m = audio 0 RTP/AVP 0

C- > M：SETUP rtsp://server. example. com/demo/548/sound RTSP/1. 0

CSeq：2

Transport：RTP/AVP;multicast;destination = 225. 219. 201. 15;

port = 7000-7001;ttl = 127

Conference：199702170042. SAA08642@ obiwan. arl. wustl. edu%20Starr

M- > C：RTSP/1. 0 200 OK

CSeq：2

Transport: RTP/AVP;multicast;destination = 225.219.201.15;

port = 7000-7001;ttl = 127

Session: 91389234234

Conference: 199702170042.SAA08642@obiwan.arl.wustl.edu%20Starr

C->M: PLAY rtsp://server.example.com/demo/548/sound RTSP/1.0

CSeq: 3

Session: 91389234234

M->C: RTSP/1.0 200 OK

CSeq: 3

14.6 录制

此会议的参与者客户 C 要求媒体服务器 M 录制会议的视频和音频部分。用户使用了 ANNOUNCE 方法来给服务器提供关于已记录的会话的元信息。

C->M: ANNOUNCE rtsp://server.example.com/meeting RTSP/1.0

CSeq: 90

Content-Type: application/sdp

Content-Length: 121

v = 0

o = camera1 3080117314 3080118787 IN IP4 195.27.192.36

s = IETF Meeting, Munich - 1

i = The thirty-ninth IETF meeting will be held in Munich, Germany

u = http://www.ietf.org/meetings/Munich.html

e = IETF Channel 1 <ietf39-mbone@uni-koeln.de>

p = IETF Channel 1 +49-172-2312 451

c = IN IP4 224.0.1.11/127

t = 3080271600 3080703600

a = tool:sdr v2.4a6

a = type:test

m = audio 21010 RTP/AVP 5

c = IN IP4 224.0.1.11/127

a = ptime:40

m = video 61010 RTP/AVP 31

c = IN IP4 224.0.1.12/127

M->C: RTSP/1.0 200 OK

CSeq: 90

C->M: SETUP rtsp://server.example.com/meeting/audiotrack RTSP/1.0

CSeq: 91

Transport: RTP/AVP;multicast;destination = 224.0.1.11;

port = 21010-21011;mode = record;ttl = 127

M- > C: RTSP/1.0 200 OK

CSeq: 91

Session: 50887676

Transport: RTP/AVP;multicast;destination = 224.0.1.11;

port = 21010-21011;mode = record;ttl = 127

C- > M: SETUP rtsp://server.example.com/meeting/videotrack RTSP/1.0

CSeq: 92

Session: 50887676

Transport: RTP/AVP;multicast;destination = 224.0.1.12;

port = 61010-61011;mode = record;ttl = 127

M- > C: RTSP/1.0 200 OK

CSeq: 92

Transport: RTP/AVP;multicast;destination = 224.0.1.12;

port = 61010-61011;mode = record;ttl = 127

C- > M: RECORD rtsp://server.example.com/meeting RTSP/1.0

CSeq: 93

Session: 50887676

Range: clock = 19961110T1925-19961110T2015

M- > C: RTSP/1.0 200 OK

CSeq: 93

15 语 法

RTSP 语法用扩充的 Backus-Naur 范式(BNF)描述,与 RFC 2068[2]中的用法一样。

OCTET = < any 8-bit sequence of data >

CHAR = < any US-ASCII character (octets 0 - 127) >

UPALPHA = < any US-ASCII uppercase letter "A".."Z" >

LOALPHA = < any US-ASCII lowercase letter "a".."z" >

ALPHA = UPALPHA | LOALPHA

DIGIT = < any US-ASCII digit "0".."9" >

CTL = < any US-ASCII control character

(octets 0 - 31) and DEL (127) >

CR = < US-ASCII CR, carriage return (13) >

LF = < US-ASCII LF, linefeed (10) >

SP = < US-ASCII SP, space (32) >

HT = < US-ASCII HT, horizontal-tab (9) >

<" > = < US-ASCII double-quote mark (34) >

CRLF = CR LF

LWS = [CRLF] 1 * (SP | HT)

```
TEXT                 =      < any OCTET except CTLs >
tspecials            =      "(" | ")" | "<" | ">" | "@"
| "," | ";" | ":" | "\" | <">
| "/" | "[" | "]" | "?" | "="
| "{" | "}" | SP | HT
token                = 1 * < any CHAR except CTLs or tspecials >
quoted-string        = ( <"> * (qdtext) <"> )
qdtext               = < any TEXT except <"> >
quoted-pair          = "\" CHAR
message-header       = field-name ":" [ field-value ] CRLF
field-name           = token
field-value          = * ( field-content | LWS )
field-content        = < the OCTETs making up the field-value and
consisting of either * TEXT or
combinations of token, tspecials, and
quoted-string >
safe                 = " \ $" | "_" | "_" | "." | "+"
extra                = "!" | " * " | "$□$" | "(" | ")" | ","
hex                  = DIGIT | "A" | "B" | "C" | "D" | "E" | "F" |
"a" | "b" | "c" | "d" | "e" | "f"
escape               = " \% " hex hex
reserved             = ";" | "/" | "?" | ":" | "@" | "&" | "="
unreserved           = alpha | digit | safe | extra
xchar                = unreserved | reserved | escape
```

16 安全考虑

因为在语法和用法中 RTSP 服务器和 HTTP 服务器存在相似性，所以安全方面的考虑在［H15］中概述的内容适用，但应特别注意以下几点：

认证机制：

RTSP 和 HTTP 共享通用的认证方案，应该遵从同样的与认证有关的规定。客户认证的问题参见［H15.1］，支持多个的认证机制参见［H15.2］。

滥用服务器日志信息：

RTSP 和 HTTP 服务器大概拥有相似的日志记录机制，应该在保护这些日志的内容这一方面程度相同，从而就保护了此服务器用户的秘密。HTTP 服务器的推荐服务器日志标准参见［H15.3］。

敏感信息的转移：

没有理由相信通过 RTSP 转移的信息可能不比通过 HTTP 正常传送的信息更加敏感。因此，所有关于保护数据和用户秘密的预防措施都应该被用在 RTSP 客户端，服务器端和代理服务器端等设备上。更多的细节参见[H15.4]。

基于文件和路径名的攻击:

尽管 RTSP URLs 是不透明的句柄,不一定非要有文件系统的语义,但可以预料到许多设备直接把部分请求 URLs 翻译成文件系统调用。在这种情况下,文件系统应该遵从在[H15.5]中概述的预防措施,如在路径组成部分中检验“..”。

私人信息:

RTSP 客户经常与 HTTP 客户私下享有相同的信息(用户名、地址等),因而应该被同等地看待。更多的建议参见[H15.6]。

连接 Accept 头部的保密问题:

因为同样的“Accept”头部在 RTSP 和 HTTP 中都有存在的可能,所以它们的用法应参照同样的告诫,此告诫在[H15.7]中作了概述。

DNS 电子欺骗:

推测起来,RTSP 会话和 HTTP 会话相比较而言需要给予更长的连接时间,RTSP 客户 DNS 优化也可能用得不再普遍。尽管如此,在[H15.8]中给出的推荐标准仍然与所有试图依靠一个 DNS 到 IP 的映射来控制超过此单个映射的设备相关联。

Location 头部和电子欺骗:

如果某个服务器支持多个相互之间不信任的组织,则它必须检查在上述组织的控制下生成的应答中的 Location 的值和 Content-Location 头部,以此来保证这些组织没有使它们无权访问的资源变得无效的企图,参见[H15.9]。

除了在目前的 HTTP 规约下的推荐标准外(RFC 2068,从此标准建立时起),更多的 HTTP规约可以提供安全问题上补充的指导。

以下是针对 RTSP 设备所附加的考虑。

集中式拒绝服务攻击:

此协议给远程控制的拒绝服务攻击留下了机会。攻击者可能在 SETUP 请求中通过指定地址为目的地来初始化信息流到一个或多个 IP 地址。虽然在此情况下攻击者的 IP 地址可能被知道,但在防止更多的攻击者或者在调查攻击者身份的时候往往也是不很有用。因而,如果服务器已经认证了客户的身份,RTSP 服务器应该只允许用指定客户的目的地来初始化 RTSP 信息流,或者拒绝某个已知的数据库用户使用 RTSP 身份认证机制(宁可用分类认证或更强的方法),或者用其他的安全手段。

会话抢劫:

因为在传送层连接和 RTSP 会话之间没有任何关系,则恶意的用户有可能发布带有随机的可能侵袭毫无防备的客户的会话表字符的请求。服务器应该用一个大的、随机的且无序的会话标志符来使此类攻击减到最少。

认证:

服务器应该同时执行基本的和分类的[8]认证。在需要对控制信息进行严格安全保护的环境内,RTSP 控制流应该被加密。

流的发送:

RTSP 只提供了流的控制。流的发送问题在本节没有涉及,在本文剩下的部分也不会涉及。RTSP 的实施可能更多地要依赖其他一些协议,如 RTP、IP 组播、RSVP 及 IGMP 等,并且应该提出在这些协议和其他适用的规约中所提出了的安全方面的考虑。

持久的可疑行为:

当 RTSP 服务器一收到某个被认为可能存在安全方面的危险的行为事例时就应该立即返回错误码 403(Forbidden)。RTSP 服务器应该也对以下几点有所意识,如探察服务器的弱点和入口点以及可能的随意断开,还有对更多的发出请求但被认为是违反了本地安全策略的客户的忽略。

附录 A　RTSP 协议状态机

RTSP 客户和服务器状态机协议从 RTSP 会话初始化直到最终结束的工作情况。

状态定义在每个对象基础之上。对象通过流 URL 和 RTSP 会话标志符惟一地被标识了。任何用到了聚合 URLs 来指示的由多个流组成的 RTSP 输出的请求/回复将对所有流的各自的状态产生影响。例如,如果输出/movie 包含两个流, /movie/audio 和 /movie/video,则如下的命令:

PLAY rtsp://foo. com/movie RTSP/1.0

CSeq: 559

Session: 12345678

将对 movie/audio 和 movie/video 的状态产生影响。

本例并不包含标准的表示流的方法,无论在 URLs 中或者在与文件系统的关联中。参见 3.2 节。

请求 OPTIONS, ANNOUNCE, DESCRIBE, GET_PARAMETER, SET_PARAMETER 不会对客户端和服务器状态产生任何影响,因此没有在状态表格中将它们列出。

A.1　客户端状态机

呈现如下的状态:

Init:

SETUP 已经送出,等待回复。

Ready:

在 Playing 状态期间,SETUP 回复已收到或者 PAUSE 回复已收到。

Playing:

PLAY 回复已收到。

Recording:

RECORD 回复已收到。

一般而言,客户端在收到对请求的回复时改变状态。注意某些请求会对将来的时间和位置产生影响(如 PAUSE),并且状态会因此而改变。如果明确的 SETUP 对某个对象而言并不是必须的(例如,通过组播组可以得到这种情况),则状态首先从 Ready 开始。在这种情况下,只存在两种状态,Ready 和 Playing。当被请求的范围结束的时候,客户端也将把状态从 Playing/Recording 改变为 Ready。

"next state"列表明了在收到一个成功的响应(2xx)之后应呈现的状态。如果请求产生了一个状态码 3xx,则状态变成了 Init,而状态码 4xx 不改变状态。对于各个状态如果消息没有列出,则用户一定不要在此状态下发布此消息,除非此消息不影响状态,正如上问所列举的那样。从服务器收到一个 REDIRECT 与收到一个 3xx 重定向状态二者是等价的。

状态	发送消息	响应后的下一个状态
Init	SETUP	Ready
TEARDOWN	Init	
Ready	PLAY	Playing
RECORD	Recording	
TEARDOWN	Init	
SETUP	Ready	
Playing	PAUSE	Ready
TEARDOWN	Init	
PLAY	Playing	
SETUP	Playing (changed transport)	
Recording	PAUSE	Ready
TEARDOWN	Init	
RECORD	Recording	
SETUP	Recording (changed transport)	

A.2　服务器状态机

服务器能够呈现以下状态:

Init:

初始状态,还没有收到有效的 SETUP。

Ready:

上次 SETUP 成功收到,回复已发送或在播放后发送,上次 PAUSE 成功收到,回复已发。

Playing:

上次 PLAY 成功收到,回复已发。数据正在传送。

Recording:

服务器正在录制媒体数据。

一般而言,服务器在收到请求的时候改变状态。如果服务器处于 Playing 或 Recording 状态并且设置在单播模式下,则它可以还原到 Init;如果它在规定的时间间隔内(默认 1 分钟)没有收到来自客户端的“wellness”信息的话就拆卸 RTSP 会话,如 RTCP 报表或命令。服务器可以在会话应答头部(本附录 12.37 节)声明另一个超时值。如果服务器处于 Ready 状态,且在超过一分钟的时间间隔内没有收到任何 RTSP 请求,则它可以还原到 Init 状态。注意:有些请求(如 PAUSE)可能对将来的时间和位置有影响,并且服务器的状态在适当的时间会改变。在客户请求的范围的终点,服务器从状态 Playing 或者 Recording 还原到状态 Ready。

当 REDIRECT 消息被发送的时候,将立即产生影响,除非它拥有一个 Range 头部指定何时重定向生效。在此情况下,服务器的状态也会在适当的时候改变。

如果对象不要求明确的 SETUP,则状态由 Ready 开始并且只存在两个状态 Ready 和 Playing。

"next state"列表明在发送一个成功的应答(2xx)后应呈现的状态。如果请求导致了状态码 3xx,则状态变为 Init。状态码 4xx 不会导致任何变化。

状态	收到的消息	下一个状态
Init	SETUP	Ready
	TEARDOWN	Init
Ready	PLAY	Playing
	SETUP	Ready
	TEARDOWN	Init
	RECORD	Recording
Playing	PLAY	Playing
	PAUSE	Ready
	TEARDOWN	Init
	SETUP	Playing
Recording	RECORD	Recording
	PAUSE	Ready
	TEARDOWN	Init
	SETUP	Recording

附录 B 用 RTP 进行交互

RTSP 允许媒体客户端控制经过选择的、非连续的媒体输出的部分节选,用 RTP 媒体层来翻译这些流。此媒体层对 RTP 流的翻译不应受到 NTP 中跳转指令的影响。因此,RTP 序号和 RTP 时间戳都必须是连续的并且不会受 NTP 跳转指令的影响。

举个例子,假定时钟频率是 8 000Hz,打包时间间隔是 100ms,初始的序号和时间戳都是零。首先我们播放 NTP 10 到 NTP 15,然后向前跳跃,再播放 NTP 18 到 NTP 20。第一个片段被当做 RTP 包来播放,此包的序号是从 0 ~ 49,时间戳是从 0 ~ 39 200。第二个片段由 RTP 包组成,其序号是从 50 ~ 69,时间戳是从 40 000 ~ 55 200。

我们不能推测出 RTSP 客户端能够与 RTP 媒体代理相互通信,因为二者可能是相互独立的。如果 RTP 时间戳显示出了和 NTP 一样的间隙,则媒体服务器将认为输出中有个暂停。如果 NTP 中的跳转足够大,则 RTP 时间戳可能翻转并且媒体代理服务器可能认为随后的包是刚刚放出的包的复本。

对于某些数据类型,RTSP 和 RTP 层的紧密聚合是有必要的。但这样做决不是排除以上种种限定。RTSP/RTP 相互结合的媒体客户端应该使用 RTP—Info 域来确定是否输入的 RTP 包是以前发送的或者是搜索之后得到的。

对于连续的音频,服务器应该在处理新的 PLAY 请求刚开始的时候设置 RTP 标识位。这样就使客户端能够执行耗尽的时延适应。

关于缩放比例(参见本附录 12.34 节),RTP 时间戳应该与重放计时保持一致。例如,当某个以 30 帧/秒记录的视频以 2 倍比例和 1 倍速度(本附录 12.35 节)来播放时,服务器将每两帧丢弃一次,以此来维持和递送视频包,此视频包的时间戳间距是 3 000,但 NTP 将增加,每个视频帧增加 1/15 秒。

客户端能够维持正确的 NTP 显示通过记录重新定位后第一个包到达时的 RTP 时间戳的值。RTP-Info(附录 12.33 节)头部的时序参数提供了下一个片段的第一个序号值。

附录 C　针对 RTSP 会话描述的 SDP 的使用

会话描述协议(SDP, RFC 2327 [6])可以被用来描述 RTSP 中的流或输出。这种用法被限制用来指定如下的访问和编码方法:

聚合控制:

由来自一个或多个服务器的不能进行聚合控制的流组成的输出。这样的描述通过 HTTP 或其他非 RTSP 方法来进行特有的检索。然而,它们应该能以 ANNOUNCE 方法来接收。

非聚合控制:

由来自一个服务器的能够进行聚合控制的多个流组成的输出。这样的描述在给某个 URL 上的 DESCRIBE 请求的回复中被特有地返回,或者在 ANNOUNCE 方法中被收到。

这个附录描述了一个被检索的 SDP 文件,例如,通过 HTTP,确定了一个 RTSP 会话的操作。同样也描述了客户端应该是如何解释 SDP 内容,此内容在给一个 DESCRIBE 请求的回复中被返回。SDP 没有提供客户可依照的机制,通过此机制客户可以不需要人的指导就可以区别若干同时被翻译的媒体流和一组其他的选择的流(如两个讲不同语言的音频流)。

C.1　定义

在此附录中的术语"session-level","media-level"和其他关键/标志名和值的使用方法和在 SDP(RFC 2327 [6])中定义的一样。

C.1.1　控制 URL

"a = control:"标志用来传送控制 URL。此标志针对会话和媒体描述都有使用。如果针对单个媒体使用,它指明了用来控制特殊媒体流的 URL。如果在会话层次上出现,则此标志指明了用来做聚合控制的 URL。

例:

a = control:rtsp://example. com/foo

按照这条在 RFC 1808 [25]中所陈述的规则和约定,此标志可能包含任一相关和绝对的 URLs。其实现应该按照如下顺序寻找一个基础 URL:

① RTSP Content-Base 域。

② RTSP Content-Location 域。

③ RTSP 请求 URL。

如果此标志只包含一个星号(*),则此 URL 就会被视为一个空的嵌入式的 URL,并且因而继承了整个的基础 URL。

C.1.2 媒体流

“m =”域被用来计算流。这是希望所有指定的流都将适当的同步的被解释。如果会话是单播,从服务器到客户端的端口数目就成为一个推荐标准;客户端依然必须把它包括进其SETUP请求中,并且可能忽略了此推荐标准。如果服务器没有任何优先选择,则它应该将端口数目设为零。

例:

m = audio 0 RTP/AVP 31

C.1.3 有效载荷类型

有效载荷类型指定在“m =”域中。倘若有效载荷类型是静态有效载荷类型(根据RFC 1890 [1]),则其他的信息都不需要。倘若它是动态有效载荷类型,则应使用媒体标志“rtpmap”来指明此媒体是什么。“rtpmap”中的“encoding name”标志可能是在RFC 1890(本附录5节和6节)指明的那些标志中间的一个,或者是一个实验性的带有一个“X-”后缀的编码,此后缀在SDP (RFC 2327 [6])中作了指定。具体编解码参数在此域内并没有指定,而是更确切地在“fmtp”标志中被指定了。以下对此标志作了描述。设备应该依照RFC 1890 [1]中的过程寻找寄存新的编码。如果媒体类型与RTP AV格式不相匹配,则建议建立一个新的格式,并且在“m =”域中用合适的格式名代替“RTP/AVP”。

C.1.4 格式指定参数

格式指定参数用“fmtp”媒体标志传送。“fmtp”标志的语法被指定为此标志所涉及到的编码。注意打包时间间隔是用“ptime”标志传送的。

C.1.5 输出范围

“a = range”标志定义了所存储的会话的整个时间范围。(实况会话的长度能够从“t”和“r”参数中推导出来)除非输出包含不同持续时间的媒体流,否则此范围标志就是一个会话级的标志。此单元首先被指定,然后是范围值。这些单元和它们的值在附录3.5节、3.6节和3.7节都作了定义。

例:

a = range:npt = 0-34.4368

a = range:clock = 19971113T2115-19971113T2203

C.1.6 可用时间

“t =”域必须包含关于开始和结束时间的合适的值,以提供给聚合和非聚合的控制。如果是用聚合控制,服务器应该指明一个停止时间的值来保证描述是有效的,同时也要指明一个开始时间,此时间等于或早于收到DESCRIBE请求的时间,也可以指明开始和停止时间为0,表示会话一直是可用的。如果是用非聚合控制,则此值应该反映实际的会话有效的周期,与SDP语义一致,并且达到不随其他的手段(如包含描述内容的Web页的生存期限)而定的目的。

C.1.7　连接信息

在 SDP 中,“c =”域包含媒体流的目的地址。然而,对于即时响应的单播流和一些组播流,此目的地址由客户通过 SETUP 请求来指定。除非媒体内容拥有固定的目的地址,“c =”域应设置为与之相配的空值。对于地址类型“IP4”,其值是“0.0.0.0”。

C.1.8　实体标签

可选的“a = etag”标志确定了会话描述的版本。对客户端是不透明的。如果此标志的值仍然与目前描述的标志值一致,SETUP 请求可能在 If-Match 域(参见本附录 12.22 节)中包含此标识符用来只允许会话的建立。此标志值是不透明的并且可能包含许多在 SDP 标志值才允许出现的符号。

例:

a = etag:158bb3e7c7fd62ce67f12b533f06b83a

可能有人主张“o =”域提供了同样的功能。然而,这样做在某种意义上束缚了服务器,因为此服务器需要支持多个会话描述类型,而不像 SDP 仅支持同一段媒体内容。

C.2　聚合控制不可用

如果输出不支持聚合控制并且指定了多流部分,各个部分必须拥有通过“a = control:”标志指定的控制 URL。

例:

v = 0

o = -2890844256 2890842807 IN IP4 204.34.34.32

s = I came from a web page

t = 0 0

c = IN IP4 0.0.0.0

m = video 8002 RTP/AVP 31

a = control:rtsp://audio.com/movie.aud

m = audio 8004 RTP/AVP 3

a = control:rtsp://video.com/movie.vid

注意在描述中的控制 URL 的位置,它意味着客户端给服务器建立了分开的 RTSP 控制会话 audio.com 和 video.com。

推荐 SDP 文件包含完整的媒体初始化信息,即使媒体是通过非 RTSP 方法传递给媒体客户端的,因为没有任何机制指明客户端应该通过 DESCRIBE 请求更多的详细的媒体流信息。

C.3　聚合控制可用

在此情况下,服务器拥有能够被当做整体控制的多个流。在此情况下,既有用来指定流的 URLs 的媒体级的“a = control:”标志,又有被用来当做针对聚合控制的请求 URL 的会话级的“a = control:”标志。如果此媒体级的 URL 是相关的,则根据上述 C.1.1 节,其将被分解为绝对 URLs。

如果输出仅包括一个流,则其媒体级的“a = control:”标志可能被完全省略了。然而,如果此输出包含超过一个的流,则每个媒体流部分必须包含它们自己的“a = control”标志。

例:

v = 0

o = - 2890844256 2890842807 IN IP4 204.34.34.32

s = I contain

i = < more info >

t = 0 0

c = IN IP4 0.0.0.0

a = control:rtsp://example.com/movie/

m = video 8002 RTP/AVP 31

a = control:trackID = 1

m = audio 8004 RTP/AVP 3

a = control:trackID = 2

在此例中,客户端被请求与服务器建立一个 RTSP 会话,且使用到了如下 URLs rtsp://example.com/movie/trackID = 1 和 rtsp://example.com/movie/trackID = 2 来分别建立视频和音频流。这个 URL rtsp://example.com/movie 控制整个电影。

附录 D 最小 RTSP 实现

D.1 客户端

客户端的实现必须能够做到以下部分:

* 生成下列请求:SETUP, TEARDOWN, PLAY(如一个最小的回放客户端)或 RECORD(如一个最小的录制客户端)中的一个,如果 RECORD 实现了,则 ANNOUNCE 也必须被实现。

* 包含下列请求中的头部:CSeq, Connection, Session, Transport。如果 ANNOUNCE 实现了,那么也应该能够包含头部 Content-Language, Content-Encoding, Content-Length 和 Content-Type。

* 分析和理解下列响应中的头部:CSeq, Connection, Session, Transport, Content-Language, Content-Encoding, Content-Length, Content-Type。如果 RECORD 实现了,则 Location 头部也必须能被理解。RTP-Compliant 实现了,则 RTP-Info 也应被实现。

* 理解收到的每个错误码的类别并且通知终端用户,如果一个错误已经存在,则错误码在种类 4xx 和 5xx 中。如果终端用户明显的不需要一个或所有的错误码,则发出通知的条件必须要放松。

* 等待和响应来自服务器的异步的请求,如 ANNOUNCE。这并不是必定意味着应该实现 ANNOUNCE 方法,而仅仅意味着必须对从服务器收到的请求作出肯定或否定的响应。

尽管不是必须的,在发布的时候,为了与初始的实现和/或成为一个“好市民”形成实际的互操作性,强烈推荐下列部分:

• 实现 RTP/AVP/UDP 为有效的传送。

• 包含 User-Agent 头部。

• 理解 SDP 会话描述,其定义在附录 C。

• 接受媒体初始化格式(如 SDP),从标准的输入、命令行或其他合适的方法到操作环境,以此来为其他应用软件(如 Web 浏览器)扮演"应用帮手"的角色。

可能 RTSP 应用软件与研究者最初所设想的在 RTSP 规约方面有所不同,正因为如此,上述的需求可能没有任何意义。因此,上述建议只是作为指导方针而不是严格的要求。

D.1.1　基本回放

为了支持即时媒体流回放,客户端必须另外能够做到以下几点:

• 生成 PAUSE 请求;

• 实现 REDIRECT 方法及 Location 头部。

D.1.2　激活的认证

为了从需要认证的 RTSP 服务器访问媒体输出,客户端必须另外能够做到以下几点:

• 认出 401 状态码;

• 分解并包含 WWW-Authenticate 头部;

• 实现基本认证和分类认证。

D.2　服务器

最小服务器端的实现必须能够做到以下部分:

*　实现下列方法:SETUP,TEARDOWN,OPTIONS 和 PLAY(如一个最小的回放客户端)或 RECORD(如一个最小的录制客户端)中的一个,如果 RECORD 实现了,则 ANNOUNCE 也必须被实现。

*　包含下列响应中的头部:Connection,Content-Length,Content-Type,Content-Language,Content-Encoding,Transport,Public。如果 RECORD 方法实现了,那么也应该能够包含 Location 头部。RTP-compliant 实现了,则 RTP-Info 域也应被实现。

• 分解和理解下列请求中的头部:Connection,Session,Transport,Require。

尽管不是必须的,在发布的时候,为了与初始的实现和/或成为一个"好市民"形成实际的互操作性,强烈推荐下列部分。

• 实现 RTP/AVP/UDP 为有效的传送。

• 包含 Server 头部。

• 实现 DESCRIBE 方法。

• 理解 SDP 会话描述,其定义在附录 C。

可能 RTSP 应用软件与研究者最初所设想的在 RTSP 规约方面有所不同,正因为如此,上述的需求可能没有任何意义。因此,上述建议只是作为指导方针而不是严格的要求。

D.2.1　基本回放

为了支持即时媒体流回放,服务器端必须另外能够做到以下几点:

• 认出 Range 头部,如果查找不被支持,则返回一个错误消息。

• 实现 PAUSE 方法。

另外,为了支持公认的用户接口特征,对即时媒体服务器强烈推荐以下几点:

• 包含和分解 Range 头部,分离 NTP 单元。推荐也实现 SMPTE 单元的分离。

• 在媒体初始化信息中包含媒体输出的长度。

• 包含从指定数据的时间戳到 NTP 的映射。当 RTP 被用到的时候,则 RTP-Info 域的 rtptime 部分可能被用来映射 RTP 时间戳到 NTP。

客户端设备可能利用长度信息的存在来确定片段是否可以被查找,并且,禁止查找片段特征就可以使长度信息不可得到。一个普通的输出长度的用法是实现一个"滑棒",以此既可以作为前进指示器,又可以作为时间期限定位工具。

为确保滑棒正确的定位,从 RTP 时间戳到 NTP 的映射是必要的。

D.2.2 激活的认证

为了正确地处理客户的认证,服务器端必须另外能够做到以下几点:

• 当资源需要认证的时候,生成 401 状态码;

• 分解并包含 WWW-Authenticate 头部;

• 实现基本认证和分类认证。

参考文献

(1) ISO/IEC 14496-1 Generic Coding of audio-visual object Part1: systems Final Draft International standard. Nov. 1998

(2) ISO/IEC14496-2 Generic Coding of audio-visual object Part2: Visual Final Draft In ternational standard. Nov. 1998

(3) ISO/IEC 14496-3 Generic Coding of audio-visual object Part3: Audio Final Draft International standard. Nov. 1998

(4) ISO/IEC/JTC1/SC29/WG11 Document N2552, MPEG- 4 Video Verification Model Version 12. 1 DEC. 1998

(5) ISO/IEC/JTC1/SC29/WG11 Document N2207, MPEG-7 Context and Objectives. Mar. 1998

(6) ISO/IEC/JTC1/SC29/WG11 Document N2209, MPEG-7 Application. Mar. 1998

(7) 钟玉琢,王琪,贺玉文. 基于对象的多媒体数据压缩编码国际标准 MPEG-4. 北京:科学出版社,2000

(8) 钟玉琢,王琪,赵黎,杨小勤. MPEG-2 运动图像压缩编码国际标准及 MPEG 的新进展. 北京:清华大学出版社,2002

(9) Schulzrinne H., A. Rao. and R. Lanphier. Real time streaming protocol (RTSP) IETF, RFC 2326, Aprial 1998

(10) Lin S. and D. J. Costello. Error Control coding: Fundamentals and Applications. Englewood cliffs, NJ: Prentice Hall, 1983

(11) Yao Wang 等著. 视频处理与通信. 侯正信,杨喜,王文全译. 北京:电子工业出版社,2003

(12) 冈萨雷斯著. 数字图像处理. 阮秋琦,阮宇智译. 北京:电子工业出版社,2003

(13) 余光明,李晓飞,陈来春. MPEG 标准及其应用. 北京:北京邮电大学出版社,2002

(14) 章毓晋. 图像工程(上册)——图像处理和分析. 北京:清华大学出版社,1999

(15) Talluri, R. Error-resilience video coding in the ISO MPEG-4 standard, IEEE CommunicationMagazine (June 1998), 112 ~ 119

(16) Tewari R., D. M. Dias, W. Kish and H. Vin. Design and performance tradeoffs in clustered viedo servers. IEEE International conference on Multimedia Computing and Systems (June 1996), 144 ~ 150

(17) Turletti T. and C. Huitema. Videoconferencing on the Internet. IEEE/ACM Trans. On Networking (June 1996), 4(3): 340 ~ 351

(18) 钟玉琢,向哲,沈洪. 流媒体和视频服务器. 北京:清华大学出版社,2003

(19) Wu D. ,et al. On end to-end architecture for transpoting MPEG-4 video over the Internet. Forthcoming in IEEE Trans on circuits and systems for Video Technology.

(20) Katsaggelos A. K. ,L. P. Kondi,F. W. Meier,J. Ostermann,and G. M. Schuster. MPEG-4 and rate distortion based shape coding techniques. Procedings of the IEEE,Special Issue on Multimedia signal processing,part Two(June 1998 8616):1126 ~ 1154

(21) Christopher Y. Metz(美) Ipswitch Protocols and Architectures ISBN7-111-07504-8

(22) Yao Wang Jom Qstermann Ya-Qing Zhang(美) Video processing and Communications 2002

(23) Rafael C. Gonzaleg Richard E. Woads(美) Digital image processing ISBN:0201180758 2002

(24) Douglas E. Comer Computer Networks And Internets copyright by Prentice Hall

(25) Vyless Black(美) Emerging Communications Technologies copyright 1997 by Prentice Hall

(26) A. Neri,S. Colonnese,G. Russo,P. Talone,"Automatic moving Object and backgroundsearation",Signal Processing,66(1998) No. 8,2001

(27) Alain Termeau,Nathalie borel,A region growing and merging algorithm to color Segmentation,Pattern Recognition,1997,30(7)

(28) Basilis Gidas,Murilo Pereirade Almeida. Tracking of Moving Object in clustered Environment via Monte Carlo Filter,IEEE 2000

(29) Bilge Gunsel,A. Murot Tekalp,et al. Content-based access to video objects: Temporal Segmentation, visual summarization, and feature extractional, signal processing 66 (1998)

(30) Boaz Lerner,Hugo Guterman,and Itshak Dinstein,A classification-Driven Partially Occluded Object segmentation(cpoos) Method with Application to chromosome Analysis, IEEE 1998

(31) D. Char and K. N. Ngan. Face Segmentation using skin-color map in Videophoneapplication. IEEE Trans. Circuits & system for Video Tech. ,1999,9

(32) Changick Kim and Jeng-Neng Hwang. A Fast and Robust Moving Object Segmentation in Video Sequences,IEEE 1999

(33) J. G Choi,M. kim,M. H. Lee,and C. Ahn. Automatic segmentation based on spatiotemporal information. ISO/IEC JTC1/SC29/WG11 MPEG97/m2091, Bristoll, U. K. , Apr. 1997

(34) Candemir Toklu,A. Murat Tekalp,and A. TanjuErdem,semi-Automatic Video Object segmentation in the presence of Occlusion,IEEE Transactions on circuits and systems for video technology,2000,10

(35) Demin Wang. Improvement of region-based mation estimation by considering uncoveredregions,Signal processing: Image Communication14(1999)

(36) Dong Kwonpark,Ho Seok Yoon,and Chee Sun Won. Fast Object Tracking In Digital Video IEEE Transaction on consumer Electronics,August 2000

(37) David M. Lane, Mike J. Chanller, and Dorgyong Dai. Robust Tracking of Multiple objects in sector-scan sonar Image Sequence using optical Flow motion Estimation. IEEE Journal of Oceanic Engineering, January 1998
(38) Patel Nilesh V, Sethi Ishwar K. Video shot detection and characterization for video databases. Pattern Recognition, 1997, 30(4)
(39) Horn B. K. P, Schunck B G. Determining optical How. Artificial Intelligence, 1981
(40) Nagel H H, Enkelmann W. An investigation of smoothness constraints for the estimation of displacement vector fields from image sequences. IEEE Trans. Patt. Anal. March. Intell 1986. 8
(41) Black M J, Anadan P. The robust estimation of multiple motions: parametric and piecewise-smooth flow fields. Computer vision and ImageUnderstanding 1996. 63
(42) Christopher Y. Met 著. IP 交换技术协议与体系结构. 吴清, 龚向阳, 金跃辉译. 北京:机械工业出版社, 1999
(43) F. Kuo, W. Effelsberg 著. 多媒体通信协议与应用. 龙晓苑译. 北京:清华大学出版社, 1998
(44) 杨心强, 郜军力编著. 数据通信与计算机网络. 北京:电子工业出版社, 1998
(45) 李国辉, 汤大权, 武清峰编著. 信息组织与检索. 北京:科学出版社, 2003
(46) DougLas E. comer 著. 计算机网络与互联网. 徐良贤, 张声坚, 吴海通译. 北京:电子工业出版社, 1998
(47) 周逊. IPV6——下一代互联网的核心. 北京:电子工业出版社, 2003
(48) 黄锡伟, 杨建. 计算机网络互联工程. 北京:人民邮电出版社, 1999
(49) Vyless Black 著. 现代通信最新技术. 贺苏宁译. 北京:清华大学出版社, 2000
(50) 贺贵明, 张焕国, 张振国, 徐佑军. 通信原理概论. 武汉:华中理工大学出版社, 2000
(51) 贾振堂, 贺贵明. 一种基于运动边缘检测的视频对象分割新算法. 计算机研究与发展, 2002, (6)
(52) 贾振堂, 贺贵明. 视频运动对象分割的快速算法. 中国图像图形学报, 2002, (11)
(53) 李凌娟, 贺贵明. 一种鲁棒的视频分割算法. 中国图像图形学报, 2002, (11)
(54) 贺贵明, 姜文颖. 基于 IP 网的视频会议系统减少拥塞影响的方法. 小型微型计算机系统, 2002, (12)
(55) 李凌娟, 贺贵明. 二值图像下收缩型活动轮廓及其应用. 小型微型计算机系统, 2002, (5)
(56) 贾振堂, 贺贵明. 利用人脸特征及活动轮廓技术的人脸检测. 小型微型计算机系统, 2002, (1)
(57) 贺贵明, 李凌娟. 快速基于对称差分的视频分割算法. 小型微型计算机系统, 2002, (9)
(58) 贾振堂, 贺贵明, 李凌娟. 一种基于同化填充和整体运动估计的视频对象分割算法. 小型微型计算机系统, 2002, (12)
(59) 陈海峰, 陈维南. 基于区域平滑约束的光流场估计方法. 高技术通讯, 1998, (9)
(60) 龚坚, 李立源, 陈维南. 二维熵阈值分割的快速算法. 东南大学学报, 1996, (2)

(61)贺玉文,赵黎,钟玉琢,杨士强. 快速鲁棒的全局运动估计算法. 软件学报,2001,(12)

(62)季白杨,陈纯,钱英. 视频分割技术的发展. 计算机研究与发展,2001,(1)

(63)吴枫,高文,陈大童. 动态 sprite 编码的研究与改进. 计算机学报,1999,3(22)

(64)马烦清,张正友. 计算机视觉——计算机理论与算法基础. 北京:科学出版社,1997

(65)贾得云,机器视觉. 北京:科学出版社,2000

(66)Verri A,Girosi F,TorreV. Differential techniques for optical flow. J. Opt. Soc. Am. 1990 A7:912

(67)Amblard P O,Brossier J M. Adaptive estimation of the fourth-order cumulant of a White stochastic process[J]. Signal processing,1995,42(1)

(68)Neri,S. Colonese,G. Russo. Video sequence segmentation for Object-based coders usingHigher Order statistics,IEEE International symposium on circuits and system,Jun 9-12,1997

(69)Demin Wang. Unsupervised video segmentation Based on Watersheds and Temporal Trowing,Trahsaction on circuits and systems for video Techenology,Vol. 8. No. 5 september,1998

(70)G. Russol,S. colonnesel. Development of core Experiment N2 on Automatic Segmentation Techniques:FUB Results. ISO/IEC JTC1/SC29/WG11,MPEG96/M1181,September,1996

(71)Roland Mech,Michael Wollborn. A noise robust method for 2D shape estimation of moving objects in video sequences considering a moving camera,signal processing 66 1998

(72)Michael kass,Andrew Witkin,Demetri Terzopoules. Snakes:Active contour model. International Journa Computer Vision,1998

(73)贾振堂. 博士论文,面向内容视频编码中视频对象分割技术研究. 2002

(74)向晓英. 硕士论文,MPEG-4 形状编码的设计与实现. 2002

(75)李凌娟. 硕士论文,MPEG-4 编码中视频对象分割技术. 2002

(76)宋志伟. 硕士论文,基于 MPLS 提高 IPQoS 的研究与实践. 2002

(77)张峰. 硕士论文,基于 MPEG-4 的视频对象分割技术应用研究. 2003

(78)许蓉. 硕士论文,视频压缩中量化技术研究. 2000

(79)罗敏. 硕士论文,数字视频技术中运动估计算法研究. 2000

(80)李国怀. 硕士论文,MPEG-4 运动估计技术. 2003

(81)陈朝阳,张桂林. 基于图像对称差分运算的运动小目标检测方法. 华中理工大学学报,1998,26(9)

(82)郑南宁. 计算机视觉与模式识别. 北京:国防工业出版社,1998

(83)周捷. 硕士论文,MPEG-4 编码技术. 2003

(84)夏利民,谷士文. 基于形变模型的图像分割和非刚性目标的跟踪. 模式识别与人工智能,2000,13(1)

(85)袁亚湘,孙文瑜. 最优化理论和方法. 北京:科学出版社,1997

(86)朱进. 交叉运动多目标电视跟踪算法. 光学精密仪器,2000,2(15)

(87)徐建华.图像处理与分析.北京:科学出版社,1992
(88)付忠良.基于图像差距度量的阈值选取方法.计算机研究与发展,2001,(5)
(89)龚坚,李立源,陈维南.二维熵阈值分割的快速算法.东南大学学报,1996,(25)
(90)李金宗.模式识别导论.北京:高等教育出版社,1994

武汉大学学术丛书 书目

中日战争史
中苏外交关系研究（1931~1945）
汗简注释
国民军史
中国俸禄制度史
斯坦因所获吐鲁番文书研究
敦煌吐鲁番文书初探（二编）
十五十六世纪东西方历史初学集（续编）
清代军费研究
魏晋南北朝隋唐史三论
湖北考古发现与研究
德国资本主义发展史
法国文明史
李鸿章思想体系研究
唐长孺社会文化史论丛
殷墟文化研究
战时美国大战略与中国抗日战场（1941~1945年）
古代荆楚地理新探·续集
汉水中下游河道变迁与堤防

随机分析学基础
流形的拓扑学
环论
近代鞅论
鞅与banach空间几何学
现代偏微分方程引论
算子函数论
随机分形引论
随机过程论
平面弹性复变方法（第二版）
光纤孤子理论基础
Banach空间结构理论
电磁波传播原理
计算固体物理学
电磁理论中的并矢格林函数
穆斯堡尔效应与晶格动力学
植物进化生物学
广义遗传学的探索
水稻雄性不育生物学
植物逆境细胞及生理学
输卵管生殖生理与临床
Agent和多Agent系统的设计与应用
因特网信息资源深层开发与利用研究
并行计算机程序设计导论
并行分布计算中的调度算法理论与设计
水文非线性系统理论与方法
拱坝CADC的理论与实践
河流水沙灾害及其防治
地球重力场逼近理论与中国2000似大地水准面的确定
碾压混凝土材料、结构与性能
喷射技术理论及应用
Dirichlet级数与随机Dirichlet级数的值分布
地下水的体视化研究
病毒分子生态学
解析函数边值问题（第二版）
工业测量
日本血吸虫超微结构
能动构造及其时间标度
基于内容的视频编码与传输控制技术

文言小说高峰的回归
文坛是非辩
评康殷文字学
中国戏曲文化概论（修订版）
法国小说论
宋代女性文学
《古尊宿语要》代词助词研究
社会主义文艺学
文言小学审美发展史
海外汉学研究
《文心雕龙》义疏
选择·接受·转化
中国早期文化意识的嬗变（第一卷）
中国早期文化意识的嬗变（第二卷）
中国文学流派意识的发生和发展
汉语语义结构研究

中国印刷术的起源
现代情报学理论
信息经济学
中国古籍编撰史
大众媒介的政治社会化功能
现代信息管理机制研究

武汉大学学术丛书 书目

中国当代哲学问题探索
中国辩证法史稿（第一卷）
德国古典哲学逻辑进程（修订版）
毛泽东哲学分支学科研究
哲学研究方法论
改革开放的社会学研究
邓小平哲学研究
社会认识方法论
康德黑格尔哲学研究
人文社会科学哲学
中国共产党解放和发展生产力思想研究
思想政治教育有效性研究
政治文明论
中国现代价值观的初生历程
精神动力论
广义政治论
中西文化分野的历史反思
第二次世界大战与战后欧洲一体化的起源研究

国际经济法概论
国际私法
国际组织法
国际条约法
国际强行法与国际公共政策
比较外资法
比较民法学
犯罪通论
刑罚通论
中国刑事政策学
中国冲突法研究
中国与国际私法统一化进程（修订版）
比较宪法学
人民代表大会制度的理论与实践
国际民商新秩序的理论建构
中国涉外经济法律问题新探
良法论
国际私法（冲突法篇）（修订版）
比较刑法原理
担保物权法比较研究
澳门有组织犯罪研究
行政法基本原则研究

当代西方经济学说（上、下）
唐代人口问题研究
非农化及城镇化理论与实践
马克思经济学手稿研究
西方利润理论研究
西方经济发展思想史
宏观市场营销研究
经济运行机制与宏观调控体系
三峡工程移民与库区发展研究
２１世纪长江三峡库区的协调与可持续发展
经济全球化条件下的世界金融危机研究
中国跨世纪的改革与发展
中国特色的社会保障道路探索
发展经济学的新发展
跨国公司海外直接投资研究
利益冲突与制度变迁
市场营销审计研究
以人为本的企业文化